全国高等院校新农科建设新形态规划教材·动物类　总主编　陈焕春

饲料学

冷　静 ◎ 主编

西南大学出版社
国家一级出版社　全国百佳图书出版单位

图书在版编目(CIP)数据

饲料学 / 冷静主编. -- 重庆：西南大学出版社，2025.3. -- (全国高等院校新农科建设新形态规划教材). -- ISBN 978-7-5697-2777-7

Ⅰ. S816

中国国家版本馆CIP数据核字第20251EQ953号

饲料学

冷 静◎主编

| 出 版 人 | 张发钧 |
| 总 策 划 | 周 松 |

选题策划	杨光明　伯古娟
责任编辑	杜珍辉
责任校对	秦　俭
装帧设计	闻江文化
排　　版	黄金红
出版发行	西南大学出版社（原西南师范大学出版社）
网上书店	https://xnsfdxcbs.tmall.com
地　　址	重庆市北碚区天生路2号
邮　　编	400715
电　　话	023-68868624
印　　刷	重庆紫石东南印务有限公司
成品尺寸	210 mm × 285 mm
印　　张	20.75
字　　数	582千字
版　　次	2025年3月　第1版
印　　次	2025年3月　第1次印刷
书　　号	ISBN 978-7-5697-2777-7
定　　价	68.00元

全国高等院校新农科建设新形态规划教材·动物类

编委会

总主编

陈焕春

（教育部高等学校动物生产类专业教学指导委员会主任委员、
中国工程院院士、华中农业大学教授）

副总主编

王志坚（西南大学副校长）

滚双宝（甘肃农业大学副校长）

郑晓峰（湖南农业大学副校长）

编　委

（按姓氏笔画为序）

马　跃（西南大学）	马　曦（中国农业大学）
马友记（甘肃农业大学）	王　亨（扬州大学）
王月影（河南农业大学）	王志祥（河南农业大学）
卞建春（扬州大学）	邓俊良（四川农业大学）
甘　玲（西南大学）	左建军（华南农业大学）
石火英（扬州大学）	石达友（华南农业大学）
龙　淼（沈阳农业大学）	毕师诚（西南大学）
吕世明（贵州大学）	朱　砺（四川农业大学）
刘　娟（西南大学）	刘　斐（南京农业大学）
刘大程（内蒙古农业大学）	刘永宏（内蒙古农业大学）

刘安芳(西南大学)	刘国文(吉林大学)
刘国华(湖南农业大学)	齐德生(华中农业大学)
汤德元(贵州大学)	孙桂荣(河南农业大学)
牟春燕(西南大学)	李　华(佛山大学)
李　辉(贵州大学)	李金龙(东北农业大学)
李显耀(山东农业大学)	杨　游(西南大学)
肖定福(湖南农业大学)	吴建云(西南大学)
邹丰才(云南农业大学)	冷　静(云南农业大学)
宋振辉(西南大学)	张妮娅(华中农业大学)
张龚炜(西南大学)	陈树林(西北农林科技大学)
林鹏飞(西北农林科技大学)	罗献梅(西南大学)
周光斌(四川农业大学)	封海波(西南民族大学)
赵小玲(四川农业大学)	赵永聚(西南大学)
赵红琼(新疆农业大学)	赵阿勇(浙江农林大学)
段智变(山西农业大学)	徐义刚(浙江农林大学)
卿素珠(西北农林科技大学)	高　洪(云南农业大学)
郭庆勇(新疆农业大学)	唐　辉(山东农业大学)
唐志如(西南大学)	涂　健(安徽农业大学)
剧世强(南京农业大学)	黄文明(西南大学)
曹立亭(西南大学)	崔　旻(华中农业大学)
商营利(山东农业大学)	董玉兰(中国农业大学)
蒋思文(华中农业大学)	曾长军(四川农业大学)
赖松家(四川农业大学)	魏战勇(河南农业大学)

本书编委会

主 编

冷　静（云南农业大学）

副主编

黄文明（西南大学）

杨开伦（新疆农业大学）

张春勇（云南农业大学）

曹满湖（湖南农业大学）

编　委（按姓氏笔画为序）

龙丽娜（佛山大学）

安清聪（云南农业大学）

伏润奇（云南农业大学）

孙小琴（西北农林科技大学）

伍树松（湖南农业大学）

陈　勇（新疆农业大学）

杨舒黎（佛山大学）

余　烨（云南农业大学）

庞家满（西南大学）

赵天章（大理大学）

郭　刚（山西农业大学）

郭爱伟（西南林业大学）

徐维娜（上海交通大学）

斯大勇（中国农业大学）

总序

农稳社稷,粮安天下。改革开放40多年来,我国农业科技取得了举世瞩目的成就,但与发达国家相比还存在较大差距,我国农业生产力仍然有限,农业业态水平、农业劳动生产率不高,农产品国际竞争力弱。比如随着经济全球化和远途贸易的发展,动物疫病在全球范围内的暴发和蔓延呈增加趋势,给养殖业带来巨大的经济损失,并严重威胁人类健康,成为制约动物生产现代化发展的瓶颈。解决农业和农村现代化水平过低的问题,出路在科技,关键在人才,基础在教育。科技创新是实现动物疾病有效防控、推进养殖业高质量发展的关键因素。在动物生产专业人才培养方面,既要关注农业科技和农业教育发展前沿,推动高等农业教育改革创新,培养具有国际视野的动物专业科技人才,又要落实立德树人根本任务,结合我国推进乡村振兴战略实际需求,培养具有扎实基本理论、基础知识和基本能力,兼有深厚"三农"情怀、立志投身农业一线工作的新型农业人才,这是教育部动物生产专业教学指导委员会一直在积极呼吁并努力推动的事业。

欣喜的是,高等农业教育改革创新已成为当下我国下至广大农业院校、上至党和国家领导人的强烈共识。2019年6月28日,全国涉农高校的百余位书记校长和农业教育专家齐聚浙江安吉余村,共同发布了"安吉共识——中国新农科建设宣言",提出新时代新使命,要求高等农业教育必须创新发展,新农业新乡村新农民新生态建设必须发展新农科。2019年9月5日,习近平总书记给全国涉农高校的书记校长和专家代表回信,对涉农高校办学方向提出要求,对广大师生予以勉励和期望。希望农业院校"继续以立德树人为根本,以强农兴农为己任,拿出更多科技成果,培养更多知农爱农新型人才"。2021年4月19日,习近平总书记考察清华大学时强调指出,高等教育体系是一个有机整体,其内部各部分具有内在的相互依存关系。要用好学科交叉融合的"催化剂",加强基础学科培养能力,打破学科专业壁垒,对现有学科专业体系进行调整升级,瞄准科技前沿和关键领域,推进新工科、新医科、新农科、新文科建设,加快培养紧缺人才。

党和国家高度重视并擘画设计,广大农业院校以高度的文化自觉和使命担当推动着新农科建设从观念转变、理念落地到行动落实,编写一套新农科教材的时机也较为成熟。本套新农科教材以打造培根铸魂、启智增慧的精品教材为目标,拟着力贯彻以下三个核心理念。

一是新农科建设理念。新农科首先体现新时代特征和创新发展理念,农学要与其他学科专业交叉与融合,用生物技术、信息技术、大数据、人工智能改造目前传统农科专业,建设适应性、引领性的新农科专业,打造具有科学性、前沿性和实用性的教材。新农科教材要具有国际学术视野,对接国家重大战略需求,服务农业农村现代化进程中的新产业新业态,融入新技术、新方法,实现农科教融汇、产学研协作;要立足基本国情,以国家粮食安全、农业绿色生产、乡村产业发展、生态环境保护为重要使命,培养适应农业农村现代化建设的农林专业高层次人才,着力提升学生的科学探究和实践创新能力。

二是课程思政理念。课程思政是落实高校立德树人根本任务的本质要求,是培养知农爱农新型人才的根本保证。打造教材的思想性,坚持立德树人,坚持价值引领,将习近平新时代中国特色社会主义思想、中华优秀传统文化、社会主义核心价值观、"三农"情怀等内容融入教材。将课程思政融入教材,既是创新又是难点,应着重挖掘专业课程内容本身蕴含的科技前沿、人文精神、使命担当等思政元素。

三是数字化建设理念。教材的数字化资源建设是为了适应移动互联网数字化、智能化潮流、满足教学数字化的时代要求。本套教材将纸质教材和精品课程建设、数字化资源建设进行一体化融合设计,力争打造更优质的新形态一体化教材。

为更好地落实上述理念要求,打造教材鲜明特色,提升教材编写质量,我们对本套新农科教材进行了前瞻性、整体性、创新性的规划设计。

一是坚持守正创新,整体规划新农科教材建设。在前期开展了大量深入调研工作、摸清了目前高等农业教材面临的机遇和挑战的基础上,我们充分遵循教材建设需要久久为功、守正创新的基本规律,分批次逐步推进新农科教材建设。需要特别说明的是,2022年8月,教育部组织全国新农科建设中心制定了《新农科人才培养引导性专业指南》,面向粮食安全、生态文明、智慧农业、营养与健康、乡村发展等五大领域,设置生物育种科学、智慧农业等12个新农科人才培养引导性专业,由于新的专业教材奇缺,目前很多高校正在积极布局规划编写这些专业的新农科教材,有的教材已陆续出版。但是,当前新农科建设在很多高校管理者和教师中还存在认识的误区,认为新农科就只是12个引导性专业,这从目前扎堆开展这些专业教材建设的高校数量和火热程度可见一斑。我们认为，传统农科和新农科是一脉相承的，在关注和发力新设置农科专业的同时，我们更应思考如何改造提升传统农科专业，赋予所谓的"旧"课程新的内容和活力，使传统农科专业及课程焕发新的生机，这正是我们目前编写本套新农科规划教材的出发点和着力点。因此，本套新农科教材，拟先从动物科学、动物医学、水产三个传统动物类专业的传统课程入手，以现有各高校专业人才培养方案为准，按照先传统农科专业再到新型引导性专业、先理论课程再到实验实践课程、先必修课程再到选修课程的先后逻辑顺序做整体规划，分批逐步推进相关教材建设。

二是以教学方式转变促进新农科教材编排方式创新。教材的编排方式是为教材内容服务的，以体现教材的特色和创新性。2022年11月23日，教育部办公厅、农业农村部办公厅、国家林业和草原局办公室、国家乡村振兴局综合司等四部门发布《关于加快新农科建设推进高等农林教育创新发展的意见》(简称《意见》)指出，"构建数字化农林教育新模式，大力推进农林教育教学与现代信息技术的深度融合，深入开展线上线下混合式教学，实施研讨式、探究式、参与式等多种教学方法，促进学生自主学习，着力提升学生发现问题和解决问题的能力"。这些以学生为中心的多样化、个性化教学需求，推动教育教学模式的创新变革，也必然促进教材的功能创新。现代教材既是教师组织教学的基本素材，也是供学生自主学习的读本，还是师生开展互动教学的基本材料。现代教材功能的多样化发展需要创新设计教材的编排体例。因此，新农科规划教材在优化完善基本理论、基础知识、基本能力的同时，更要注重以栏目体例为主的教材编排方式创新，满足教育教学多样化和灵活性需求。按照统一性与灵活性相结合的原则，本套新农科规划教材精心设计了章前、章(节)中、章后三大类栏目。如章前有"本章导读""教学目标""知识网络图"，以问题和案例开启本章内容的学习，并明确提出知识、技能、情感态度价值观的三维学习目标；章中有拓展教学方式类栏目、拓展教学资源类栏目，编者在写作中根据需求可灵活自由、不拘一格创设栏目版块，具有极大的创作空间；章后有"本章小结""复习思考""拓展阅读"等栏目形式，同样为编者提供了广阔的创新空间。不同册次教材的栏目根据实际情况做了调整。尽管教材栏目形式多样，但都是紧紧围绕三维教学目标来设计和规定的，都有其明确的目的要义。

三是以有组织的科研方式组建高水平教材编写团队。高水平的编者具有较高的学术水平和丰富的教学经验，能深刻领悟并落实教材理念要求、创新性地开展编写工作，最终确保编写出高质量的精品教材。按照教育部2019年12月16日发布的《普通高等学校教材管理办法》中"发挥高校学科专业教学指导委员会在跨校、跨区域联合编写教材中的作用"以及"支持全国知名专家、学术领军人物、学术水平高且教学经验丰富的学科带头人、教学名师、优秀教师参加教材编写工作"的要求，西南大学出版社作为国家一级出版社和全国百佳图书出版单位，在教育部动物生产教学指导委员会的指导下，邀请全国主要农业院校相关专家担任本套教材的主编。主编都是具有丰富教学经验、造诣深厚的教学名师、学科专家、青年才俊，其中有相当数量的学校(副)校长、学院(副)院长、职能部门领导。通过召开各层级新农科教学研讨会和教材编写会，各方积极建言献策、充分交流碰撞，对新农科教材建设理念和实施方案达成共识，形成本套新农科教材建设的强大合力。这是近年来全国农业教育领域教材建设的大手笔,为高质量推进教材的编写出版提供了坚实的人才基础。

新农科建设是事关新时代我国农业科技创新发展、高等农业教育改革创新、农林人才培养质量提升的重大基础性工程,高质量新农科规划教材的编写出版作为新农科建设的重要一环,功在当代,利在千秋!当然,当前新农科建设还在不断的深化推进中,教材的科学化、规范化、数字化都是有待深入研究才能达成共识的重大理论问题,很多科学性的规律需要不断地总结才能指导新的实践。因此,这些教材也仅是抛砖引玉之作,欢迎农业教育战线的同仁们在教学使用过程中提出宝贵的批评意见以便我们不断地修订完善本套教材,我们也希望有更多的优秀农业教材面市,共同推动新农科建设和高等农林教育人才培养工作更上一层楼。

教育部动物生产类专业教学指导委员会主任委员
中国工程院院士、华中农业大学教授 陈焕春

前言

我国正面临"畜牧大国"向"畜牧强国"的巨大转变，其中，饲料工业是确保畜牧业稳步发展的重要基石。目前，饲料工业正处于高速发展的关键时期，在生态和绿色养殖的时代背景下，时刻面临着新挑战和新机遇。一方面质量安全和环保压力持续增大，另一方面产业融合与饲料结构调整要求增加。对行业发展而言，饲料资源的短缺、养殖业造成的污染、动物的健康和产品品质问题、饲料利用的效率差等是饲料工业中亟待解决的重要问题。

饲料是动物赖以生存和生产的物质基础。饲料学是研究动物饲料的化学组成、营养特性及其影响因素和应用技术的一门学科，在发展饲料工业以支撑畜牧业发展进程中愈显重要。在新农科建设背景下，饲料学将助推畜禽健康养殖和现代饲料工业可持续发展。同时，为顺应饲料工业的迅猛发展及饲料产业对人才的需求，饲料学教材融入先进的理念和科技方法，适应新农科建设背景下新产业、新业态发展的需要。本教材的任务是：介绍饲料学的发展历程、基本理论、基本知识和基本方法。主要介绍了饲料分类，饲料营养价值评定方法，各类饲料营养特性、饲用价值和使用注意事项，饲料配合配制技术等。

教材在结构组成上具有科学性和完整性，以章节导读引入，强调本章学习目标，通过知识网络图构建知识系统，章节小结强化重点，拓展资源融入思政，力求使学生系统掌握章节知识重点；在知识体系上具有逻辑性和简洁性，注重上下文逻辑联系并突出关键知识，精简各章节内容，切实提升教材质量；在内容规划上具有前瞻性和指导性，紧扣新农科人才培养目标，围绕饲料工业发展新方向，重视饲料资源提质增效，补充"生物饲料"章节知识，为新农科人才培养提供新策略。教材突显思政教育理念，每章均编有思政课堂，实现课程思政与专业知识的有机交融，引导学生树立社会主义核心价值观，发挥专业课程在育人中的重要作用，同向同行、协同育人。

本书编写组人员来自云南农业大学、西南大学、新疆农业大学、湖南农业大学、中国农业大学、西北农林科技大学、大理大学、佛山大学、山西农业大学、西南林业大学和上海交通大学11所院校。全书共有十六章，具体编写分工如下：第一章，冷静；第二章，张春勇、余烨；第三章，曹满湖；第四章，赵天章；第五章，徐维娜；第六章，郭刚；第七章，陈勇；第八章，杨开伦；第九章，伍树松、伏润奇；第十章，安清聪；第十一章，斯大勇；第十二章，杨舒黎、龙丽娜；第十三章，庞家满；第十四章，黄文明；第十五章，郭爱伟；第十六章，孙小琴。各章节负责人广泛查阅新研究和新技术、总结整理并更新饲料学相关知识，保证教材有内容、有逻辑、有质量。统稿工作由主编完成。

由于编者水平有限，书中不当之处在所难免，恳请读者批评指正。

编者

2024年8月

目录

第一章 绪论 ……001

第一节 国外饲料业发展概况 ……003
第二节 中国饲料业发展概况 ……005
第三节 饲料业发展趋势 ……008
第四节 饲料学的性质、任务和内容 ……010

第二章 饲料成分 ……013

第一节 碳水化合物 ……015
第二节 含氮化合物 ……020
第三节 脂类 ……024
第四节 矿物质 ……028
第五节 维生素 ……029
第六节 水分 ……030
第七节 其他成分 ……031

第三章 饲料营养价值评定 ……035

第一节 饲料营养物质消化吸收的评定方法 ……037
第二节 饲料能值评定 ……041
第三节 饲料蛋白质营养价值评定 ……048

第四节 饲料矿物元素营养价值评定··············054
第五节 饲料维生素营养价值评定··············056

第四章 饲料分类··············061
第一节 国际饲料分类法··············063
第二节 中国饲料分类法··············065

第五章 青绿饲料··············071
第一节 青绿饲料的营养特性··············073
第二节 青绿饲料种类··············075

第六章 青贮饲料··············091
第一节 青贮原理··············093
第二节 青贮分类、设施及调制步骤··············100
第三节 影响青贮发酵的因素··············104
第四节 青贮饲料添加剂··············106
第五节 青贮饲料的质量评定与应用··············109

第七章 粗饲料··············113
第一节 粗饲料分类··············115
第二节 粗饲料的加工调制··············121

第八章 能量饲料··············129
第一节 谷实类饲料··············131
第二节 糠麸类饲料··············146
第三节 块根、块茎及其加工副产品··············152
第四节 其他能量饲料··············157

第九章　蛋白质饲料 …161

第一节　植物性蛋白质饲料 …163
第二节　动物性蛋白质饲料 …174
第三节　单细胞蛋白质饲料 …181
第四节　非蛋白氮 …184

第十章　矿物质饲料 …189

第一节　常量矿物质饲料 …191
第二节　微量元素饲料补充剂 …196
第三节　非金属天然矿物质饲料 …198

第十一章　饲料添加剂 …203

第一节　饲料添加剂概述 …205
第二节　饲料添加剂的种类与作用 …206
第三节　饲料添加剂与畜产品安全 …217

第十二章　生物饲料 …221

第一节　发酵饲料 …223
第二节　酶解饲料 …225
第三节　菌酶协同发酵饲料 …226
第四节　生物饲料添加剂 …228

第十三章　饲料卫生与安全 …235

第一节　饲料源性的有毒有害物质 …237
第二节　非饲料源性有毒有害物质 …248

第十四章　饲料配方设计和配合技术⋯⋯⋯⋯⋯⋯⋯⋯⋯255

　　第一节　配合饲料概述⋯⋯⋯⋯⋯⋯⋯⋯⋯⋯⋯⋯257
　　第二节　饲料配方设计的原则和方法⋯⋯⋯⋯⋯⋯⋯260
　　第三节　饲料产品的配方设计⋯⋯⋯⋯⋯⋯⋯⋯⋯⋯272
　　第四节　配合饲料加工工艺⋯⋯⋯⋯⋯⋯⋯⋯⋯⋯⋯280

第十五章　饲料资源的开发利用⋯⋯⋯⋯⋯⋯⋯⋯⋯⋯⋯287

　　第一节　饲料资源的现状⋯⋯⋯⋯⋯⋯⋯⋯⋯⋯⋯⋯289
　　第二节　饲料资源的开发与利用⋯⋯⋯⋯⋯⋯⋯⋯⋯290

第十六章　饲料和畜产品品质⋯⋯⋯⋯⋯⋯⋯⋯⋯⋯⋯⋯299

　　第一节　饲料和胴体品质及肉品质⋯⋯⋯⋯⋯⋯⋯⋯301
　　第二节　饲料和蛋品质⋯⋯⋯⋯⋯⋯⋯⋯⋯⋯⋯⋯⋯306
　　第三节　饲料和牛乳品质⋯⋯⋯⋯⋯⋯⋯⋯⋯⋯⋯⋯309
　　第四节　饲料和毛品质⋯⋯⋯⋯⋯⋯⋯⋯⋯⋯⋯⋯⋯313

第一章

绪论

本章导读

　　饲料是动物赖以生存和生产的物质基础。人类在长期的畜牧业生产实践中,通过大量的动物营养和饲料科学的理论与应用研究,对动物生产需要的饲料及其营养价值逐渐有了更科学、更全面、更深化的认识。饲料种类不断增加,新型饲料资源不断产生,饲料利用方式从传统的、经简单加工的单一使用发展到科学的、适宜加工的配合利用,饲料利用效率显著提高,并不断采取各种新的技术措施,生产出产品质量高、营养更全价的饲料。

学习目标

1. 掌握饲料的概念。
2. 了解国内外饲料业的发展历程及发展特点。
3. 理解饲料学性质、任务和内容。

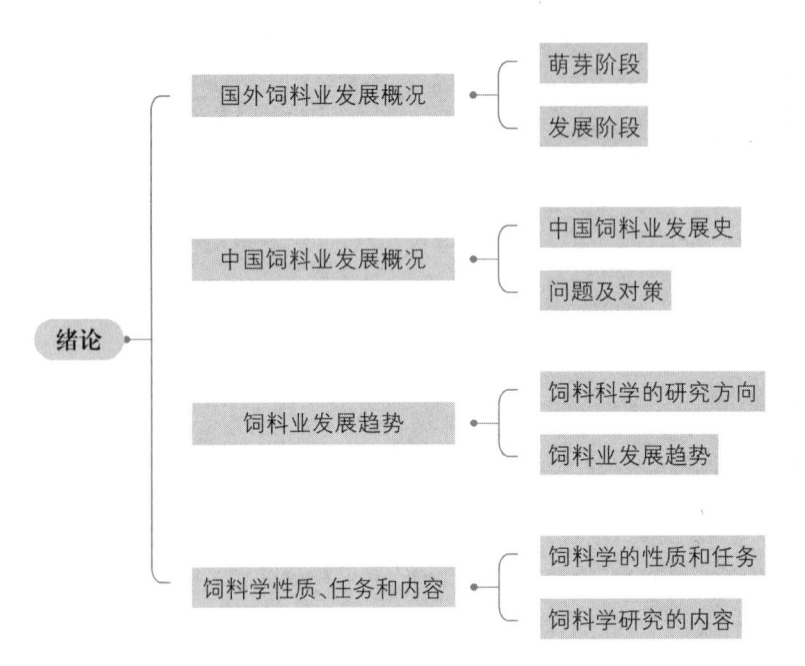

概念网络图

```
                              ┌─ 萌芽阶段
         ┌─ 国外饲料业发展概况 ─┤
         │                    └─ 发展阶段
         │
         │                    ┌─ 中国饲料业发展史
         ├─ 中国饲料业发展概况 ─┤
         │                    └─ 问题及对策
绪论 ────┤
         │                    ┌─ 饲料科学的研究方向
         ├─ 饲料业发展趋势 ────┤
         │                    └─ 饲料业发展趋势
         │
         │                         ┌─ 饲料学的性质和任务
         └─ 饲料学性质、任务和内容 ─┤
                                   └─ 饲料学研究的内容
```

> 饲料学是一门研究饲料的学问,目的在于揭示饲料的化学组成及规律、饲料的化学组成与动物需要之间的关系。饲料学作为一门独立的学科,经历了相当漫长的历史发展过程,并随着畜牧业进程的发展,在国民经济中占有愈来愈重要的地位。

第一节 国外饲料业发展概况

一、国外饲料业发展的萌芽阶段

早在18世纪以前,人类对饲料的营养价值就有了感性的认识。如在罗马时代,普利尼就认识到了"适时收割的干草比成熟收割的好",并指出"改进饲养才能获得良好的家畜生产效益"。在人类进入18世纪以后,动物营养实验科学的发展,加上物理、化学、生物学等学科的推动才使饲料学发展有了质的飞跃。1807年,英国科学家Fordyce证实,需要给产蛋鸡补充钙,从此开始了饲料矿物质营养的研究。1810年,德国科学家Thaer提出了"干草当量"体系,以此方法制订出了各种饲料的相对营养价值。1864年,德国Weende试验站的Henneberg与Stohmann创建了饲料概略养分分析法,在此基础上,1874年Wolff首次提出了以总消化养分(TDN)为基础的饲养标准。早期的饲料加工设备比较简单。在1900年以前,手杓铲是饲料加工厂使用的基本混合工具,木桶是主要的产品贮存容器。1848年Chast制袋公司首次加工出布袋,代替了木桶。在这个阶段,人们对饲料的认识,尤其对饲料营养价值的认识还比较肤浅,畜牧业仅仅是一项副业。饲喂畜禽所用的基本上是秸秆、饲草等粗饲料,饲养水平非常低下。

二、国外饲料工业的发展阶段

动物营养和饲料科学研究的不断深入,对饲料业的快速发展起到了巨大的推动作用。国外饲料工业尤其是发达国家的饲料工业的发展大体经历了3个阶段。

(一)饲料工业的起步阶段

1875年,John Barwell在美国伊利诺伊州沃基根市创建了Blatchford's全球第一家饲料厂,生产犊牛饲料,它的建立标志着国外饲料工业的开始。从此开始,直到20世纪初期是饲料工业的起步阶段。在这一时期,饲料加工设备不断出现。19世纪70年代欧洲研制出对辊式磨粉机,1909年S.Howes公司制造出分批卧式混合机,1911年英国的Sizer有限公司研制出第一台商品制粒机,以及立式混合机、糖蜜饲料制粒机相继问世。19世纪80年代,随着对制粉、肉类、油料及其他加工业副产品饲用价值的认识,原来不能被畜牧业利用的副产品相继被开发利用作了饲料。如1888年,玉米蛋白粉在芝加哥广泛生产。1890

年,肉骨粉被作为蛋白质补充料用于猪和鸡的饲粮。1890年以后,亚麻饼粉、苜蓿粉、骨粉在畜禽生产上应用。1915年鱼粉被广泛销售。1922年美国首次生产大豆粕。1939年尿素被用作反刍动物的合成蛋白质来源。

这一时期,动物营养与饲料科学的研究也十分活跃。1898年Henry将总消化养分为基础的饲养标准修订为可消化总养分为基础的饲养标准。1894年Kuhn提倡按能量直接衡量饲料的营养价值。此后,德国Kellner淀粉价以及北欧大麦饲料单位、苏联燕麦单位和美国的Aralsby的净能体系相继问世,维生素、微量元素、矿物质的研究及应用日益受到关注。自从1912年波兰化学家Funk在谷壳中发现了维生素B_1、1913年美国学者在鱼肝油和奶油中发现了维生素A以来,在20世纪30至40年代大部分脂溶性维生素和水溶性维生素相继被发现与合成。1925年,美国学者Hart等人研究表明,铁和铜同时使用才能治愈大鼠的缺铁性贫血,1935年一些学者发现钴是瘤胃活动的必需物质,1937年发现锰可以防止家禽飞节病,从此畜禽微量元素研究逐渐深入。氨基酸的研究也取得了一些进展。20世纪40年代提出了理想蛋白质的概念并建立了饲料中氨基酸的微生物分析法,50年代提出了化学分析法,为以后的定量评定饲料的蛋白质营养价值提供了手段。1944年,美国科学院全国研究理事会(NRC)制订了一系列畜禽饲养标准,并且10年修订一次,现被公认是当今制订饲料配方的基础。

(二)饲料工业的成长发展阶段

第二次世界大战后,国外饲料工业开始从农场中分离出来,饲料工业不再是一项副业,而成为一门相对独立的产业,进入成长发展时期。在这一时期,冷却机、颗粒膨化机、集调制、喂料以及分别或混合添加糖蜜、脂肪的多功能混合机问世。豆粕、鱼粉成为主要的蛋白质饲料。脂肪被作为能量饲料使用,并且配制出高能量的肉仔鸡饲粮。并证明了在配制饲料时,蛋白能量比的重要性。饲料营养添加剂氨基酸、维生素、微量元素以及非营养性添加剂抗生素和抗生素类的研究和应用,极大地提高了饲料产品的质量和畜禽的生产性能。

(三)现代化的稳定发展阶段

20世纪70年代以来,国外饲料工业进入现代化的稳定发展时期。在美国、德国、英国等经济发达国家,饲料工业已发展成为一个完整的工业体系,已成为与电子计算机工业等并驾齐驱的重要产业,位于工业部门经济的前十位。现代的饲料加工机械设备集团,可提供粉碎机、计算机控制配料系统、批量式混合机、颗粒机等系列配套设备。大型饲料厂自动化程度高,电脑自动控制配、卸料。饲料加工企业生产规模日益扩大,一体化企业逐渐成为主流。2023年全球动物饲料产量达12.9亿t,产量最大的3个地区是亚太、北美和欧洲,分别是4.75亿t、2.59亿t和2.53亿t,近一半的饲料产量集中在中国、美国、巴西和印度4个国家。以饲料企业为龙头的一体化企业,将饲料原料生产、养殖、屠宰、肉食品加工等各个环节连接起来,减少了中间环节,大大降低了生产成本和管理成本。在这一阶段,动物营养和饲料科学的研究进一步深化,许多国家相继提出了评定反刍动物饲料理想蛋白质及蛋白质需要量新体系,反刍动物的饲养标准现已采用蛋白质新体系。猪、禽等单胃动物的理想氨基酸模式、畜禽营养调控、饲料营养物质生物学效价的研究日益深入,以可消化氨基酸配制饲粮应用于实践。信息技术在饲料中得到了广泛的应用。同时,动物营养与饲料科学同遗传学、育种学、生理学、分子生物学、化学等边缘学科的相互渗透和嫁接进一步加强。

第二节 中国饲料业发展概况

一、中国饲料业发展史

(一)古代的中国饲料业历史悠久

据史料记载,公元前6000—公元前2000年的新石器时代,随着圈养牲畜的出现,我国开始有了饲料的萌芽。公元前2000—公元前771年的夏、商、周时期,在甲骨文中已出现了饲料的字样,并且在饲养管理上除重视圈养外,还采用将草切碎加上谷物喂牲畜,已经注意到了粗饲料和精饲料的配合使用。公元前771—公元前221年春秋战国时期,我国已出现了规模化的鸡场、鸭场、养马场等,在马的饲养管理中,采用放牧和舍饲相结合的科学饲养方法。公元前221—公元220年秦汉时期,汉武帝派张骞出使西域时,带回了紫花苜蓿种子,并首先在黄河流域试种,继而推广到全国,这可能是我国人工种植牧草的开始。这一中国饲料史上的重要事件,对推动草食家畜的发展作出了巨大的贡献。在秦汉时期《淮南万毕书》中记载了我国历史上第一个饲料配方:"取麻子三升,捣千余杵,煮为羹,以盐一升著中,和以糠三斛(十斗或五斗为一斛),饲喂,则肥也"。这种初期的混合饲料配方尽管科学性不强,但在当时历史条件下,作为配方饲料已非常先进,它几乎早于西方国家2000多年。唐朝(公元618—907年)已有原始的饲养标准。公元960—1368年,我国开始改良饲料添加剂。

(二)近代中国饲料业发展缓慢

近代饲料科学由于物理、化学、生物学、动物营养科学的发展,并被应用于饲料的研究,尤其是19世纪和20世纪国外先进的动物营养研究成果的引入,使得我国的饲料科学从理论到实践都取得了长足的进步。1926年北京农业学校成立了"动物营养研究室",开始从动物营养理论角度研究饲料的营养价值。1939年著名营养学家陈宰均翻译出版三册《饲料与营养》,第一次将国外动物营养与饲料科学的技术传入中国。1943年我国留美学者王栋教授出版了《动物营养学》一书,对培养我国动物营养与饲料科学的专门人才做出了重大贡献。新中国成立初期,我国利用了苏联的燕麦饲料单位及可消化粗蛋白质为主要内容的饲养标准体系。1956年,内蒙古包头市饲料公司成立,专门经营饲草饲料,之后又有天津、河北、广东等几家饲料企业问世。在此期间,我国相继开展了饲料资源调研、开发与贮存等方面的工作。

(三)现代中国饲料业迅速发展成为一门独立的学科

伴随着现代饲料工业体系的建立,动物营养与饲料科学迅速发展,牧草、秸秆等粗饲料资源综合开发利用开展以及饲料科学体系的建立,使饲料科学逐步成为一门独立的学科。

1. 饲料工业体系的建立

我国的饲料工业起步于20世纪70年代中后期,比发达国家晚了半个多世纪。1983年国务院批转了原国家计委《关于发展我国饲料工业问题的报告》,并于1984年颁布了《1984—2000年全国饲料工业发展纲要(试行草案)》,将饲料工业建设正式纳入国民经济发展计划。1985年,国家计委饲料工业办公室成立,负责全国饲料工业的统筹、规划和协调;1989年国务院在"关于当前产业改革重点的决定中",把饲料工业列为重点支持和优先发展的支柱产业。到2000年,经过第六、七、八、九4个五年计划20年的建设,已经建成了集饲料机械制造业、饲料加工工业、饲料添加剂工业、饲料原料工业,以及饲料教育、推广、培训、标准、监督检测等于一体的完整的饲料工业体系。从我国第一台饲料加工机组于1981年研制成功,1987年第一套饲料加工微机控制系统研制完成,到目前我国已完全可以自行设计、制造和安装30 t以上的大型饲料加工成套设备和微机控制系统。饲料机械制造企业已发展到270多家。大宗饲料原料中,由于种植业由粮食作物—经济作物的二元结构逐步向粮食作物—经济作物—饲料作物和牧草三元结构调整,极大地丰富了玉米、大豆等植物性饲料原料的供应。现有饲料原料中,除大豆、鱼粉需大量进口外,大部分实现了自给。饲料中抗营养因子研究成效显著,如通过制油工艺技术提高饼粕质量及饲用价值,脱除有毒有害物质,提高棉、菜饼粕蛋白质利用率,加强了芝麻饼粕、葵花饼粕等的开发利用,对于缓解我国饲料中蛋白质资源的紧缺状况起到了重大作用。由于谷物中非淀粉多糖的研究和依据其设计的饲料复合酶的应用,小麦在猪禽饲料中的应用增多,在玉米减产情况下,确保了能量饲料的正常供应。饲料工业的标准化也是我国饲料业健康发展的标志之一。自从1986年4月国家正式成立全国饲料工业标准化技术委员会以来,到20世纪末期,主管部门和有关行政主管部门发布的国家标准和行业标准共230项。

我国饲料工业健康、良性发展,取得了辉煌成就。1978年我国配合饲料仅几十万吨,1983年发展到800万t。2001年达到7 807万t。根据中国饲料工业协会网报道,2023年全国工业饲料总产量为32 162.7万t,含配合饲料产量29 888.5万t,浓缩饲料产量1 418.8万t,添加剂预混合饲料产量709.1万t。其中,猪饲料产量14 975.2万t;蛋禽饲料产量3 274.4万t;肉禽饲料产量9 510.8万t;反刍动物饲料产量1 671.5万t;水产饲料产量2 344.4万t;宠物饲料产量146.3万t;其他饲料产量240.2万t。从销售方式看,散装饲料总量13 050.2万t,占配合饲料总产量的43.7%。全国饲料添加剂总产量1 505.6万t,其中,单一饲料添加剂产量1 388.5万t,混合型饲料添加剂产量117.1万t。氨基酸产量495.2万t;维生素产品产量145.3万t。

2.大力开发和利用牧草和秸秆等粗饲料资源

除了单胃畜禽的配合饲料外,饲料工业还开发利用了在广大农区日益兴起的牧草和秸秆等粗饲料资源,有力地促进了草食家畜饲料的良性发展。2023年全国草产品加工企业和合作社数量接近1 600家,商品草产量约1 000万t,有效保障了优质饲草的供应。草产品加工企业主要集中在甘肃、内蒙古、青海、宁夏、山东、河南、湖北等地区,草产品以紫花苜蓿草捆、草块、草颗粒、草粉、玉米裹包青贮和燕麦草捆为主。据中国统计年鉴和中国饲料工业统计资料分析,紫花苜蓿和燕麦等优质饲草种子生产田面积占全国饲草种子田面积比例逐年提高。因水热匹配较好,开花期、成熟期、收获期等生产关键时期气候状况较好,加之甘肃、内蒙古等重点区域专业化、标准化生产水平提升明显,优质草产量提高。主要草种生产区统计数据显示,2023年1—8月种子总产量为2.91万t,我国草种累计进口量为4.46万t。其中,黑麦草种子进口2.09万t,燕麦种子进口0.84万t,草地早熟禾种子进口0.40万t,羊茅种子进口0.30万t,紫花苜蓿和三叶草等豆科草种进口量分别为0.38万t和0.07万t,其他草种进口0.38万t。

3.动物营养与饲料科学是饲料业体系的科学支柱

20世纪70年代末期以来,我国饲料业能迅速发展成为一门独立的学科,很大程度上得益于我国动物营养与饲料科学的快速发展。为了充分开发我国的饲料资源,提高饲料利用效率,改进畜禽产品品质,我国相继开展了畜禽的营养代谢规律,饲料分子营养学与微生态营养学,猪禽的理想蛋白质模式,反刍动物的蛋白质新体系,饲料生物学效价评定,矿物质营养代谢,饲料抗营养因子、益生素、寡糖等营养与非营养性添加剂,饲料原料及其检测技术标准化,饲养与环境,饲料与免疫,饼粕类、糟粕类、秸秆类、树叶类的科学利用等方面的工作。现在饲料学正向绿色饲料和绿色饲料添加剂、饲料营养与动物基因表达、牧草营养调控因子、饲料未知生长因子等微观领域的方向发展。

二、当前我国饲料业中存在的主要问题及对策

(一)饲料及饲料添加剂资源短缺

2023年,消费蛋白质饲料1.163亿t,进口占比65.6%;消费能量饲料3.131亿t,进口占比13.8%;消费饲草7 809万t,其中优质苜蓿462万t,进口占比22.1%;消费饲料原粮(大豆、玉米、小麦、稻谷、大麦、高粱、木薯)共37 821万t,消费粮油加工副产物11 900万t。近年来,随着我国的养殖总量不断提升,对鱼粉的需求呈现快速增长之势。我国已成为世界第一鱼粉消费大国,年消费量约在200万t,但我国国产鱼粉平均总量仅有40万~70万t,市场主要依赖进口。此外,我国大豆供需失衡,进口量总体呈逐年增加趋势。2023年我国饲料累计进口量为1 309.37万t,其中大豆进口量为9 941万t,鱼粉进口量为165万t。另外,国产饲料添加剂品种和数量不足将是中长期内制约我国配合饲料生产发展的重要因素,是饲料工业发展面临的主要问题之一。维生素、氨基酸及药物添加剂严重依赖进口的局面很难在短时期内迅速扭转。

解决我国动物生产的饲料原料不足问题,一是要大力开发能量和蛋白质饲料资源,通过制油工艺技术改进提高饼粕质量及饲用效价,脱除有毒、有害物质,提高棉、菜饼粕氨基酸利用率;在我国传统工艺不可能很快提高油脂饼粕质量的前提下,通过采取经济而有效的物理、化学、生物脱毒技术及营养调控手段,优化各种低质植物蛋白资源,大力研究开发适用的无鱼粉、无豆粕饲粮,充分利用非常规的蛋白质饲料资源;重视开发和利用优化我国5亿t的针、阔树叶和5 000万t以上的糠麸,2 000万t以上的糟渣及近3 000万t的薯类资源。二是挖掘耕地潜力,增加饲料产量,加快种植业结构由二元结构向三元结构调整,增加优质高产饲料作物种植面积。尤其要加大玉米、大豆的生产量和高赖氨酸、高糖、高油玉米种植,加大小麦替代玉米的力度和小麦复合酶的应用,以补充玉米的不足;扩大无毒棉和双低油菜品种的种植面积;大力种植优质高产紫花苜蓿等牧草,除用来饲喂草食家畜外,可开发其草粉作为单胃动物的蛋白质补充饲料,尤其是退耕还林的隙地可大力发展牧草种植。三是继续做好推广应用各种青贮和氨化秸秆饲料的工作,充分利用我国近13.9亿t秸秆饲料资源,发展牛羊养殖业。

(二)配合饲料的使用比例低

目前中国的工业饲料用户主要为具有一定规模的养殖企业和养殖户,占养殖业绝大多数份额的小型养殖户较多地使用青绿饲料、农副产品、单一的谷物及营养不全的自配饲料,因此养殖业生产水平较低。提高我国养殖业的整体水平,需努力拓展配合饲料的使用空间。饲料工业需不断适应农村养殖业生产的现实特点,用不同档次产品来满足农村不同地区、不同生产目的、不同基础饲料资源的农户和养殖专业户的需要。对于能量饲料及蛋白质饲料丰富的地区,要大力推广应用添加剂预混料;对于饲料粮丰富而蛋白质饲料缺乏的地区,要大力推广浓缩饲料;对于能量饲料和蛋白质饲料均欠缺的地区,可大力推广配合饲料。另外,要加强工业饲料产品的宣传、推广、服务工作,抓好质量。也应加强"公司+农户"一体化的实施,解决农村畜产品的出路,提高养殖业的综合效益。

(三)单个工业饲料企业的生产规模小

企业规模的大小往往是其抗风险能力强弱的重要标志,特别是加入WTO后,面对国际竞争,高科技大型饲料企业在饲料业竞争中具有明显优势。2023年,全国工业饲料总产量32 162.7万t,全国饲料企业总数14 076家,全国10万t以上规模饲料生产厂1 050家,合计饲料产量19 647.3万t。全国有11家生产厂年产量超过50万t,单厂最大产量131.0万t。年产百万吨以上规模饲料企业集团33家,合计饲料产量占全国饲料总产量的56.1%,其中有7家企业集团年产量超过1 000万t。中国饲料企业要在国内外饲料业激烈竞争中占据一定市场,可采取收购、兼并、托管等多种方式形成资源重组企业的集团化。

(四)基础研究薄弱

我国对动物营养与饲料科学的基础性、前沿性研究投入较少,致使饲料营养物质的代谢规律、营养物质需要量等方面研究水平落后于发达国家,制订的饲养标准借鉴和参考国外多,严重影响饲料工业发展的科技水平和持续发展的后劲。维生素、氨基酸的生产技术和药物添加剂新品种开发、机电一体化技术方面的研究不能适应饲料工业发展的需要,饲料机械制造业设备及工艺落后,依赖进口耗费了大量的外汇。针对这些问题,应加强国家自然科学基金等在基础性、前沿性研究方面的投入力度。

(五)解决饲料安全问题刻不容缓

改革开放后我国饲料工业和养殖业取得的巨大发展和人民膳食结构的极大改善是显而易见的,但生长促进剂在畜产品中的药物残留及非法添加剂的滥用对人类健康所造成的危害已成为广大消费者疑虑的焦点。为了使食品无污染、无公害、安全、绿色,我国绿色食品行业标准《绿色食品 畜禽卫生防疫准则》《绿色食品 兽药使用准则》和《绿色食品 饲料及饲料添加剂准则》由农业农村部审定、颁布。2020年7月起,我国饲料已全面禁抗,进入了"无抗时代"。禁止使用任何激素类、安眠镇静类药品;禁止使用动物性原料饲喂反刍动物;禁止使用工业合成的油脂和转基因方法生产的饲料原料;等等。同时,对兽药使用也做出了严格规定。绿色食品部颁行业标准的出台,为我国养殖业和食品业指明了方向,使企业有章可循。这将极大地缩短我国肉食品与国际水平的差距,大大提高中国肉食品在全球的竞争力。

第三节 饲料业发展趋势

一、饲料科学的研究方向

未来饲料科学的研究领域将由宏观向微观、由静态向动态方向发展。为与这种发展相适应,饲料科学将更注重从分子水平研究饲料的营养价值。同时,动物营养和饲料科学与边缘学科的相互渗透与嫁接将进一步加强:开展营养遗传学的研究,探讨畜禽的一些主要生产性能的遗传基础如基因表达与饲料营养的关系,以及如何通过选种提高反刍动物采食量、降低其能量和蛋白质维持需要量;饲料营养与免疫学的研究内容将包括营养与免疫的协同作用、营养不良或过剩与疾病的关系、应激状态下保持动物最适免疫功能的营养需要量等;营养生理的研究是饲料营养研究的另一热点课题,包括动物的不同生理状态对各种营养需要量参数的影响和畜禽饲料营养调控机理的研究。借助于先进的研究手段,使动物营养与饲料科学研究更深入,更能揭示饲料与畜禽之间各种错综复杂关系的本质。对饲料营养价值评定和畜禽营养需要量的研究的重视程度将得到加强。为了满足畜牧业发展中日益增长的饲料量的需要,饲料资源的进一步开发利用将是饲料工作者必须认真研究的问题。

二、饲料业发展趋势

(一)配方设计更科学

随着动物营养需要量的研究和预测进一步朝着动态、准确化方向发展,各种动物营养需要、饲养新标准将陆续问世,饲料营养成分和其他营养参数将不断得到更新和完善。数学模型在动物营养中的应用,使今后饲料配方设计选用的营养参数更全面、更科学、更先进。如动物营养研究动态数学模型可以决定畜禽生长阶段饲料的数量、季节性饲粮的使用、屠体目标体重,基因型选择、分性别饲养和降低污染的饲粮设计。在奶牛饲养中,使用美国加利福尼亚大学提出的碳水化合物和蛋白质新体系,可使原料的选择及营养素的搭配更具针对性。

(二)饲料产品的科技含量更高

20世纪80至90年代,饲料机械制造(如喂料器、膨化机、发酵设备等)、饲料加工工艺(如微粉碎、秸秆揉丝、γ射线灭菌等)、饲料添加剂与营养调控等动物营养科学领域的众多技术与生产应用有机结合,显著提高各类动物饲料的科技含量,进而提高畜禽的生产性能,提高畜禽健康水平和畜产品质量。

(三)饲料原料的来源更广

利用物理、化学和生物学技术对饲料原料尤其是新型饲料原料进行开发,并提高其营养物质利用率、饲料转化效率是解决饲料原料资源不足与配合饲料产量需求增加矛盾的重要途径。现代动物营养科学和饲料分析检测技术的进展,将为明了饲料中各种潜在营养物质和抗营养因子以更好地开发和利用各种饲料资源提供可靠的技术保证。在这一方面,欧洲国家利用来源广泛丰富的饲料原料(如粮食、油料、食品加工的副产物),采用预加工、添加剂和膨化等技术减少原料中抗营养因子并提高其营养价值的经验值得借鉴。由于人类膳食结构的改善更多地倾向于草食畜产品的利用,牛、羊肉及牛奶在食品构成中的比例会显著增加,因此,需要生产更多的符合绿色饲料要求的青绿饲料和牧草。

(四)安全绿色食品将是关注的焦点

随着人类对环境保护、食品安全与健康的进一步关注,饲料业要不断发展高新技术迎接这一挑战。如在饲料中使用酶制剂提高利用率,降低排污量;在饲料加工中避免交叉污染,推行避免残留或零残留技术;研究和建立与国际接轨的饲料产品质量标准,以保证饲料的安全、高效和绿色。

第四节 饲料学的性质、任务和内容

饲料学作为一门学科,既有其独立性,同时又与其他学科密不可分,可利用相关学科的大量先进成果来发展自己。现代饲料学的性质、任务和内容有其不同于其他学科的特点。

一、饲料学的性质和任务

饲料学是一门研究饲料的营养、饲料生产、饲料加工、饲料配合、人畜卫生、畜产品品质以及环境保护等的学科,同时也是一门涉及农业、工业、食品、医药、机械、内外贸等十多个行业的综合性学科,是畜牧养殖业的主要科学支柱之一。为了人类生存的健康永续发展,这门学科正朝着与物理、化学、生理、生化、遗传、育种、免疫等学科相互渗透、嫁接,揭示营养物质在动物体内的代谢规律,调控饲料营养物质在动物体内的合理吸收、代谢与分配,探讨动物机体的外界饲养条件与内部微生态环境的关系以及饲料的安全绿色等方向发展,它的发展对提高人类的生活和健康水平、促进国民经济的发展乃至社会的稳定都有至关重要的作用。

养殖业成本中的70%左右来自饲料,饲料是发展畜牧业的主要物质基础。饲料学对动物生产的发展至关重要,不仅是培养动物生产、动物营养与饲料科学专业人才的一门重要学科,也是推动动物生产不断发展的理论与技术基础,因此在理论和实践上都具有重要的地位。

就饲料学这门学科的性质而言,直接服务于畜牧业,是高等农业院校动物科学专业的一门专业基础课和动物营养与饲料科学专业的一门专业课。

饲料为养殖动物的一切生命活动提供营养物质,养殖动物的整个生命过程,离不开饲料及其包含的营养物质。饲料学的基本任务是,运用现代生物科学和农业科学先进技术与成果,深刻揭示饲料的营养代谢规律及各种营养物质间的相互关系、饲用价值及生理功能,最终达到为畜牧生产提供优质、高效、安全、符合现代环保要求的配合饲料,提高畜禽的生产性能和保证畜产品的质量的目标。

二、饲料学研究的内容

根据饲料学的性质和任务,包括如下研究内容:

第一,饲料化学。研究与动物生产有关的饲料中各种营养物质的种类、生理及生物学功能,是饲料学研究的基础内容。

第二,饲料营养价值评定。研究饲料营养价值评定的原理与方法,评定各种饲料对不同动物的营养价值。这是科学合理利用饲料的依据。

第三,饲料分类。研究建立饲料分类的方法,对饲料资源进行科学的分类和编号,便于各种饲料的合理利用和管理。

第四,饲料原料。研究各类饲料的分类、营养特性、加工方法、质量标准及饲用价值,并提出科学开发饲料资源的方法和途径。

第五,饲料与人畜卫生。研究饲料中各种营养物质与畜产品品质及风味的关系,揭示饲料中各种有毒有害物质、抗营养因子对畜禽生产性能及环境的影响,寻求为了保障人畜安全钝化或减少饲料中的有害因子的方法。

第六,饲料配合。研究如何运用动物对各种营养物质的需要量和饲养标准配制饲料,阐明科学配制饲粮的原则及科学设计不同种类畜禽不同生长阶段饲料配方的方法和手段。

本章小结

本章比较分析了国外和国内饲料业的发展概况,概述了当前我国饲料业中存在的问题和对策,阐明了未来饲料业的发展趋势,并阐述了饲料学的性质、任务和内容。国外饲料工业尤其是发达国家的饲料工业的发展大体经历了萌芽阶段和发展阶段。我国古代饲料业历史悠久,近代饲料业发展缓慢,饲料工业起步较晚,但伴随着现代饲料工业体系的建立,动物营养与饲料科学迅速发展,牧草、秸秆等粗饲料资源综合开发利用的开展以及饲料科学体系的建立,使饲料科学逐步成为一门独立的学科。目前,我国饲料业存在饲料及饲料添加剂资源短缺、配合饲料的使用比例低、单个工业饲料企业的生产规模小、基础研究薄弱和饲料不够安全等问题,针对此现状,未来饲料科学的研究领域将由宏观向微观、由静态向动态方向发展。配方设计更科学、饲料产品的科技含量更高、饲料来源更广、食品更加安全绿色等将成为未来饲料业的发展趋势和关注的焦点。

拓展阅读

扫码进行数字资源的获取和学习。

数字资源

[思政课堂]

按照中央经济工作会议、中央农村工作会议精神,以全面推进乡村振兴、加快建设农业强国为引领,秉承"卓越、高效、服务、和谐"核心理念,围绕推动高质量发展首要任务和构建新发展格局战略任务,着力夯基础、稳产能、防风险、增活力,坚持服务宗旨,加强能力建设,鼓励饲料企业强化技术创新和经营模式创新,实施全产业链、全球化发展战略,做强现代饲料工业。我国饲料行业须认真贯彻落实党中央、国务院决策部署,紧紧围绕行业高质量发展主线。要使饲料工业产业体量不断扩大、规模持续提升、科技创新加快、结构优化调整、质量安全水平持续保持高位,助推饲料工业进入一个由大向强、由多向精、由数量向质量的新发展阶段,为支撑我国畜牧业稳定发展,为国家粮食安全和农业经济持续增长做出重要贡献。

复习思考

1. 饲料的定义是什么？
2. 国外饲料业的发展经历了哪几个阶段？各阶段的特点是什么？
3. 中国饲料业的发展经历了哪几个阶段？各阶段的特点是什么？
4. 我国饲料现在存在的问题主要是什么？
5. 简述饲料学的任务和内容。

第二章
饲料成分

本章导读

饲料是动物所需营养物质的来源,是动物的重要生产资料,只有掌握了饲料所含的营养物质和非营养物质的情况才能更好地利用它。目前已清楚了解到,动物生长需要的物质达数十种,可以概括为七大类,即含氮化合物、脂类、碳水化合物、矿物质、维生素、水分和其他成分。这些物质在各种饲料中的含量有所不同,且具有独特的营养功能,在机体代谢过程中又联系密切,共同参加、推动和调节生命活动。

学习目标

1. 理解饲料中的成分是饲料发挥作用的物质基础;掌握饲料中有哪些成分。

2. 初步掌握饲料中营养及非营养成分的作用以及饲料中营养成分对动物生产的影响。

3. 通过学习,能根据饲料成分的特点科学开发利用各种饲料资源。

概念网络图

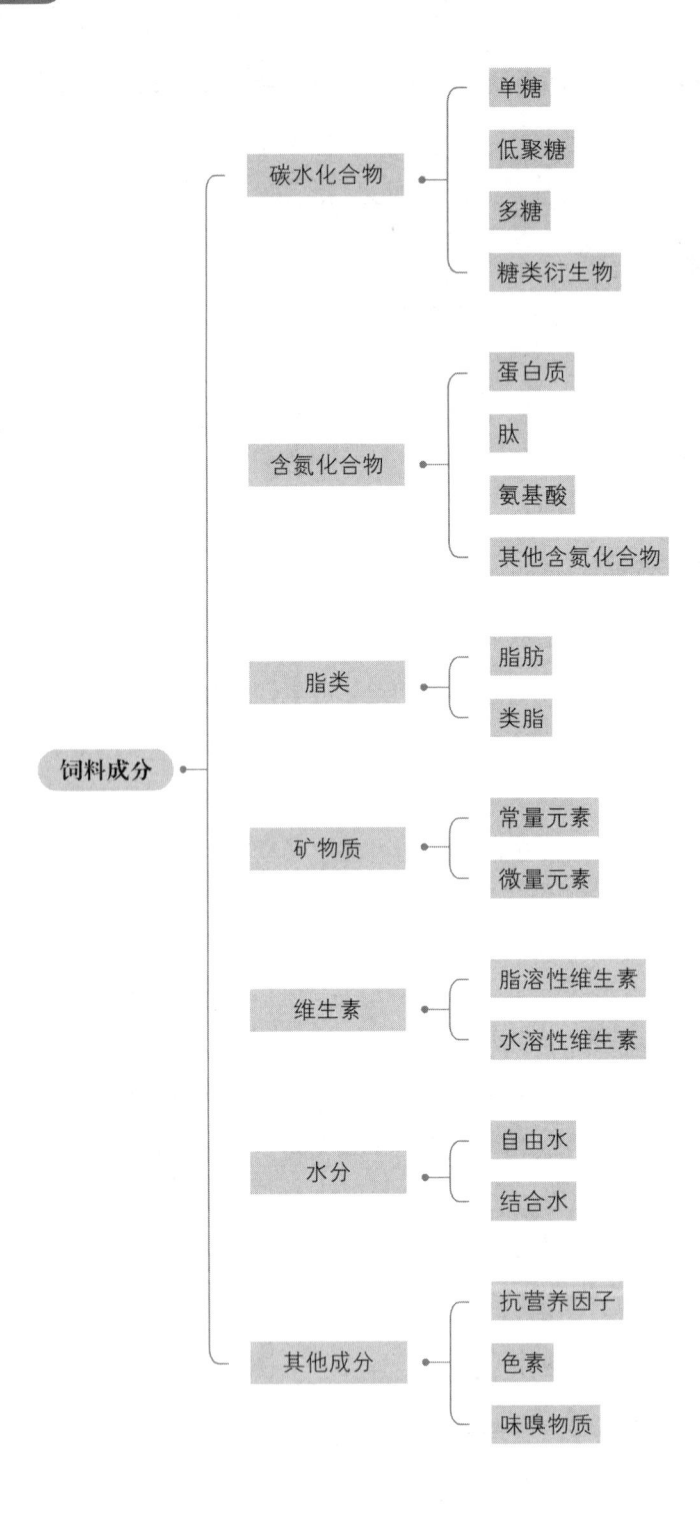

- 饲料成分
  - 碳水化合物
    - 单糖
    - 低聚糖
    - 多糖
    - 糖类衍生物
  - 含氮化合物
    - 蛋白质
    - 肽
    - 氨基酸
    - 其他含氮化合物
  - 脂类
    - 脂肪
    - 类脂
  - 矿物质
    - 常量元素
    - 微量元素
  - 维生素
    - 脂溶性维生素
    - 水溶性维生素
  - 水分
    - 自由水
    - 结合水
  - 其他成分
    - 抗营养因子
    - 色素
    - 味嗅物质

饲料是所有动物维持生命和进行生产的物质基础。动物生产过程中,动物需不断从外界摄取各种营养物质。营养物质主要来自各种植物性和动物性饲料,饲料是动物获取的各种营养物质的外在表现形式。因此,了解构成饲料的各种营养物质及其他化学成分,是进一步学习饲料营养价值评定、饲料原料营养特性、饲料资源开发与饲料配制技术的基础。饲料中主要含碳水化合物、含氮化合物、脂类、矿物质、维生素、水分及少量其他成分。

第一节 碳水化合物

碳水化合物(carbohydrate)是自然界分布最广的一类有机物质。植物性饲料中,碳水化合物一般约占植物体干物质的50%~80%;动物性饲料(除乳以外)中,碳水化合物总量不到1%,但却是动物体中重要的组织、能源、贮备物质和合成某些外分泌成分原料。

碳水化合物主要由碳、氢、氧三大元素组成,其中大部分H:O为2:1,可用通式$C_m(H_2O)_n$描述不同碳水化合物分子的组成结构。但少数碳水化合物并不遵循这一结构规律。饲料中所含碳水化合物种类较多,根据单糖的聚合度主要分为3大类,即单糖(不能被水解的简单化合物)、低聚糖(单糖聚合度≤10的碳水化合物,又称寡糖)和高聚糖(单糖聚合度>10的复杂碳水化合物,又称多糖)。此外,尚含一些糖类衍生物(见图2-1)。

一、单糖

单糖(monosaccharide)是最简单的一类碳水化合物,包括丙糖、丁糖、戊糖、己糖、庚糖及衍生糖。从化学结构特点看,单糖属于多元羟基醛、酮或其缩合物,故单糖又分为醛糖(如葡萄糖)和酮糖(如果糖)。单糖分子中既具有醇的结构,又有醛基或酮基的结构,故单糖的化学性质既同多羟醇(如可酯化、脱水、脱氧、氨基化等),又同醛或酮(具有氧化还原性)。这些醛糖或酮糖在化学反应或酶促反应中被氧化成糖酸(还原糖)或被还原为醇。

丙糖是最简单的单糖,重要的丙糖主要是甘油醛(丙醛糖)和二羟丙酮(丙酮糖)。它们的磷酸酯是糖代谢的重要中间产物。

单糖中以戊糖(五碳糖)和己糖(六碳糖)最为常见。戊糖中的核糖是核酸的组成成分;木糖是半纤维素和果胶的组成成分,反刍动物可借助瘤胃微生物发酵作用,使90%以上木糖被消化利用。另外,也有报告指出,木糖及木磺酸等具有促进畜禽代谢和营养吸收功能。己糖中的葡萄糖是动物体极易吸收的一种糖(胃壁直接吸收),可为动物组织提供能量,在植物体内也可以纤维素、淀粉等化合态形式贮存起来。果糖(由葡萄糖经异构化反应转化而来)是糖中最甜者,功能上虽与葡萄糖相同,但在吸收、运载等营养生理过程中却存在一定的差异,应注意合理利用。

```
碳水化合物
├─单糖
│   ├─丙糖:甘油醛、二羟丙酮
│   ├─丁糖:赤藓糖、苏阿糖等
│   ├─戊糖:核糖、核酮糖、木糖、木酮糖、阿拉伯糖等
│   ├─己糖:葡萄糖、果糖、半乳糖、甘露糖等
│   ├─庚糖:景天庚酮糖、葡萄庚酮糖、半乳庚酮糖等
│   └─衍生糖:脱氧糖、氨基糖、糖醇、糖醛酸、磷酸糖酯等
├─低聚糖
│   ├─双糖:蔗糖、乳糖、麦芽糖、纤维二糖、蜜二糖等
│   ├─三糖:棉籽糖、甘露三糖、龙胆三糖、松三糖、洋槐三糖
│   ├─四糖:水苏糖
│   ├─五糖:毛蕊草糖
│   ├─六糖:乳六糖
│   └─功能性低聚糖:甘露寡糖、果寡糖、木寡糖、异麦芽寡糖、β-寡葡萄糖、反式半乳寡糖
├─多糖
│   ├─均多糖
│   │   ├─戊聚糖:阿拉伯木聚糖
│   │   ├─葡聚糖:淀粉、糊精、糖原、纤维素
│   │   ├─果聚糖:菊糖、左聚糖
│   │   ├─半乳聚糖
│   │   └─甘露聚糖
│   └─杂多糖:果胶、树胶、半纤维素、黏多糖等
└─糖类衍生物:糖蛋白、糖脂等
```

图 2-1 碳水化合物分类图

二、低聚糖

低聚糖(oligosaccharide)一般是指由 2~10 个单糖通过糖苷键组成的一类糖。其中双糖分布较广。

(一)双糖

双糖(disaccharide)又称二糖,是由 2 分子单糖脱水缩合而成的一类糖。植物组织中存在的双糖主要有蔗糖、麦芽糖、纤维二糖、乳糖、海藻糖、蜜二糖等,而动物乳中则含有较多乳糖。双糖在动物体消化道内分解成单糖,才能被动物体吸收利用。

1. 蔗糖

蔗糖(sucrose)是由 1 分子葡萄糖和 1 分子果糖组成的一种非还原性二糖,含量较高的主要有甜菜(15%~20%)、甜高粱(10%~18%)、甘蔗(10%~15%)、枫树(3%~6%)等。各种果实、根茎类、蔬菜与树木汁液中也有不等含量。

初生乳猪小肠和胰脏分泌的蔗糖酶含量极微,在生后 1 周内只能利用乳糖或葡萄糖。若喂蔗糖或果糖,可引起乳猪严重下痢。一般乳猪出生后 2 周才可喂少量蔗糖或淀粉。犊牛消化道内的双糖酶或胰碳水化合物酶形成更慢,2 月龄时才可饲喂蔗糖。

2. 麦芽糖

麦芽糖(maltose)为淀粉与糖原的组成成分,由 2 分子葡萄糖缩合生成,属还原性双糖。主要存在于

发芽谷物中,是淀粉水解时产生的。因动物体内含相应的酶,故可被直接吸收利用。

3.乳糖

乳糖(lactose)是1分子半乳糖以β-1,4-糖苷键与1分子葡萄糖结合而成的还原性双糖,主要存在于哺乳动物乳汁中。动物种类不同,乳中含量不同,如牛乳中含4.5%~5.5%,猪乳中约含4.9%,马乳中约含6.1%,山羊乳中约含4.6%,人乳中约含7%。由于乳糖酶随哺乳动物年龄增长而活性降低,因此成年家畜摄取乳糖过多时,除被肠道微生物发酵后吸收外,剩余者排出体外。

4.纤维二糖

纤维二糖(cellobiose)是纤维素的基本构成单位,由2分子葡萄糖以β-1,4-糖苷键连接而成。自然界中无游离态,只有当纤维素经微生物发酵、酶解或酸水解时,才会产生游离态纤维二糖。动物体内无相应水解酶(β-葡萄糖苷酶),故无法直接利用。

其他双糖还有蜜二糖、龙胆二糖、松二糖等。

(二)其他常见的低聚糖

其他常见的低聚糖主要有棉籽糖、水苏糖等。

1.三糖

主要的三糖(trisaccharide)有棉籽糖、甘露三糖等。棉籽糖是由半乳糖、葡萄糖和果糖组成的一种无还原性三糖,棉籽中含量较高,约8.0%,大豆、糖用甜菜及蔗糖废糖蜜中有一定含量,约0.5%。动物本身无消化棉籽糖的酶,故无法直接对其利用,经肠道微生物发酵产生气体,因此,动物摄入过多豆类或豆类产品等易发生肠胃胀气。

2.四糖

主要的四糖(tetrasaccharide)为水苏糖,是一种由1分子果糖、1分子葡萄糖和2分子半乳糖组成的四糖,常见于多种植物的根茎和籽实中,唇形科水苏属植物含量较高。动物本身也无相应水解酶,食入过多也易发生肠胃胀气。

3.功能性低聚糖

功能性低聚糖也称功能性寡糖。常见的功能性低聚糖包括甘露寡糖(广泛存在于魔芋粉、瓜儿豆胶、田菁胶及多种微生物细胞壁中)、果寡糖(广泛存在于麦类等植物中)、木寡糖、乳寡糖、异麦芽寡糖、β-寡葡萄糖和反式半乳寡糖。功能性低聚糖由于α-1,4-糖苷键比例较少,故基本不被动物消化酶分解,但单胃动物消化道后部寄生着大量有益微生物能产生分解各种糖苷键的酶,可分解消化这类低聚糖。据报道,用作饲料添加剂的功能性低聚糖可作为动物肠道内有益微生物(如双歧杆菌、乳酸杆菌等)的营养成分,有促进消化道有益菌株增殖和抑制有害微生物的作用,同时还可促进机体免疫力提高和促进动物生产。

三、多糖

多糖(polysaccharide)是由10个以上单糖分子经脱水、缩合而成,属一类结构复杂的高分子化合物,一般单糖分子数在百个以上。多糖广泛分布于植物和微生物体内,动物体内也有少量分布(主要为糖原)。多糖可以分成营养性多糖和结构多糖,如淀粉、菊糖、糖原等属营养性多糖,其余多糖属结构多糖。

多糖一般不溶于水,只有水解或发酵后才能被动物吸收利用。

(一)淀粉

淀粉(starch)是由D-葡萄糖组成的一种多糖,以微粒形式大量存在于植物种子、块茎及干果实中,属植物体中一种贮藏物质。玉米、高粱、小麦等谷实中含量高,一般可达60%~70%;甘薯、木薯、马铃薯中含量约25%~30%。淀粉分直链淀粉和支链淀粉2种,前者是葡萄糖以α-1,4-糖苷键连接的链状分子;后者是除葡萄糖以α-1,4-糖苷键结合的主链外,尚含有α-1,6-糖苷键与主链相连的支链。来源不同,直、支链淀粉含量比例不同。一般淀粉中,直链淀粉约占15%~25%,其余为支链淀粉。而糯米、黏高粱中99%的淀粉属支链淀粉。豆类中淀粉虽含量不高(如大豆仅含0.4%~0.9%),但全属直链淀粉。

1.淀粉的特性

(1)糊化

糊化是指天然淀粉颗粒(生淀粉、β-淀粉)在适当温度(不同淀粉要求不同温度)时,吸水膨胀,体积变为原体积的数百倍,分裂成均匀、有黏性的糊状溶液的现象。其实质是淀粉分子间氢键断裂和联系变松散,淀粉粒分散在水中形成胶体溶液,糊化后的淀粉被称为α-淀粉。一般支链淀粉易于糊化,淀粉糊化后易被淀粉酶水解,故淀粉糊化可提高动物的消化率。影响淀粉糊化的因素有淀粉的种类、含水量、脂类等。

(2)老化

老化是指糊化后的淀粉缓慢冷却或在室温下长期放置后变得不透明,形成致密的、高度晶体化的不溶性的分子微束,甚至产生沉淀的现象。其实质是相邻分子间断裂的氢键逐渐恢复,部分淀粉分子微束重新形成。一般直链淀粉易老化。老化的淀粉较不易被酶水解,难以消化利用。

(3)胶化

胶化淀粉是指在淀粉与水或其他液体混合物受热或加热过程中,淀粉颗粒吸水膨胀,并与水分子结合成为胶体。胶化淀粉与糊化淀粉类似,但其黏度更高,可以形成胶体。胶化淀粉是由糊化淀粉通过进一步处理或添加其他化学物质而形成的。淀粉产生胶化的原因是淀粉分子中虽含有很多的羟基,但这些羟基是通过高强度化学氢键结合的,从而使淀粉具有不同程度的抗涨破或抗压碎能力。特别是马铃薯中的淀粉粒,若不经高温处理,猪禽消化道中的酶就无法进入淀粉粒内,从而产生消化障碍。

2.淀粉在动物体内的消化利用

动物采食饲料后,饲料中的淀粉便会在淀粉酶的作用下,降解为多个长短不一的多苷链片段(统称糊精),然后再变为麦芽糖,最终以葡萄糖的形式被吸收利用。

(二)糊精

糊精(dextrin)是淀粉消化或加热水解而产生的一系列有支链的低分子化合物。据研究,支链淀粉在动物消化过程中可先分解成α-极限糊精,α-极限糊精再在糊精酶作用下进一步水解成麦芽糖与葡萄糖,供动物利用。

(三)糖原

糖原(glycogen)结构与支链淀粉相似,是糖在动物体内存在的另一种形式。除酵母中含量较高外(占干物质的3%~20%),一般饲料含量极微。

(四)非淀粉多糖

非淀粉多糖(non-starch polysaccharide, NSP)是植物的结构多糖的总称,是植物细胞壁的重要成分。它主要由纤维素、半纤维素、果胶等组成。纤维素属于不溶性NSP,其余的属于可溶性NSP。可溶性NSP的抗营养作用日益受到关注。小麦、黑麦中阿拉伯木聚糖含量较高,大麦、燕麦中β-葡聚糖的相对含量较高,猪鸡消化道内缺乏β-葡聚糖和阿拉伯木聚糖的内源酶,故不能将其消化。

1.纤维素

纤维素(cellulose)也称β-1,4葡聚糖,由几百至上千个D-葡萄糖经β-1,4-糖苷键结合而成,呈扁带状微纤维。纤维素是植物细胞壁的主要组成成分,占植物界碳含量的50%以上。微纤维间以氢键牢固相连,故纤维素具有基本不溶性和极大的抗酶性。哺乳动物体内不含纤维素酶,故无法直接利用,但消化道内共生的细菌、真菌分泌的纤维素酶可分解纤维素供动物利用。

2.半纤维素

半纤维素(hemicellulose)是由多个高聚糖组成的一种异源性混合物,包括戊聚糖、己聚糖等各自的聚合体,是植物细胞壁组成成分。常见的半纤维素有β-葡聚糖、阿拉伯木聚糖、葡甘露聚糖和半乳甘露聚糖。戊聚糖中的木聚糖是构成植物茎叶的骨架,果聚糖则为植物体的贮存物质。半纤维素与纤维素属于两种完全不同的高聚糖。半纤维素在细胞壁中与果胶以共价键相结合,与纤维素以氢键相连接,从而更加增强了细胞的坚实度。随着植物生长期的延长和木质素的增多,植物体的坚实度增强,动物消化其的效率随之下降。

3.果胶

果胶(pectin)以杂多糖组成,是植物细胞壁组成成分,广泛存在于各种高等植物细胞壁和相邻细胞之间的中胶层中,具有黏着细胞和运送水分的功能。其主骨架是α-1,4-糖苷键链接的半乳糖醛酸,其中部分羧基被甲酯化。幼嫩植物中,果胶称为原果胶,与纤维素、半纤维素结合存在,不溶于水。植物成熟后,原果胶中纤维素、半纤维素被分离出去,形成真正的果胶,质地软、有黏性且溶于水。随着植物及果实进一步成熟,果胶经去甲酯化形成果胶酸,失去黏性。

果胶在酒精及某些盐(硫酸镁、硫酸铵和硫酸铝等)溶液中凝结沉淀,通常利用这一性质提取果胶。果胶为白色或淡黄褐色的粉末,微有特异臭,味微甜带酸,无固定熔点和溶解度,相对密度约为0.7,溶于20倍的水可形成乳白色黏稠状液体,呈弱酸性。植物中的水溶性果胶易被消化道微生物分泌的果胶酶分解,供动物利用,而与木质素结合者被利用率很低。

四、糖类衍生物

结合糖(bound saccharide)是指糖与非糖物质的结合物。常见的是糖与蛋白质结合,统称为糖蛋白。它分布广泛,具有多种生物学功能。

第二节 含氮化合物

饲料中所有含氮物质统称为粗蛋白质(crude protein，CP)，它又包括真(纯)蛋白质与非蛋白含氮物(nonprotein nitrogen，NPN)。氨基酸是组成真蛋白质的基本结构单位，主要由C、H、O、N 4种元素组成(约占98%)，同时还有少量的S、P、Fe、Zn、Se等元素。非蛋白含氮物包括游离氨基酸、铵盐、肽类、酰胺、硝酸盐等。

多数饲料中蛋白质平均含氮量为16%(变幅在14.90%~18.87%)，因此通过凯氏定氮法测定饲料中粗蛋白质含量时，可用饲料含氮量除以16%。

但实际上不同种类饲料间蛋白质的含氮量存在差异，表2-1中列出了几种饲料的蛋白质含量换算系数。

表2-1 不同饲料蛋白质的换算系数

饲料名称	换算系数	饲料名称	换算系数
玉米	6.25	全脂大豆粉	5.72
豆类	5.46	小麦粉	5.83
棉籽	5.30	乳及乳制品	6.28
向日葵饼	5.30	大麦	5.83
燕麦	5.83	黑麦	5.83

一、蛋白质的分类

天然饲料中，蛋白质种类多，结构复杂，分类方法较多。常见的分类方法有如下几种：

按生理功能可分为：结构蛋白(如胶原纤维、肌原纤维等)、贮藏蛋白(如清蛋白、谷蛋白、酪蛋白)和生物活性蛋白(如酶、激素等)。

按蛋白分子形状可分为：球蛋白和纤维蛋白。

按加工性状表现可分为：面筋性蛋白(醇溶蛋白、谷蛋白)和非面筋性蛋白(清蛋白、球蛋白)。

按化学组成，一般多将蛋白质分为：单纯蛋白质、复合蛋白质和衍生蛋白质。

1.单纯蛋白质

单纯蛋白质(simple protein)是指经彻底水解只产生氨基酸的蛋白质，若进一步按其溶解性，又可分为7种：清蛋白、球蛋白、谷蛋白、醇溶蛋白、精蛋白、组蛋白、硬蛋白。

2.复合蛋白质

复合蛋白质(conjugated protein)由单纯蛋白质和非蛋白辅基结合而成。水解时不仅产生氨基酸，而且还会产生其他物质。按辅基不同，复合蛋白一般又可分为：脂蛋白、核蛋白、糖蛋白、色蛋白、磷蛋白、金属蛋白。

3.衍生蛋白质

衍生蛋白质(derived protein)既包括蛋白质分子内部结构变化的变性蛋白质,又包括天然蛋白质经酸、碱、酶等处理后所生成的蛋白胨、胨、肽、明胶等。

二、肽

肽是分子结构介于氨基酸和蛋白质之间的一类化合物。二肽由2个氨基酸通过肽键相连形成,三肽由3个氨基酸通过肽键相连形成,以此类推。一般将肽中氨基酸残基低于10个的称为寡肽,将寡肽中的二肽、三肽称为小肽;10个以上的称为多肽。研究表明,动物在消化道中消化蛋白质的大部分终产物往往是小肽,而且小肽能完整地通过肠黏膜细胞进入血液循环。血液循环中的小肽能直接参与组织蛋白质的合成,肝脏、肾脏、皮肤和其他组织也能完整地利用小肽。小肽能在动物肠道被直接吸收,显示出它相比其他饲料蛋白质的优势。此外,生物活性肽是指能参与调节动物的某些生理活动或具有某些特殊作用的肽。某些饲料蛋白质可在消化道内被分解为生物活性肽,被吸收后与特殊受体结合,参与代谢和内分泌调节。目前已经发现的饲料源生物活性肽有阿片活性肽、免疫调节肽、金属元素载体、抗菌肽、抗氧化肽和抗应激肽等。

三、氨基酸

(一)组成蛋白质的氨基酸及其结构

据研究,天然存在的氨基酸(amino acid)有数百种,但常见的组成蛋白质的氨基酸仅有20种(编码氨基酸)。这些氨基酸中,在动物体内不能合成或合成量不能满足动物需要的氨基酸称为必需氨基酸(essential amino acid,EAA);动物体内能合成而不必由饲料提供的氨基酸为非必需氨基酸(non-essential amino acid,NEAA)。天然存在的氨基酸多为易于被动物吸收利用的L-型氨基酸。由于氨基酸在种类、数量和排列顺序方面的不同,又组成了自然界多种多样的蛋白质。

20种氨基酸的不同点在于其侧链基团。根据氨基酸的辅基化学特性,饲料中的氨基酸通常可分为4类(表2-2)。

表2-2 氨基酸的分类、分子式与简写符号

分类与名称	分子式	英文名	简写符号*	相对分子质量	含N/%
非极性R基氨基酸					
丙氨酸	$C_3H_7O_2N$	alanine	Ala, A	89	15.7
缬氨酸	$C_5H_{11}O_2N$	valine	Val, V	117	12.0
亮氨酸	$C_6H_{13}O_2N$	leucine	Leu, L	131	10.7
异亮氨酸	$C_6H_{13}O_2N$	isoleucine	Ile, I	131	10.7
脯氨酸	$C_6H_9O_2N$	proline	Pro, P	115	12.2
苯丙氨酸	$C_9H_{11}O_2N$	phenylalanine	Phe, F	165	8.5
色氨酸	$C_{11}H_{12}O_2N_2$	tryptophan	Trp, W	204	13.7

续表

分类与名称	分子式	英文名	简写符号*	相对分子质量	含N/%
蛋氨酸	$C_5H_{11}O_2NS$	methionine	Met, M	149	9.4
不带电荷的极性R基氨基酸					
甘氨酸	$C_2H_5O_2N$	glycine	Gly, G	75	18.7
丝氨酸	$C_3H_7O_3N$	serine	Ser, S	105	13.3
苏氨酸	$C_4H_9O_3N$	threonine	Thr, T	119	11.8
半胱氨酸	$C_3H_7O_2NS$	cysteine	Cys, C	121	11.6
酪氨酸	$C_9H_{11}O_3N$	tyrosine	Tyr, Y	181	7.7
天冬酰胺	$C_4H_8O_3N_2$	asparagine	Asn, N	132	21.2
谷氨酰胺	$C_5H_{10}O_3N_2$	glutamine	Gln, Q	146	19.2
带正电荷的R基氨基酸（碱性氨基酸）					
赖氨酸	$C_6H_{14}O_2N_2$	lysine	Lys, K	146	19.2
精氨酸	$C_6H_{14}O_2N_4$	arginine	Arg, R	174	32.2
组氨酸	$C_6H_9O_2N_3$	histidine	His, H	155	27.1
带负电荷的R基氨基酸（酸性氨基酸）					
天冬氨酸	$C_4H_7O_4N$	aspartic acid	Asp, D	133	10.5
谷氨酸	$C_5H_9O_4N$	glutamic acid	Glu, E	147	9.5

注：*列出的简写符号包括三字母符号和单字母符号。

(二)氨基酸的理化性质

1. 溶解性

不同氨基酸在水中的溶解度不同，赖氨酸、精氨酸易溶于水，胱氨酸、酪氨酸、天冬氨酸等则难溶于水。但所有的氨基酸都可不同程度地溶于盐酸溶液中。

2. 两性解离及等电点

因为氨基酸分子中存在着氨基和羧基，所以氨基酸是两性化合物，它既具有碱性基团，又有酸性基团，它既可以不带电荷的分子状态存在，又可以带相反电荷的偶极离子(或称两性离子)状态存在，还可以两者的混合物状态存在。氨基酸在水溶液中以偶极离子状态存在，在强酸性溶液中，大部分氨基酸以阳离子形式存在，在碱性溶液中则主要呈阴离子状态。对于任何一种氨基酸，在一定pH的溶液中所带净电荷为0时，这个pH就称为该氨基酸的等电点。

3. 旋光性

所有的天然氨基酸中(甘氨酸除外)，都存在有不对称的α-碳原子，因此，都具有旋光性，即有L-型和D-型2种立体构型。目前发现存在于天然蛋白质中的氨基酸(除甘氨酸外)都是L-型的。但在某些生物体内，特别是细菌中，D-型氨基酸也是广泛存在的。

4. 光吸收性

组成蛋白质的20种氨基酸，一般对可见光都没有光吸收，但有几种氨基酸对紫外光有明显的吸收能力，如酪氨酸、色氨酸和苯丙氨酸。利用这一特性可以测定这些氨基酸的含量。

5. 其他化学反应特性

（1）氧化脱氨基反应

因被氧化氨基酸脱掉氨基而生成α-酮酸和氨的一种反应。

（2）还原脱氨基反应

因氢作用氨基酸脱掉氨基生成有机酸和氨的一种反应。

（3）脱羧基反应

指氨基酸脱羧生成胺的一种反应。该反应多发生在动物性饲料腐败变质时，氨基酸脱羧产生如组胺、酪胺、色胺（分别由组氨酸、酪氨酸、色氨酸产生）等胺类。这些胺类虽具有特殊的生理生化功能，如组胺具有扩张血管、降低血压、促进胃液分泌的作用等，但若在体内聚积，则会引起动物中毒。此外，饲料中的氨基酸也可在动物体内转变为胺类。

（4）羰氨反应

氨基羰基反应也称美拉德反应，指氨基酸中的氨基与还原糖之间发生的一种非酶促褐变反应。如赖氨酸的ε-NH$_2$与还原糖在加热条件下发生反应，反应结果使饲料营养价值降低。易发生这种反应的氨基酸有赖氨酸、精氨酸、组氨酸、色氨酸、苏氨酸等。

（5）赖氨酰丙氨酸生成反应

指在碱性条件下，多肽链中赖氨酸的ε-NH$_2$与丙氨酸反应，生成赖氨酰丙氨酸残基。由于赖氨酰丙氨酸不能被酶作用，故不能被动物吸收利用。因此，用碱处理饲料蛋白时应特别注意。

（6）加热过度时的其他反应

①可使来自组氨酸的组胺与赖氨酸结合，产生糜烂素。其在饲料中量达3 mg/kg时，即会使鸡发生肌胃糜烂、猪出现下痢、鱼肝脏机能下降等。

②可引起氨基酸键之间发生新的交换，形成新的酰胺键，使蛋白质难以被酶水解、消化（如赖氨酸中的ε-NH$_2$易与天门冬氨酸或谷氨酸之间发生反应）。

③在一定条件下，氨基酸可与铁、锰、钴、钙、锌等二价或二价以上金属离子发生反应，生成螯合物，如氨基酸铁、氨基酸铜、氨基酸锰等。结果使这些矿物元素易被动物体吸收利用。

四、其他含氮化合物

（一）酰胺类

天冬酰胺和谷酰胺分别是天冬氨酸和谷氨酸的重要酰胺（amide）衍生物，被列入氨基酸类，在物质传递反应中具有重要作用。尿素是一种最简单酰胺，是哺乳动物体内氮代谢的主要尾产物，也是反刍动物的一种非蛋白氮饲料。许多植物性饲料中均含有尿素，如大豆、马铃薯、甘蓝等。另外，禽类氮代谢的主要尾产物是尿酸。

（二）硝酸盐

硝酸盐（nitrate）存在于植物饲料中，在处于生长期的植物中含量较高，尤其是幼嫩的青饲料。其本身并无毒性,但在适宜的条件下(如青饲料堆放或焖煮不当),易于被还原生成对动物极具毒性的亚硝酸盐。动物采食亚硝酸盐含量较高的物质易引起中毒。

(三)核酸

核酸(nucleic acid)是一种高分子化合物,水解后生成碱性含氮化合物(嘌呤、嘧啶)、戊糖(核糖或脱氧核糖)和磷酸组成的混合物。核酸在动物体内的作用是贮存遗传信息,并将这些信息用于蛋白质的合成过程中,对维持动物的生命活动和生产十分重要。

第三节 脂类

脂类(lipid)也称脂质,是对动植物组织中脂溶性物质的统称,包括脂肪(真脂肪)和类脂。脂肪是由1分子甘油和3分子脂肪酸缩合而成的三酰甘油(中性脂肪),通常把固态三酰甘油称为脂,液态三酰甘油称为油。类脂包括游离脂肪酸、磷脂(甘油磷脂类、神经磷脂类)、糖脂、脂蛋白、固醇类、类胡萝卜素和脂溶性维生素等。脂类是动物体内的贮备物质和生理功能物质的重要原料,同时也是重要的能源物质。

一、脂肪

脂肪的种类不同,油脂性状不同。脂肪类型不同,脂肪酸的组成也不同。如玉米油含90%不饱和脂肪酸,室温下呈液态。牛油含饱和脂肪酸高,室温下呈固态。奶油含较多的低级挥发性脂肪酸,故熔点低于牛油。大量研究表明,饲料油脂性质和营养价值主要取决于构成它的脂肪酸。

(一)脂肪的主要性质

脂肪饱和程度不同,脂肪酸和脂类的熔点、硬度和碘价不同;脂肪酸分子质量不同,脂肪的皂化价不同。几种常见脂肪的脂肪酸成分与理化常数见表2-3。

表2-3 几种常见脂肪的脂肪酸成分与理化常数

名称	分子简式	动物脂肪			植物脂肪		
		奶油	猪油	羊油	豆油	棉籽油	玉米油
饱和脂肪酸/%							
丁酸	C4:0	3	—	—	—	—	—
己酸	C6:0	1	—	—	—	—	—
辛酸	C8:0	2	—	—	—	—	—
癸酸	C10:0	2	—	—	—	—	—
月桂酸	C12:0	7	—	—	—	—	—
豆蔻酸	C14:0	23	1	3	—	1	—
软脂酸	C16:0	19	25	25	7	19	7
硬脂酸	C18:0	11	13	28	4	2	3

续表

名称	分子简式	动物脂肪			植物脂肪		
		奶油	猪油	羊油	豆油	棉籽油	玉米油
不饱和脂肪酸/%							
油酸	C18:1ω-9	27	54	37	33	33	43
亚油酸	C18:2ω-6	—	7	3	51	39	39
亚麻酸	C18:3ω-3	—	—	—	2	—	—
理化常数							
熔点/℃		12~36	35~45	44~50	室温下为液态		
碘价/(g/100 g)		26~38	40~70	31~45	130~137	100~115	105~125
皂化价/(mg/g)		220~241	193~220	—	190~194	190~200	87~93

1.脂肪的水解特性

除在稀酸或强碱溶液中脂类能分解成基本结构单位外,微生物产生的脂肪酶也可催化脂类水解成脂肪的基本结构单位——甘油和脂肪酸。这类水解对脂类营养价值没有影响,但水解产生的某些脂肪酸有特殊的异味或酸败味,可能影响动物适口性。脂肪酸碳链越短(特别是4~6个碳原子的脂肪酸),异味越浓。

脂肪在强碱溶液中水解生成的高级脂肪酸盐习惯上称为"肥皂",因此,把脂肪在碱性溶液发生的水解反应称为"皂化反应"。皂化1 g脂肪所需KOH的毫克数称为该脂肪的皂化价。某油脂若皂化价高,说明组成该油脂的脂肪酸碳链较短;反之若皂化价低,表明该油脂的脂肪酸碳链较长。

2.不饱和脂肪酸的加成反应

不饱和键中的π键断裂,与试剂的2个原子或基团结合,这样的反应叫作加成反应。

(1)氢化

氢化作用指在镍、铂等催化剂或酶的作用下,不饱和脂肪酸分子中的双键碳原子可以得到氢而转变成饱和脂肪酸的过程。氢化作用可使脂肪的熔点提高,硬度增加,故氢化作用也称为"硬化"。

(2)脂肪饱和程度的表示

不饱和脂肪酸在一定条件下可与碘发生加成反应,能吸收碘的质量可反映脂肪中不饱和键的多少。因此,通常用100 g脂肪或脂肪酸所能吸收碘的克数——即碘价来表示脂肪或脂肪酸的不饱和程度。

(3)饲料中脂肪在反刍动物瘤胃内的氢化

饲料中的大部分不饱和脂肪酸经瘤胃内微生物酶氢化作用变成饱和脂肪酸,不饱和脂肪酸减少。如牧草中的真脂肪和类脂在瘤胃中受微生物的作用发生水解,产生甘油和各种脂肪酸,其中包括饱和与不饱和脂肪酸,不饱和脂肪酸在瘤胃中经氢化作用,变成饱和脂肪酸,故参与牛体脂肪代谢的脂肪酸多为饱和脂肪酸。该反应需要的氢来源于NADH或内源电子供给体,也来源于瘤胃发酵产生的氢。

3.脂肪酸败

(1)水解型酸败

通常是微生物(如霉菌繁殖产生解脂酶)作用于脂肪,引起简单的水解反应,使之水解为脂肪酸、甘油二酯、甘油一酯和甘油。脂肪酸碳链越短,这种异味越浓。

(2)氧化酸败

脂肪在贮藏过程中,在氧气、微生物、酶等的作用下生成过氧化物,并进一步被氧化成醛、酮、酸等化合物,同时出现异味的现象称为脂肪氧化酸败。按照引起脂肪氧化酸败的原因和机制,通常将氧化酸败分为两种类型。

①酮型酸败,又称β-型氧化酸败,是指多脂饲料发生霉变时,脂肪水解产生的游离饱和脂肪酸在一系列酶的促进下被氧化,最后产生酮酸和甲基酮的现象。由于该氧化作用引起的降解多发生在饱和脂肪酸α-碳与β-碳之间的键上,因而又称其为β-型氧化酸败。

②氧化型酸败,又称脂肪自动氧化,是一种自由基激发的氧化,先形成脂过氧化物,再与脂肪分子反应形成氢过氧化物,达到一定浓度时分解形成短链的醛和醇,使脂肪出现酸败味,最后经聚合作用使脂肪变成黏稠、胶状甚至固态的物质。主要发生在含多不饱和脂肪酸的饲料中,如玉米粉、米糠等多脂饲料贮藏时,即使没有发生霉变,也会发生脂肪的自动氧化酸败,从而降低饲料的营养价值。

(3)脂肪氧化酸败对动物的影响及脂肪氧化的测定

氧化酸败既降低了脂肪的营养价值,也产生了恶臭的气味使动物采食量下降,同时使饲料中抗氧化物质的需要量增加;并且会使动物肠道受到刺激,引起动物胃肠道微生物区系发生变化,使动物胃肠道发炎或消化紊乱。氧化酸败的油脂是致鱼瘦背病的重要原因。

油脂氧化酸败的程度可用酸价来表示。所谓酸价就是指中和1 g油脂中游离脂肪酸所需KOH的毫克数。一般酸价大于6的油脂不能饲喂动物。

(二)脂肪酸

据研究,当前从油脂分离出的近百种脂肪酸(fatty acid, FA)中,除微生物界有碳原子为奇数呈分枝结构的脂肪酸外,其他多为偶数碳原子的直链脂肪酸。直链脂肪酸又可根据其溶解性、挥发性、饱和程度分成4种类型,饲料中常见直链脂肪酸分类及示例见表2-4。

表2-4 饲料中常见脂肪酸的分类

类别	名称	分子式	简式1	简式2	熔点/℃
水溶性挥发性脂肪酸	丁酸(酪酸)	C_3H_7COOH	C4:0	—	-7.9
	己酸(羊油酸)	$C_5H_{11}COOH$	C6:0	—	-3.2
	辛酸(羊脂酸)	$C_7H_{15}COOH$	C8:0	—	16.3
	癸酸(羊醋酸)	$C_9H_{19}COOH$	C10:0	—	31
非水溶性挥发性脂肪酸	月桂酸	$C_{11}H_{23}COOH$	C12:0	—	44
非水溶性不挥发性饱和脂肪酸	豆蔻酸	$C_{13}H_{27}COOH$	C14:0	—	56
	棕榈酸(软脂酸)	$C_{15}H_{31}COOH$	C16:0	—	63
	硬脂酸	$C_{17}H_{35}COOH$	C18:0	—	70
	花生酸	$C_{19}H_{39}COOH$	C20:0	—	76

续表

类别	名称	分子式	简式1	简式2	熔点/℃
非水溶性不挥发性不饱和脂肪酸	棕榈油酸	$C_{15}H_{29}COOH$	$C16:1\Delta^9$	$C16:1\omega-7$	1.5
	油酸	$C_{17}H_{33}COOH$	$C18:1\Delta^9$	$C18:1\omega-9$	13.4
	芥子酸	$C_{21}H_{41}COOH$	$C22:1\Delta^{13}$	$C22:1\omega-9$	33~34
	亚油酸	$C_{17}H_{31}COOH$	$C18:2\Delta^{9,12}$	$C18:2\omega-6$	-5
	亚麻酸	$C_{17}H_{29}COOH$	$C18:3\Delta^{9,12,15}$	$C18:3\omega-3$	-14.5
	花生四烯酸	$C_{19}H_{31}COOH$	$C20:4\Delta^{5,8,11,14}$	$C20:4\omega-6$	-49.5
	二十碳五烯酸(EPA)	$C_{19}H_{29}COOH$	$C20:5\Delta^{5,8,11,14,17}$	$C20:5\omega-3$	—
	二十二碳六烯酸(DHA)	$C_{21}H_{31}COOH$	$C22:6\Delta^{4,7,10,13,16,19}$	$C22:6\omega-3$	—

脂肪酸分子中的碳键未全部被氢占据，即分子中含有双键(即不饱和键)，这样的脂肪酸称为不饱和脂肪酸。不饱和脂肪酸分子中一般含有1~6个双键。通常将分子中含有2个或2个以上双键的十八或十八碳以上的脂肪酸称为高度不饱和脂肪酸或多不饱和脂肪酸。

从表2-4可见，碳原子数量少的脂肪酸具挥发性，故称挥发性脂肪酸(volatile fatty acid, VFA)。碳原子数愈多，熔点愈高；饱和度愈低，熔点也愈低。一般来说，陆生动植物脂肪多为 C_{16} 和 C_{18} 的脂肪酸(以 C_{18} 脂肪酸居多)，主要有软油酸、油酸和硬脂酸；海洋水产动物脂肪多为 C_{20} 和 C_{22} 的不饱和脂肪酸；淡水鱼中 C_{18} 不饱和脂肪酸比例较高；果仁脂肪中主要是软脂酸、油酸、亚油酸；种子中主要是 C_{16} 的软油酸和 C_{18} 的油酸、亚油酸和亚麻酸，以 C_{18} 不饱和脂肪酸较多；哺乳动物乳中，除软脂酸、油酸外，尚含5%~30%的 C_4~C_{10} 低级脂肪酸。

此外，在不饱和脂肪酸中，尚有几种脂肪酸在动物体无法合成或合成量较小，满足不了动物需要，必须由饲料中供给，这些不饱和脂肪酸称为必需脂肪酸(essential fatty acid, EFA)，如亚油酸、亚麻油酸、花生四烯酸。

二、类脂

(一)磷脂与糖脂

1. 磷脂

磷脂(phosphatide)是一种复合脂肪，在结构上除含有磷酸根、甘油、脂肪酸之外，还有含氮的有机碱。磷脂是动植物细胞的重要组成成分，在动植物体中广泛存在，动物的各种组织器官如脑、心脏、肝脏内含有大量磷脂，植物的种子中含量较多。正常动物体组织可自行合成磷脂，不必由饲料供给，但若所供饲料缺乏合成磷脂的原料如胆碱、蛋氨酸，除易导致脂肪肝发生外，还可引发其他缺乏磷脂的代谢病变。磷脂中以卵磷脂、脑磷脂和神经磷脂最为重要。

2. 糖脂

糖脂(glycolipid)是一种含糖的脂肪，其特点是不与含氮碱基的磷酸化合物结合，而是与1~2个半乳糖分子结合，且结合位是在第1个碳原子上，所含脂肪酸多为不饱和脂肪酸。主要存在于动物外周和中枢神经中,也是禾本科、豆科草类中粗脂肪的主要成分。糖脂可通过消化酶和肠道微生物分解,被动物吸收利用。

(二)萜类

萜类(terpenes)属异戊二烯的衍生物。根据其分子中异戊二烯的数目将其分为单萜、二萜等。如叶绿素中的叶绿萜为二萜,胡萝卜素为四萜。脂溶维生素A、维生素E、维生素K亦属萜类。

饲料中的萜类统归粗脂肪,因此含叶绿素多的青绿饲料其粗脂肪的营养价值就相对较低。

(三)固醇

固醇(sterol)是一类高分子质量一元醇,是以环戊烷多氢菲为骨架的物质,广泛存在于生物体组织内。固醇以游离或与脂肪酸结合成酯的形式存在,含量少,但有重要生理功能。固醇按来源可分为3种。

1.动物固醇

在动物体内多以酯形式存在,胆固醇为其代表,是固醇类激素的合成原料。如皮肤中的7-脱氢胆固醇在紫外光照射下,可转变成维生素D_3,供动物利用。

2.植物固醇

为植物细胞的主要组分,无法被动物有效利用,其中以豆类中的豆固醇,谷物胚、油中的谷固醇为代表。

3.真菌固醇

以麦角固醇为代表,存在于酵母、霉菌及某些植物中,经紫外光照射可转化成维生素D_2供动物利用。

第四节 矿物质

矿物质元素(mineral element)是动物生命活动和生产过程中起重要作用的一大类无机营养素。在已发现的100多种元素中有60种以上的元素存在于动物组织器官中,其中已确定有27种矿物元素为动物组织所必需的元素。

按照它们在动物体内含量的不同,分为常量元素和微量元素。

一、常量元素与微量元素

常量元素是指动物体内含量在0.01%及以上的元素,包括有Ca、P、S、Cl、K、Na、Mg 7种。微量元素是指动物体内含量在0.01%以下的元素,动物体内必需的微量元素有Fe、Cu、I、Zn、Mn、Co、Mo、Se、Cr等。

二、必需矿物质元素

1950年以前,已知其生理作用的矿物质元素有Ca、P、S、Cl、Na、K、Mg 7种常量元素和Fe、Cu、I、Zn、Mn、Co 6种微量元素,1953年发现了Mo,1957年和1959年分别发现了Se和Cr,之后又陆续发现了F、Ni、

Si、V、As、B等11种。某些以前认为是有毒的元素,现已证明为动物必需的元素;也有原认为没有营养意义的元素,已认定其营养价值的存在。如20世纪70年代初证明动物体内Si参与软骨与结缔组织中黏多糖的合成。近几十年来,随着营养学科的发展,对饲料中各种矿物质元素在动物生命活动中的营养作用日趋明确。

动物必需矿物元素(essential mineral element)应符合以下4个条件:
①该元素普遍存在于各种动物正常组织中,且在群体内分布均匀,含量稳定。
②该元素对各种动物的基本生理功能与代谢规律是共同的。
③该元素缺乏或供给过多,在各物种动物间表现出相似的生理生化失常,即相同的缺乏症或过多症。
④给动物补给该元素,能治疗或减轻其缺乏症。

三、动物矿物质元素营养与环境

动物必需矿物元素中,有些元素由于动物对其需要量很少,且一般饲料中所含量都能满足动物需要,如F、Pb、Cd、As等,因此,一般不涉及它们的缺乏问题,相反,在生产实际中主要涉及防止中毒的问题。但也有多种必需元素在一般饲养条件下,易出现不足或缺乏问题。如对于猪,易出现Ca、P、Cl、Co、Fe、Cu、Zn、Mn、I和Se等11种元素缺乏问题。另外,对于Co来说,如果饲粮中维生素B_{12}充足的话,动物就不会出现Co缺乏的相关症状。同时,动物矿物质营养与环境之间存在密切关系,如岩石、土壤、大气、水、植物等可直接影响动物矿物质营养状况,而气候、季节、施肥与作物的田间管理、环境污染等,又能间接影响动物矿物质营养。所以与动物矿物质有关的疾病及矿物质营养本身都带有明显的地区性和季节性。

第五节 维生素

维生素(vitamin)是维持人和动物正常生理机能所必需,但需要量又极微小的一类低分子有机物质。它对人和动物的重要作用,并非表现在它的能量价值或作为动物的结构物质上,而主要表现在以活化剂的形式,参与体内物质和能量代谢的各生化反应。它们在动物体内种类数量少,却作用很大,而且每一种维生素都具有特殊的作用,相互间不可替代。

一、概述

人类很早就认识到夜盲症、坏血病、脚气病和佝偻病是与食物有关的疾病。古希腊、古罗马和古阿拉伯人用动物肝脏治疗人的夜盲症。16世纪和18世纪发现柑橘和柠檬可以治疗坏血病。19世纪末期,日本海军发现脚气病与仅摄食大米有关,而改食大麦或增加膳食中的肉类和蔬菜可以防治该病。20世纪时发现鱼肝油可以治疗佝偻病。

19世纪末到20世纪初研究发现,用蛋白质、碳水化合物、脂肪、盐和水组成的纯合饲粮不能满足动物需要,不能使实验鼠类存活太长的时间,而在这些饲粮中加入少量乳汁,则可大大延长实验鼠类的生存时间,当时认为这与乳中少量未知物有关。1912年Casimir Funk分离出了抗脚气病的因子,该因子含氮,属于胺类,故称该因子为"vitamine",意指重要的胺类(vital amines),后来这一名词被改写为"vitamin"。

二、维生素的分类

维生素按其溶解性可分为脂溶性维生素和水溶性维生素(见图2-2)。

动物体内的维生素据其来源情况可分为外源性维生素和内源性维生素。外源性维生素指由饲料提供的维生素。内源性维生素指不是由外界饲料摄入,而是在动物体内合成的维生素。

内源性维生素有两种来源:

①由消化道微生物合成。如反刍动物瘤胃微生物和各种动物的大肠微生物可以合成B族维生素和维生素K。

②由动物本身的器官或组织合成,如动物皮肤中存在的7-脱氢胆固醇,经紫外线照射后可转化为维生素D_3,动物的肾上腺(还有肠及肝脏)可合成维生素C。

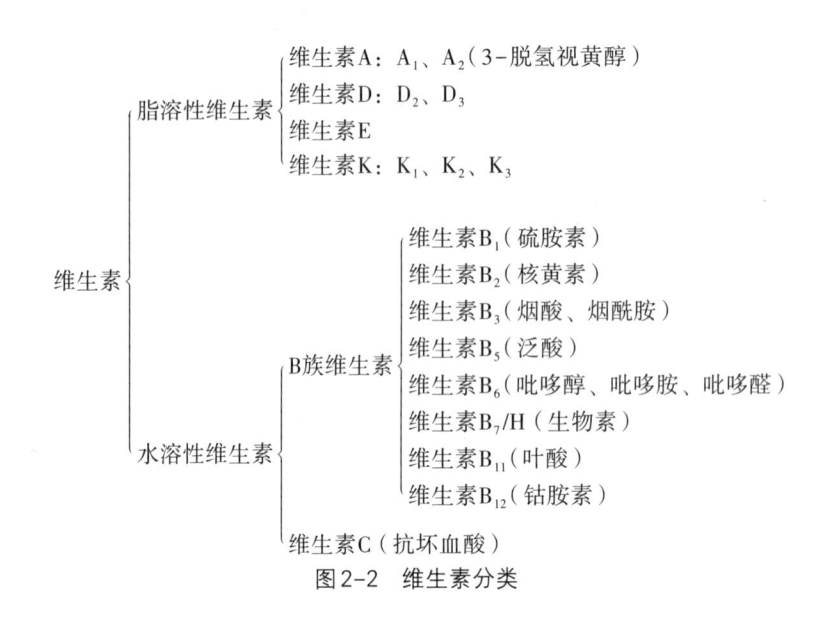

维生素
- 脂溶性维生素
  - 维生素A:A_1、A_2(3-脱氢视黄醇)
  - 维生素D:D_2、D_3
  - 维生素E
  - 维生素K:K_1、K_2、K_3
- 水溶性维生素
  - B族维生素
    - 维生素B_1(硫胺素)
    - 维生素B_2(核黄素)
    - 维生素B_3(烟酸、烟酰胺)
    - 维生素B_5(泛酸)
    - 维生素B_6(吡哆醇、吡哆胺、吡哆醛)
    - 维生素B_7/H(生物素)
    - 维生素B_{11}(叶酸)
    - 维生素B_{12}(钴胺素)
  - 维生素C(抗坏血酸)

图2-2 维生素分类

第六节 水分

水是维持动植物和人类生存不可缺少的物质之一。作为配合饲料原料的谷物、豆类等水分含量一般在12%~14%。有些饲料,如青饲料水分含量可达60%~90%,有的甚至更高(如水生饲料)。

一、水分的存在形式

饲料中的水分按其形式可分为2种：自由水和结合水。自由水（free water）也称为游离水，与普通水一样，是一种具有热力学运动能力的水，能够结冰和溶解溶质。可分为滞化水、毛细管水、自由流动水。结合水（bound water）也叫束缚水，不易结冰，也被定义为"冷至0 ℃以下也不冻的水"，不能作为溶剂。可分为组成水、邻近水、多层水。自由水和结合水一起构成了"饲料的水分"。这些水在饲料中的比例和分布往往是不均匀的，它与饲料的加工和贮藏有着密切的关系。

二、水分的活性度

饲料水分一般都用恒温干燥法来测定。新鲜饲料在60~70 ℃烘箱中烘一定时间，在室温下冷却并达到恒重时，所失质量即为饲料中自由水质量，此时饲料称为风干饲料。风干饲料在100~105 ℃烘箱中烘一定时间，在干燥器中冷却并达到恒重时，所失去质量为饲料中结合水质量，此时饲料称为绝干饲料。饲料水分会随环境条件的改变而变动，如果周围环境空气干燥，则水分从饲料中蒸发，饲料逐渐减少水分而变得干燥，反之，如果环境湿度高，则干燥的饲料就会吸收空气中的水分。总之，不管是吸湿还是干燥，最终将达到平衡。通常称此时的水分为平衡水分（equilibrium moisture）。饲料中的水分也可以用活性度（water activity，A_w）来表示。所谓饲料水分的活性度就是饲料中水的蒸气压（P）与同一温度下的纯水的饱和蒸气压（P_0）之比。即：

$$A_w = \frac{P}{P_0}$$

对于纯水来说，其P和P_0是相等的，即它的A_w应为1。但对于饲料来说，水一般和蛋白质、碳水化合物等物质在一起，而且水分含量相对也较少，其水蒸气压也就小，所以饲料A_w必小于1。含水量高的水果A_w为0.98~0.99，而谷物等配合饲料原料的A_w为0.60~0.64。微生物可以繁殖的饲料A_w为细菌0.90（多数为0.94~0.99）、酵母0.88、霉菌0.80，如果饲料的A_w高出这些值，饲料便容易被微生物损害。

第七节 其他成分

饲料中除含有碳水化合物、蛋白质、脂肪、矿物质、维生素等营养成分外，尚含有一些其他成分，这些成分对饲料营养价值也产生一定的，甚至是重要的影响。

一、抗营养因子

有些饲料在含有动物体所需养分时，还存在某些能破坏营养成分或以不同机制阻碍动物消化、吸收和利用营养成分并对动物的健康状况产生副作用的物质，这些物质被称为饲料抗营养因子（antinutritional factors，ANF），如戊聚糖、β-葡聚糖、胰蛋白酶抑制因子、单宁等。有些饲料还可能存在对动物主要产生毒性作用的物质，即毒物（或毒素），如棉酚、氰苷等。消除抗营养因子抗营养作用的方法主要有加热、酶水解、化学处理等。

二、色素

饲料中的色素不仅是判定饲料品质的感官指标之一,在一定程度上还影响着动物产品的质量和价值。比如,使牛奶、禽蛋蛋黄增色,影响某些水产类动物皮肤颜色(尤其是观赏鱼)和肉的色泽。

饲料中存在的天然色素根据所使用原料分为植物源性和动物源性色素两大类。植物源性色素主要是指叶绿体色素,包括叶绿素、类胡萝卜素、藻胆素3类。高等植物中存在前两类,它们都包埋在类囊体膜中,并以非共价键与蛋白质结合在一起,形成色素蛋白复合体;藻胆素只存在于藻类中。动物源性色素有血红素、虾黄素、茜草色素。血红素主要存在于动物血液中;虾黄素主要存在于虾、蟹、牡蛎、昆虫等动物体内,与蛋白质结合时呈蓝色,煮熟后因蛋白变性,被氧化成虾红素;茜草色素主要存在于鳟鱼等中。

饲料中天然色素种类很多,但与营养有关的主要有3类:吡咯衍生物(叶绿素、血红素)、异戊二烯衍生物——类胡萝卜素(胡萝卜素类、叶黄素类)和多酚类色素。

三、味嗅物质

饲料味嗅是指动物以味觉、嗅觉为基础,对饲料滋味和气味产生的一种综合感应力。良好的风味可提高适口性,促进动物采食,而不良风味会影响动物的适口性和采食量。

(一)味觉与呈味物质

动物的味觉识别是通过口腔味觉细胞中的味觉受体来启动。不同动物,口腔和舌上味蕾数不同,对各种滋味的嗜好不同。研究表明,家禽有区分甜、苦、咸味的能力。雏鸡不仅能区分单糖(戊糖、己糖)、双糖和三糖甜度,而且可区分糖水与糖精水,拒饮2%盐水。在味感嗜好上,牛喜欢甜味及挥发性脂肪酸味,对苦味耐受力低。山羊喜挥发性脂肪酸味,对苦味耐受力强,拒食过酸物质。马的味、嗅觉均灵敏,喜苹果甜味,拒食霉变味和鱼肝油味物质。断奶仔猪喜食新鲜乳汁甜味、玉米香味、味精、柠檬酸味和鱼溶浆味物质。成猪偏好有机酸、柑橘、鲜肉与糖蜜味,厌食肉骨粉、化学药品及重金属味物质。鱼类偏好巧克力、乳酪、牛乳、鱼肉味。某些氨基酸对鱼类味觉刺激效果明显。

(1)酸味与酸味物质

酸味是由H^+刺激舌黏膜引起的。因此凡在溶液中能解离出H^+的化合物均称酸味物质。酸味物质不仅可提高饲料适口性,降低胃内pH,激活消化酶,提高消化吸收能力,而且可减少肠内细菌对营养物质的竞争力,促进胃肠道对矿物质的吸收。

常见的酸味物质主要有乳酸、醋酸、柠檬酸、酒石酸、苹果酸、琥珀酸和磷酸等。

(2)甜味与甜味物质

甜味物质分天然与合成两大类。自然界中除糖外,常见的甜味物质主要有木糖醇、山梨醇、甘露醇、麦芽糖醇等;合成甜味物质主要有糖精(邻苯酰磺酰亚胺)及甜蜜素(环己基氨基磺酸钠)等。动物的甜味受体基因序列存在种族差异。如猪对一些人感觉很甜的甜蛋白和人工甜味剂缺乏识别能力,造成猪与人在甜味物质感觉上存在明显差异,对人很甜的一些甜味剂(如索马甜、甜蜜素、NHDC、阿斯巴甜等)对猪不能起到甜味作用。

(3) 苦味与苦味物质

苦味化合物广泛存在于自然界,范围从具有强烈苦味的简单盐如 $CuSO_4$ 或 $MgSO_4$,到更复杂的肽、萜类化合物、生物碱、多酚、杂环和大环内酯类等物质。配合饲料中的苦味主要来自盐和某些药物,如 $MgCl_2$、$MgSO_4$、KI 具苦味,NH_4Cl、KBr 具咸苦味。苦味作用在于刺激动物消化液分泌。目前,消除饲料中苦味有间接掩盖和直接消除两种方式。

(4) 辣味与辣味物质

辣味是由辣味物质刺激口腔触觉神经、舌和鼻腔而产生的。辣味物质含有酰胺基、酮基、异腈基等官能团,多为疏水性强的化合物。适量的辣味具有增进动物食欲、促进消化液分泌和杀菌等功能。辣味物质主要应用于鸡、猪、牛和鱼饲料,主要辣味剂产品有大蒜粉和辣椒素。

(5) 咸味与咸味物质

纯正的咸味只有中性盐——$NaCl$ 才会产生。其他物质如 NH_4Cl、$CuSO_4$、KI、$MgSO_4$、KBr 等除具咸味外,还具苦味。常见的咸味物质主要有 $NaCl$、KCl、NaI、$NaNO_3$、KNO_3 等。

(6) 涩味与涩味物质

涩味是指口腔黏膜蛋白凝固所引起的收敛感觉。引起饲料涩味的化学物质主要是多酚类化合物,其次是铁盐、草酸、鞣酸、香豆素和某些非营养性添加剂。

(二) 嗅觉与气味物质

香气取决于物质的分子结构,包括官能团和其他部分。酮类、酯类、芳香族化合物多具特殊香味。含氮化合物中的二甲胺、三甲胺、乙胺和腐胺等具恶臭味。

研究表明,家禽味觉较灵敏而嗅觉差,但若在饲料中添加具有香味的中草药或添加剂,也可明显提高肉仔鸡的采食量和日增重。添加气味物质时应注意动物对已习惯"香气"的爱好,严禁突然添加,提倡逐渐适应。

饲料原料中的气味可分为3种:谷实、饼粕烘烤或膨化时所产香味,鱼粉中的腥味,植物性香气味。

• 本章小结 •

饲料是所有动物维持生命和进行生产的物质基础,饲料中主要含碳水化合物、含氮化合物、脂类、矿物质、维生素、水分及少量其他成分。碳水化合物主要包括单糖、低聚糖和多糖及一些糖类衍生物。饲料中所有含氮物质统称为粗蛋白,它又包括真(纯)蛋白质与非蛋白含氮物。氨基酸是组成真蛋白质的基本单位,具有重要的营养作用。脂类包括脂肪(真脂肪)和类脂。脂肪是甘油和脂肪酸组成的三酰甘油,类脂包括游离脂肪酸、磷脂、糖脂、脂蛋白、固醇类、类胡萝卜素和脂溶性维生素等。矿物质元素是动物生命活动和生产过程中起重要作用的一大类无机营养素,现已确定有27种为动物组织所必需的元素,按照其在动物体内含量的不同,分为常量元素和微量元素。维生素是维持人和动物正常生理机能所必需,但需要量又极微小的一类低分子有机物质。维生素按其溶解性可分为脂溶性维生素和水溶性维生素。此外,饲料中还含有抗营养因子、有害成分、色素、味嗅物质等一些其他成分。

拓展阅读

扫码进行数字资源的获取和学习。

数字资源

[思政课堂]

1966年至1976年,张子仪研究员利用算盘、巴罗表等传统手段,整理、勘校、筛选印发了《国产饲料营养成分表》,供中国同行参考。1979年,张子仪通过"六五"期间农林部重点攻关项目开展全国大协作,及时地补充、更新并出版了《中国饲料成分及营养价值表》。以史为鉴,可以知兴替;博采众长,可以促发展。动物营养学已有100多年的历史,饲料成分是动物营养学、饲料工业和畜牧业的重要基础。同其他动物一样,畜禽必须不断地从外界摄取各种营养物质以维持自身需要,这些营养物质主要来自各种植物性和动物性饲料。因此,了解构成饲料的各种组成成分,是进一步学习饲料营养价值评定、饲料原料营养特性、饲料资源开发和饲料配制技术的基础。2022年习近平在中国共产党第二十次全国代表大会上的报告提出强化农业科技和装备支撑。实现农业现代化,提高农业综合生产能力,必须把农业科技创新摆在突出重要位置,以农业科技创新引领农业高质量发展。通过科学合理地选择饲料成分并配置,可以提高饲料利用率,促进畜牧产业可持续发展。通过优化饲料成分,可减少资源浪费和环境污染,推动绿色农业的发展。

复习思考

1. 何谓美拉德反应?它对饲料的营养价值有何影响?
2. 什么是功能性低聚糖?有何利用价值?在利用时应注意哪些问题?
3. 何谓NSP、CP和NPN?
4. 氨基酸有哪些化学特性?
5. 根据R辅基的化学特性,将氨基酸可分为哪几种类型?
6. 何谓碘价、皂化价与酸价?
7. 何谓脂肪的氧化酸败?氧化酸败对饲料的利用有什么影响?
8. 何谓常量元素与微量元素?动物必需矿物元素应满足哪些条件?
9. 饲料中存在哪些抗营养因子?常见的有哪些?
10. 饲料中味嗅物质对饲料的利用有什么样的作用?

第三章
饲料营养价值评定

本章导读

饲料营养价值是指饲料本身所含养分以及这些营养成分被动物利用后所产生的营养效果。饲料或饲粮中所含营养成分越多，能被动物利用的成分越多，该饲料的营养价值就越高，反之则越低。因此，在秉持科学性、实用性、可行性和可操作性原则的条件下，通过对不同饲料进行营养价值评定，可为动物提供全面的营养，提高动物的健康水平、生产性能和产品质量，实现饲料资源的合理利用和经济效益的最大化。

学习目标

1. 掌握饲料营养物质消化吸收的评定、操作步骤和计算方法；掌握能量在动物体内的转化过程及各能值的概念和计算方法。

2. 掌握饲料中蛋白质评定的各层次体系及利用率的计算；掌握饲料中矿物元素、维生素营养价值的评定方法及利用率的计算公式。

3. 具备独立评价饲料营养物质生物学利用率，并设计相关试验方案的能力；具备解析我国饲料原料营养价值的能力。

概念网络图

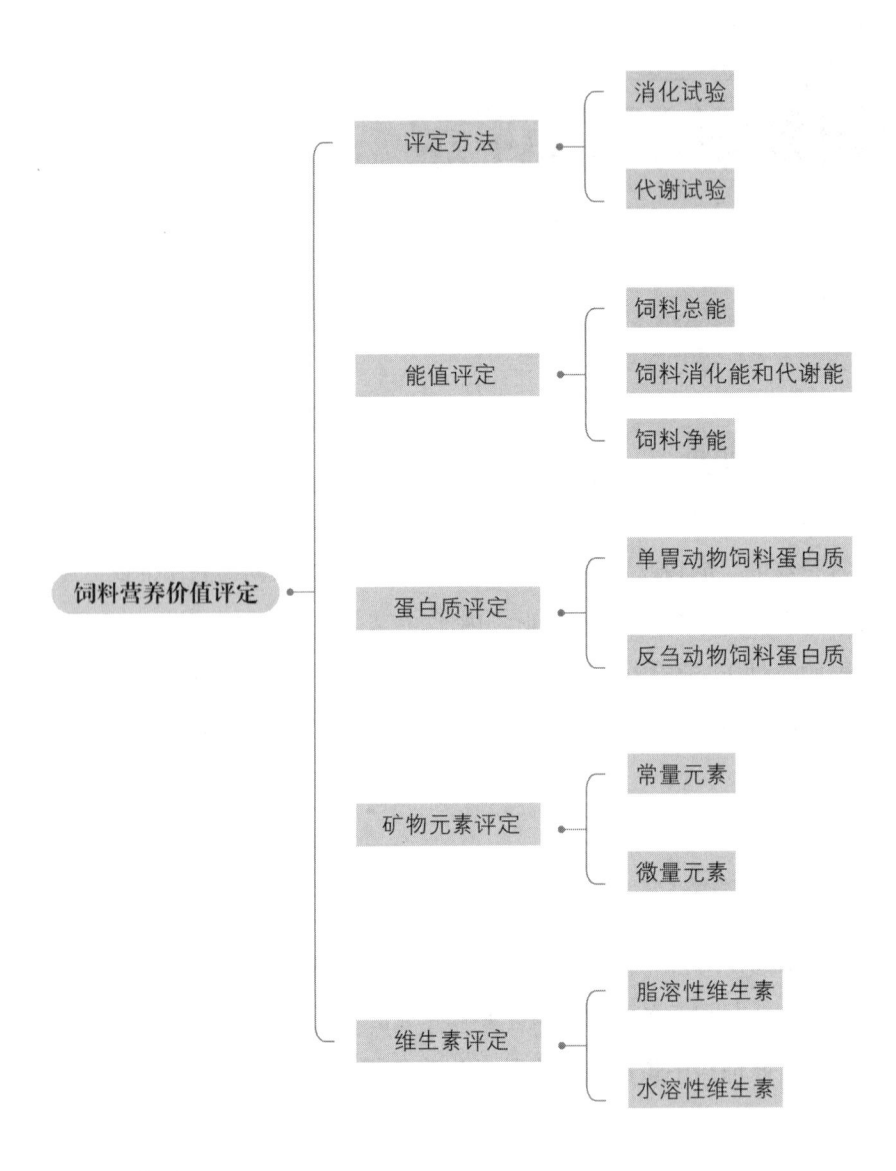

```
                              ┌─ 消化试验
                    评定方法 ─┤
                              └─ 代谢试验

                              ┌─ 饲料总能
                    能值评定 ─┼─ 饲料消化能和代谢能
                              └─ 饲料净能

饲料营养价值评定 ─┤           ┌─ 单胃动物饲料蛋白质
                   蛋白质评定 ─┤
                              └─ 反刍动物饲料蛋白质

                              ┌─ 常量元素
                 矿物元素评定 ─┤
                              └─ 微量元素

                              ┌─ 脂溶性维生素
                   维生素评定 ─┤
                              └─ 水溶性维生素
```

饲料中含有多种营养成分,比如蛋白质、脂肪、碳水化合物等,其含量和组成是衡量饲料营养价值的重要指标。通过分析不同原料的营养成分,评价营养物质的消化吸收或利用率,可以充分利用饲料中的各种营养物质,进行科学配比,满足动物不同生长阶段的营养需求,提高饲料的利用率,降低养殖成本,增加养殖效益。因此,饲料营养价值是指饲料中的各种养分含量,如粗纤维、粗蛋白质、无氮浸出物、矿物元素和维生素,以及其能被动物有效利用的量。粗略的营养价值可用化学分析得到,较准确的营养价值要通过动物试验测定。某一种营养物质被机体吸收并参与代谢过程或贮存在动物组织中的部分占食入总量的比例即为生物学效价。不同饲料的养分组成不同,不同养分被动物吸收利用的程度也不同,所以生物学效价也存在差异。

生物学效价的评定可分为绝对效价和相对效价两大类。绝对效价(absolute availability)以食入量与排出量之差为基础对饲料进行评定,相对效价(relative availability)以所参照的养分为基础进行评定。

$$营养物质绝对生物学效价 = \frac{I-(F+U)}{I} 或 \frac{R}{I} \times 100\%$$

$$营养物质相对生物学效价 = \frac{测试I的量化反应百分比^{①}}{参照I的量化反应百分比^{②}}$$

式中,I 为某养分的食入量(g);F 为食入养分后的一定时间内从粪中排出的量(g);U 为食入养分后的一定时间内从尿中排出的量(g);R 为食入养分后的动物所产生物质的体内或体外产品中的量(g)。(注:①与参照I相对应的百分比;②参照I的量化反应为100%)

需要注意的是,由于试验动物个体之间存在差异,所以通过试验动物取得的测定值的不可重复性是绝对的,而可重复性是相对的。一般以试验动物为手段,所评定出的所有生物学效价均为特定条件下获得的参考值。

第一节 饲料营养物质消化吸收的评定方法

测定动物对饲料营养物质的消化能力的大小,可以依据食物进入胃肠道后被消化吸收和未被消化吸收的残渣以粪的形式排出体外的情况进行衡量,即根据食入量和粪中排出量计算出饲料中营养物质的消化率。一般可用下面公式表示:

$$饲料营养物质消化率 = \frac{食入营养物质质量 - 粪中营养物质质量}{食入营养物质质量} \times 100\%$$

饲料营养物质代谢率是在消化率的基础上再考虑饲料中相应营养物质在动物尿中的损失。代谢率估测公式可表示为：

$$饲料营养物质代谢率 = \frac{食入营养物质质量 - 粪中营养物质质量 - 尿中营养物质质量}{食入营养物质质量} \times 100\%$$

测定营养物质或能量的消化率及代谢率需要进行动物的消化试验或代谢试验。

一、消化试验

(一)全收粪法

1.原理

饲料的营养价值虽可用化学分析方法测定，但其真正的营养价值只有在扣除了消化、吸收和代谢的损失以后才能得到。饲料进入畜体后的第一种损失就是未被畜体吸收而从粪中排出的养分。

饲料中养分的消化率是指饲料中未经粪排出，从而假定被吸收的那部分养分占食入该养分的比例，通常以百分数表示。

2.试验方法与步骤

(1)试验动物

选择品种相同，体重、年龄接近，生理和机能都处于健康状态的动物。动物重复数要求：小动物8~12头，大动物5~8头。将其置于专用的便于粪尿分开收集的消化代谢笼内，在一定时间内准确统计动物食入的待测饲料营养物质与粪中营养物质量。

(2)试验设计

适口性好的饲料，可以采用直接饲喂的方法。适口性不好的饲料，不能用直接测定法，可采用间接测定法，即采用一定比例的待测饲料替代基础饲粮，组成一种新饲粮(供试饲粮)。试验时，分别测定供试饲粮和基础饲粮的营养物质的消化率。这个方法又称为替代法、套算法或二次消化法。但替代法仅适用于含量较高的营养物质的消化，比如能量、氨基酸类营养物质等，不适用于含量较微的矿物质元素或维生素营养物质消化率的评价。此外，在待测饲料替代基础饲粮时，考虑到试验效果的显现以及为了能正确归因，一般要求待测饲料替代基础饲粮营养物质含量的30%以上。比如，用替代法测定能量的消化率，假设基础饲粮中的能值是3200 kcal/kg饲粮，计算待测饲料对基础饲粮的替代比例时应使待测饲料提供的能量为960 kcal/kg以上。因此，待测饲料的替代比例一般要求在20%~50%之间。

直接测定法计算公式：

$$D = \frac{S - F}{S} \times 100\%$$

式中，D 为待测饲料营养物质消化率；S 为营养物质食入量(g)；F 为粪中营养物质排出量(g)。

间接测定法计算公式：

$$D = D_b + (D_t - D_b)/f \times 100\%$$

式中，D 为待测饲料营养物质消化率；D_b 为基础饲粮营养物质消化率；D_t 为供试饲粮营养物质消化率；f 为待测饲料占供试饲粮的比例。

(3)试验期

试验期的长短因动物不同而有所不同。试验期一般分为预试期与正试期，预试期一般为3~10 d，正试期一般为4~10 d。预试期内除不采集粪样外,其他与正试期相同。

测定哺乳动物以公畜为佳。此外,由于禽类的粪尿是一起排泄的,所以测定营养物质的消化率时需要采用外科手术将粪尿排泄道分开,由于禽类较小,承受的手术负荷有限,因此,一般不测定消化率,而只进行代谢试验,测定代谢率。

如此测得的消化率为表观消化率,相比考虑了消化道代谢产物、微生物等影响的真消化率,其测定值要低一些,但测定方法相对简单而实用。

(二)指示剂法

用全收粪法测定饲料或日粮消化率时,必须准确地计量试验动物的采食量和排粪量,工作量大,要求条件高,操作较烦琐。因此,此法只适用于少数有条件的动物试验工作。为了简化这些烦琐的技术工作,或者由于试验动物的特殊性,无法对粪样进行全收集时,则可以采用指示剂法。

1.原理

指示剂法是以饲料中或外源添加的难以消化的物质为指示剂,根据指示剂在饲料和粪便中与养分的比例变化来计算养分的消化率。该法假设指示剂不被消化,饲料中指示剂和养分的比例一定,粪便中指示剂和养分的比例改变系由养分被消化吸收而引起。用作指示剂的物质必须符合以下条件:①能够准确定量,同时在饲料中容易混匀;②稳定性好,在饲料及动物体内不发生化学反应;③不被动物消化吸收,理论上应能在规定的时间内从粪中100%回收。

2.指示剂分类

常用的指示剂分为外源指示剂与内源指示剂两大类。外源指示剂指额外掺入饲料的物质,常用的有 Cr_2O_3、TiO_2、Fe_2O_3、聚乙烯二醇等。内源指示剂为饲料本身含有的不消化物质,如酸不溶灰分(acid insoluble ash,AIA)、木质素、SiO_2等。其中,Cr_2O_3 与酸不溶灰分是常用的指示剂。

3.计算公式

采用指示剂法计算饲料营养物质消化率,公式如下。

$$饲料营养物质消化率=(1-\frac{a_2}{a_1}\times\frac{b_1}{b_2})\times100\%$$

式中,a_1、a_2分别为饲料、粪干物质中的养分含量(%);b_1、b_2分别为饲料、粪干物质中的指示剂含量(%)。

4.优缺点

采用此法的最大优点是不必统计动物一定时间内的采食量及排粪量。缺点为指示剂法实际采用时,由于指示剂回收率不能达到理论的100%,在测定饲料中微量养分消化率时,准确性与重复性受到限制。

(三)回肠末端取样法

主要包括瘘管法与回-直肠吻合术,这两种方法常用于猪氨基酸消化率的评定。

瘘管法(cannulation technique)是指在消化道的特定部位通过外科手术安装套管,通过套管获取样品的方法。常见有桥式瘘管法及T型瘘管法。这些方法均可连续取样,费用较低。

回-直肠吻合术(ileorectal anastomosis,IRA)是指将动物的回肠末端与直肠吻合的一种手术,根据吻合部位的不同和术后有无回盲瓣又分为4种不同的吻合术,分别是瓣前端侧吻合术(ES-IRA)、瓣前端端吻合术(EE-IRA)、瓣后端端吻合术(EEV-IRA)和瓣后端侧吻合术(ESV-IRA)。该方法能从动物肛门处收集全部排泄物,日常管理较方便。

(四)尼龙袋法

尼龙袋法应用于猪的研究时采用活动的尼龙袋。一般是将网孔孔径为48 pm的单纤丝尼龙制成小袋(25 mm×40 mm),将1 g饲料样品(粒度1.0 mm)装入袋中,置于盛有500 mL的盐酸(0.01 mol/L)和胃蛋白酶溶液的烧杯中,将烧杯于37 ℃水溶液振荡2.5 h。将尼龙袋从烧杯中取出,将十二指肠瘘管引入体重为40 kg左右的健康猪体内,待尼龙袋通过消化道后从粪中回收尼龙袋,用干纸巾擦去袋子表面粪便,冷冻干燥,测定袋中残渣中营养物质的含量。最后,计算待测饲料营养物质或能量的消化率。

尼龙袋法用于反刍动物时,则是将袋子通过瘤胃瘘管放入瘤胃中,持续一定时间(如24~48 h),取出,用水冲洗干净后测残渣中营养物质含量。最后,计算饲料营养物质的瘤胃降解率。

(五)体外消化法

体外消化法指在体外模拟动物消化道内的环境(消化液和酶),对饲料营养物质进行消化分析,分为人工瘤胃法及小肠液法。

1. 人工瘤胃法

在反刍动物中采用,它是从装有瘤胃瘘管的动物胃中取出一定量的瘤胃液,把一定量的待测样品和缓冲剂加入装有瘤胃液的容器中,然后在温度为39 ℃、pH为中性的条件下厌氧处理24~48 h。然后,用盐酸调整pH为2,再用胃蛋白酶消化一定时间,过滤残渣,冲洗,烘干至恒重,即可算出该物质的瘤胃降解率。如不取用瘤胃液,也可采用真菌纤维素酶代替,需先用纤维素酶处理样品,再用胃蛋白酶处理。

2. 小肠液法

需要收集猪小肠液。该法先在一定量(通常为5 g)的待测样品中加入一定量的胃蛋白酶37 ℃恒温水浴消化4 h,后用NaOH溶液(0.2 mol/L)中和使pH为中性,再用猪小肠液处理后过滤,取残渣烘干,称重,测定,计算饲料营养物质质量差,求得样品消化率。小肠液可现取用,也可将来自荷术猪小肠瘘管中的小肠液取出后制成冻干粉备用。

二、代谢试验

在评定动物饲料营养物质代谢率时,需要进行代谢试验。代谢试验在试验动物的选择、数量,试验期的划分,采食量及粪便量的数据收集上都与消化试验的基本要求相同,增加的项目是收集动物所排泄的尿,在研究反刍动物时还要收集甲烷气体。

由于饲料所含的粗纤维、脂肪、无氮浸出物在正常情况下不能以原形由尿排出,所以通过一般代谢试验来评定营养物质的代谢率。营养物质的代谢率主要指能量代谢率、氮的代谢率(或称蛋白质代谢率,氮的沉留率)以及某些矿物质元素的代谢率。测定时应考虑矿物质元素在体内代谢中的循环利用会干扰代谢试验的测定值,对结果的可信度做正确评估。

第二节 饲料能值评定

能量最初的定义是指做功的潜力,在饲料学和营养学中能量的界定是食物或饲料中有机营养物质所含化学能转变为功和热的物质动能的一般量度,主要涉及化学、热、电子和辐射等多种可互相转换的形式,计量单位常以焦耳(J)或卡(cal)表示,两者的换算关系为:1 cal=4.184 J。

能量代谢是畜禽一切生命活动的基础。饲料中的碳水化合物、蛋白质和脂肪是畜禽体内主要的能量来源,这三大有机营养物质在体内通过生物氧化供能,同时还参与体蛋白和体脂的合成与代谢。能量占据饲料成本的70%左右,因此饲料能量转换效率至关重要。饲料养分的能值及在畜禽体内的供能效率存在差异,准确评定饲料及原料对畜禽的有效能值至关重要。Sibbald以"bioavailable energy(BE)"来表述畜禽对饲料能量的利用情况,BE能真实表征畜禽饲料的有效能值,但不能实际测定,只能评估。总能(GE)、消化能(DE)、代谢能(ME)和净能(NE)已被广泛应用于畜禽营养研究。GE是饲料能量和动物能量需要评定的基础,DE考虑了饲料原料的可消化性,常用于猪,ME适用于家禽,但DE和ME高估了饲料中蛋白质和纤维的能量利用率,低估了淀粉和脂肪的能量利用率。NE体系在ME体系基础上考虑热增耗(HI),是真正用于畜禽维持生命和生产的能量,最接近饲料的生物有效能值。饲料能量在动物体内转化过程见图3-1。在畜牧生产中,对饲料能量有不同的评定体系。

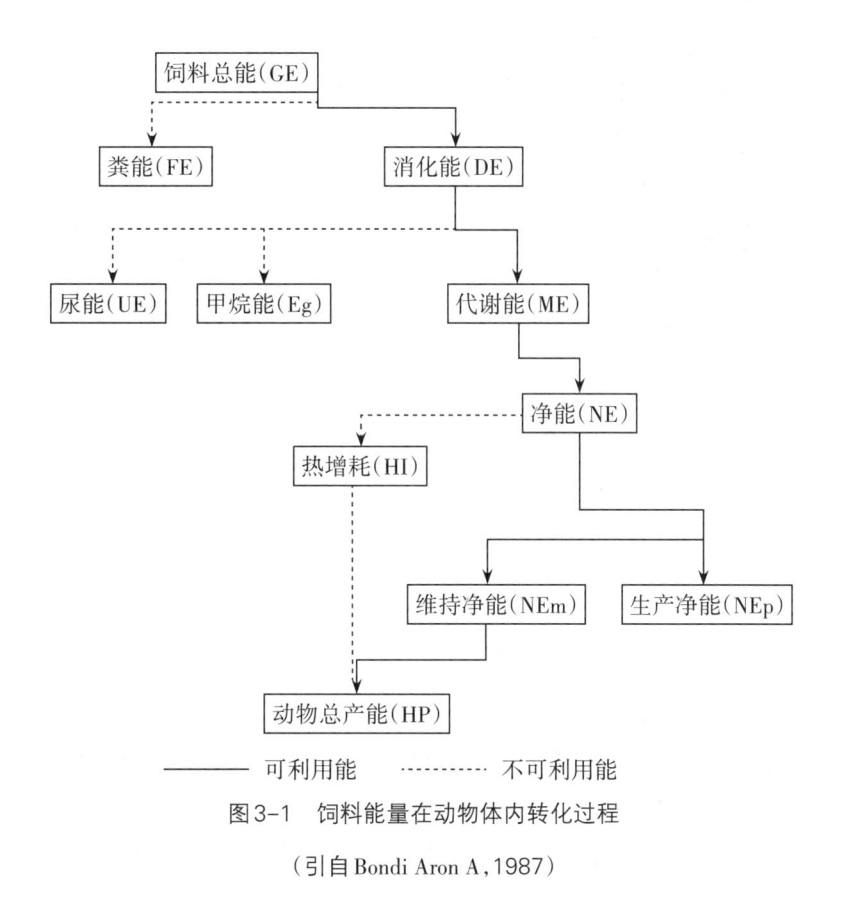

图3-1 饲料能量在动物体内转化过程

(引自Bondi Aron A,1987)

一、饲料总能

(一)总能的定义

饲料中有机物质在体外完全燃烧释放出来的能量称为总能,也可表示为饲料样品完全氧化所释放的热能,即单位质量物质的燃烧热(J/g)。

(二)总能的测定

由于总能的测定没有与动物联系起来,所以采用饲料的总能评定饲料营养价值是不准确的,但它是其他饲料能量体系评定的基础,所以总能的测定是不可缺少的。

总能的测定一般在氧弹式测热器中进行(图3-2)。近几十年,人们在此基础上进行了很多改进,现已有半自动测热器、全自动测热器等,可以简单方便快速地进行样品能量测定。测定时,将 左右的样品置于厚壁钢弹中,充入一定压力的纯氧,通电点燃样品,样品燃烧后产生的热由弹壁导出,并由分布在周围的足量水分吸收,用温度计测出燃烧前后水温的变化,即可计算出样品的燃烧热值或总能。

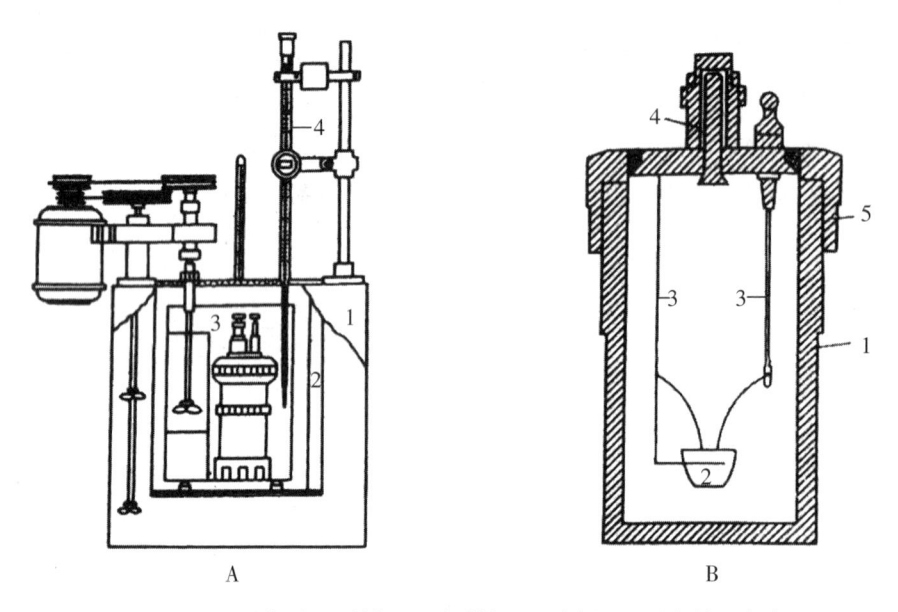

A. GR-3500测热器　1.外桶　2.辐射板　3.内桶　4.贝克曼温度计
B. 氧弹　1.弹体　2.坩埚　3.电极　4.充气阀　5.弹盖

图3-2　GR-3500测热器与氧弹

二、饲料消化能、代谢能

(一)消化能、代谢能、粪能、尿能、甲烷能

动物采食饲料后,饲料中的总能不能被机体全部利用,其中一部分从粪中排出,粪中所含有的能量称粪能(FE)。由总能扣除粪能,剩余的能量称为消化能。理论上讲,如果所测定的粪能仅是来自采食饲料中未消化的部分,计算得到的消化能为表观消化能(ADE);若所测定的粪能还包括来自消化道脱落黏膜、消化道分泌物和肠道微生物等肠道产物的内源能量(FmE),此时所得的消化能为真消化能(TDE)。

表观消化能、真消化能计算公式如下:

$$ADE=GE-FE$$

$$TDE=GE-(FE-F_mE)$$

饲料代谢能的一般定义是由饲料中总能减去粪能、尿能(UE)及甲烷能(Eg)后的剩余能量。饲料代谢能是饲料的营养物质参与动物体内转化的能量,故又称为可利用能或生理有效能。代谢能分为表观代谢能(AME)与真代谢能(TME)。真代谢能需从表观代谢能中扣除尿中属于内源来源的能量。

消化能、代谢能计算公式如下:

$$DE=(GE-FE)/I$$

$$ME=(GE-FE-UE-Eg)/I$$

式中,GE、FE、UE和Eg分别代表总能、粪能、尿能和甲烷能(MJ);I为饲料摄入量(kg);DE、ME单位为MJ/kg。动物种类不同,饲料不同,粪中排出的能量也相应不同。一般哺乳小动物粪能约占总能的10%,单胃动物约为20%,反刍动物为30%~60%。甲烷主要是消化道碳水化合物发酵所产生的可燃气体,甲烷量能够根据消化的碳水化合物含量按一定的回归关系估测出来,再按甲烷的热值(55.83 kJ/g)计算甲烷能。单胃动物消化道产生的甲烷量较少,可忽略不计;反刍动物所产甲烷量较多,甲烷能可占饲料总能的3%~10%。因此,在测定代谢能时,多在反刍动物中考虑Eg的损失。

有学者认为,对于家禽与猪的代谢能,在理论上还需进行氮平衡校正,理由是沉积的蛋白质存在耗能降解成为氨基酸的现象,成熟动物是不能够将这部分能量全部回收利用的,且动物食入饲料中所含蛋白质水平不同,氮沉积量也是不同的,因而能量损失也不同。经过氮沉积校正的代谢能又称为氮校正代谢能(MEn)。

$$MEn=ME-FC\times NR$$

式中,NR为每克食入饲料干物质所沉积的氮量(g);FC为每克沉积氮应校正的能量,禽与猪分别为34.39 kJ/g和31.17 kJ/g;MEn单位为kJ。

一般所说的消化能统指表观消化能,代谢能即为表观代谢能,而氮校正代谢能即为氮校正表观代谢能。不同饲料每千克的消化能值、代谢能值见表3-1。

表3-1 不同饲料每千克的消化能值与代谢能值(干物质基础)

动物	饲料	总能/MJ	损失能/MJ 粪	尿	甲烷	消化能/(MJ/kg)	代谢能/(MJ/kg)
家禽	玉米	18.4	2.2	—	—	—	16.2
	小麦	18.1	2.8	—	—	—	15.3
	大麦	18.2	4.9	—	—	—	13.3
猪	玉米	18.9	1.6	0.4	—	17.3	16.9
	大麦	17.5	2.8	0.5	—	14.7	14.2
反刍动物	玉米	18.9	2.8	0.8	1.3	16.1	14.0
	大麦	18.3	4.1	0.8	1.1	14.2	12.3
	苜蓿	18.2	8.2	1.0	1.3	10.0	7.7
	禾本科草	17.9	7.6	0.5	1.4	10.3	8.4
	玉米青贮	18.9	1.0	0.8	1.3	12.9	10.8

(引自Bondi Aron A,1987;McDonald,1981;Church,1979)

采用消化能评定饲料的营养价值,可区别仅用总能不能区别其营养价值的饲料。由于饲料代谢能评定饲料能量时不仅考虑了粪的损失,还考虑了代谢过程中的尿的能量损失以及消化道发酵过程中生成甲烷气体时能量的损失,因此饲料代谢能评定体系更能反映能量在动物体内的可利用程度。目前,我国在猪的生产中采用消化能体系,在禽类的生产中采用代谢能体系。

(二)影响消化能、代谢能的因素

动物种类、品种、年龄与生理状况都会对饲料消化能值的测定产生影响,饲料类型、饲料加工、饲养水平等都会影响饲料消化能值。除了影响饲料消化能的因素外,影响尿中能量损失以及消化道形成气体能量损失的各种因素都影响饲料代谢能。

三、饲料净能

(一)净能与体增热

饲料净能(NE)是指饲料中能量经转化后最终用于动物维持生命活动和生产的能量,是代谢能中扣除动物采食后的热增耗所剩余的部分,计算公式为:

$$NE=ME-HI=NEm+NEp$$

式中,NE 为净能(MJ/kg);HI 为热增耗(MJ/kg)。

热增耗来源于动物的采食、消化、代谢而伴生的产热增量,包括消化分泌产热、组织存留产热、发酵产热(HF)、废弃物生产热等,其产量的大小与动物种类、饲养水平、日粮平衡等相关。HI 在冷应激条件下是可利用能。

维持净能(NEm)是动物用于基础代谢、维持体温恒定及随意活动的能量。生产净能(NEp)因动物生产的目的不同可分为增重净能(NEg)、产脂净能(NEf)、产奶净能(NEl)以及产蛋净能(NEe)、使役净能(NEa)和产毛净能(NEfw)等。

(二)净能的测定

净能的测定有较大的难度,方法主要有直接测热法和间接测热法。直接测热法是通过直接测定体增热,然后计算出净能。该方法采用特殊的测热装置(直接测热器或呼吸测热器),连续两次测定动物采食前后的机体产热量,两次产热量之差即体增热。采食前的产热量为动物的基础代谢或绝食代谢,产热由体内储存的脂肪和蛋白质氧化提供。在动物食入一定量某种饲料后,立即进行第2次测热。当食入饲料所含代谢能与动物基础代谢产热相等时,动物食后产热量比基础代谢产热量高一些,新增加的产热量即食后体增热。

间接测热法,如碳氮平衡呼吸代谢试验,其原理是根据动物与外界进行气体交换所产生的呼吸熵,结合碳氮平衡试验的结果,应用气体代谢和能量代谢所测得的数据,间接评定能量在体内代谢、转化和利用的情况及其效率。因此,通常碳氮平衡和呼吸测热两种方法需同步进行,通过前者获得能量在体内沉积情况,通过后者获得总产热量。

碳氮平衡的测定步骤为:采用常规代谢平衡试验测定动物碳氮的摄入量和排出量。其中氮的平衡试验是忽略气体中氮的排出量,仅测定通过饲料摄入的量和通过粪、尿排出的量。碳的平衡试验除了要测定动物从饲料中摄入碳的量和通过粪、尿排出碳的量以外,还要通过呼吸代谢试验测定动物在一定时期内排出的 CO_2 和 CH_4 的量。

呼吸代谢试验测定是采用专门的试验设备,测定动物在规定时间内消耗的 O_2 量及生成的 CO_2 和 CH_4

的量。其中,间接法的呼吸装置有移动式和固定式两类。

对于部分动物,可采用比较屠宰试验进行净能测定。方法为在试验开始与结束时,屠宰代表动物若干头,采样测定动物机体各成分。根据前后数据,计算试验期间饲料能量在动物体内增加的部分,即沉积净能,进而由代谢能可推算出产热量(包括维持净能与热增耗)。表3-2列出了一个用比较屠宰法测定猪产热量的实例。采用此法时,屠宰动物的代表性以及屠宰动物数量都会对结果产生重要影响。

表3-2 用比较屠宰法计算猪产热量

项目	计算公式	数值
起始平均体重/kg		20.0
起始平均空体重/kg		19.4
结束平均体重/kg		100.0
结束平均空体重/kg		95.0
试验期平均体重/kg	(100.0+20.0)/2	60.0
试验天数/d		94
饲粮代谢能/(MJ/kg)		13.71
总均采食量/kg		215.7
试验期间进食总能/MJ	215.7×13.71	2957.25
起始空体所含能量/MJ		189.99
结束空体所含能量/MJ		1144.81
试验期间沉积净能总量/MJ	1144.81-189.99	954.82
饲料沉积净能/(MJ/kg)	954.82/215.7	4.43
试验期间总产热量/MJ	2957.25-954.82	2002.43
日均产热量/(MJ/d)	2002.43/94	21.30
产热量(维持净能+热增耗)/(MJ/kg)	2002.43/215.7	9.28
单位代谢体重日均产热量/(MJ/kg^{-1}·d^{-1})	21.30/600.75	0.04

(引自卢德勋,2016)

(三)净能测定装置

1.构造

净能测定装置的设计与运行均有一定难度,目前市场上普遍使用的装置有开路式和闭路式两种。以图3-3中家禽开路式呼吸测热装置为例,解析其构造,了解净能测定装置。该装置为12室联排呼吸测热装置,主要由禽呼吸代谢舱、代谢笼、环境控制系统、气体分析仪及数据采集系统组成,详见图3-4。

图3-3 家禽12室联排开路式呼吸测热装置外观

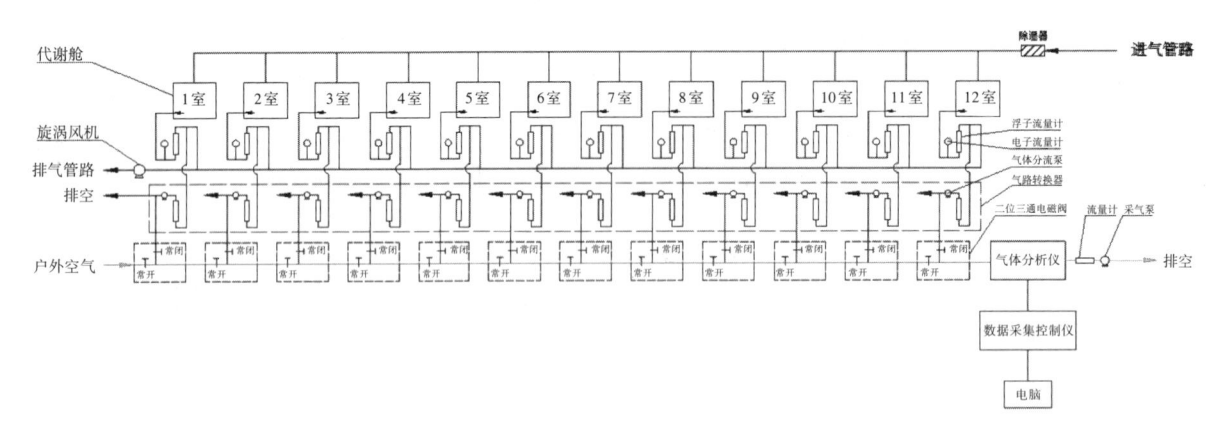

图 3-4　家禽 12 室联排开路式呼吸测热装置构造

2.使用方法

在试验开始前,通过环境控制系统,按照家禽饲养管理标准,调控环境为试验动物适宜的温度、湿度、光照时间和光照强度;正试期,将试验动物放入代谢笼内,关闭呼吸代谢舱,根据电子流量计来调整进气和排气量,使代谢舱室内外压力处于平衡状态,代谢舱玻璃盖子周围加水封闭,防止漏气。该设备通过气体分析检测及数据采集系统,可以实时监测试验动物的呼吸代谢情况,并自动计算动物的 O_2、CO_2 呼吸熵。

下面以肉鸡为例演示其使用方法。试验鸡代谢室内测定气体交换 6 d,其中适应期 3 d,呼吸测热 3 d。在试验期间的光照、湿度、温度需遵从相关品种饲养手册,例如:14 日龄肉鸡饲养环境为温度 (26±2)℃,相对湿度(82±4)%;海兰褐蛋鸡饲养环境为温度(22±1)℃,相对湿度 60%~70%,光照时间 16 L:8D(20:00 时关灯,次日 04:00 时开灯),光照强度 30 lx。每天 09:00~10:00 进行饲喂,记录 CO_2 等气体数据,计算产热。试验时要经常检查呼吸测热设备的运转情况。呼吸测热开始和结束时,对试验鸡进行称重,将平均体重作为试验鸡体重数据使用。呼吸测热期间,记录采食量。采用全收粪法收集正试期 3 d 的粪便,喷洒 10% 稀盐酸固氮,将每次收集的粪样置于 −20 ℃ 冰箱中保存,每期试验结束后将 3 d 收集的粪便混合,放入 65 ℃ 烘箱中烘 72 h,室温下回潮 24 h,粉碎过 40 目筛,装入自封袋留样备用。

相关计算公式如下:

总产热(THP)=16.145 3×氧气消耗量(V_{O_2})+5.020 8×二氧化碳产生量(V_{CO_2})

RQ=V_{CO_2}/V_{O_2}

表观代谢能(AME)=[食能总能摄能量(GEI)−排泄总能(GEE)]/采食量(FI)

表观代谢能摄能量(AMEI)=AME×FI

沉积能(RE)=AMEI−THP

蛋白质沉积能(REp)=RN×6.25×23.84

脂肪沉积能(REf)=RE−REp

HI=THP−FHP

NE=AME−HI

净能摄入量(NEI)=NE×FI

式中,RN 为家禽每日沉积的氮量。

(四)影响饲料净能的因素

影响饲料代谢能及热增耗的因素,都会影响饲料净能。对于不同动物,相同饲料的净能是不同的。在同种动物不同年龄阶段,相同饲料的净能也是不同的,因为代谢能的利用率随年龄的增长而下降,在动物成年后稳定。不同饲料或不同营养物质同时喂食,以及营养物质间的平衡状态,都会影响饲料对同一动物的净能。当饲养水平提高时,饲料净能相应提高。

饲料中能量用途不同,效率不同。饲料代谢能用于维持的效率明显高于用于生产。用于生产的不同方面,如生长、产奶、产蛋、产毛等效率也各不相同。猪代谢能转化为生产能的效率见表3-3。此外,动物处于适宜温度区时,体内产热量最低。温度高于或低于这个区间,均不利于能量的利用。

表3-3 猪的能量转化效率

各种效率	K_g	K_p	K_f	K_e	K_l
概值/%	67	55	77	10~20	65

注:K_g为供生长的代谢能转化效率;K_p为沉积为体蛋白质的代谢能转化效率;K_f为沉积为体脂肪的代谢能转化效率;K_e为供胚胎生长发育的代谢能转化效率;K_l为供产奶的代谢能转化效率。
(引自张子仪,2000)

四、有效能体系的发展与趋势

动物的能量需要和饲料的能量营养价值常用有效能来表示。从消化代谢来看,有效能有不同层次,包括消化能、代谢能、净能。在不同的国家、不同的年代,对不同的动物采用的有效能体系均不同。饲料能值评定体系的演变取决于能量体系本身的科学性与实用性。

(一)消化能体系

消化是养分利用的第一步,粪能常是饲料能损失的最大部分。尿能通常较低,故消化能可用来表示大多数动物的能量需要,且相对于代谢能和净能,消化能测定较容易。

消化能体系的缺点是只考虑了粪能损失,而未考虑尿能、气体能、热增耗的能量损失,因而,不如代谢能和净能准确。用消化能评定动物尤其是反刍动物对饲料的利用时,往往过高估计高粗纤维饲料(如干草、秸秆)的有效能。

(二)代谢能体系

在消化能的基础上,代谢能考虑了尿能和气体能的损失,比消化能体系更准确,但测定较难。目前代谢能体系主要用于家禽。

(三)净能体系

净能体系不但考虑了粪能、尿能与气体能的损失,还考虑了体增热的损失,使动物能量需要和日粮能值在同一基础水平上(不考虑饲料种类的影响),能结合生产实际,更好地预测生产性能,降低生产成本,减少污染,为合理利用副产物和低蛋白质日粮、提高饲料能量转化效率提供了理论支撑,是比消化能体系和代谢能体系更准确的评价饲料的能量体系。特别重要的是净能与产品能紧密联系,可根据动物生产需要直接估计饲料用量,或根据饲料用量直接估计产品量,因此,净能体系是动物营养学界评价动物能量需要和饲料能量价值的发展趋势。

现行各种能量体系在科学性和实用性上都不是十全十美的,所以在畜牧生产中统一使用某一种体系还是不现实的。在选择能量体系时,应根据动物种类、社会经济条件,兼顾科学性与实用性来决定。我国在畜禽养殖中采用不同能量体系,反刍动物采用净能体系、猪采用消化能体系或净能体系、禽采用代谢能体系,但发展的趋势是采用净能体系。净能体系比代谢能体系精准,不需要过多考虑饲料种类和来源的影响,还可以降低饲料成本,尤其体现在猪禽低蛋白饲料的配制中。

第三节 饲料蛋白质营养价值评定

蛋白质饲料是动物饲粮的重要组成部分,作为动物机体结构和功能的物质基础,其营养与代谢一直是动物营养研究的重点。饲粮中的蛋白质在动物消化道经各种消化酶作用生成游离氨基酸和小肽才能被机体吸收和利用。蛋白质饲料资源的不足是世界性的问题,因此科学合理地、精准地评定饲料蛋白质的营养价值,对饲料蛋白质资源的合理使用,保证畜产品高效生产,促进畜牧业持续健康发展都具有重要意义。

一、单胃动物饲料蛋白质营养价值评定

饲料蛋白质营养价值,可表述为单位饲料蛋白质满足动物需要的一种程度或度量。由这一定义出发,饲料蛋白质营养价值评定包含各种从不同角度出发的评定方法。

(一)粗蛋白质水平

1883年J.Kjedahl发明了凯氏定氮法后,以饲料粗蛋白质水平为依据评定蛋白质营养价值的方法延续了很长时间。此法以饲料含氮量衡量蛋白质水平(N含量÷16%),没有考虑非蛋白质含氮物质,所以它不能反映饲料蛋白质对动物真正的营养价值,仅表示了饲料中潜在的营养价值。尽管存在诸多不足,但该种方法简单易测、实用,沿用至今。

(二)蛋白质的消化率

评价饲料蛋白质的营养价值,应结合动物的消化、吸收过程,扣除粪中的损失,将剩余的蛋白质,即可消化蛋白质,作为评价指标。采用这一指标能更真实地反映饲料蛋白质的营养价值。

目前,粗蛋白质或氮的消化率主要用全肠道消化率(total tract digestibility,TTD)和回肠消化率(ileal digestibility,ID)来表述。TTD主要分为表观全肠道消化率(apparent total tract digestibility,ATTD)和标准全肠道消化率(standardized total tract digestibility,STTD),公式可表示为:

$$\text{ATTD} = \frac{N - N_f}{N} \times 100\%$$

$$\text{STTD} = \frac{N - (N_f - N_I)}{N} \times 100\%$$

式中,N为进食氮量(g);N_f为粪中氮量(g);N_I为基础内源粪氮(g)。

回肠消化率(ID)主要分为表观回肠消化率(apparent ileal digestibility, AID)和标准回肠消化率(standardized ileal digestibility, SID), 公式可表示为:

$$AID = \frac{N - N_i}{N} \times 100\%$$

$$SID = \frac{N - (N_i - N_{i_e})}{N} \times 100\%$$

式中,N为进食氮量(g);N_i为回肠食糜中氮量(g);N_{i_e}为回肠食糜基础内源氮(g)。

主要是通过消化试验进行测定。目前,内源氮损失测定的方法主要包括无氮日粮法、绝食法、差量法、酶解蛋白日粮法、回归法、高精氨酸法和同位素法等。内源氮损失又与动物饲养环境、日粮组成(日粮蛋白、纤维、抗营养因子)及测定方法等有关。基础内源粪氮的测定有多种方法,常采用的是在一定条件下喂给动物与待测饲粮等量的无氮饲粮,粪中排出氮含量即为基础内源粪氮。回肠食糜基础内源氮测定方法为给动物饲喂无氮日粮,基于瘘管动物或直接屠宰进行回肠食糜收集,食糜中的氮含量即为回肠食糜基础内源氮。

(三)蛋白质(氮)代谢率

用蛋白质消化率评定饲料时,可消化蛋白质较粗蛋白质指标更准确地表示了饲料中蛋白质营养价值,但这一指标仍受到由于蛋白质来源不同引起的可消化蛋白质或可吸收蛋白质利用率不同的影响。基于这一因素,有学者提出了蛋白质(氮)代谢率或蛋白质生物学价值的概念。前者是指蛋白质摄入总量参与代谢并存留下来的比例,它可分为蛋白质(氮)表观代谢率(ANM)或者真代谢率(TNM),后者分为蛋白质的表观生物学价值(ABV)和真生物学价值(TBV)。

$$ANM = \frac{N - (N_f - N_u)}{N} \times 100\%$$

$$ANM = \frac{N - (N_f - N_{f_e} + N_u - N_{u_e})}{N} \times 100\%$$

$$ABV = \frac{N - (N_f + N_u)}{N - N_f} \times 100\%$$

$$TBV = \frac{N - (N_f - N_{f_e} + N_u - N_{u_e})}{N - (N_f - N_{f_e})} \times 100\%$$

式中,N为进食总氮量(g);N_f为粪中总氮(g);N_u为尿中总氮(g);N_{f_e}为内源粪氮(g);N_{u_e}为内源尿氮(g)。

内源尿氮的测定方法与内源粪氮相似,体内氮沉积越多,该种饲料的蛋白质营养价值越高。

与蛋白质代谢率相近的评定指标还有蛋白质净利用率、净蛋白比和蛋白质效率比价。它们从不同角度表示了饲料蛋白质转化为畜产品蛋白质的程度,进一步反映了饲料蛋白质真实营养价值。这些评定方法如下。

1.蛋白质净利用率(NPU)和净蛋白比(NPR)

表示供试蛋白在动物体内净存留量与进食蛋白质之比值。

$$NPU = \frac{供试蛋白在体内的氮存留量 - 无氮日粮在体内的氮存留量}{动物的氮进食量} \times 100\%$$

$$NPR = \frac{拟测蛋白质组的增重 + 无蛋白质组的失重}{蛋白质进食量} \times 100\%$$

2.蛋白质效率比价(PER)

是根据幼龄动物的生长速度评定蛋白质利用率的方法。其实质是评价动物每进食1g蛋白质所增加的体重克数：

$$PER = \frac{动物体重增加量}{进食饲料蛋白质质量} \times 100\%$$

(四)氨基酸消化率

动物采食饲料蛋白质后,其分解成氨基酸和小肽的形式在小肠内被吸收,进入血液,参与体内代谢。因此,从这一营养学说出发,饲料蛋白质的营养取决于氨基酸含量,特别是必需氨基酸含量。为此,一些学者创立评定指标,如蛋白质化学分(CS,Mitchell等,1946),蛋白质必需氨基酸指数(EAAI,Oser,1951)。国内学者也做了一些类似方法的探讨。

1.蛋白质化学分

蛋白质化学分是与标准蛋白质(鸡蛋蛋白质、肉鸡蛋白质、全猪蛋白质等总产出蛋白质)中含有的相应氨基酸相比较并求出的比值。比值最低的氨基酸为第一限制性氨基酸,依次类推第二、第三……限制性氨基酸：

$$蛋白质化学分 = \frac{所评定蛋白质中氨基酸含量}{标准蛋白质中氨基酸含量} \times 100\%$$

2.蛋白质必需氨基酸指数

$$x = \sqrt[n]{\frac{100a}{A} \times \frac{100b}{B} \times \frac{100c}{C} \times \cdots \times \frac{100n}{N}}$$

式中,a、b、c、$\cdots$、n为饲料蛋白质中10种必需氨基酸含量；A、B、C、$\cdots$、N为鸡蛋蛋白质中相应必需氨基酸含量。

但是上述方法中未能将蛋白质营养价值的数量因素与质量因素有机地结合起来,有缺陷。有学者研究认为,各种饲料中的氨基酸含量及蛋白质利用率虽各不相同,但它们的可消化氨基酸的营养价值是相等的。基于此点,采用可消化氨基酸指标评定单胃动物饲料蛋白质营养价值是较完善的。研究也证明,这一指标的可加性、重现性好。

3.有效赖氨酸

赖氨酸有效性的测定是基于赖氨酸ε-氨基化学性质比较活跃,容易与一些化学试剂(如2,4-二硝基-1-氟苯;2,4,6-三硝基苯磺酸,TNBS;O-甲基异脲)反应,再结合比色法进行的。

4.回肠氨基酸消化率

在畜禽营养研究中,常以回肠氨基酸消化率(ileal digestibility of amino acid, ID_{aa})来评估日粮氨基酸有效性。畜禽ID_{aa}可用表观回肠氨基酸消化率(apparent ileal amino acid digestibility, AID_{aa})、标准回肠氨基酸消化率(standardized ileal amino acid digestibility, SID_{aa})和真回肠氨基酸消化率(true ileal amino acid digestibility, TID_{aa})表示。三者与回肠内源氨基酸损失(ileal endogenous amino acid losses, IAA_{end})密切相关, IAA_{end}包括基础IAA_{end}和特殊IAA_{end},基础IAA_{end}可校正AID_{aa}得SID_{aa},而总IAA_{end}校正AID_{aa}得TID_{aa}。诸多研究推荐,饲料原料以SID_{aa}作为畜禽氨基酸营养需求和日粮配制参考,因为SID_{aa}测定相对简单,且具有可加性,可避免AID_{aa}缺乏可加性和TID_{aa}测定复杂(需要明确特殊IAA_{end})的不足。美国国家科学研究委

员会（NRC）2012年要求采用SID_{aa}来表征猪的氨基酸需要量,该体系在全球猪营养研究和生产中被广泛采用。测定回肠末端氨基酸消化率可采用屠宰法、瘘管法、回-直肠吻合术法等结合的消化试验进行测定。计算公式如下：

$$AID_{AA} = \frac{AA - AA_i}{AA} \times 100\%$$

$$TID_{AA} = \frac{AA - (AA_i - AA_{end})}{AA} \times 100\%$$

式中,AA为食入氨基酸量(g);AA_i为回肠食糜中氨基酸量(g);AA_{end}为回肠食糜基础内源性氨基酸量(g)。

5. 氨基酸代谢有效性

基于氨基酸氧化示踪法（IAAO）检测氨基酸在动物体内的代谢有效性是一种氨基酸有效性评定的新方法。此法测定结果更接近氨基酸有效性,但其测定复杂且价格昂贵、设备要求较高,且每次只能检测一种限制性氨基酸,在畜禽营养研究中普及程度暂时不高。

(五)理想蛋白质

氨基酸在动物体蛋白质合成过程中并不是单独发挥作用的,可消化氨基酸的评价体系仍不能准确表示氨基酸在动物体蛋白质合成过程中的作用。动物生命活动中的基础代谢、蛋白质沉积所需要的蛋白质营养是所有必需氨基酸与非必需氨基酸协同发挥作用的结果。

理想蛋白质由Howard在1958年提出。1981年,英国农业研究委员会（ARC）将其定义为含有最佳氨基酸模式的蛋白质。该定义的实质是日粮中必需氨基酸的组成和比例与动物维持及生产所需的必需氨基酸相吻合时,蛋白质能够被动物高效利用。采用这一概念评定饲料蛋白质营养价值前,需建立动物氨基酸需要模式。其中,所涉及的氨基酸指标采用可消化氨基酸指标更符合理想蛋白质的内涵。NRC在评定研究猪时,采用了真回肠可消化氨基酸的指标,而其他动物则采用总氨基酸的指标。

多数饲料中的蛋白质不具有理想的氨基酸模式。饲料蛋白质中氨基酸与动物的氨基酸需要模式吻合程度越高,则营养价值越高;反之,则低。动物理想蛋白质研究,为评定饲料蛋白质营养价值提供了一种理想的参比蛋白。

二、反刍动物饲料蛋白质营养价值评定

反刍动物饲料蛋白质营养价值评定在相当长时期内采用了粗蛋白质或可消化粗蛋白质等体系,由于这些体系未充分考虑反刍动物消化生理的特点,所以不能反映反刍动物蛋白质消化代谢的实质。基于这一原因,近几十年来,各种反刍动物蛋白质营养新体系的研究成为热点。

(一)瘤胃氮代谢的特点

瘤胃中含有大量微生物,与氮代谢有关的细菌主要有嗜淀粉拟杆菌（*Bacteroides amylophilus*）、栖瘤胃拟杆菌（*Bacteroides ruminicola*）、溶纤维丁酸弧菌（*Butyrivibrio fibrisolvens*）、牛链球菌（*Streptococcus bovis*）,与产氨有关的细菌有栖瘤胃拟杆菌、埃氏巨型球菌（*Megasphaera elsdenii*）、反刍月形单胞菌（*Selenomonas ruminantium*）以及部分原虫和真菌。

反刍动物从饲料中获得的含氮化合物包括真蛋白质和非蛋白含氮物。部分真蛋白质直接进入皱

胃,另一部分则被瘤胃细菌降解,分解为肽、氨基酸,最后再降解为氨与挥发性脂肪酸(volatile fatty acid, VFA)。微生物利用这些降解物的中间产物和尾产物合成蛋白质。NPN在瘤胃微生物的作用下生成氨,参与微生物蛋白质合成。瘤胃微生物随食糜进入皱胃、小肠,被消化后为动物提供氨基酸。瘤胃中的氨大部分被微生物利用,少部分由瘤胃壁吸收,还有少部分进入皱胃被进一步吸收,后进入肝被转换成尿素,其中部分尿素随血液循环和通过唾液又回到瘤胃参与代谢。

进一步的研究证明瘤胃氮代谢有以下特点:

第一,饲粮蛋白质约70%被瘤胃微生物降解,部分转化成氨,少部分可通过瘤胃进入皱胃。

第二,饲粮中碳水化合物提供微生物蛋白质合成的碳架,所以微生物蛋白质的合成量与可发酵碳水化合物的量相关。

第三,瘤胃内所形成的蛋白质降解产物,尤其是氨,被微生物重新利用,合成自身蛋白质。

第四,微生物本身是皱胃和小肠消化的主要蛋白质来源。

第五,饲料蛋白质经瘤胃微生物作用后,进入小肠的蛋白质在氨基酸比例方面与原饲料有较大的区别。

(二)传统评定方法及缺陷分析

对反刍动物饲料蛋白质营养价值的评定方法最早是借用了单胃动物的评定方法,并使用相关指标,如粗蛋白质、可消化蛋白质、蛋白质生物学价值等。显而易见,这些评定方法受到以下因素的影响:

①有大量饲料蛋白质在瘤胃中被微生物降解,所以可消化氮不能代表消化吸收的氮。

②瘤胃微生物的生长受能量供给及其他养分的影响,所以饲料蛋白质生物学价值也会受能量及其他相关因素的影响。

③由于不可能较长时间饲喂反刍动物无氮日粮,内源粪氮及尿氮难以测定,且粪中有大量来自瘤胃和后肠段的微生物,粪中总氮测定不准。同时氮代谢尾产物尿素也还有可再循环利用(瘤胃氮素循环)的过程。

(三)新评定体系的主要内容

反刍动物与其他家畜一样,组织增长和产品生产所需的氨基酸来自小肠吸收的营养物质。因此,理想的评定方法是估测小肠可利用的蛋白质和氨基酸量。小肠中蛋白质来源有两个:瘤胃合成的微生物蛋白质与在瘤胃中未降解饲料蛋白质。

自20世纪70年代以来,已有多个国家或地区相继颁布了各自的反刍动物蛋白质营养新体系,如法国国家农业科学研究院(INRA)(1978)"小肠可消化蛋白质(PDI)体系"、英国ARC(1980)"瘤胃降解和非降解蛋白质(RDP/UDP)体系"、美国NRC(1985)"吸收蛋白质(AP)体系"等。中国也有研究者提出了"小肠可消化蛋白质与瘤胃能氮平衡体系"(冯仰廉,1995)。尽管新体系名称各异,但基本原理相同,都是以进入小肠的蛋白质为基础建立的。进入小肠的蛋白质包括瘤胃非降解蛋白质和微生物蛋白质。由于微生物蛋白质的合成必须由饲料蛋白质降解提供氮源,所以饲料蛋白质在瘤胃中的降解率测定是新体系的重要参数。

分析饲料蛋白质的降解率实际就是估测进入小肠的饲料蛋白质的数量。

测定饲料蛋白质瘤胃降解率常用的方法有尼龙袋法(in sacco)、体内法(in vivo)和体外法(in vitro)。体外法又分为模拟人工瘤胃技术法和酶解法。

1. 尼龙袋法

目前活体测定主要是瘤胃尼龙袋法。测定时分两步，首先测定尼龙袋中饲料在瘤胃中消失率（降解率）的时间变化曲线，然后用Cr标记方法测定饲料的瘤胃外流速度。饲料蛋白质在尼龙袋中消失率与其在瘤胃中滞留的时间长短有关，又称动态降解率。饲料蛋白质的瘤胃降解率结果需用瘤胃外流速度进行校正。

（1）动态降解率

根据饲料蛋白质在尼龙中消失的数学模型（Ørskov和McDonald，1979），可得出饲料蛋白质的瘤胃降解率与时间的关系为：

$$P=[a+b(1-e^{-ct})]\times 100\%$$

式中，P 为尼龙袋在瘤胃中滞留一段时间（t）后的饲料蛋白质降解率；a 为快速降解蛋白质降解率（蛋白质在很短时间内从尼龙袋中消失）；b 为慢速降解蛋白质降解率（随滞留时间增加，蛋白质降解率逐渐增加）；c 为慢速降解蛋白质降解的速度常数。

（2）静态降解率

静态降解率可由动态降解率的公式导出，如下式。

$$P=a+bc/(c+k)$$

式中，k 为蛋白质自瘤胃外流速度（%），可由函数 $f=e^{-kt}$ 估测，其中，瘤胃内容物中指示剂浓度 f 随时间呈负指数函数。

在标准条件下，尼龙袋法与体内法有较好的相关性，广泛用于估测饲料蛋白质的降解率。

2. 体内法

在反刍动物的皱胃或十二指肠安装瘘管，采集食糜，测定进入皱胃或十二指肠食糜中总氮、氨态氮及微生物氮量，间接计算出 P 值。

此法的微生物蛋白质测定采用标记物法。利用微生物蛋白质结构的特点和合成特性区分微生物氮与饲料氮。常用的标记物有2-氨乙基磷酸（2-AEP）、二氨基庚二酸（DAPA）、核酸（RNA、DNA或嘌呤）和一些同位素（^{35}S、^{15}N、^{32}P）等。测定单一饲料蛋白质 P 值，可将被测饲料加入基础日粮中，用待测饲料日粮与基础日粮的非降解蛋白质质量之差来表示待测饲料降解蛋白质的量，进而计算饲料蛋白质瘤胃内降解率。

体内法是直接测定法，结果较准确，但工作内容复杂，不适宜大规模饲料评定，可作为参比方法。此外，此法采用的前提是假定到达皱胃或十二指肠的非降解蛋白质是可加的，基础日粮在瘤胃内有稳定的降解率。

3. 模拟人工瘤胃技术法

此法是采用瘤胃液对饲料进行体外发酵，模拟瘤胃发酵环境测定饲料蛋白质的降解率。该技术分短期发酵法与持续动态发酵法。短期发酵法的特点是利用体外发酵的终产物氨间接测定饲料蛋白质的降解，但此法中发酵产物的累积，使得瘤胃微生物所处环境异于瘤胃实际情况，因而对结果的稳定性、准确性有一定影响，且只能获得一个时间点的静态发酵情况。持续动态发酵法，通过控制发酵条件及内容物的排出，能够更好地模拟瘤胃实际环境，可在一定时间内研究饲料的动态降解率。

4.酶解法

此法是用酶溶液代替瘤胃液对饲料营养价值进行评定。采用的酶有羊瘤胃蛋白酶。由于饲料的种类多,难以找到采用某一种蛋白酶就能反映蛋白质降解特征的处理方法,所以也可采用复合酶进行处理,如"中性蛋白酶+淀粉酶""蛋白酶+纤维素酶"等。此法条件要求不高,操作简便,有利于大批量测定,是一种较好的实验室测定方法。

(四)微生物蛋白质的合成及影响因素

瘤胃内微生物的增殖依赖氮源与能源的平衡供给。此外,其他一些因素也影响微生物的繁殖。瘤胃中微生物的繁殖状况是反刍动物饲料蛋白质营养价值的另一个重要指标。为了计算微生物蛋白质的量,需要测定微生物的氮量(如前述体内法)及瘤胃后食糜外排的总流量(也可用指示剂法)。影响微生物蛋白质合成的因素主要有瘤胃中氮、硫、磷的浓度和比例,它们之间的适当比例是100:7.1:12.5。发酵速度适当的淀粉类碳水化合物,也对微生物的生长和繁殖有利。

第四节 饲料矿物元素营养价值评定

矿物元素在饲料中的含量很少,动物采食后又与内源的矿物元素混杂,矿物元素相互间的颉颃与协同作用也表现复杂,这些因素给矿物元素营养价值评定带来很大困难。所以,矿物元素的生物学效价评定方法至今仍不完善。

一、饲料矿物元素生物学效价的评价方法

生物学效价定义为:营养物质中能被动物利用的比例。也可解释为一种营养物质的生物学效价是指动物食入的营养物质中能被小肠吸收并能参与代谢过程或储存在动物组织中的部分占食入总量的比例。矿物元素的生物学效价评定方法有多种,常采用平衡法、生物学法、同位素示踪法等。

(一)平衡法

可用公式表示如下:

$$表观消化率 = \frac{I - F}{I} \times 100\%$$

$$真消化率 = \frac{I - (F - F_e)}{I} \times 100\%$$

$$表观利用率 = \frac{I - (F + U)}{I} \times 100\%$$

$$真利用率 = \frac{I - (F - F_e) - (U - U_e)}{I} \times 100\%$$

式中,I为某矿物元素的食入量(g);F为某矿物元素的粪中排出量(g);U为某矿物元素的尿中排出量(g);F_e为某矿物元素的粪内源排出量(g);U_e为某矿物元素的尿内源排出量(g)。

由平衡法测得的效价为绝对效价。需要注意的是,饲料中矿物元素能被动物消化是反映其具备生

物学效价的前提,但测定的消化率并不一定能反映深层次的生物学效价,测定的利用率似乎更完善一些,可它也不能完全说明尿中排出的元素全部来自饲料且不具有参与新陈代谢的功能。如粪是内源性锰、铁、锌、铜等的主要排出渠道,而镁、碘、钾等主要由尿排出。

(二)生物学法

该法以常用高效而稳定的无机化合物的矿物元素作为参比标准,视其效价为100%,将待测含有同种元素的饲用物质与之对比,按一种或多种评比指标的量化反应,求得其效价。用生物学法测得的效价为相对效价。由于影响矿物元素代谢的因素很多,所以应根据不同情况,选用不同指标来评比生物学效价。矿物元素评比指标与参比标准物见表3-4。

生物学法又分为生长试验法、骨骼发育分析法、酶活评定法、组织沉积量评定法等常用方法。

生长试验法常用增重来评定矿物元素的生物学效价,多应用于小动物。骨骼发育分析法主要考察骨骼发育情况,如评定钙、磷生物学效价时常测定生长鸡的胫骨、喙、趾骨的骨灰分,猪的胫骨灰分与骨骼的强度。酶活评定法是通过某一元素与某一特定化合物确定的因果联系来评定元素的生物学效价,如铁与血红蛋白、钴与维生素 B_{12}。组织沉积量评定法是通过测定某一元素在靶器官中的沉积量,如铜在动物肝中的沉积量来评定,使用该方法常需要提高日粮中待测元素的含量,这样可相对减少试验动物数量、饲养时间,忽略一些相关元素污染的影响。

表3-4　矿物元素评比指标与参比标准物

矿物元素	标准物	评比指标
钙	碳酸钙	增重,骨生长,骨强度,骨灰,骨钙,血钙缺钙症状
磷	磷酸氢钙 磷酸钙	增重,骨生长,骨强度,骨灰,骨磷,血清磷,碱性磷酸酶活性,缺磷症状
镁	硫酸镁 氧化镁	增重,骨镁,血清镁,缺镁症状
铁	硫酸亚铁	血红素,红细胞数,血铁,肝铁,贫血,缺铁症状
铜	硫酸铜	血红素,血浆铜蓝蛋白,肝铜,骨灰铜,血清铜
锰	硫酸锰	生长速度,胰及趾骨含锰量等
锌	硫酸锌	增重,骨灰锌,血清锌,毛、羽、组织含锌量,碱性磷酸酶活性,皮肤炎症
硒	亚硒酸钠	缺硒症,谷胱甘肽过氧化物酶活性,毛、羽、组织含硒量

(引自韩友文,1997)

(三)同位素示踪法

采用同位素示踪法可以区别饲料与内源的矿物元素,因而可以准确测定饲料来源矿物元素的利用率。这种方法具有剂量小、灵敏度高、操作简单,能在动物活体内正常生理条件下研究物质代谢规律的优点。

同位素示踪法通过测定放射性或稳定性同位素在适宜靶器官中的富集或在整个机体的沉积量来评定动物对矿物元素的生物学效价。示踪剂的引入方法有两种：外部标记法是直接将同位素加入饲料中，内部标记法需要将同位素导入动物体内，从而使体组织被标记。

第五节 饲料维生素营养价值评定

动物所需要的维生素来源有两种：一种是饲料中天然含有的，另一种是工业化生产的维生素添加剂。饲料中的各种维生素多以结合态或复合态的形式存在，动物采食后，经胃肠道的降解，再进入特定的器官经过一系列的生化过程，最终生成具有生物活性的维生素。维生素的稳定性差，消化吸收受到动物机体许多因素的影响，所以饲料中维生素生物学效价的评定尚未形成规范的评定方法。

一、饲料脂溶性维生素生物学效价评定

(一)维生素A

维生素A与维生素A原分别存在于动物性饲料与植物性饲料中。动物采食后，经胃肠蛋白酶、脂肪酶、酯类水解酶共同作用，可将饲料中维生素A和类胡萝卜素游离出来。类胡萝卜素中一部分在小肠黏膜细胞内转化为视黄醇，经酯化后掺入乳糜微粒，最后运输到肝，没有被转化的类胡萝卜素可直接掺入到乳糜微粒中一起被吸收。不同动物将β-胡萝卜素转化为维生素A的效率不同，由强到弱依次为鸡、牛、马、猪。结晶β-胡萝卜素较饲料中的β-胡萝卜素更易被吸收。饲料加工中的加热、膨化可降低维生素A的生物学效价，蛋白质、维生素E的不足也会降低维生素A的生物学效价。此外，一些饲料中产生的毒素，如黄曲霉毒素、赭曲霉毒素均会降低类胡萝卜素的吸收率。建立准确测定维生素A的生物学效价的方法有很大的难度。Underwood(1990)提出了相对剂量反应(relative dose-response，RDR)：

$$RDR = (A_{5h} - A_{0h})/A_{5h}$$

式中，A_{5h}为摄入或注射维生素A 5 h后血清中维生素A水平；A_{0h}为禁食排空血清中维生素A的水平。

RDR>20%，表明肝内维生素的储存处于缺乏状态。此外，还有同位素标记法等。维生素A的测定可用紫外线吸收法、Carr-Price法(AOAC)和高效液相色谱法(HPLC)。紫外线吸收法只能用于分析较纯的维生素A，因此分析饲料以及饲料原料中的维生素A多用其他方法。

(二)维生素D

维生素D来源为植物性饲料中的麦角固醇和动物性饲料中的7-脱氢胆固醇。维生素D经紫外线照射，可转化为具有生物活性的维生素D_2与维生素D_3。猪对维生素D_3的利用率较高，家禽对维生素D_2的利用率低，其他动物对维生素D_2和维生素D_3的利用率大致相似。除植物性饲料外，真菌中也存在类维生素D_2的前体物质。鱼肝、鱼肝油是维生素D的最佳来源。反刍动物的瘤胃微生物可以降解维生素D。作为添加剂的工业化生产的合成维生素D_2与维生素D_3具有较好的稳定性。

(三) 维生素E

有生物活性的维生素E及其衍生物包括α-生育酚,β-生育酚,γ-生育酚,δ-生育酚和相应的4种生育三烯酚。其中,D-α-生育酚活性最强。α-生育酚相对生物学效价为100%时,β-、γ-、δ-生育酚分别为15%~40%,8%~20%,0.3%~0.7%;α-生育三烯酚生物学效价为25%。

α-生育酚主要存在于植物与动物性饲料中,谷物的胚及其胚油是维生素E的丰富来源。维生素E易受氧化而被破坏,高温、高湿、不饱和脂肪酸、微量元素的存在都可加剧维生素E的氧化。反刍动物瘤胃不会降解维生素E。目前,一般使用比色法和高效液相色谱法分析饲料以及饲料原料中的维生素E,但是这些测定不能区分同分异构体,只能测其总量。

(四) 维生素K

维生素K主要包括维生素K_1、维生素K_2和维生素K_3。维生素K_1为青绿植物中的叶绿醌,维生素K_2为微生物发酵产生的甲基萘醌类,作为维生素K_3添加剂的有合成的2-甲萘醌。维生素K_3可被动物完全吸收,其生物学效价最高,维生素K_2的生物学效价仅为维生素K_3的50%。

维生素K的3种存在形式都具有生物活性,作为饲料添加剂的主要是水溶性甲萘醌。商用维生素K_3添加剂主要有二甲基嘧啶醇亚硫酸甲萘醌(MPB)、亚硫酸氢钠甲萘醌(MSB)、亚硫酸氢钠甲萘醌复合物(MSBC)、亚硫酸氢烟酰胺甲萘醌(MNB)。对不同畜禽,同类型的维生素K_3添加剂的生物学效价也有差异。双香豆素类衍生物是维生素K的颉颃物。

评定饲料中维生素K_3生物学效价,可采用检验动物体内的含量或血液的凝固时间,也可采用检验维生素K依赖因子等方法进行间接的初步评定。

反刍动物瘤胃微生物能够合成维生素K满足自身需要,单胃动物虽然后肠能够合成,但大多随粪排出,一般需要考虑补充。

二、饲料水溶性维生素生物学效价评定

(一) 维生素B_1

维生素B_1广泛存在于动植物界中,在谷物、豆类中含量丰富。饲料中的硫胺素主要以蛋白质磷酸盐复合物或磷酸盐的形式存在。维生素B_1的添加物主要有盐酸硫胺素或硝酸硫胺素,二者生物学效价较高,但储存时,硝基形式更稳定。硫胺素酶(贝类、淡水鱼中)和抗硫胺素因子(欧洲蕨、黄星蓟)的存在可破坏维生素B_1的化学结构,从而降低其生物学效价。猪禽的常规日粮中所含维生素B_1一般能满足需要。

(二) 维生素B_2

饲料中的维生素B_2主要以黄素腺嘌呤二核苷酸和黄素单核苷酸(FAD和FMN)形式存在。酵母、绿色植物和乳制品中含量丰富,但谷物中含量低。饲料添加物一般为结晶核黄素。据测定,以结晶核黄素生物学效价为对照,肉仔鸡玉米-豆粕型日粮中的维生素B_2相对生物学效价约为60%,遇光、碱及高温等因素都会对维生素B_2的生物学效价产生一定影响。

血、尿中核黄素浓度或红细胞中谷胱甘肽还原酶(GR)的活性等是评定猪、鱼饲料中维生素B_2生物学效价的适宜指标。

(三)维生素B_6

维生素B_6广泛存在于植物与动物组织之中,鱼肉、干啤酒酵母、麦麸、谷实都是维生素B_6的来源。维生素B_6主要包括吡哆醛(pyridoxal, PL)、吡哆醇(pyridoxine, PN)、吡哆胺(pyridoxamine, PM)。吡哆醇主要存在于植物中,动物中主要是由吡哆醇转化的吡哆胺。多数情况下,吡哆醇、吡哆醛及吡哆胺对动物的生物学效价相同。高温、抗菌药物以及预混合饲料中的碳酸盐和氧化物等都可能影响维生素B_6的生物学效价。

(四)维生素B_{12}

大多数细菌能合成维生素B_{12},真菌能少量合成。植物性饲料普遍缺乏维生素B_{12},而动物组织中却广泛分布有维生素B_{12},尤以肝为甚,这些维生素B_{12}来自动物采食的动物性饲料或由消化道微生物合成。单胃动物结肠微生物合成维生素B_{12},所以粪是维生素B_{12}的重要来源。

(五)烟酸

烟酸又称尼克酸,是具有生物活性的吡啶-3-羧酸及其衍生物。植物性饲料中的烟酸多以结合态形式存在,单胃动物对其利用率低。肉、乳制品中含有大量游离的烟酸及烟酰胺。烟酸与烟酰胺的相对生物学效价,不同学者研究结论不一。动物体内的色氨酸可转化为烟酸,但不同动物转化效率不同。由于存在这一转化及其他因素,测定烟酸的生物学效价十分困难。烟酸很稳定,受热、温度、氧和光线的影响很小。

(六)泛酸

泛酸广泛分布于自然界。饲料中泛酸多以CoA、脂酰CoA合成酶和脂酰载体蛋白的形式存在。具有生物活性的主要是D-泛酸。以D-泛酸为对照,D-泛酸钙的相对生物学效价为92%。结晶泛酸在温热条件下很不稳定,但对光、氧等相对稳定。

(七)叶酸

动物、植物性饲料中都含有叶酸,动物肠道微生物也能合成叶酸。饲料中叶酸常以多聚谷氨酸形式存在,在肠道相应结合酶的作用下水解为含1个谷氨酸的叶酸后才能被机体吸收。叶酸对热不稳定,一些矿物元素、叶酸的颉颃物等会影响其生物学利用率。

(八)生物素

许多动物、植物性饲料都含有生物素,但它们多以ε-N-生物素酰-L-赖氨酸(生物胞素)的形式存在,生物胞素中生物素的生物学效价是有差异的。生物素是唯一能采用试验较准确地进行生物学效价评定的维生素。在试验动物饲粮中添加或不添加晶体抗生物素蛋白,通过测试动物生长效应即可评估饲料中生物素的生物学效价。

(九)维生素C

动植物组织中都含有大量的维生素C,除鱼、豚鼠外,其他动物体内大多能合成该种维生素。基于此,维生素C的生物学效价评定很少被考虑。在饲料中加入稳定型的维生素C的用意多在抗氧化及抗应激。维生素C的稳定性很差,易被高温破坏、氧化,一些饲料中的常用微量元素、果胶均影响维生素C的生物利用。

本章小结

饲料成本是构成畜禽生产和影响经济效益的主要成本因素,精准利用饲料中的营养物质,是降低饲料和饲养成本的重要基础。本章主要介绍了饲料营养价值评定的基本方法,包括消化试验、代谢试验。消化或代谢试验根据采样方法又分为全收粪法、指示剂法、回肠末端取样法、尼龙袋法和体外消化法等。同时介绍了饲料中各能值的计算和测定;单胃动物蛋白质营养价值评定的指标,包括蛋白质的消化率、回肠氨基酸消化率等,反刍动物蛋白质营养新体系"瘤胃降解和非降解蛋白质"。还介绍了矿物元素和维生素营养价值的评定方法等。

拓展阅读

扫码进行数字资源的获取和学习。

数字资源

[思政课堂]

畜禽用呼吸测热装置是进行动物营养代谢规律和营养需要量研究的核心设备,但是我国同类设备的研发能力严重不足,需要从国外进口整套设备或核心元件,对外依赖十分严重。为了提高我国动物呼吸测热装置的自主化设计和制造水平,摆脱对国外同类设备的依赖,我国研究者开展动物呼吸测热装置的研究工作,历经10年的辛苦努力,终于研制出新型多室联排自动化"畜禽用呼吸测热系列装置"。装置的数据采集系统、气体分析仪系统、计算机数控、软件工作站、进排气系统等核心技术部分均自主研发。在此基础上又设计研发出"真实跟踪动物舍饲内环境条件下的呼吸测热系统"。畜禽用呼吸测热系列装置实现了进、排气量自由调节,全天监测动物呼吸代谢过程。创建了程序控制采样气路切换技术,能实现气体充分交换后的准确采样。研制了可同时检测氧气、二氧化碳、甲烷和氢气的九通道气体分析仪,显著提高了分析精度。同时实现了异地气候仿真技术的运用,可真实模拟气候条件。这为我国动物营养需要量和反刍动物碳氮减排研究提供了现代化的实验设备,能极大促进我国动物营养和饲料科学的研究进展,具有重大科技意义和学术价值。

复习思考

1. 饲料营养物质消化吸收的评定方法有哪几种?不同动物方法各有什么差别?
2. 饲料中的能量在动物体内的转化过程是什么,如何测定总能、消化能、代谢能、净能?
3. 净能的测定对动物营养学的发展有何意义?
4. 评价单胃和反刍动物蛋白质营养价值的主要指标有哪些?

第四章

饲料分类

本章导读

　　饲料为动物提供了生长发育必需的营养物质。饲料种类繁多,为便于记录、识别与管理,需对饲料进行分类。饲料可划分为哪些种类,其分类原则与依据分别是什么？围绕这些问题进行深入认知有助于合理有效地利用饲料,促进畜牧业高质量发展,提高畜禽资源的经济效益。因此,通过梳理饲料分类的相关基础知识,系统地了解各类饲料营养特点,可为在畜牧业生产实践中合理利用饲料资源夯实基础。

学习目标

　　1.掌握阐述传统饲料分类方法;理解国际饲料分类的原则、主要依据、饲料编码方法。

　　2.掌握国际饲料分类法与我国饲料分类法的异同。

　　3.能够根据饲料营养特性辨别其类别归属。

概念网络图

- 饲料分类
  - 国际饲料分类（8类）
    - 粗饲料
    - 青绿饲料
    - 青贮饲料
    - 能量饲料
    - 蛋白质补充料
    - 矿物质饲料
    - 维生素饲料
    - 饲料添加剂
  - 国内饲料分类（17亚类）
    - 青绿饲料、树叶、青贮饲料
    - （块根、块茎、瓜果）、干草、农副产品
    - 谷实、糠麸、豆类
    - 饼粕、糟渣、（草籽、树实）
    - 动物性饲料、矿物质饲料、维生素饲料
    - 饲料添加剂、油脂类饲料及其他

> 随着畜牧业现代化进程的推进,我国畜牧业发展总体态势呈现良好趋势。畜牧业高质量发展离不开优质饲料的开发利用,饲料对畜禽生长繁育具有重要作用,是维持正常代谢必不可少的营养物质。饲料科技的飞速发展,使得可供畜禽饲用的饲料种类逐步趋于多样,不同类型的饲料营养成分各异,对畜禽机体所起的作用效果也不尽相同。

第一节 国际饲料分类法

世界各国对饲料的分类方法尚未统一,现行分类法主要有两类,一是被大众认可的国际饲料分类法,另一类则是各个国家在国际饲料分类法的基础上根据本国传统分类习惯而制定的分类方法。

一、国际饲料分类依据与原则

1956年,L.E.Harris以饲料营养特性为依据将饲料分为具有特定编码的八大类型,受到各国学者的一致认同。因此,国际饲料分类法主要指Harris提出的饲料分类原则和编码体系。饲料分类坚持简便、实用、科学性原则。

二、国际饲料编码

国际饲料编码(international feeds number,IFN)格式为×-××-×××,每一个编码都有一个标准名称,一个标准的国际饲料编码包含6位数共3节编号,第一节由1位数字组成,表示8大类别中具体的某一类;第二、三节编码分别由2、3位数字构成,通过饲料重要属性确定其编码。

三、国际饲料分类类别

(一)粗饲料

IFN为1-00-000,是干物质中粗纤维含量在18%及以上的饲料,成本低。粗饲料的种类主要有农作物秸秆、青干草等。秸秆类体积较大,需加工处理以提高其营养价值。加工制作方法包括切碎、浸泡法、碾碎、蒸煮和调制草浆等。

(二)青绿饲料

IFN为2-00-000,是水分含量较高的青绿牧草等。此类饲料特点是鲜嫩多汁、种类丰富、来源广、产量高,成本低廉。青绿饲料最好在采割后立即饲喂,以保持其鲜嫩多汁的特性,放置时间过久易引发变质,破坏营养物质和降低适口性。常见青绿饲料种类有天然牧草和人工牧草等。

(三)青贮饲料

IFN为3-00-000,是经发酵制作而成并且能长期保存的饲料,是冬春季节扩大饲料来源的重要渠道,树叶、禾本科和豆科作物等均可作为青贮饲料的原料,具有柔软多汁、消化率高、适口性优良等特点。

(四)能量饲料

IFN为4-00-000,主要包括谷物类、块根块茎、糠麸类和一些糟渣类,粗纤维含量在18%以下、粗蛋白质含量在20%以下,可通过干燥、低温、加入化学剂抑制饲料中微生物活动等方式贮藏。玉米和高粱等为常见能量饲料。

(五)蛋白质补充料

IFN为5-00-000,指干物质中粗纤维含量在18%以下、粗蛋白质含量在20%及以上的饲料。以动植物等为饲料来源的蛋白质饲料能够为畜禽提供丰富的营养元素。常见类型有鱼粉和大豆等。

(六)矿物质饲料

IFN为6-00-000,根据畜禽需要量分为常量矿物质饲料(钙磷饲料、食盐)和微量矿物质饲料(含微量元素的化合物)两类。石灰石粉、动物骨粉等是较为常见的矿物质饲料。

(七)维生素饲料

IFN为7-00-000,一般指由人工合成或提纯的维生素类制剂,某项维生素含量较多的天然饲料不属于此类。

(八)饲料添加剂

IFN为8-00-000,指为促进畜禽生长发育、维持正常代谢、保证饲料质量,在饲料中添加的少量或微量物质,包括补充畜禽体内无法合成或合成量不足的营养性饲料添加剂以及为满足畜禽健康生长需要所添加的非营养性添加剂。具有抵抗病原微生物、促进营养消化、提高机体免疫功能、提供营养物质等的作用。

各类饲料划分依据见表4-1。

表4-1 国际饲料分类依据原则

饲料类别	饲料编码	水分含量/%	干物质中粗纤维/%	干物质中粗蛋白质/%
粗饲料	1-00-000	<60	≥18	—
青绿饲料	2-00-000	≥60	—	—
青贮饲料	3-00-000	≥60	—	—
能量饲料	4-00-000	<60	<18	<20
蛋白质补充料	5-00-000	<60	<18	≥20
矿物质饲料	6-00-000	—	—	—
维生素饲料	7-00-000	—	—	—
饲料添加剂	8-00-000	—	—	—

(引自杨久仙、刘建胜,《动物营养与饲料加工》,2011)

第二节 中国饲料分类法

我国畜牧养殖历史悠久,对畜禽的饲养有深刻而独特的见解,诸如"马无夜草不肥"等俗语可反映我国人民对饲料与畜禽营养之间关系的认识。对于饲料分类较早的记载为1914年胡朝阳《实用养豕全书》将饲料分为"主要饲料"与"辅助饲料"两类。1987年,我国饲料分类迎来转折点,在张子仪院士的主持下,我国特色的饲料分类编码体系得以建立。在八大类国际饲料的基础上,依据我国的传统分类习惯将饲料划分为17个亚类。随着对饲料科学的深入研究以及饲料工艺的改进与创新,国内众多学者对我国饲料分类做了更为细致的补充,研发出更多的新型绿色替代性饲料。

一、中国饲料分类编码体系和现行饲料分类依据

中国饲料编号(Chinese feeds number, CFN)为3节7位数,在形式上与国际饲料编码大同小异,格式是x-xx-xxx。第一节编号与国际八大类饲料编码相同,由1位数组成;第二节用于表示我国划分的17个亚类中具体的某一类,由2位数字组成;编号第三节用于表示具体饲料顺序号,由4位数字构成。例如,青绿多汁类饲料含水量在45%及以上,根据其营养成分在我国分类法中属于青绿饲料,故首位编号为2,在我国划分的17个亚类中属于第一亚类,第二节编码为01,因此,CFN为2-01-0000。此外,饲料营养特性中营养指标含量的多寡导致同一类饲料的第一、二节编码不同,如树叶类饲料根据天然水分与粗纤维含量分为新鲜树叶和风干树叶两种类型,新鲜树叶水分含量较高,通常在45%及以上,根据营养特性属青绿饲料,首位编号为2,在我国划分的亚类中属于第二亚类,编号为02,故新鲜树叶CFN为2-02-0000;对于粗纤维含量在18%及以上的风干树叶,根据营养特性属于粗饲料,故首位编号为1,第二节编号为我国划分的17种亚类中的第二类,故编码为02,因此,CFN为1-02-0000。

中国现行饲料分类依据见表4-2。

表4-2 中国现行饲料分类依据

饲料类别	饲料编码	水分 (自然含水%)	粗纤维 (干物质%)	粗蛋白质 (干物质%)
一、青绿饲料	2-01-0000	≥45	—	—
二、树叶				
1.鲜树叶	2-02-0000	≥45	—	—
2.风干树叶	1-02-0000	—	≥18	—
三、青贮饲料				
1.常规青贮饲料	3-03-0000	65~75	—	—
2.半干青贮饲料	3-03-0000	45~55	—	—
3.谷实青贮料	4-03-0000	28~35	<18	<20
四、块根、块茎、瓜果				

续表

饲料类别	饲料编码	水分（自然含水%）	粗纤维（干物质%）	粗蛋白质（干物质%）
1.含天然水分的块根、块茎、瓜果	2-04-0000	≥45	—	—
2.脱水块根、块茎、瓜果	4-04-0000	—	<18	<20
五、干草				
1.第一类干草	1-05-0000	<15	≥18	—
2.第二类干草	4-05-0000	<15	<18	<20
3.第三类干草	5-05-0000	<15	<18	≥20
六、农副产品				
1.第一类农副产品	1-06-0000	—	≥18	—
2.第二类农副产品	4-06-0000	—	<18	<20
3.第三类农副产品	5-06-0000	—	<18	≥20
七、谷实	4-07-0000	—	<18	<20
八、糠麸				
1.第一类糠麸	4-08-0000	—	<18	<20
2.第二类糠麸	1-08-0000	—	≥18	—
九、豆类				
1.第一类豆类	5-09-0000	—	<18	≥20
2.第二类豆类	4-09-0000	—	<18	<20
十、饼粕				
1.第一类饼粕	5-10-0000	—	<18	≥20
2.第二类饼粕	1-10-0000	—	≥18	≥20
3.第三类饼粕	4-08-0000	—	<18	<20
十一、糟渣				
1.第一类糟渣	1-11-0000	—	≥18	—
2.第二类糟渣	4-11-0000	—	<18	<20
3.第三类糟渣	5-11-0000	—	<18	≥20
十二、草籽、树实				
1.第一类草籽、树实	1-12-0000	—	≥18	—
2.第二类草籽、树实	4-12-0000	—	<18	<20
3.第三类草籽、树实	5-12-0000	—	<18	≥20
十三、动物性饲料				
1.第一类动物性饲料	5-13-0000	—	—	≥20

续表

饲料类别	饲料编码	水分（自然含水%）	粗纤维（干物质%）	粗蛋白质（干物质%）
2.第二类动物性饲料	4-13-0000	—	—	<20
3.第三类动物性饲料	6-13-0000	—	—	<20
十四、矿物质饲料	6-14-0000	—	—	—
十五、维生素饲料	7-15-0000	—	—	—
十六、饲料添加剂	8-16-0000	—	—	—
十七、油脂类饲料及其他	4-17-0000	—	—	—

(引自王成章、王恬,《饲料学》,2011)

二、中国传统饲料分类

(一)按饲料来源分类

1.植物性饲料

我国植物种类丰富,可供畜禽食用且能满足其营养需求的植物性饲料种类众多。生活中常见的天然植物性饲料有杨树花、橘皮、马齿苋、蒲公英等,这类饲料具有来源广、价格低廉、营养价值高等特点。

2.动物性饲料

包括鱼粉、羽毛粉和肉骨粉等,主要以动物或动物器官组织为饲料源加工制成。其中鱼粉和羽毛粉等蛋白质含量高,可补充畜禽生长所需的某些氨基酸,是畜禽获取蛋白质的良好来源,此外,还含有丰富的矿物质(钙、磷和微量元素硒)和维生素。

3.矿物质饲料

矿物质营养素对维持畜禽健康具有重要作用,缺乏不同的矿物质营养素将导致畜禽出现不同的症状。例如,当猪体内缺少锌元素时,易出现皮肤瘙痒、粗糙和皮炎等症状;缺乏铁元素会导致鸭出现贫血及羽毛发育不良、缺乏光泽等症状;畜禽缺乏铜元素时,会影响免疫功能。

4.化学合成饲料

由于动物饲料中天然营养物质的含量或种类有限,不一定能完全满足畜禽生长繁育过程中的营养需求。因此,需要加入鱼粉、维生素和某些氨基酸等饲料补充物以维持其正常生长。为保证饲料品质而加入的抗氧化剂、防霉剂,促进畜禽生长的驱虫药物等,虽无营养价值但不可或缺。

(二)按食用习惯分类

1.谷物类饲料

谷物类饲料一般又称为能量饲料,主要成分是淀粉,富含无氮浸出物,维生素B_1和维生素E含量相对丰富,粗蛋白质、蛋白质和必需氨基酸含量较少。玉米中含有较高的碳水化合物,是畜禽谷实类能量饲料中最常用的饲料。

2.谷物加工副产品

常见谷物副产品主要包括米糠、脱脂米糠粕、酒糟、碎米和小麦麸等,稻谷加工后的副产品米糠和碎米、利用谷物发酵酿造白酒或生产工业酒精时产生的大量副产品(如玉米酒糟)等都是畜禽可饲用饲料。

3.根茎类饲料

根茎类饲料一般指块根、块茎类饲料,块根类饲料主要有胡萝卜、木薯和萝卜等,块茎类饲料主要有马铃薯与甘蓝等。有的根茎类饲料不需额外加工即可生饲,如红薯藤叶;有的根茎类饲料需晾晒制成粉末后高温煮沸才能饲喂畜禽,即需做脱毒处理后才能饲喂,如木薯等。根茎类饲料具有粗纤维含量低、无氮浸出物多、水分含量与消化率高及适口性优良等特点。

4.青饲料

青饲料也称青绿饲料,几种常用青饲料主要包括甘薯蔓、草木樨和紫花苜蓿等。苜蓿是畜禽常见的优质青饲料之一,饲喂方式多样,可青饲,也可调制干草和干草粉以备冬季饲用。

(三)按营养成分进行分类

1.全价配合饲料

又称全日粮配合饲料,按动物营养需求由粗饲料、维生素、矿物质等饲料搭配制成。饲料种类多,营养成分丰富,能满足畜禽生长繁育的营养需求,不用额外加工处理即可直接饲喂畜禽。

2.混合饲料

又称初级配合饲料,是根据畜禽的各个阶段营养需求(饲料种类与比重)搭配的一类饲料。混合饲料的饲喂效果优于单一饲料,更有利于畜禽育肥生长。

3.蛋白质补充饲料

植物性蛋白质饲料有菜籽粕、大豆粕和葵花粕等;动物性蛋白质饲料具有促进畜禽生长发育、增强畜禽免疫等特点,主要包括鱼粉、肉骨粉、昆虫粉等;非蛋白氮饲料可制成尿素砖、尿素精料、尿素青贮料以及尿素秸秆压缩饲料等饲喂断奶反刍动物。

4.添加剂预混合饲料

是由两种或两种以上饲料添加剂加载体或稀释剂按一定比例配制而成的均匀混合物。在配合饲料中饲料添加剂的添加量应在10%以下,以玉米粉、豆饼粉和面粉等为主要载体。

5.代乳料

针对哺乳期畜禽配制的全乳代替性饲料,具有营养成分丰富、价格低廉、可促进幼禽生长和免疫力提高等特点。

(四)按饲料物理性状进行分类

1.粉状饲料

按动物营养需求配制的饲料经粉碎化处理后得到的饲料,细度均匀,对蛋鸡具有良好的养殖效果,但易引起畜禽挑食。未熟化的生粉料细菌含量高、消化吸收率低,对某些畜禽存在养殖安全问题,经熟化后的粉状饲料,安全性高、吸收利用率高。

2.颗粒料

饲料在高温蒸汽混合调制后经环模压制成体积较小的颗粒料,具有方便储存运输,可增加畜禽采食速度,营养均衡,可改善适口性以及提高饲料转化率等特点。制粒过程中的高温和熟化处理极大提高了饲料的安全性,降低了畜禽疾病发生的风险。但制粒过程成本较高,且需严格控制粒过程,否则会导致维生素A和维生素E等营养物质活性降低。

3.膨化饲料

饲料经膨化处理后可得到糊化度较高、适口性好且具蓬松感的膨化饲料。膨化饲料焦香酥脆、颗粒度较小,可有效促进畜禽消化吸收,但膨化过程加温加压处理会影响某些营养素的含量。

4.碎粒料

碎粒料是在颗粒料的基础上再经破碎处理后得到的营养丰富、适口性优良的饲料,粒径约为2~4 mm。

本章小结

饲料原料分类方法主要包括国际饲料分类方法和中国饲料分类方法2种。国际饲料分类方法将饲料原料分为8大类,分别为:1.粗饲料;2.青绿饲料;3.青贮饲料;4.能量饲料;5.蛋白质补充料;6.矿物质饲料;7.维生素饲料;8.饲料添加剂。中国饲料分类方法将饲料原料分为17个亚类,分别为:1.青绿饲料;2.树叶;3.青贮饲料;4.块根、块茎、瓜果;5.干草;6.农副产品;7.谷实;8.糠麸;9.豆类;10.饼粕;11.糟渣;12.草籽、树实;13.动物性饲料;14.矿物质饲料;15.维生素饲料;16.饲料添加剂;17.油脂类饲料及其他。

拓展阅读

扫码进行数字资源的获取和学习。

数字资源

[思政课堂]

根据我国土地资源紧张的现状,结合国际、国内饲料分类体系研究饲料原料之间的相互替代性,通过评估植物饲料价值并进行对比分析进而为解决"人畜争粮"矛盾提供策略依据,以此为基准探究饲料消费替代方案,科学规划与调整我国饲料作物的中长期种植模式。首先,遴选解决"人畜争粮"矛盾的关键植物饲料品种,如玉米、稻谷、小麦、大豆、花生、油菜籽等;其次,从价格成本角度合理安排饲料消费替代方案,优先考虑玉米干全酒糟(DDGS)、玉米、米糠粕以及玉米淀粉,其中玉米及其副产物具有明显价格优势;最后,从作物单产水平角度优化主要耕作物种植结构,稻谷、玉米、小麦的单产水平较高,应保证三大主粮的播种面积维持在一定的安全界限内,大豆和油菜籽的国内供给应以提高单产水平和规模化生产为突破点,不应挤压三大主粮的播种面积、占用过多的耕地资源。积极响应并加快构建以国内大循环为主体、国内国际双循环相互促进的新发展格局,依靠自身力量来解决农业资源有限状态下的"人畜争粮"矛盾。

复习思考

1. 国际饲料分类法将饲料划分为几个类别?
2. 不同类别饲料的营养特点是什么?
3. 简述与国际饲料分类法相比,我国饲料分类法有哪些优势?

第五章

青绿饲料

本章导读

青绿饲料的种类繁多、来源广泛、产量高,青绿多汁、营养丰富,对促进动物生长、提高畜产品品质和产量等具有重要的作用。尽管青绿饲料单位质量的营养价值相对较低,但基于不同畜禽的消化系统结构和消化生理差异,通过明晰不同青绿饲料的营养特性和使用注意事项,适配相应的加工利用方法,与其他饲料搭配利用,可达到较佳利用效果。并且在充分利用青绿饲料的情况下,可达到动物养殖高产量、低消耗、高效益、低成本的目的。

学习目标

1. 掌握青绿饲料的概念和种类。
2. 学习掌握各类代表性青绿饲料的营养特性和利用方式。
3. 了解青绿饲料中的抗营养因子(氢氰酸、香豆素和亚硝酸盐等)以及使用注意事项。

概念网络图

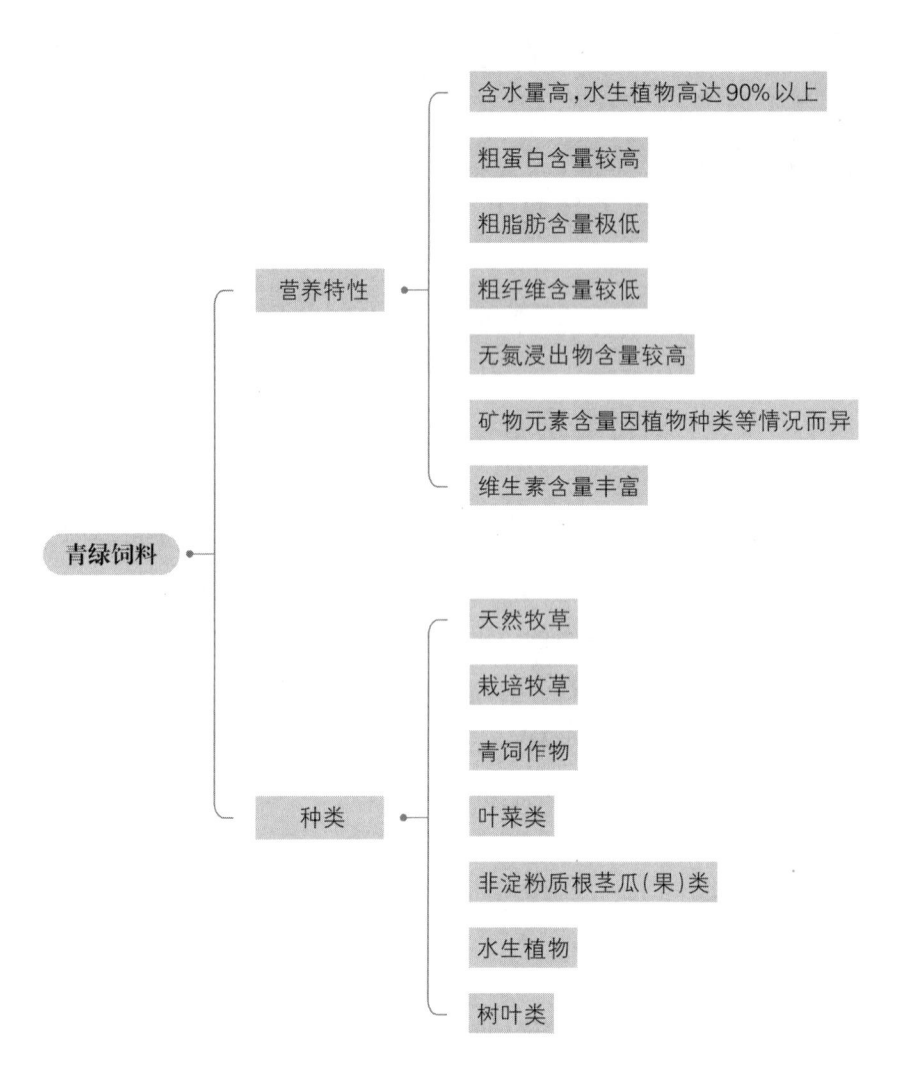

- **青绿饲料**
  - **营养特性**
    - 含水量高,水生植物高达90%以上
    - 粗蛋白含量较高
    - 粗脂肪含量极低
    - 粗纤维含量较低
    - 无氮浸出物含量较高
    - 矿物元素含量因植物种类等情况而异
    - 维生素含量丰富
  - **种类**
    - 天然牧草
    - 栽培牧草
    - 青饲作物
    - 叶菜类
    - 非淀粉质根茎瓜(果)类
    - 水生植物
    - 树叶类

> 青绿饲料(pasture range plants and forage fed fresh)是指天然水分含量在60%以上的青绿牧草、饲用作物、树叶类及非淀粉质根茎瓜(果)类、水生植物类等。青绿饲料,也叫青饲料,因富含叶绿素而得名,是畜禽饲料的主要饲料之一。其主要特点是含水量高,特别是水生青绿植物,含水量可达90%以上;蛋白质含量较高(按干物质计),氨基酸较均衡,生物价值较高;维生素含量丰富,是动物维生素的良好来源。就总体的营养特性而言,是一种营养相对均衡的饲料原料,适口性好。

第一节 青绿饲料的营养特性

青绿饲料作为来源广泛、种类繁多、可再生的饲料原料是当前生态型饲料的开发热点。青绿饲料因其植物源性的特点,在开发和应用过程中存在的较大的难点,导致青绿饲料的开发程度不够,包括青绿饲料种植面积较小、利用方式单一、缺乏多样化的加工技术、品质不高,不能满足不同家畜不同时期对饲料的需求。

一、青绿饲料的营养特性

1. 水分

因植物种类繁多、环境差异、生长期和刈割期不同,陆生植物含水量差异较大,在60%~90%左右,水生植物90%~95%左右。因此青绿饲料干物质含量少,绝对营养价值较低,能值偏低。以新鲜的陆生植物为例,消化能仅为1.25~2.51 MJ/kg。

2. 粗蛋白质

青绿饲料粗蛋白质含量较低(以鲜样计),一般新鲜的禾本科牧草和叶菜类饲料中粗蛋白质含量在1.5%~3.0%,豆科牧草在3.2%~4.4%之间。若以干物质计算,前者粗蛋白质含量可达到10%~15%,后者15%~24%。蛋白质的品质较优,含有动物机体所需的各种必需氨基酸,尤其以赖氨酸、蛋氨酸和色氨酸含量较多,因此蛋白质生物学价值较高,一般可达70%以上。

3. 粗脂肪

青绿饲料粗脂肪含量极低,以干物质计算,一般含量仅在0.5%~4.0%之间,生物学价值低。

4. 粗纤维

青绿饲料的粗纤维含量随刈割期或生长期不同变化较大。一般在开花或抽穗之前,粗纤维含量较低,木质素低。以干物质计,粗纤维为15%~30%之间。随着植物生长期的延长,粗纤维和木质素含量随之增加,生物学价值随之降低,单胃动物对这样的青绿饲料的消化率会降低。因此,适时收割尤为重要。

5. 无氮浸出物

青绿饲料无氮浸出物含量与粗纤维含量呈现相反的趋势,主要受植物生长期的影响。一般在开花或抽穗之前,无氮浸出物含量较高,在40%~50%之间。

6. 矿物元素

青绿饲料中矿物元素含量因植物种类、土壤及施肥情况而异。总体而言,矿物元素含量较丰富,钙磷比例较适宜。豆科牧草中钙含量较高。以豆科鲜苜蓿为例,以干物质计,钙含量为1.35%,磷含量为0.27%。此外,青绿饲料中含有丰富的铁、锰、锌、铜等微量矿物元素,但是钠和氯含量一般较低,所以家畜还需额外补充食盐。

7. 维生素

青绿饲料维生素含量丰富,是家畜维生素的良好来源,特别是脂溶性维生素胡萝卜素的含量较高,1 kg青绿饲料中胡萝卜素含量可高达50~800 mg。此外,青绿饲料中也含有丰富的水溶性B族维生素、维生素C和其他脂溶性维生素E、维生素K,但是维生素D含量较低。

8. 其他因子

除了上述的营养成分,大多数青绿饲料中都含有对家畜有毒害作用的抗营养因子,如氢氰酸、香豆素和亚硝酸盐等。在青绿饲料保存不当腐败后,其毒性含量增加,引起动物中毒。

综上所述,青绿饲料是一种柔软、多汁、营养相对平衡的饲料,适口性好,动物易于消化。但是由于其水分含量过高,干物质消化能较低,且不易储存,从而限制了青绿饲料的使用和营养优势。现阶段,应用先进的技术和方法开发和生产的优质青绿饲料可以与一些中等能量饲料相媲美,这大大提高了非粮型饲料的资源开发和利用水平。

二、影响青绿饲料营养成分的因素

青绿饲料的营养价值受多种因素的影响。植物的种类、生长阶段、生长环境及种植草场的管理水平等各方面因素都可能会影响青绿饲料的营养价值。

1. 植物种类

不同种类的植物营养价值差异较大,差异成分包括粗蛋白质、粗纤维、无氮浸出物、矿物元素及维生素。一般而言,豆科牧草和叶菜类的营养价值较高,禾本科次之,水生植物最低。对于同一种类青绿饲料,其品种不同,营养价值也存在差异。如不同品种紫花苜蓿的粗蛋白质和粗纤维含量有一定差异。

2. 植物生长阶段和植物部位

植物的生长阶段对其营养价值影响较大。一般而言,随着植物生长期延长,粗蛋白质等养分含量呈现降低的趋势,粗纤维特别是木质素含量显著升高,导致饲料的营养价值、适口性及消化率降低。因此,青绿饲料在植物早期生长阶段具有较高的消化率,总体营养价值较高。此外,植物的部位不同,营养差异也较大,这主要是受粗纤维和粗蛋白质含量的影响。一般而言,叶片中的粗蛋白质含量高、粗纤维含量低,茎秆中含量则相反。因此,对于植株来讲,叶片占全株的比例越大,营养价值越高。

3.植物生长环境

植物生长环境主要包括土壤、气候、水分及肥料等。肥沃、结构良好的土壤,植株获取的营养充沛,其整体的营养价值较高。生长环境能影响粗蛋白质、无氮浸出物、矿物元素及维生素这些营养成分在植株中的沉积量。特别是矿物元素受土壤中该元素含量和活性的影响很大。如不同土壤环境中某些矿物元素缺乏或者过量,或含有某些特殊的矿物元素,都会直接影响植株中矿物元素的含量。气候条件如温度、大气湿度、光照及雨量对于青绿饲料的营养成分影响也较大。如多雨地区,土壤经常被冲刷,其中的钙质容易流失,故植物体内的钙沉积量会较少。光照时间的长短会影响植物中粗蛋白质和无氮浸出物的沉积量。高寒地区,植物细胞壁较厚,粗纤维含量较高。

4.草场管理

主要针对放牧养殖而言,适时适量放牧对于草场营养价值的影响很大。放牧不足,植物生产期延长,牧草老化,营养价值降低;过度放牧,植物不能短期内恢复生长,草场总体营养利用率下降。

第二节 青绿饲料种类

青绿饲料是分布最广的一类植物性饲料原料,相对干饲料而言,是指处于青绿状态的饲料,主要来源有天然草原牧草、人工栽培草坪、人工栽培饲用作物、水生植物、田间杂草、树叶、蔬菜块根块茎等。以下就几类代表性青绿饲料分类简述(图5-1)。

```
         ┌ 天然牧草:禾本科、豆科、菊科、莎草科
         │ 栽培牧草:禾本科(苏丹草、黑麦草、雀麦)、豆科(苜蓿、三叶草)
陆生植物 │ 青饲作物:农作物(青饲玉米)、饲料作物
         │ 叶菜类:食用蔬菜、根茎瓜类的茎叶及野菜类
         │ 非淀粉质根茎瓜(果)类:胡萝卜、芜菁甘蓝、甜菜、南瓜等
         └ 树叶类:各类树叶等

水生植物:水浮莲、水葫芦、水花生、水竹叶、水芹菜、绿萍和紫萍等
```

图5-1 青绿饲料分类图

一、天然牧草

牧草是指可供饲用的细茎草本植物,主要包括天然牧草和栽培牧草。天然牧草指天然草地上生长的野生草本植物,其特点是生长快、产量高、叶嫩多汁。我国幅员辽阔,在西北、东北、西南地区均有大面积的优良天然草原、草地。天然牧草的营养和利用价值受地理、草原类型、土壤和水环境等许多因素影响。牧草种类繁多,其营养价值存在一定差异。主要的天然牧草包括禾本科、豆科、菊科和莎草科四大类,其营养特性见表5-1。禾本科分布最广,是主要的牧草来源。

表5-1 四类主要天然牧草营养特性（干物质基础，%）

科名	牧草名	粗蛋白质	无氮浸出物	粗纤维	粗脂肪	钙	磷
禾本科	芨芨草[1]	21.00	39.50	28.16	4.52	0.40	0.20
	紫穗羽茅	16.92	43.05	31.60	2.64	0.48	0.17
	羊胡子草	12.40	53.25	25.88	3.96	0.31	0.14
	鹅观草	8.10	52.76	31.97	3.17	0.49	0.17
	芦苇	11.40	42.38	30.92	3.33	0.38	0.34
	芨芨草[2]	14.21	45.10	31.52	2.97	0.60	0.23
	碱草	10.35	46.35	33.63	3.28	0.52	0.28
豆科	杂花苜蓿	11.63	46.62	26.36	3.21	1.22	0.31
	胡枝子	14.63	53.10	23.66	3.05	1.59	0.19
	黄花草木樨	20.11	43.73	24.49	2.20	2.06	0.32
	黄花苜蓿	17.75	44.64	27.53	1.93	2.61	0.29
菊科	野艾	18.05	42.37	28.06	4.78	1.52	0.41
	驼蒿	10.26	49.29	20.38	13.23	2.10	0.39
	香篙	11.08	48.65	28.67	5.07	1.59	0.37
	奶子草	14.15	44.89	23.99	8.12	1.98	0.35
	骆驼蓬	20.00	45.20	13.60	2.12	1.51	0.81
莎草科	莎草	16.77	53.54	20.69	2.12	0.97	0.27
	苔草	19.84	43.30	25.04	3.95	0.39	0.25

注：[1,2] 为不同地区的芨芨草。
（引自王恬、王成章，《饲料学》，2018）

这四类牧草总体营养价值较高，无氮浸出物约占40%~50%。粗蛋白质之间有较大的差异，总体豆科较高。钙含量高于磷含量，钙磷比例较适中。禾本科含量粗纤维较高，对其总体营养价值有一定影响。总体来说，豆科牧草的营养价值较高。虽然禾本科牧草的粗纤维含量较高，但其适口性较好，特别是植物生长早期，叶嫩可口，动物采食量高。菊科牧草一般有特殊的气味，除羊外，一般家畜不喜采食。

草地牧草的利用方式主要是放牧，或是有计划地适时刈割，晒制成干草或青贮。草场放牧是一种经济有效的家畜饲养方式，营养价值高，牧草适口性好；家畜可以自由采食，促进家畜的健康。但是，也要认识到目前在草地利用方面存在的主要问题，包括草地退化、过度放牧、生产效率低、科技支撑不足以及管理不善等。因此，要不断发展、鼓励高新技术在草原畜牧业中的支撑作用和应用，合理利用草场，科学制定放牧家畜品种、结构，促进天然草场的可持续利用和对其进行生态保护。

二、栽培牧草

栽培牧草是指人工播种栽培的牧草,种类繁多,其中以豆科和禾本科植物为主,产量高、营养价值高。栽培牧草可以有效地解决自然因素造成的天然牧草产量不足、质量不高等问题,是青绿饲料的主要来源。以下对几种代表性豆科和禾本科植物进行分类简述。

(一)豆科牧草

豆科牧草栽培历史悠久,其主要营养特点是粗蛋白质含量和无氮浸出物含量较高,粗纤维含量低,多汁,适口性好,生物价值较高。优质的豆科牧草可以部分替代中等水平的能量饲料,是非粮型饲料的主要来源。我国主要的栽培豆科包括苜蓿、三叶草、草木樨和苕子等。

1. 紫花苜蓿

紫花苜蓿,别名紫苜蓿、苜蓿,豆科多年生草本植物,是最古老和最重要的栽培类牧草之一。紫花苜蓿分布广、产量高、品质好、适应能力强,是最经济的栽培牧草。紫花苜蓿的营养价值很高,特别是初花期,干物质中粗蛋白质占比达18%~22%,并且蛋白质品质较好,氨基酸组成合理,赖氨酸高达1.34%,比玉米高5倍多。紫花苜蓿的营养价值和刈割期有关(表5-2),随着刈割期延后,总体营养价值降低。因此,可根据不同刈割期紫花苜蓿的营养价值饲喂不同家畜,如刈割后期的紫花苜蓿可用于饲喂牛、羊等反刍动物。紫花苜蓿的利用方式很多,除青饲外,可调制干草、草粉或者青贮。但是紫花苜蓿中含有抗营养因子——皂苷,牛、羊大量采食会发生鼓胀病,其抗营养作用具体见第十三章节。

表5-2 紫花苜蓿营养特性(干物质基础,%)

生长阶段	粗蛋白质	无氮浸出物	粗纤维	粗脂肪	粗灰分
营养生长	26.1	42.2	17.2	4.5	10.0
花前期	22.1	41.2	23.6	3.5	9.6
初花期	20.5	41.3	25.8	3.1	9.3
1/2盛花期	18.2	41.5	28.5	3.6	8.2
花后期	12.3	37.2	40.6	2.4	7.5

(引自张子仪,《中国饲料学》,2000)

2. 三叶草

三叶草属植物种类很多,大多数为野生,主要用于栽培的包括红三叶、白三叶。

红三叶为多年生草本植物,生长年限3~4年,春秋均可播种,除单独播种外,还可与多年生黑麦草、猫尾草、牛尾草等混播。可用于放牧、青饲和调制干草,每年刈割3~4次。草质柔软多汁,适口性好,各种家畜均喜食。但是红三叶中含有皂苷,要防止多饲引发鼓胀病。此外,红三叶中含有黄酮,具有抗氧化活性,可提高动物机体的抗氧化性能。其营养特性见表5-3。

表5-3 红三叶营养特性(干物质基础,%)

生长阶段	粗蛋白质	无氮浸出物	粗纤维	粗脂肪	粗灰分
开花期	16.9	48.2	21.4	3.4	10.1
初花期	17.1	47.6	21.5	3.6	10.2

(引自张子仪,《中国饲料学》,2000)

白三叶为多年生草本植物,生长年限可达10年以上,是华南、华北地区主要栽培的优良牧草,可用于放牧、青饲和调制干草。由于其草丛低矮、耐践踏、再生性强,因此最适于放牧利用。草质柔软多汁,适口性好,饲用价值高(表5-4)。每年可刈割3~4次。与红三叶相比,白三叶粗蛋白质含量高,粗纤维较低。同样要防止多饲引发鼓胀病。

表5-4 白三叶营养特性(干物质基础,%)

生长阶段	粗蛋白质	无氮浸出物	粗纤维	粗脂肪	粗灰分
开花期	24.5	47.5	12.5	2.5	13.0
初花期	24.7	47.1	12.5	2.7	13.0

(引自张子仪,《中国饲料学》,2000)

3. 草木樨

为豆科草木樨属,有20余种品种,其中最重要的是二年生白花草木樨、黄花草木樨和无味草木樨。草木樨适应能力强、分布广,在我国各地均有栽培。草木樨是一种优良的豆科植物,同时也是重要的水土保持植物。草木樨总体营养价值较紫花苜蓿差,具体营养特性见表5-5。草木樨可青饲、调制干草或青贮。草木樨中有香豆素,味苦,适口性较差,可与禾本科牧草、苜蓿等混饲。

表5-5 草木樨营养特性(干物质基础,%)

种类	粗蛋白质	无氮浸出物	粗纤维	粗脂肪	粗灰分
白花草木樨	22.2	37.5	23.7	6.7	9.9
黄花草木樨	22.2	37.0	28.0	3.3	9.5
无味草木樨	15.4	32.6	39.6	1.5	10.9

(引自张子仪,《中国饲料学》,2000)

4. 红豆草

豆科驴食草属多年生草本植物,主要分布于欧洲。适应性强,喜温、半干燥气候条件,在中国华北、西北地区有栽培,如山西、内蒙古、甘肃、陕西、青海等。其茎秆柔软,适口性好,营养丰富,蛋白质含量高,且含有丰富的微生物和矿物质,为各类畜禽所喜食,饲用价值可与紫花苜蓿相媲美,被誉为"牧草皇后"。开花期,整株干物质中营养成分为:粗蛋白质15.1%,粗脂肪2.0%,粗纤维31.5%,无氮浸出物43%。红豆草春秋皆宜播种,产量较高,用于青饲或青贮的在现蕾期至盛花期刈割,用于调制干草的在盛花期刈割。初花期刈割的红豆草中干物质粗蛋白质含量可达18%左右。红豆草适口性比紫花苜蓿和三叶草好,牛、羊、猪、兔均喜食。因红豆草茎叶中含有较高浓度的缩合单宁,反刍动物采食后,可在瘤胃中形成大量持久性泡沫的可溶性蛋白质,故采食后不易得鼓胀病。单宁的抗营养特性详见第十三章节。

5. 紫云英

紫云英为豆科黄芪属的一年生或越年生草本,原产中国,在秦岭、淮河至五岭的广大地区及西南高原均有野生种分布,栽培种主要分布于中国长江流域和长江以南各省。紫云英是一种重要的绿肥、饲料兼用作物。紫云英产量较高、鲜嫩多汁、适口性好、营养丰富,各种家畜都喜食,畜牧价值很高。不同生长期紫云英营养价值如表5-6所示。但是在饲喂紫云英时要注意其对于牛、马、羊等反刍动物的副作用,不宜过多,不然会因皂苷含量过高引起鼓胀病。可与干草混合饲喂,或与其他禾本科牧草如黑麦草混饲。

表5-6 不同生长期紫云英营养价值(干物质基础,%)

生长阶段	粗蛋白质	无氮浸出物	粗纤维	粗脂肪	粗灰分
现蕾期	31.75	44.46	11.82	4.14	7.82
初花期	28.44	45.06	13.05	5.10	8.36
盛花期	25.28	38.27	22.16	5.44	8.86
结荚期	21.36	37.83	26.61	5.52	8.69

(引自张子仪,《中国饲料学》,2000)

6. 苕子

为一年生或越年生豆科植物,在我国栽培的主要有普通苕子、毛叶苕子和光叶苕子。毛叶苕子主要分布在中国北方,光叶苕子主要分布在黄淮及长江流域,普通苕子是地方良种,主要分布在四川、湖北、江苏、江西等省。普通苕子,又称春苕子、普通野豌豆、普通箭筈豌豆等。营养价值较高,茎枝柔嫩,生长茂盛,叶片多,适口性好,是各类家畜喜食的优质牧草。但因普通苕子多汁,调制干草时干燥时间较长,故其主要利用方式为青饲,也可青贮或放牧。毛叶苕子,又名冬苕子、毛野豌豆等,其耐寒力较强,亦耐碱或耐酸,耐瘠性很强,在较瘠薄的土壤上一般也有很好的鲜草和种子产量,因此适应性较广。毛叶苕子生长快,茎叶柔嫩,蛋白质和矿物质含量都很高,适口性好,营养价值较高。毛叶苕子的主要利用方式为青饲,以初花期刈割最好,也可青贮或放牧。苕子的籽实中粗蛋白质高达30%,但其中含有生物碱和氰苷,氰苷经水解酶分解后会释放出氢氰酸而使动物中毒,因此饲喂前须处理,同时要避免大量、长期、连续使用。

7. 沙打旺

黄芪属多年生草本植物,又名直立黄耆、斜茎黄耆,分布于中国东北、华北、西北、西南地区。沙打旺的茎叶鲜嫩,营养丰富,以干物质计,含粗蛋白质23.5%,粗脂肪3.4%,粗纤维15.4%,无氮浸出物44.3%,钙1.34%,磷0.34%。沙打旺含有亚硝基、生物碱、酚类、鞣酸、皂苷等毒素物质,有不良气味,茎秆较粗,一般家畜不喜多食或者利用率很低,单独饲喂效果不理想。作为饲草的主要加工利用方式是调制干草、加工草粉和青贮。此外,沙打旺为黄芪属牧草,含有脂肪族硝基化合物,具苦味,可在动物体内代谢为3-硝基丙酸和3-硝基丙醇等有毒物质。反刍家畜可依靠瘤胃微生物将其分解,因而饲喂较为安全,但最好与其他牧草搭配使用。对单胃动物而言,用沙打旺草粉喂猪时可占饲料的10%~20%,在鸡饲料中可占5%~7%。沙打旺可与青刈玉米或禾本科牧草混合青贮,经青贮后,其有毒成分减少,饲喂安全性提高。

8. 小冠花

豆科小冠花属多年生草本植物,原产于欧洲南部和东地中海地区,我国东北、南部有栽培。小冠花抗逆性强,抗旱、耐寒、耐瘠薄、耐盐碱,但不耐湿。繁殖力强,覆盖度大,在瘠薄土壤也能生长。小冠花茎叶繁茂柔软,叶量丰富,营养价值与紫花苜蓿接近,盛花期以干物质计:含粗蛋白质20.0%,粗脂肪3.0%,粗纤维21.0%,无氮浸出物46.0%,钙1.55%,磷0.30%,产奶净能为6.30 MJ/kg。小冠花茎叶有苦味,适口性比紫花苜蓿差,但牛、羊喜食,特别是羊更喜食,除青饲和青贮外,也可调制干草或草粉。小冠花含有毒物质β-硝基丙酸,单独或大量饲喂单胃畜禽时易引起中毒,尤其对幼兔危害极大,因此应限量或与其他牧草搭配饲喂。

(二)禾本科牧草

我国主要的栽培禾本科牧草包括:羊草、黑麦草、黑麦、象草和苏丹草等。

1. 羊草

羊草,多年生禾本科牧草。有强大的地下茎,广泛分布于我国东北、西北、华北和内蒙古等地。羊草适应能力极强,耐寒、耐践踏、耐盐碱。羊草的营养生长期长,可达10~20年,一般以第4~6年产量最高。羊草营养价值较高,适口性好,是马、羊、牛等草食家畜的优良饲草,最宜刈割调制干草。具体营养特性见表5-7。

表5-7 羊草营养特性(干物质基础,%)

生长阶段	粗蛋白质	无氮浸出物	粗纤维	粗脂肪	粗灰分
分蘖期	20.35	32.95	35.62	4.04	7.03
拔节期	17.99	25.19	47.9	3.07	6.74
抽穗期	14.82	41.63	34.92	2.86	5.76
结实期	4.97	52.05	33.56	2.96	6.46

(引自彭健、陈喜斌,《饲料学》,2008)

2. 黑麦草

黑麦草本属有20余种,其中最有饲用价值的为多年生黑麦草和一年生黑麦草。黑麦草生长快、产量高、分蘖多,一年可多次刈割。茎叶柔嫩光滑,适口性好,以开花前的黑麦草营养价值最高,随生长期的延长,营养价值显著降低。具体营养特性见表5-8。

表5-8 黑麦草营养特性(干物质基础,%)

生长阶段	粗蛋白质	无氮浸出物	粗纤维	粗脂肪	粗灰分
叶丛期	18.6	48.3	21.1	3.8	8.1
花前期	15.3	48.3	24.8	3.1	8.5
开花期	13.8	49.6	25.8	3.0	7.8
结实期	9.7	50.9	31.2	2.5	5.7

(引自王恬、王成章,《饲料学》,2018)

3. 黑麦

黑麦是禾本科黑麦属一年生草本植物。20世纪70年代引入我国，适应性广、耐旱、抗寒、耐贫瘠，分蘖能力强，生长速度快，产量高。黑麦质地柔软、具有芳香味、适口性好，营养丰富。干物质中粗蛋白质含量12%左右，其中赖氨酸含量高，是玉米、小麦的4~6倍，脂肪含量较高，并含有丰富的矿物元素和胡萝卜素。黑麦头茬刈割时粗蛋白质含量最高，营养价值随着刈割期延后下降。后期刈割的黑麦可作为羊、牛等的饲料。除了直接饲喂外，还可制作青贮或调制干草。

4. 苏丹草

高粱属植物，一年生草本。原产于非洲苏丹，现遍布我国各地，尤以西北和华北干旱地区栽培较多。苏丹草具有高度的适应性，抗旱能力特强，在夏季炎热干旱地区，苏丹草也能旺盛生长，因此苏丹草是耐旱、高产的一年生优良牧草。苏丹草品质好，茎叶柔软，营养价值高，适口性好，调制干草容易，不易变质，草食家畜均喜食。苏丹草也是养鱼的优质青饲料之一，有"养鱼青饲料之王"的美称。

苏丹草的收获应考虑到它的产草量，营养价值以及再生力。从产草量看，自抽穗到乳熟期，基本上无多大变化，但比较营养成分，各时期差别很大。苏丹草在抽穗期刈割的营养价值要比开花期和结实期刈割营养价值高。苏丹草品质佳、产量高，可青饲、青贮或调制干草。由于苏丹草的茎叶比玉米、高粱柔软，更适宜晒制干草。此外，苏丹草的再生力强，也可放牧利用。具体利用时，第一茬适于刈割鲜喂或晒制干草，第二茬以后可用于牛、羊放牧。由于苏丹草幼嫩茎叶含少量氢氰酸，为防止发生中毒，要等到株高达50~60 cm以后才可以刈割、放牧。苏丹草喂乳牛时，每日每头可喂30~40 kg鲜草或3~5 kg干草。

苏丹草及其他一些禾本科牧草营养特性见表5-9。

表5-9 几类禾本科牧草营养特性(干物质基础,%)

品种	粗蛋白质	无氮浸出物	粗纤维	粗脂肪	粗灰分
苏丹草(抽穗期)	15.3	47.2	25.9	2.8	8.8
冰草(抽穗期)	19.1	38.3	31.3	4.1	7.2
纤毛鹅观草(开花期)	10.1	44.7	38.0	2.2	5.0
无芒雀麦(抽穗期)	16.0	40.7	30.0	6.3	7.0
扁穗牛鞭草(拔节期)	16.8	36.2	30.3	4.5	12.2

(引自王成章，《饲料生产学》，1998)

5. 高丹草

高粱属一年生草本植物，是由饲用高粱和苏丹草自然杂交形成的，是由第三届全国牧草品种审定委员会第二次会议于1998年12月10日审定通过的新牧草。高丹草综合了高粱茎粗、叶宽和苏丹草分蘖力、再生力强的优点，能耐受频繁的刈割，并能多次再生。其特点是：产量高，抗倒伏和再生能力出色，抗病抗旱性好，茎秆更为柔软纤细，可消化的纤维素和半纤维素含量高而难以消化的木质素低，消化率高，适口性好，营养价值高。经测定，高丹草在拔节期的营养成分为：水分83%，粗蛋白质3%，粗脂肪0.8%，无氮浸出物8.3%，粗纤维3.2%，粗灰分1.7%，是饲喂草食家畜的一种优良青绿饲料，适于饲喂牛、羊、兔、鹅等多数畜禽和鱼类。高丹草是牛羊的优质青饲料，可以用来青饲、调制干草或青贮，也可直接用于放牧。干草生产适宜刈割期为抽穗期，即播种6~8周后、植株高度达到1.5~2.0 m时可开始第1次刈割，此时干物质中蛋白质含量较高,粗纤维含量较低,留茬高度应不低于15 cm,过低的刈割会影响再生。再次刈割的时间以3~5周以后为宜,间隔过短会引起产量降低。高丹草青贮前应将含水量由80%~85%降到70%左右。高丹草放牧时也应注意预防氢氰酸中毒,适宜放牧的时间是播种后5~6周、株高达45~80 cm时,此时消化率可达到60%以上,粗蛋白质含量高于15%。过早放牧会影响牧草的再生,放牧可一直持续到初霜前。

6. 鸭茅

鸭茅属多年生草本植物,原产于欧洲西部,我国西南、西北诸省区。在河北、河南、山东、江苏等省有较大面积栽培。鸭茅草质柔嫩,叶量多,营养丰富,适口性好,是牛、羊、马、兔等草食家畜和草食性鱼类的优良牧草,幼嫩时也可以喂猪禽。鸭茅是一种优良的牧草,其植株繁茂,产草量高,再生性强,适于放牧或调制干草,也可刈割后青饲或制作青贮料。鸭茅适于抽穗前收割,花后质量降低。鸭茅抽穗期茎叶干物质中营养成分含量为:粗蛋白质12.7%,粗脂肪4.7%,粗纤维29.5%,无氮浸出物45.1%,粗灰分8%。由于鸭茅的营养成分随其生长期延长而下降,茎秆也因木质化而变得粗硬,故在其利用上一定要注意适时刈割。青饲宜在抽穗前或抽穗期进行刈割,晒制干草时收获期不迟于抽穗盛期,放牧时以拔节中后期至孕穗期为好。

7. 象草

又称紫狼尾草,为多年生草本植物,原产于热带非洲,在我国南方各省区有大面积栽培。象草生态适应性很强,一般可耐37.9 ℃的高温和忍受冬季1~2 ℃、相对湿度20%~25%的寒冷干燥气候条件。象草具有产量高、管理粗放、利用期长等特点,已成为南方青绿饲料的重要来源。象草营养价值较高,茎叶干物质中营养成分含量为:粗蛋白质10.58%,粗脂肪1.97%,粗纤维33.14%,无氮浸出物44.70%,粗灰分9.61%。象草质地柔软,叶量丰富,主要用于青饲和青贮,也可以调制成干草备用。适时刈割的象草,柔软多汁,适口性好,动物利用率高,是牛、羊、马、兔、鹅的良好饲草。幼嫩时也可以喂猪、禽,亦可作为养鱼饲料。

三、青饲作物

青饲作物是指农田栽培的农作物或饲料作物,在结实前或结实期收割作为青绿饲料用。这里所说的农作物是指以籽实利用为目的的粮食作物(如玉米、高粱、大麦、燕麦、荞麦、豆类)或某些经济作物(如油菜、花生、向日葵等);饲料作物是指上述农作物以饲用为目的而培育的一些新型饲用品种,不包括传统意义上的牧草类、叶菜类及根茎瓜类。

青饲作物的种类很多,包括禾本科、豆科、十字花科及菊科等作物。相比牧草类,青饲作物具有生长周期短、生长发育旺盛和短期产量高的优点。不同作物相比,豆科比禾本科含有更多的粗蛋白质和钙,营养价值也相对较高,但是禾本科有较高的产量。青饲作物也和牧草类相似,随着生长期的延长,营养价值、养分消化和适口性降低,主要是由于粗纤维含量增加。为了最大限度地获取饲养资源或最大程度保存作物营养价值,对于生长期较长的青饲作物,收割后会进行青贮(内容详见"青贮饲料"章节)。以下就青刈玉米、青刈大麦、青刈燕麦等常见青饲作物予以概述。

1. 青刈玉米

玉米是全球最重要的粮食作物和饲料作物,生长迅速、产量高,茎中糖分含量高,胡萝卜素和其他维生素丰富,饲用价值高。根据饲料分类,玉米归属能量饲料类。玉米种类很多,作青刈玉米的通常为传统农田种植的马齿型玉米,其味甜多汁,适口性好,消化率高,营养价值远远高于收获籽实后剩余的秸秆(见表5-10),是牛、羊、猪的良好的青饲料。

表5-10 青刈玉米营养特性(干物质基础,%)

生长阶段	粗蛋白质	无氮浸出物	粗纤维	粗脂肪	粗灰分
抽穗前	12.6	42.7	30.1	2.9	11.7
抽穗期	11.1	48.6	29.9	2.1	8.3
开花期	10.6	50.3	28.5	2.8	7.8
乳熟期	9.2	53.8	27.7	3.1	6.2
蜡熟期	8.3	57.1	25.8	2.8	6.0
黄熟期	7.8	61.2	22.9	2.6	5.5

(引自张子仪,《中国饲料学》,2000)

2. 青刈大麦

大麦是禾本科草本植物,和玉米一样为全球重要的粮饲兼用作物。大麦具有良好的再生性,是一种优质的青饲作物。青刈大麦可根据畜禽的要求,在拔节至开花时分期刈割,随割随喂。早期刈割大麦质地鲜嫩,适口性好,可作为单胃动物饲草。纤维化程度较高的大麦可用作羊、牛饲料,也可青贮。具体营养特性见表5-11。

表5-11 青刈大麦营养特性(干物质基础,%)

生长天数/d	粗蛋白质	无氮浸出物	粗纤维	粗脂肪	粗灰分
170	27.4	42.6	16.8	5.3	7.9
190	19.6	45.6	24.0	4.9	5.9
210	14.7	43.0	35.1	2.8	4.4
230	11.0	44.3	37.8	2.1	4.8
250	7.5	34.5	50.5	1.8	5.7

(引自王恬、王成章,《饲料学》,2018)

3. 青刈燕麦

燕麦为禾本科植物,叶多茎少,肉嫩多汁,适口性好,是优良的青贮饲料。燕麦在拔节至开花刈割,品质好,各种畜禽都喜食。抽穗后刈割,粗纤维含量较高,但产量高,适合反刍动物。青刈燕麦营养丰富,营养特性见表5-12。

表5-12 青刈燕麦营养特性(干物质基础,%)

生长阶段	粗蛋白质	无氮浸出物	粗纤维	粗脂肪	粗灰分
抽穗前	23.2	37.6	20.0	6.4	12.8
抽穗期	12.7	42.9	32.3	3.2	8.9
开花期	9.7	44.8	34.1	2.2	9.2
乳熟期	8.7	48.4	31.9	3.1	7.9
蜡熟期	8.0	51.6	29.6	2.8	8.0

(引自王恬、王成章,《饲料学》,2018)

四、叶菜类

叶菜类饲料是指蔬菜和经济作物或其副产品,也有专门作为饲料栽培的叶菜类,如苦荬菜、聚合草和牛皮菜等。此类青绿饲料来源广泛、产量高、品种多,其主要特点是质地柔嫩,水分含量较高,一般为80%~90%左右;干物质中粗蛋白质含量较多(20%左右),蛋白质含量因种类不同而有差异,但其中有部分属于非蛋白质含氮化合物;粗纤维含量少、矿物元素丰富,特别是钾盐含量较高。这类饲料因水分含量较高,利用方式多为刈割后直接饲喂,一般不作或较少制备成青干草或青贮。叶菜类一般含有抗营养因子或者毒素,主要是草酸、硝酸盐。草酸易和矿物元素特别是钙离子结合形成不溶物从而影响机体对钙元素的吸收。而硝酸盐类本身无毒,但是在酶或者细菌的作用下可被还原成亚硝酸盐类而具有毒性,具有抗营养特性(见第十三章节详论)。因此,利用这类青绿饲料要注意使用方法。几种菜叶类饲料营养特性见表5-13。

表5-13 主要菜叶类饲料营养特性(%)

饲料名称	生长阶段或部位	粗蛋白质	无氮浸出物	粗纤维	粗脂肪	粗灰分
苦荬菜	营养期	21.7	37.0	18.6	4.7	18.0
	抽穗期	18.9	43.0	16.0	6.6	15.5
	现蕾期	21.9	37.8	17.7	5.3	17.3
聚合草	营养生长期	21.1	36.6	7.9	4.9	15.7
牛皮菜	营养生长期(叶片)	23.9	53.4	8.5	4.50	9.7
菊苣	莲座叶丛	21.4	37.0	22.9	3.2	15.5
	开花期	17.1	28.9	42.2	2.4	9.4
甘蓝	营养生长期	23.4	53.2	10.6	3.2	9.6
菠菜	营养生长期	15.6	50.3	9.7	3.7	20.7
蕹菜	茎叶	15.4	44.4	10.3	5.1	24.8

注:除聚合草外,均以干物质基础计。
(引自张子仪,《中国饲料学》,2000;王恬、王成章,《饲料学》,2018)

1. 苦荬菜

苦荬菜又叫多头苦荬菜或多头莴苣等，是菊科莴苣属一年生或多年生草本植物。苦荬菜生长快、再生力强、利用率高，南方一年可刈割5~8次，北方一年3~5次，一般每公顷产75~100 t，高者可达150 t。苦荬菜茎叶嫩绿多汁，易消化，粗蛋白质含量较高，粗纤维含量较少，富含维生素，营养价值较高。其味稍苦，性甘凉，适口性好，猪、牛、鸡、鹅、兔均喜食，也是喂鱼的好饲料。苦荬菜主要用于青饲，也可制作青贮。喂猪时通常切碎或打浆后拌糠麸饲喂，喂给母猪可防止便秘、改善其食欲和促进泌乳。一头成年母猪，日喂量可达9~10 kg，既节省精料又有利于繁殖。青贮利用时可在现蕾期至开花期刈割，含水分过高时，要晒半天到一天后再青贮，也可和玉米、苏丹草等混贮。

2. 聚合草

聚合草又称紫根草、爱国草等，为紫草科多年生草本植物。聚合草产量高、营养丰富、利用期长、适应性广，全国各地均可栽培，是畜、禽、鱼的优质青绿多汁饲料。聚合草再生性很强，南方一年可刈割5~6次，北方为3~4次，第一年每公顷可产鲜草75~90 t，第二年及以后每公顷产112.5~150.0 t。聚合草营养价值较高，其干草的粗蛋白质含量与苜蓿接近，可达24%，而粗纤维含量比苜蓿低。聚合草茎叶的营养成分为：粗蛋白质21.09%，粗脂肪4.46%，粗纤维7.85%，无氮浸出物36.55%，粗灰分15.69%，钙1.21%，磷0.65%，胡萝卜素200.0 mg/kg，核黄素13.80 mg/kg。

聚合草有粗硬刚毛，畜禽不喜食，可在饲喂前先经切碎或打浆，则具有黄瓜香味，或与粉状精料拌和，提高适口性，饲喂效果较好。聚合草也可调制成青贮料或干草。晒制干草须选择晴天刈割，就地摊成薄层晾晒，宜快干，以免日久颜色变黑，品质下降。值得注意的是，聚合草茎叶中含吡咯双烷类生物碱，是一类能损害动物肝脏的毒素，含量可达0.2%~0.3%，因此饲喂时需限饲，畜禽日粮中所占比例不应超过干物质的20%，最好与其他饲草搭配饲喂。

3. 牛皮菜

牛皮菜又称红叶甜菜，为苋科甜菜属二年生草本植物，我国各地均有栽培。牛皮菜为喜温作物，生长的适温为15~25 ℃，温度过低，则生长缓慢或停止。牛皮菜产量高、叶量大、利用期长、易于种植，既可食用又可饲用。牛皮菜叶厚柔嫩多汁，适口性好，营养价值也较高，是猪喜食的一种青绿饲料。投喂时应当生喂，投喂量逐渐增加，如果一次投喂量过多会导致动物排稀粪。不能煮熟投喂，因为在煮熟放置时，会产生亚硝酸盐从而导致动物中毒。除喂猪外，还可喂牛、兔、鸭、鹅等，也可打浆喂鱼。

4. 菊苣

菊苣原产欧洲，为蔬菜、饲料或用于制糖，1988年我国从新西兰引入饲用型普那菊苣，现已在山西、陕西、浙江、河南、河北、山东、四川等地推广种植。菊苣为菊科多年生草本植物，喜温暖湿润气候，抗旱、耐寒、耐盐碱、喜水肥，一年可刈割3~4次。菊苣产量高、叶片大、叶量多、营养丰富。莲座期干物质中营养成分为：粗蛋白质21.4%，粗脂肪3.2%，粗纤维22.9%，无氮浸出物37.0%，粗灰分15.5%。开花期干物质中营养成分为：粗蛋白质17.1%，粗脂肪2.4%，粗纤维42.2%，无氮浸出物28.9%，粗灰分9.4%。动物必需氨基酸含量高而且齐全，茎叶柔嫩，适口性良好，牛、羊、猪、兔、鸡、鹅均喜食。一般多用于青饲，还可与无芒雀麦、紫花苜蓿等混合青贮，以备冬春饲喂奶牛。

5. 菜叶类

菜叶是指菜用瓜果、豆类的叶子及一般蔬菜副产品，人们通常不食用而作废料遗弃。菜叶种类多、来源广、数量大，是值得重视的一类青绿饲料。其干物质能量较高，易消化，畜禽都能利用。尤其是豆类叶子营养价值很高，蛋白质含量也较丰富，如南瓜茎叶。

南瓜茎叶中含有丰富的蛋白、矿物质及膳食纤维。研究表明，凹槽南瓜茎叶中：以干物质计，粗蛋白质30.5%，粗脂肪3.15%，粗纤维8.3%，粗灰分8.4%；各类矿物质含量为钠90 mg/kg，钾594 mg/kg，钙144 mg/kg，镁100 mg/kg，锌5 mg/kg，铁12 mg/kg。另外，南瓜茎叶中富含亮氨酸、赖氨酸、苏氨酸、酪氨酸等氨基酸，从氨基酸平衡来看，其蛋白质营养价值要优于紫花苜蓿叶蛋白。南瓜茎叶可作为青绿饲料或青贮应用于猪饲料中。值得注意的是，茎叶中含大量氰苷，家畜采食后会出现不良反应。因此，在利用前要进行脱毒处理，并且少量或与其他饲料搭配喂给。

6. 野草野菜类

野草野菜类是指人们在山林、野地、渠旁、田边、屋前房后挖掘的饲料。种类繁多，有豆科、菊科、旋花科、蓼科、苋科、十字花科等。这类饲料多数是在幼嫩生长阶段用作饲料，故蛋白质含量较多，粗纤维含量较低，钙磷比例适当，营养价值较高，且均具有青绿饲料营养平衡的特点。但采集饲料的工作费时费力，采集时要注意鉴别毒草及是否喷洒过农药，以防中毒。

五、非淀粉质根茎瓜（果）类

非淀粉质根茎瓜（果）类包括胡萝卜、芜菁甘蓝、甜菜及南瓜等饲料。这类饲料水分含量高，一般在70%~80%左右，粗纤维含量低，无氮浸出物含量较高，含有易被机体消化的淀粉或糖分，是家畜冬季的主要青绿饲料。在此要区分马铃薯、甘薯、木薯等块根块茎类饲料，这类饲料富含无氮浸出物，在生产上多制备成粉后作为饲料原料，按饲料分类法归属于能量饲料。几类非淀粉质根茎瓜（果）类饲料营养特性见表5-14。

1. 胡萝卜

胡萝卜是伞形科胡萝卜属二年生草本植物。其产量高、易栽培、耐贮藏、营养丰富，是家畜冬春季重要的多汁饲料。胡萝卜一般以肉质根作饲料用，水分含量为90%左右，含有蔗糖和果糖，有甜味，动物喜食。胡萝卜的营养价值很高，大部分营养物质为无氮浸出物。胡萝卜中胡萝卜素含量尤其丰富，为一般牧草饲料所不及。胡萝卜还含有大量的钾盐、磷酸盐和铁盐等。一般来说，颜色愈深，胡萝卜素或铁盐含量愈高，红色的比黄色的高，黄色的又比白色的高。胡萝卜按干物质计产奶净能为7.65~8.02 MJ/kg，可列入能量饲料，但由于其鲜样中水分含量高，故在生产实践中并不依赖它来供给能量。它的重要作用是在冬春季节作为多汁饲料饲喂动物并供给胡萝卜素等维生素。

在青绿饲料缺乏季节，在干草或秸秆含量较高的饲粮中添加一些胡萝卜，可改善饲粮口味，调节消化机能。奶牛饲料中若有胡萝卜作为多汁饲料，则有利于提高产奶量和乳的品质，所制得的黄油呈红黄色。对于种畜，饲喂胡萝卜可供给丰富的胡萝卜素，对公畜精子的正常生成及母畜的正常发情、排卵、受孕与怀胎都有良好作用。胡萝卜熟喂，其所含的胡萝卜素、维生素C及维生素E会遭到破坏，因此最好生喂，一般奶牛饲喂量为25~30 kg/d，成年猪为5.0~7.5 kg/d，家禽为20~30 g/d。

2. 芜菁甘蓝

芜菁在我国较少用作饲料，但芜菁甘蓝（也称灰萝卜）在我国已有近百年的栽培历史，两者均为十字花科芸薹属二年生草本植物。这两种块根饲料性质基本相似，水分含量都很高（约90%），干物质中无氮浸出物含量相当高,大约为70%,因而能量较高,干物质消化能可达14.02 MJ/kg,鲜样由于水分含量高,只有1.34 MJ/kg。芜菁与芜菁甘蓝含有某种挥发性物质,在饲喂奶牛时,可通过空气扩散波及牛乳,使乳具有某种特殊气味。奶牛采食后也会立即由乳腺排出异味物质,因此,注意不在挤乳前饲喂,避免牛乳异味的产生。

这两种块根饲料在国外多用于喂牛、羊,芜菁甘蓝在我国多用来喂猪。由于其不仅能量价值高,而且块根在田里存留时间可以延长,即使抽薹也不空心,因而可以规避块根类饲料在部分地区夏初难以贮藏的问题。

3. 甜菜

甜菜又名糖萝卜,属苋科甜菜属二年生草本植物,原产于欧洲中南部,我国主要分布在东北、华北、西北地区,其他地区种植较少。甜菜的品种较多,按其块根中干物质与糖分含量多少,可大致分为糖用甜菜、半糖用甜菜和饲用甜菜三种。各类甜菜的无氮浸出物多为蔗糖,含有少量淀粉和果胶物质。半糖用甜菜和糖用甜菜加工后的副产品甜菜渣也可饲用(具体内容见第八章)。饲用甜菜产量高、耐贮存,粗纤维含量低,易消化,是鸡、猪、奶牛的优良多汁饲料,尤其适合饲生长育肥猪。

根据不同畜种对甜菜消化率的差异,饲用甜菜喂牛、糖用甜菜喂猪最为适宜。用甜菜喂奶牛,其产奶量与乳脂率有所提高。甜菜尤适于饲喂生长肥育猪,但不宜长期饲喂种公羊和去势公羊,以免引起尿道结石。喂乳牛时,饲用甜菜饲喂量为40 kg/d,糖用甜菜为25 kg/d;喂成年猪时,饲用甜菜饲喂量为5~7.5 kg/d,糖用甜菜为4~6 kg/d;幼猪喂量应酌减,切碎或打浆喂给效果较好。刚收获的甜菜不可立即饲喂家畜,否则易引起腹泻,这可能与块根中硝酸盐含量有关,当经过一个时期贮藏以后,大部分硝酸盐可能转化为天冬酰胺而变为无害。用甜菜喂动物时,宜生喂,不可熟喂。蒸煮不仅破坏甜菜中的维生素,而且会生成较多的亚硝酸盐。

甜菜叶富含草酸,为避免其在动物体内积累,可在甜菜茎叶汁液中加适量的0.2%石灰乳,以形成草酸钙。草酸钙不能被动物肠壁吸收,随粪便排出。未脱除草酸的甜菜不能长期用作公羊等动物的饲料,否则会使动物尿道结石发病率提高。

4. 南瓜

南瓜又名倭瓜,属葫芦科南瓜属一年生植物,既是蔬菜,又是优质高产的饲料作物。南瓜营养丰富、耐贮藏,运输方便,是猪、牛、羊及鸡的良好饲料,尤适于猪的育肥。南瓜中无氮浸出物含量高,且其中多为淀粉和糖类。南瓜含淀粉较多,而饲料南瓜含果糖和葡萄糖较多。南瓜中还含有很多的胡萝卜素和核黄素,适合各类畜禽采食,尤适宜饲喂繁殖和泌乳家畜。南瓜含水分在90%左右,不宜单喂。饲喂奶牛时,10 kg南瓜(带子)饲用价值约与1.5~1.8 kg混合干草或3.65 kg玉米青贮料相当;饲喂猪时,10 kg南瓜的饲用价值约相当于1 kg谷物。南瓜饲喂鸡也具有较好的效果,有促进其换羽、提前产蛋的作用。

表5-14 主要非淀粉质根茎瓜(果)类饲料营养特性(干物质基础,%)

饲料名称	类别	粗蛋白质	无氮浸出物	粗纤维	粗脂肪	粗灰分
胡萝卜	肉质根	24.15	47.46	15.21	1.27	11.55
	叶	21.43	38.70	18.49	0.50	20.87
芜菁甘蓝	块根	13.47	67.84	9.71	0.55	8.43
	茎叶	22.94	47.79	9.92	4.50	14.85

续表

饲料名称	类别	粗蛋白质	无氮浸出物	粗纤维	粗脂肪	粗灰分
饲用甜菜	块根	13.4	63.4	12.5	0.9	9.8
半糖用甜菜	块根	6~8	60~70	4~6		
糖用甜菜	块根	4~6	65~75	4~6		
南瓜	南瓜	12.90	62.37	11.83	6.45	6.45
	南瓜藤	8.57	44.00	32.00	5.14	10.29
	饲用南瓜	13.85	67.69	10.77	1.54	6.15

(引自张子仪,《中国饲料学》,2000；彭健、陈喜斌,《饲料学》,2008)

六、水生植物

水生饲料多为野生植物,是指生长在水中或潮湿土壤中的草本植物,包括水浮莲、水葫芦、水花生、绿萍等。这类植物具有生产繁殖快、适应性广、利用周期长和产量高等特点,但正是由于上述特点,该类植物易在河道、水塘、河渠中过度繁殖,形成单一的优势群落,影响水体中其他水生植物的生长,破坏水环境多样性,进而影响水生态环境,特别是一些外来引进物种如水葫芦、水花生,已经在南方地区水域达到危害水生态环境的地步。因此,将其作为饲料,不仅可以扩大饲料源还可减缓生态恶化。但是,该类植物由于生长在水环境中,含水量很高,一般在90%~95%左右,极易腐败,产生毒素,并且含有较多的寄生虫,因此在利用过程中要注意或进行预加工。几种水生植物营养特性见表5-15。

表5-15 主要水生植物营养特性(%)

饲料名称	干物质	粗蛋白质	无氮浸出物	粗纤维	粗脂肪	粗灰分
水浮莲	7.0	28.7	23.4	13.6	4.5	29.8
水葫芦	7.0	25.8	47.0	14.7	3.8	8.7
水花生	9.2	30.4	32.6	16.3	3.3	17.4
绿萍	6.0	1.6	0.9			
水芹菜	10.0	1.3	1.5			
水竹叶	11.0	13.6	40.1	21.8	3.6	20.9

注：粗蛋白质、无氮浸出物、粗纤维、粗脂肪、粗灰分的质量分数以干物质为基础。

(引自彭健、陈喜斌,《饲料学》,2008)

七、树叶类

树木是全球最丰富的植物资源。我国资源丰富,除少数不能饲用外,大多数树木的叶子、枝条及果实都可饲用化。树叶类饲料种类较多,传统饲用树叶包括：松属、落叶松属、云杉属、冷杉属和柏木属。我国松针叶蕴藏量在1亿t以上。我国有饲用价值的阔叶乔木种类也非常多,主要包括榆、栎、桦、槭、椴、桑、桐、杨、槐、合欢、白桦、刺槐、构树、沙枣、桃、梨、杏、苹果树等。应积极开发和利用非粮型饲料,制定合理的树叶类利用和生产方式,有效地提高树叶类的可利用价值,扩大饲料资源。其中,利用新技术新方法,改善部分树叶类适口性差等问题是目前树叶类饲料源的开发方向和热点。应对不同树叶营养特性和化学成分进行分析,对树叶类饲料进行分类,以便采用不同的饲用方式饲喂畜禽。传统树叶类饲料源如下。

1. 紫穗槐叶、刺槐叶

紫穗槐又名紫槐,是很有价值的饲用灌木类。刺槐又名洋槐,为豆科乔木。两者叶中蛋白质含量都很高,以干物质计可达20%以上,且粗纤维含量较低,因此鲜叶制成的青干叶粉又属于蛋白质饲料。槐叶中的氨基酸也十分丰富,如刺槐叶中含有的氨基酸为:赖氨酸1.29%~1.68%,苏氨酸0.56%~0.93%,精氨酸1.27%~1.48%等。此外,维生素(尤以胡萝卜素和B族维生素含量高)和矿物质含量丰富,如紫穗槐青干叶中胡萝卜素含量可达270 mg/kg,与优质苜蓿相当。两者具有营养特性共性,但刺槐叶有口味香甜、适口性好等特点。试验表明,用新鲜槐叶或槐叶粉饲喂猪、鸡,可取得增长快、饲料利用率高和节粮等效果。

2. 泡桐叶

泡桐又名白花泡桐、大果泡桐,为泡桐科泡桐属落叶乔木,分布于我国中部及南部各省、区,在河南、山东、河北、陕西等地都生长良好。泡桐生长快,管理得当时五六年即可成材。据测定,一株10年轮伐期的泡桐,年产鲜叶100 kg,折干叶28 kg左右;一株生长期泡桐,年可得干叶10 kg左右。按此计算,全国泡桐叶若能被充分利用,其量十分可观。泡桐叶干物质中主要营养成分含量为:粗蛋白质19.3%,粗纤维11.1%,粗脂肪5.82%,无氮浸出物54.8%,钙1.93%,磷0.21%。

3. 桑叶

桑也称桑树,原产于中国,已有3000多年的栽培历史,除高寒地区外,全国都有种植。桑叶的产量高,生长季节内可采4~6次。桑叶不仅是蚕的基本饲料,也可作猪、兔、羊、禽的饲料。鲜桑叶含有:粗蛋白质4%,粗纤维6.5%,钙0.65%,磷0.85%,还含有丰富的维生素E、维生素B_2、维生素C及各种矿物质。桑树枝、叶营养价值接近,均为畜禽的优质饲料。桑叶、枝采集可结合整枝进行,宜鲜用,否则营养价值下降。枝叶量大时,可阴干贮藏供冬季饲用。

4. 苹果叶、橘树叶

苹果枝叶来源广、价值高。据分析,苹果叶中一般含营养成分:粗蛋白质9.8%,粗脂肪7%,粗纤维8%,无氮浸出物59.8%,钙0.29%,磷0.13%。兔喜食鲜苹果枝条,喂时可将枝条折成小段(每段相连),放兔笼一侧,且枝条越粗、皮越厚越好。橘树叶粗蛋白质含量较高,其量比稻草高3倍。每千克橘树叶含维生素C约151 mg,并含单糖、双糖、淀粉和挥发油,具疏肝、通气、化痰、消肿解毒等药效。

5. 松叶

松叶主要是指马尾松、黄山松、油松以及云杉等树的针叶。马尾松针叶干物质为53.1%~53.4%,含总能9.66~10.37 MJ/kg,粗蛋白质6.5%~9.6%,粗纤维14.6%~17.6%,钙0.45%~0.62%,磷0.02%~0.04%。松叶富含维生素、微量元素、氨基酸、激素和抗生素等,对多种畜禽均具抗病、促生长之效,在提高产蛋量、产奶量、节省精料、改善蛋黄色泽和提高瘦肉率等方面有明显效果。针叶一般在每年11月至翌年3月采集较好,其他时间采集的针叶含脂肪和挥发性物质较多,易对畜禽胃肠和泌尿器官产生不良影响。采集时应选嫩绿肥壮的松针,采集后避免阳光曝晒,从采集到加工要求不应超过3 d。

本章小结

青绿饲料是指天然水分含量在60%以上的青绿牧草、饲用作物、树叶类及非淀粉质的根茎瓜(果)类、水生植物类等。青绿饲料的种类繁多,来源广泛,是主要的畜禽饲料原料。青绿饲料因种类、刈割期不同具有较大的营养价值差异性。因此要根据当地条件,合理选择适宜的青绿饲料,并根据饲料特点,选择饲喂方式。一般青绿饲料含有一些抗营养因子或毒性成分,在利用时要注意处理。

拓展阅读

扫码进行数字资源的获取和学习。

数字资源

[思政课堂]

谁来养活中国?中国以强烈的忧患意识将粮食安全作为"永恒课题",并已给出确定答案——自力更生。国务院办公厅、农业农村部等部委陆续出台了"粮改饲""振兴奶业苜蓿发展行动",以及《国务院办公厅关于促进畜牧业高质量发展的意见》《"十四五"全国饲草产业发展规划》等政策、意见、规划等,极大地推动了农业结构性改革。同时,习近平总书记关于"绿水青山就是金山银山"以及"黄河流域生态保护和高质量发展"等重要论述也在生态环境保护与可持续发展维度上支持了天然草地的保护、合理利用和栽培草地的高质量发展。我国研究者致力于相关研究,并出现较多"牧草绿肥"科研成果案例,如培育出耐寒耐旱抗盐碱"兰箭"系列箭筈豌豆和甘青茇头菜新品种,驯化选育出"腾格里"无芒隐子草,并以黄土高原、青藏高原区饲草资源短缺为突破口,开展紫花苜蓿、青贮玉米、饲用燕麦等饲草高产优质栽培技术模式研发,助力北方草牧业提质增效等。

复习思考

1. 请举一些日常生活中的瓜果蔬菜等茎叶类饲料的例子,并分析其营养特性。
2. 举例说明青绿饲料的开发利用前景。
3. 稻草是青绿饲料吗?如何利用?
4. 如何利用城市绿化废弃绿植?

第六章

青贮饲料

本章导读

青贮饲料适口性好、易消化,可以长期贮藏,在现代畜牧业发展中发挥着重要作用。青贮饲料的制作类似于腌制咸菜。青贮饲料在调制和贮藏过程中会受到原料、微生物、发酵条件等因素的影响,科学合理的加工能够有效提高青贮饲料的品质。由于各地饲草作物的种类不同,其制作方法也存在差异,需要不断优化青贮饲料加工利用与贮藏的技术,加快研发相应的加工机械,提高青贮饲料的品质。

学习目标

1. 掌握青贮发酵的原理以及青贮的分类、设施和调制方法,并明确影响青贮饲料品质的因素。

2. 掌握青贮饲料品质评定的内容与方法。

3. 具备选择青贮添加剂与制作流程方案的能力。

概念网络图

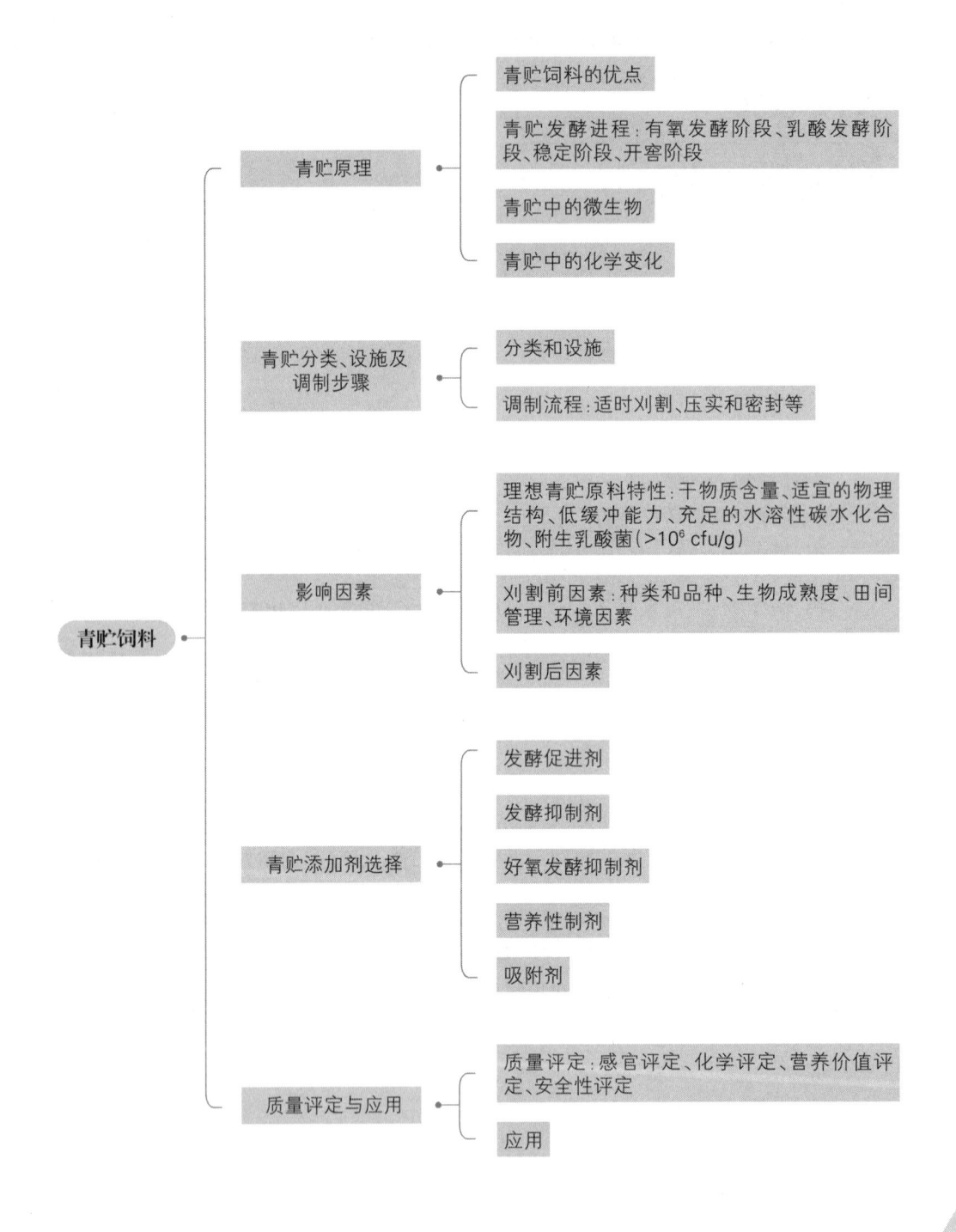

- **青贮饲料**
  - **青贮原理**
    - 青贮饲料的优点
    - 青贮发酵进程：有氧发酵阶段、乳酸发酵阶段、稳定阶段、开窖阶段
    - 青贮中的微生物
    - 青贮中的化学变化
  - **青贮分类、设施及调制步骤**
    - 分类和设施
    - 调制流程：适时刈割、压实和密封等
  - **影响因素**
    - 理想青贮原料特性：干物质含量、适宜的物理结构、低缓冲能力、充足的水溶性碳水化合物、附生乳酸菌（>10⁶ cfu/g）
    - 刈割前因素：种类和品种、生物成熟度、田间管理、环境因素
    - 刈割后因素
  - **青贮添加剂选择**
    - 发酵促进剂
    - 发酵抑制剂
    - 好氧发酵抑制剂
    - 营养性制剂
    - 吸附剂
  - **质量评定与应用**
    - 质量评定：感官评定、化学评定、营养价值评定、安全性评定
    - 应用

青贮饲料(silage)是指在密闭青贮设施(窖、壕、塔、袋等)中,经自然发酵或接种乳酸菌发酵或采用化学制剂调制或降低水分而保存的青绿多汁饲料,制作青贮是调制和贮藏青饲作物、牧草、块根块茎类和农副产品的有效方法。简单来说,青贮饲料就是将一定含水量的作物通过控制发酵而制成的饲料,这一发酵过程称为青贮,所采用的密闭容器称为青贮窖(silo pit)。青贮饲料具有来源广泛、成本低廉、采集制作方便、适口性好的特点,在世界各国畜牧业生产中,特别是反刍动物养殖业中占有重要地位。随着草食动物生产水平的不断提高,畜牧业对青贮饲料的质量提出了更高的要求。因此,学习青贮发酵的基本原理,掌握青贮类型和调制流程细节,有效调控青贮发酵进程,全面评价青贮饲料质量,对于保障草食动物生产、畜产品品质和安全都具有重要意义。

第一节 青贮原理

青贮发酵是一个复杂的生物化学过程,基本原理是选择适宜的原料,调节原料水分,将其切碎、压实、密封在容器中,创造厌氧环境,通过乳酸菌的发酵,使饲料中的水溶性碳水化合物(water soluble carbohydrates,WSC)转变为乳酸。当乳酸在青贮原料中积累到一定浓度时,即pH下降到3.8~4.2时,会抑制包括乳酸菌在内的各种微生物的繁衍,从而达到长期保存饲料的目的。

一、青贮饲料的优点

(一)能够保存青绿饲料的营养成分

青贮能有效保存饲料中的蛋白质和维生素,特别是胡萝卜素,一般青绿植物在成熟晒干之后,营养价值降低30%~50%,但青贮过程中,物质的氧化分解作用微弱,只降低3%~10%。

(二)具有适口性好、消化率高的特点

青绿饲料经过乳酸菌发酵,产生大量乳酸和芳香族化合物,具有气味芳香、柔软多汁、适口性好的特点,能够刺激草食动物的食欲,增加其采食量。同时,青贮饲料还能刺激草食动物增加消化液的分泌和肠道蠕动,从而增强其消化功能。用同类青草制成青贮饲料和干草,青贮饲料的消化率更高。

(三)可扩大饲料来源

一些存在异味使草食动物不喜欢采食或物理结构粗糙影响草食动物采食的无毒青绿植物,经过青

贮发酵后也可以变成其喜食的饲料。如树叶、马铃薯茎叶、菊芋等,含有异味,经青贮发酵后可去除异味和毒素。又如向日葵、锦鸡儿、作物藤蔓等,质地较粗硬,利用率很低,经青贮发酵能够将其软化,增强可食性。

(四)经济并且安全

青贮调制方法简单,易于掌握,基本不受天气条件的限制。青贮饲料取用方便,且贮藏空间比干草小,可节约存放场地,如干草捆密度通常在80~300 kg/m³,而全株玉米青贮饲料密度已达到800 kg/m³。另外,青贮饲料在贮藏过程中不会发生自燃等火灾事故。

(五)可以消灭害虫和杂草

农作物上寄生的害虫或虫卵,随着环境氧气的减少和青贮饲料酸度提高,加之压实,多数被杀死。如经过青贮的玉米秸,玉米钻心虫会全部丧失生活能力。另外,杂草的种子,经青贮后可失去发芽的能力。

(六)全年均衡供应

青饲料生长期短,老化快,受季节影响较大,难以全年均衡供应。青绿饲料适时刈割青贮保存,可使营养物质得到长期保存,年限可达2~3年或更长,做到全年均衡供应。在现代奶牛和肉牛养殖业中,青贮饲料已经成为不可或缺的粗饲料,更是控制生产成本和提高生产效益的关键。

二、青贮发酵进程

青贮发酵进程可以划分为四个阶段:有氧发酵阶段、乳酸菌发酵阶段、稳定阶段和开窖阶段(图6-1)。

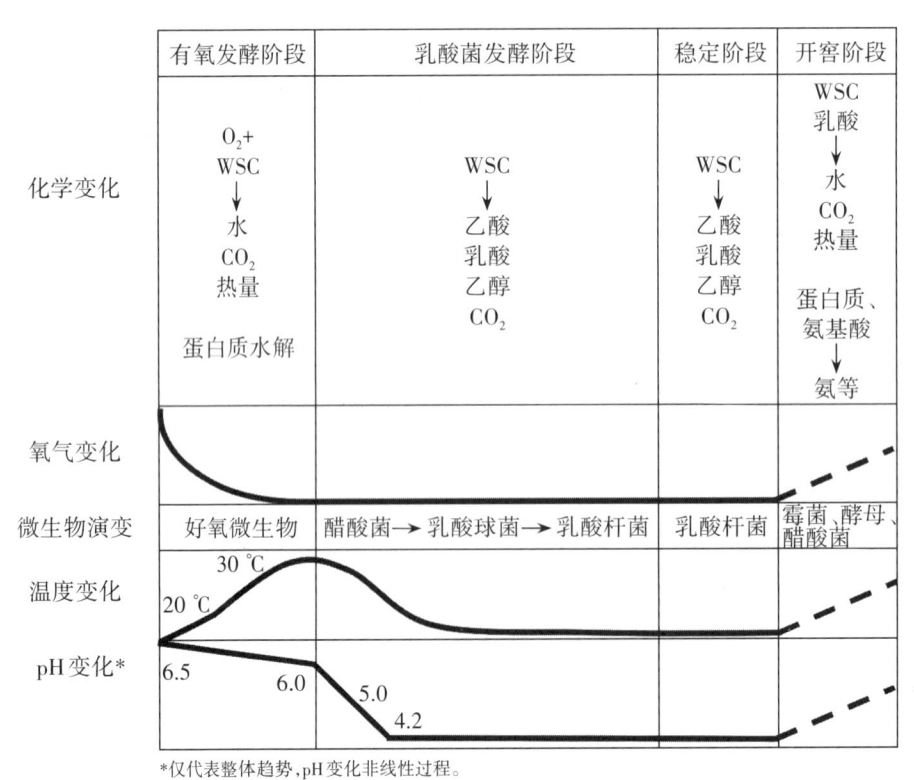

化学变化	有氧发酵阶段	乳酸菌发酵阶段	稳定阶段	开窖阶段
化学变化	O_2+WSC→水 CO_2 热量 蛋白质水解	WSC→乙酸 乳酸 乙醇 CO_2	WSC→乙酸 乳酸 乙醇 CO_2	WSC 乳酸→水 CO_2 热量 蛋白质、氨基酸→氨等
氧气变化				
微生物演变	好氧微生物	醋酸菌→乳酸球菌→乳酸杆菌	乳酸杆菌	霉菌、酵母、醋酸菌
温度变化	20℃→30℃			
pH变化*	6.5→6.0	5.0→4.2		

*仅代表整体趋势,pH变化非线性过程。

图6-1 青贮饲料发酵进程

(一)有氧发酵阶段

有氧发酵阶段的长短与青贮原料中氧气存留量有关。青贮原料被适当切碎、逐层压实和密封后,存留空气较少,可以缩短有氧发酵时间。青贮发酵初期(pH 为 6.0~6.5),植物呼吸作用被限制在最初的几小时内进行,主要生化反应是植物酶将蛋白质分解为氨基酸。同时,附着于植物茎叶上的专性和兼性好氧微生物(霉菌、酵母菌和一些好氧细菌)开始生长,消耗氧气和碳水化合物。这一进程伴随有热量产生,但由于存留氧气少,青贮饲料温度上升幅度较小,通常维持在 20~30 ℃。然而,如青贮原料含水量过低或未能压实,存留大量空气,则使有氧发酵阶段延长,好氧微生物快速生长,蛋白质和水溶性碳水化合物大量损失,急剧升温,当温度超过 38 ℃时,美拉德反应发生,青贮饲料变质,且温度越高青贮饲料质量越差。

(二)乳酸菌发酵阶段

厌氧环境形成后,青贮发酵进入乳酸菌发酵阶段。这一阶段持续约 1 周,但也可能持续 1 个多月甚至更长的时间,与青贮原料的特性和青贮条件有关。进入这一阶段,首先醋酸菌大量繁殖产生乙酸,使青贮饲料 pH 下降至 5.0 左右,这一进程通常只有 1 d,之后乳酸片球菌、乳酸乳球菌等球菌开始主导青贮发酵。随着青贮饲料 pH 的进一步下降,乳酸杆菌逐步取代乳酸球菌成为优势菌。当大量的乳酸积累,青贮饲料 pH 低于 4.2 时,有害微生物(肠杆菌、梭菌和酵母等)以及大部分产乳酸球菌均受到抑制,仅有部分乳酸杆菌活跃,乳酸菌发酵阶段结束。这一阶段,青贮发酵的外部表现是体积缩小,并有流汁产生,原料水分越高,这一现象越明显。

(三)稳定阶段

青贮饲料 pH 下降到包括乳酸菌在内的微生物活性均受到抑制时,产乳酸强度降低,青贮发酵进入稳定阶段。在此阶段,乳酸菌的数量级通常从峰值 10^{10} cfu/g(鲜重)下降至不足 10^3 cfu/g(鲜重);一些高度耐酸的酵母菌,在此阶段以几乎不活跃的状态生存;杆菌和梭菌则从内生孢子转入休眠状态;耐酸酶继续活跃,缓慢将结构性碳水化合物转化为水溶性碳水化合物,弥补了长期贮存期间水溶性碳水化合物的减少。理论上,只要青贮窖密封良好且水溶性碳水化合物足够,青贮饲料就可以无限期保存;而在生产实践中,青贮饲料通常不会超过两年就已饲用。

(四)开窖阶段

青贮窖开启后,氧气可以自由进入青贮饲料暴露面,甚至深入约 1 m,引起二次发酵。青贮饲料的二次发酵(secondary fermentation of silage)是指经过乳酸发酵后,由于开窖或青贮过程密封不严致使空气进入,引起好氧微生物活动,使青贮饲料温度上升、品质变坏的现象。引起二次发酵的有害微生物主要是醋酸菌、酵母菌和霉菌孢子。二次发酵引起青贮饲料升温,乳酸含量降低,pH 升高,营养价值大幅度下降。生产中,常用有氧稳定性(aerobic stability)评价青贮饲料。有氧稳定性是指在特定条件下,青贮饲料暴露于空气后,pH、温度、气温、质地等保持稳定且不会变质。

三、青贮过程中的微生物

青贮发酵过程中乳酸菌能否成为优势菌群,并极大程度地产生乳酸,降低 pH,抑制有害微生物的生长繁殖,是青贮饲料能否长期保存的关键。青贮中有害微生物主要包括肠杆菌、梭状芽孢杆菌、芽孢杆菌、李斯特菌、霉菌和酵母。这些微生物自然附着于植物表面，或在植物种植、收割过程中引入。

（一）乳酸菌

乳酸菌（lactic acid bacteria，LAB）是一类能利用水溶性碳水化合物产生乳酸的细菌统称，革兰氏染色阳性，过氧化氢酶阴性，不产生孢子，通常有无运动性和兼性厌氧的特点。青贮饲料中主要的乳酸菌为乳杆菌属、片球菌属、肠球菌属、乳球菌属、链球菌属和明串珠菌属（表6-1）。按照发酵己糖产生乳酸的发酵类型，可分为专性同型发酵（obligate homofermentative LAB）、兼性异型发酵（facultatively heterofermentative LAB）和专性异型发酵乳酸菌（obligate heterofermentative LAB）。

表6-1 青贮饲料中主要的乳酸菌

属名	葡萄糖发酵类型	形态	乳酸构型	种名
乳杆菌属（Lactobacillus）	同型发酵	杆状	D/L	嗜酸乳杆菌（L. acidophilus）
			L	干酪乳杆菌（L. casei）
			D	棒状乳杆菌（L. coryniformis）
			D/L	弯曲乳杆菌（L. curvatus）
			D/L	植物乳杆菌（L. plantarum）
			L	唾液乳杆菌（L. salivarius）
	异型发酵	杆状	D/L	短乳杆菌（L. brevis）
			D/L	布氏乳杆菌（L. buchneri）
			D/L	发酵乳杆菌（L. fermentum）
			D/L	绿色乳杆菌（L. viridescens）
片球菌属（Pediococcus）	同型发酵	球状	D/L	乳酸片球菌（P. acidilactici）
			D/L	有害片球菌（P. damnosus）
			D/L	戊糖片球菌（P. pentosaceus）
肠球菌属（Enterococcus）	同型发酵	球状	L	粪肠球菌（E. faecalis）
			L	屎肠球菌（E. faecium）
乳球菌属（Lactococcus）	同型发酵	球状	L	乳酸乳球菌（L. lactis）
链球菌属（Streptococcus）	同型发酵	球状	L	牛链球菌（S. bovis）
明串珠菌属（Leuconostoc）	异型发酵	球状	D	肠膜明串珠菌（L. mesenteroides）

专性同型发酵乳酸菌，通过己糖二磷酸途径或糖酵解途径（Embden-Meyerhof pathway，EMP；图6-3）发酵己糖，几乎完全（85%）产生乳酸，因缺乏磷酸转酮酶，无法利用戊糖。专性异型发酵乳酸菌，通过磷酸戊糖途径（pentose phosphate pathway，HMP）发酵己糖，因缺乏醛缩酶，除发酵己糖产生乳酸外，还产生乙醇、乙酸、二氧化碳。兼性异型发酵乳酸菌，利用己糖的途径与专性同型发酵乳酸菌相同，并同时具有醛缩酶和磷酸转酮酶，亦可利用戊糖。

乳酸菌的典型特征是具有较高的耐酸能力。多数乳酸菌生长的pH适宜范围为4.0~6.8，但一些菌种在pH3.5条件下也能生长，主要是乳酸杆菌属的乳酸菌。乳酸菌生长的温度范围非常大，可以在5~50 ℃

的范围内生长,但大多数乳酸菌的最适温度为30 ℃。乳酸菌不能发酵蛋白质,并且合成氨基酸的能力有限。

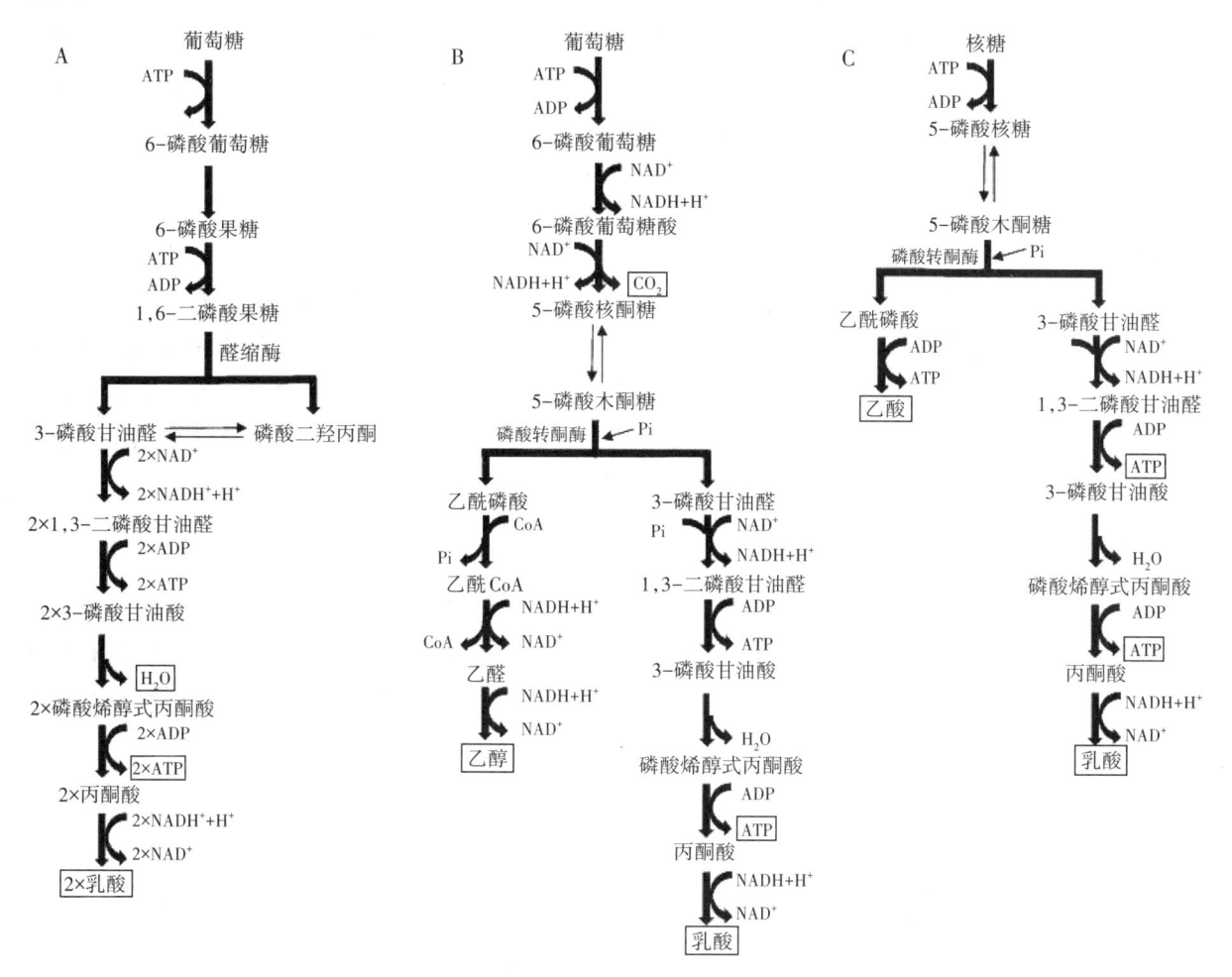

图6-2 乳酸菌发酵途径(A,EMP途径;B,HMP途径;C,核糖代谢途径)

不同种类的乳酸菌可以产生L或D-型乳酸中的一种或两种(表6-1),而高等动植物只产生L-型乳酸。通常青贮过程中产生的乳酸大多为D-型,其在动物体内代谢缓慢,营养作用要低于L-型。

(二)梭菌

梭菌(*Clostridium*)即梭状芽孢杆菌,为革兰氏阳性,内生孢子,通常可运动,呈棒状,专性厌氧,能发酵碳水化合物、有机酸和蛋白质。青贮饲料中最常见的梭状芽孢杆菌可分为三种类型:蛋白质水解梭菌、丁酸梭菌和酪丁酸梭菌。

蛋白质水解梭菌在青贮饲料pH高于5.0的条件下可以增殖,通过分解青贮饲料中的氨基酸,产生NH_3、有机酸和醇。这类梭菌还能将氨基酸脱羧,生成胺和二氧化碳。丁酸梭菌与蛋白质水解梭菌相比能耐受更低的pH,发酵产物为丁酸和乙酸。酪丁酸梭菌具有较强的耐酸能力和乳酸利用能力,能使青贮饲料乳酸大量减少,pH快速升高。

青贮发酵过程中,较低的pH无法抑制梭菌,有效的抑制手段是通过田间凋萎提高青贮原料的干物质水平。这是由于梭菌需要的水活度高。当青贮原料水活度低于0.97时,尽管乳酸菌也受到一定影响,但极大地抑制了梭菌的生长。

(三)酵母菌

酵母菌(yeast)是真核异养微生物,通过出芽繁殖,主要以单细胞形式生长,可以产生伪菌丝体或真菌丝体。酵母菌是青贮饲料有氧变质的主要微生物。在青贮早期有氧阶段,酵母菌可以短期增殖,进入厌氧发酵阶段后,酵母菌逐步被抑制,这时青贮饲料中主要存留的酵母菌为酿酒酵母,它不会分解乳酸,而在开窖有氧暴露时,大量假丝酵母属和汉逊酵母属酵母菌增殖,它们可以分解利用乳酸。

(四)霉菌

霉菌(mold)是需氧真菌,在密封良好的青贮饲料中难以生存,通常只存在于青贮饲料表层。它们不仅可以通过呼吸作用分解糖和乳酸,还可以分解纤维素及其他植物细胞壁成分。青贮饲料中的霉菌更大的危害是能够产生毒素(黄曲霉毒素、伏马菌素、呕吐素、玉米赤霉烯酮、赭曲霉毒素、霉酚酸和T-2毒素等),导致草食动物采食量下降、母畜流产和免疫功能低下。多数霉菌能够耐受干燥环境和较低的pH。霉菌和酵母被认为是引起青贮饲料二次发酵的主要微生物,而在有氧暴露后通常霉菌增殖晚于酵母菌,但可以使变质后的青贮饲料pH大幅升高。

(五)肠杆菌

肠杆菌(*Enterobacterales*)是革兰氏阴性、过氧化氢酶阳性、有运动性、非孢子兼性厌氧的一类非致病杆状细菌。有氧条件下,肠杆菌可以将氨基酸脱羧或脱氨,还可以将NO_3^-还原为NH_3,使青贮饲料缓冲能力增加。而在厌氧条件下,肠杆菌只能利用碳水化合物发酵分解获取能量。肠杆菌比乳酸菌具有更强的低温耐受能力,当pH低于4.5时,肠杆菌生长被抑制。

(六)芽孢杆菌

芽孢杆菌(*Bacillus*)和梭状芽孢杆菌相似,均为革兰氏阳性杆菌,且两者均属于芽孢科细菌。不同之处是芽孢杆菌都是需氧或兼性厌氧菌,而梭状芽孢杆菌都是专性厌氧菌。芽孢杆菌孢子对环境温度的耐受能力更强,即使经过巴氏灭菌,孢子仍能萌发。大多数芽孢杆菌主要存在于土壤中,新鲜植物上附着数量很少。因此,植物刈割时适当提高留茬高度,减少泥土混入十分重要。

(七)李斯特菌

李斯特菌(*Listeria*)是革兰氏阳性、非孢子型、有运动性、兼性厌氧的杆状细菌,能够引起免疫力低下的草食动物和人发生死亡率较高的疾病,如脑膜炎、脑炎、败血症、胃肠炎、乳腺炎和晚期流产等。单核细胞增生李斯特菌(*Listeria monocytogenes*)是主要的致病菌,广泛分布于自然界中,存在于腐朽的植物组织、污水、水、粪便、土壤和变质青贮饲料中,但通常情况下,数量较少。有氧条件下,即使青贮饲料pH低至4.2,李斯特菌仍能长时间存活;而在厌氧环境中,这种pH条件能将其迅速灭活。

(八)醋酸菌

醋酸菌(acetic acid bacteria)是一类革兰氏阴性、非孢子型、严格需氧杆状细菌,其主要通过氧化乙醇为乙酸,或者氧化乳酸和乙酸生成二氧化碳及水的过程获得能量。醋酸菌在青贮早期有氧阶段可以大量繁殖,在开窖后,单独或与酵母菌协同主导最初的二次发酵,致使青贮饲料腐败变质。

(九)丙酸菌

丙酸菌(propionic acid bacteria)是一类革兰氏阳性、无芽孢、厌氧杆状细菌,发酵产物包括大量的丙酸、乙酸、二氧化碳及少量的其他有机酸。青贮饲料中的丙酸菌活性不足以改变青贮发酵特性,只能将极少量的乳酸转化为丙酸。

在厌氧和有氧条件下,青贮饲料中的微生物代谢物质及其代谢的产物存在差异(图6-3)。

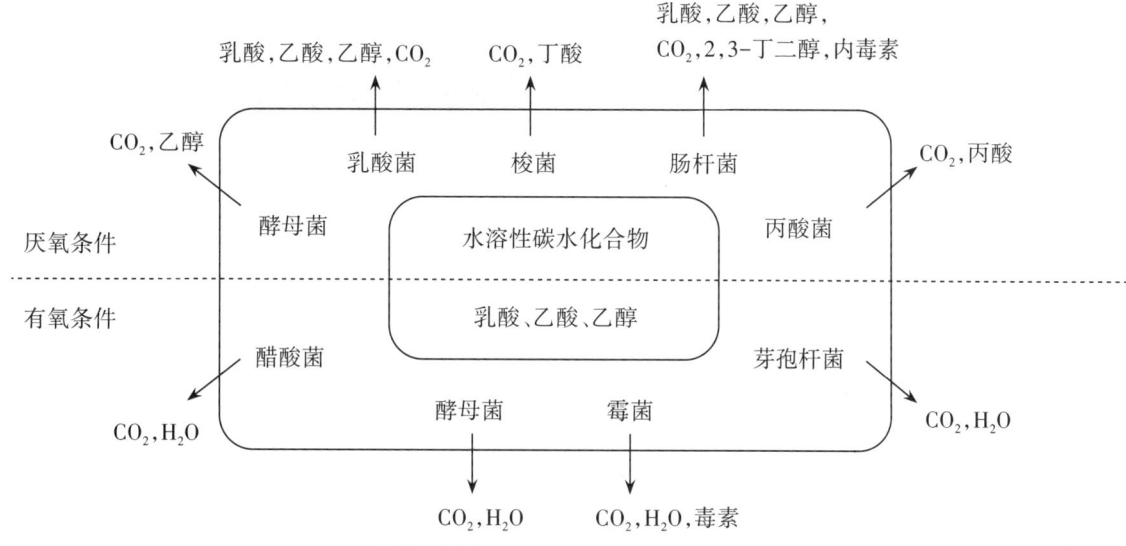

图6-3 青贮饲料中的微生物在厌氧和有氧条件下的代谢

四、青贮过程中的化学变化

(一)碳水化合物的变化

作物刈割后,从田间凋萎至青贮早期有氧发酵阶段,水溶性碳水化合物如蔗糖和果聚糖会迅速水解成葡萄糖和果糖,进一步被代谢分解为二氧化碳和水,这一过程主要由植物酶引起。在之后的青贮发酵过程中,葡萄糖和果糖被乳酸菌利用,转化为乳酸、乙酸等物质。青贮过程中,部分半纤维素被分解为戊糖,并进一步被乳酸菌利用;纤维素和木质素,除添加纤维素酶和漆酶后存在一定量的分解外,几乎不被分解。

(二)含氮化合物的变化

作物刈割前,总氮的75%~90%存在于蛋白质中,剩余部分主要在小肽、游离氨基酸、氨化物、酰脲、核苷酸、叶绿素和硝酸盐中。作物收割后,蛋白质发生快速分解,即使保存良好的青贮饲料,也有50%~60%蛋白质被分解。作物在凋萎过程中,蛋白质水解的主要产物是肽和游离氨基酸,而在青贮期间蛋白质分解的主要产物是氨基酸和氨,氨以及生物胺(组胺、腐胺、尸胺和精胺等)的生成与腐败菌的活跃有关。

(三)维生素的变化

青贮期间最明显的变化是饲料的颜色。由于有机酸对叶绿素的作用,使其成为脱镁叶绿素,导致青贮饲料变为浅棕色。青贮过程中β-胡萝卜素也会被破坏,其破坏程度与温度和氧化程度有关,二者都高时,β-胡萝卜素损失较多。青贮发酵良好,胡萝卜素的损失可低于30%。

(四)毒素与抗营养因子的变化

良好的青贮发酵,可以将原料中的一些毒素和抗营养因子分解。如作物中存在的硝酸盐和亚硝酸盐、草木樨等豆科牧草中可能存在的香豆素、未成熟或出芽马铃薯茎叶所含的龙葵素等物质。还可以降低非淀粉多糖的含量。若青贮发酵过程中未能抑制霉菌活性,将会产生霉菌毒素和生物胺,危害动物健康。

第二节 青贮分类、设施及调制步骤

青贮饲料可以根据原料特性和青贮方法进行分类,采用多种设施贮存。本节以生产实践中典型的青贮饲料为例,阐述制作流程。

一、青贮分类和设施

(一)青贮分类

1. 按照原料特性分类

根据青贮原料组成和营养特性,可分为单一青贮、混合青贮和配合青贮。单一青贮指单独青贮一种禾本科或其他含糖量高的植物原料。混合青贮是指将多种植物原料或农副产品原料混合贮存。配合青贮,是将多种原料进行科学合理地配比后的混合青贮。

2. 按照青贮方法分类

①常规青贮。即自然青贮或高水分青贮,作物在刈割后,立即切割、压实,含水量在60%~75%,按照一般的青贮原理和步骤使之在厌氧条件下,进行乳酸菌发酵而制作的青贮。如全株玉米青贮。

②低水分青贮。又称为半干青贮,是将青饲料刈割后,进行田间凋萎,使其含水率降到40%~55%时,再进行切割青贮。半干青贮饲料发酵程度低,故乳酸含量低,而pH较高。由于水活度降低,梭菌等活动受限,而乳酸菌还能进行增殖,随着乳酸的积累,饲料获得良好的保存。这一方式对物料压实的条件要求较高。半干青贮主要用于豆科牧草,如紫花苜蓿青贮。

③添加剂青贮。即在青贮时加入适量的添加剂,以促进青贮发酵。在青贮生产中,常规青贮和低水分青贮均可使用添加剂以提高青贮饲料的质量。

④湿谷物青贮。谷物收获后,含水量在30%左右,经粉碎直接湿贮于青贮窖或其他青贮设施中,经过轻度发酵,产生乳酸和乙酸等有机酸,以抑制霉菌和细菌繁殖,使谷物得以保存,如高水分玉米。

(二)青贮设施

青贮设施种类多,青贮窖和地面堆贮是牧场应用最为广泛的类型。场地须满足地势高燥、土质坚实、地下水位低、远离水源和粪污处理设施的要求。

1. 青贮窖

青贮窖按照形状,可分为圆形和长方形窖两种;按照地势水平可分为地下、半地下和地上式。目前多采用长方形地上式青贮窖,具有排水良好的优势。青贮窖的容量需求,可根据牧场饲养草食动物数量以及青贮饲料每立方米的质量(表6-2)等计算。青贮窖的高度不宜超过4 m,上口应向外倾斜,使纵剖面呈倒梯形。为便于履带式拖拉机等压实,窖宽不宜少于6 m,亦不宜过宽,同时为避免二次发酵问题,还应保证每天能够整平面掘进至少30 cm。地面由内向外呈2%的坡度,以利排水。牧场需求青贮窖总容积较大时,应并列建设几个青贮窖,保证在5~7 d可完成一窖青贮的制作,避免封窖不及时造成损失。

表6-2 不同青贮饲料每立方米质量

饲料名称	每立方米质量/kg
叶菜类,紫云英	800
甘薯藤	700~750
甘薯块根,胡萝卜等	900~1000
萝卜叶,苦荬菜	610
牧草,野青草等	600
全株玉米青贮	650~750
青贮玉米秸	450~500

2.地面堆贮

大型和特大型饲养场,为便于机械化装填和取用饲料,可采用地面青贮方法。堆贮地面为混凝土地面,堆贮宽8~10 m,高3~10 m,长40~50 m。

3.青贮塔

青贮塔为地上圆筒形塔,适用于机械化水平较高的大型牧场,一般由砖、石和水泥或钢结构材料建造。塔直径4~6 m,高13~15 m,塔顶有防雨设备。塔身一侧每隔2~3 m,留60 cm×60 cm的窗口,装料时关闭。

4.塑料包装青贮

塑料包装青贮中小型塑料袋青贮和裹包青贮较为普遍,具有便于运输和商品化的特点;还包括机械灌装青贮和地面塑料袋堆贮等大型青贮。

①塑料袋青贮采用液压设备将切碎牧草压实,使用厚度0.2 mm以上塑料袋包装、密封,外部再使用编织袋包装避免塑料膜破损,袋宽50 cm,长80~120 cm,每袋质量为40~50 kg。

②裹包青贮又称为拉伸膜青贮,为圆柱形,首先使用打捆机将切碎的青贮原料打捆,再使用裹包机将草捆紧紧裹包起来。塑料膜裹包层数通常为4~6层,为增加气密性可以增加裹包层数。制作的裹包青贮有直径55 cm,高65 cm,质量约55 kg的小型裹包,以及直径120 cm,高120 cm,质量约500 kg的大型裹包。

③机械灌装青贮又称为草捆青贮,主要用于牧草青贮。田间就地收获青贮,将新鲜的牧草收割并压制成大圆草捆,依次灌装入塑料袋,呈肠式,适宜于在冬季温暖的地方采用。

④地面塑料袋堆贮,是将青贮原料切碎、填装、压实后,用真空泵抽干空气。

二、青贮饲料调制流程

(一)全株玉米青贮饲料调制流程

1.青贮窖清理

青贮饲料制作前必须进行清扫和消毒。将窖壁、底部以及排水沟全部清理干净。可提前3 d用1%~

2%醋酸或漂白粉喷洒,晾干。

2.全株玉米适时刈割

玉米籽粒乳线达到1/2开始进行收割(图6-4),至乳线为2/3时结束,在此阶段全株玉米的水分为60%~69%,是收割的最佳时期。生产中可使用水分快速测定仪进行测定,不具备条件时,可以通过拳握法感官判定。

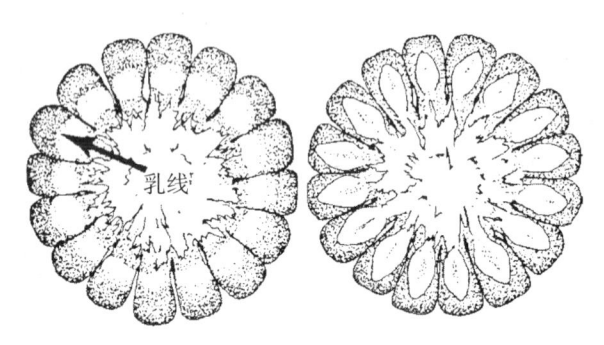

图6-4 玉米乳线的观察

拳握法具体为(图6-5):抓一把切碎的饲料用力攥握半分钟,手指间有汁液流出但不滴水,然后将手慢慢放开,团块不散开,表明原料水分在69%~75%之间(第2图);如果团块慢慢散开,手掌潮湿,表明水分含量在60%~69%,可以开始刈割(第3图)。

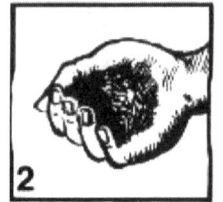

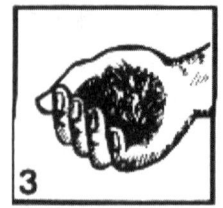

图6-5 青贮原料水分感官评定

全株玉米刈割留茬高度控制在15~20 cm。留茬低于15 cm,有可能混入泥土,青贮过程中易腐败变质,并且全株玉米茎秆越接近地面,木质素含量越高,营养价值低。留茬较高,对于青贮发酵没有不利影响,还可大幅提高营养价值,但可用亩产量降低,并且剩余秸秆存在进一步处理问题。

全株玉米切割长度为1.1~1.5 cm,必须保证玉米籽粒破碎。切割长度可使用宾州筛进行筛分判定(上层占10%~15%,中上层占45%~65%,中下层占20%~30%,底层<10%)。玉米籽粒破碎程度可以通过观察判定。要求采集1 L切割后的青贮原料,观察到的完整度为50%的玉米粒不超过5粒。

3.压实与密封

青贮饲料制作时,应从青贮窖一端开始,堆成30°的坡,青贮窖堆料中间稍低,靠近窖壁处稍高,每堆加30 cm厚用铲车碾压一次。将青贮窖装满或堆至高出窖壁50 cm左右,开始封窖,用阻氧膜覆盖,上层再覆盖黑白膜,白膜朝外。阻氧膜用于隔绝空气,黑白膜用于防止太阳照射升温,上压废旧轮胎等。

4.取用

全株玉米青贮发酵60 d后可以开窖取用。取用时,应从青贮窖的取料面整平面掘进,取料面要平整,现取现用。

(二)苜蓿青贮饲料调制流程

1.适时刈割

紫花苜蓿收获期以现蕾期至初花期为宜,刈割时间为现花蕾植株不超过50%,现花植株不超过10%,至刈割结束现花率不超过30%。留茬高度为4~6 cm,切勿混入泥土,秋季最后一次刈割留茬高度为8~10 cm,以利越冬。适宜切割长度为2~3 cm,制作裹包青贮切碎长度不超过7 cm,窖贮切碎长度不应超过5 cm。

2.添加剂使用

紫花苜蓿青贮时,应选择性加入促进乳酸菌发酵的添加剂,详见本章第四节。

3.打捆或装填

青贮打捆使草捆密度达到550 kg/m³以上。窖贮装填时,装填厚度不超过30 cm,就采用大中型轮式机械压实。原料压实后,体积缩小50%以上,密度达到650 kg/m³以上。

4.裹包或青贮窖密封

裹包青贮,打捆后应迅速用6层以上的拉伸膜完成裹包。为保证青贮质量可增加包膜层数以提高气密性。窖贮时,装填压实后,立即密封,从原料装填至密封不超过3 d。

5.青贮后管理

裹包青贮存放在地面平整、排水良好的地方,日常检查裹包膜,如有破损及时修补。裹包青贮在盛夏季节(气温高于35 ℃)贮藏时,应遮盖遮阳网,而在寒冬季节(气温低于−15 ℃)应用棉毡覆盖。

(三)高水分玉米湿贮饲料调制流程

高水分玉米湿贮是指玉米收割后不经晾晒、干燥即进行湿贮的方法。包括纯粹的籽实玉米湿贮、含芯全穗玉米湿贮和含芯带苞叶全穗玉米湿贮三种。

1.适时收获

玉米籽粒的收获期为完熟期,高水分玉米籽粒青贮以水分28%~32%为宜,含水量最低不应低于20%,最高不宜超过40%;高水分玉米穗青贮,理想含水量为36%~42%。

2.脱粒、粉碎

高水分玉米籽粒使用联合收割机脱粒后,经辊筒磨、锤片粉碎机或滚筒粉碎机进行粉碎加工。高水分玉米穗青贮,除注意籽粒破碎,还要防止玉米轴、玉米苞叶、籽粒出现分层。籽粒的粉碎粒度目标是50%以上的籽粒通过4.75 mm筛,25%的籽粒通过1.18 mm筛,通过0.6 mm筛的部分不超过20%。

3.压实、密封与取用

压实、封窖同全株玉米青贮,窖内密度可达到820 kg/m³以上。发酵30 d后,即可取用。

第三节 影响青贮发酵的因素

确保青贮发酵成功的关键在于青贮原料应具备理想的特性,如厌氧环境的快速形成。影响青贮原料特性的因素可归纳为青贮原料刈割前和刈割后因素。厌氧环境的快速形成仅属于刈割后因素。

一、理想青贮原料应具备特性

理想的青贮原料特性包括:适宜的干物质水平,理想的物理结构,较低的缓冲能力,充足的发酵底物和足够的乳酸菌数量。

(一)干物质水平

适宜的干物质水平是保证乳酸菌正常活动的重要条件。水分含量过高,虽然容易压实,但是会造成大量的流汁损失,同时高水分环境中梭菌活跃,致使大量丁酸和氨态氮产生。青贮原料的干物质含量应在35%左右。

不同微生物的水活度(water activity, A_w)存在差异。乳酸菌比梭菌能够耐受更低的水活度条件,适当降低水分含量能抑制青贮过程中植物酶和有害微生物的活跃性。通常乳酸菌的水活度耐受值为0.93,而梭菌耐受的水活度值为0.97。水活度可以使用水活度仪直接测定,还可以通过干物质含量估算。

$$A_w = 1 - b \times d/(1-d)$$

式中:b为系数,豆科牧草为0.03~0.05,禾本科牧草为0.02~0.04;d为青贮原料干物质含量(g/g)。

(二)物理结构

理想的青贮原料应具备宜压实的物理结构。大部分暖季型牧草的物理结构粗糙、多茎、多空,作为青贮原料不易压实,青贮窖中残留空气较多,难以青贮。

(三)缓冲能力

缓冲能力通常用1 kg的青贮材料(干物质基础),pH降至4.0所消耗的乳酸量(g/kg DM)来表示。在相同乳酸产量条件下,青贮原料缓冲能力越低,青贮饲料pH下降越快。豆科牧草的缓冲能力通常比禾本科牧草高,较难青贮。

(四)发酵底物

水溶性糖是青贮过程中乳酸菌产生乳酸的发酵底物,充足的水溶性糖是优质青贮原料的必备条件。青贮原料的最低需糖量与缓冲能力正相关。通常乳酸菌发酵葡萄糖生成乳酸的转化效率为60%,所以葡萄糖与乳酸比值为100/60=1.7,即形成1 g乳酸需要消耗1.7 g葡萄糖。那么,根据青贮材料的缓冲能力计算最低需糖量公式为:

$$最低需糖量(g/kg\ DM) = 青贮原料缓冲能力(g/kg\ DM) \times 1.7$$

(五)附着乳酸菌

青贮时乳酸菌数量不应低于10^5 cfu/g。玉米、高粱等作物附着乳酸菌(特别是乳酸杆菌)的数量较高,可以达到10^5~10^6 cfu/g,而紫花苜蓿等豆科牧草通常数量较低(<10^3 cfu/g)。附着的乳酸菌种类也十分重要。多种牧草附着的乳酸菌大多为明串珠菌、球菌属乳酸菌,乳酸杆菌数量较低。理想的青贮原料应具有较高的乳酸杆菌数量。

二、青贮原料刈割前因素

植物收获时的成分对青贮饲料的发酵过程和质量有重要影响。影响植物成分的因素包括:植物的种类和品种、成熟度、田间管理和生长环境等。

(一)植物种类与品种

豆类牧草的缓冲能力往往较高,水溶性糖含量较低,全株玉米则相反,而冷季型牧草介于两者之间。冷季型牧草倾向于存储葡萄糖和果糖,而暖季型牧草倾向于存储淀粉,使得暖季型牧草的水溶性糖含量低于冷季型牧草。玉米和高粱的附着乳酸菌数量通常高于10^5 cfu/g,而其他牧草通常在10^3~10^5 cfu/g,甚至低于10^3 cfu/g。鸡脚草早熟品种的水溶性糖含量高于晚熟品种;多年生黑麦草的四倍体栽培品种水溶性糖含量高于二倍体栽培品种。

(二)植物成熟度

对于大多数作物而言,随着植物的成熟,其细胞壁成分,主要是结构性碳水化合物含量逐步提高,而细胞内容物成分,如蛋白质、脂质和矿物质含量逐步降低,但是水溶性糖含量提高,这与茎叶比例的提高有关(水溶性糖主要存在于茎中)。

(三)田间管理

施氮肥会降低植物中水溶性糖的含量,增加植物中粗蛋白质的含量。施用粪肥,可以为植物生长提供养分,但也接入了有害微生物。此外,缺水将降低植物的生长速度和产量。

(四)环境因素

温度主要影响植物的生长速度和茎叶比例。暖季型牧草适宜生长温度为30~35 ℃,而冷季型牧草为20 ℃左右。相对高的温度通常可以加快植物生长并提高茎叶比例,但也降低了饲草的消化率;低温则有利于水溶性糖的积累,特别是较大的昼夜温差。空气湿度的升高,可以使植物附着微生物数量提高,但多数为不利于青贮发酵的有害微生物。日间延迟刈割可以提高植物的水溶性糖含量,有利于青贮发酵。

三、青贮原料刈割后因素

植物收获后,青贮饲料的调制流程中包括了田间凋萎、切割、压实以及密封。这些环节不仅对青贮饲料的成分产生影响,部分因素还影响青贮饲料中氧气的存留量。

(一)田间凋萎

田间凋萎的目的是提高植物的干物质水平,适宜于牧草青贮调制,如紫花苜蓿、黑麦草等。为了缩短凋萎时间,可以使用能压裂草茎的收割机作业。对于禾本科作物如玉米、高粱等,由于植物表面的蜡质层和粗实的茎秆,田间凋萎作物茎秆水分降低缓慢,通常不采用这种方法。

田间凋萎过程中,植物酶主导的呼吸作用和蛋白质水解成为主要代谢途径。呼吸作用可造成水溶性糖损失。蛋白质水解则将蛋白质分解为多肽、游离氨基酸和酰胺。禾本科和豆科牧草经过田间凋萎,可使非蛋白氮从5%~25%提高至20%~50%。快速凋萎至适宜的干物质水平,对降低田间凋萎损失十分重要。植物凋萎期间,如发生降雨,损失将大幅度提高,高出50%甚至是10倍,损失程度与降雨量和持续时间相关。

(二)收割切碎

牧草或作物收割后的切割长度和方式,将通过影响青贮密度、流汁产生量、青贮温度等影响青贮发酵进程。

青贮原料的切碎程度主要影响青贮密度。切割较细的青贮原料比切割较粗的原料更容易压实,切割较细可以提高青贮饲料的密度,减少氧气的残留。一些作物或牧草,存在粗硬的茎秆,如高粱、象草等,采用揉切比切碎具有更好的切割效果。然而,如青贮原料的干物质含量较低,自然堆积的重力作用足以使其产生流汁时,较细的切割会增加流汁产生量,增加青贮饲料的养分损失。

(三)填装、压实和密封

将青贮原料快速填装,及时压实、密封,可以有效地降低有氧发酵的时间。青贮时从开始填装至密封最好控制在3~5 d,不超过7 d。压实程度决定了青贮密度和氧气留存量。

第四节 青贮饲料添加剂

在制作青贮饲料时,使用添加剂的目的是确保乳酸菌在整个发酵过程中起主导作用,从而生产优质的青贮饲料。目前,根据添加剂的特点与功能,青贮添加剂可分为五大类,包括发酵促进剂、发酵抑制剂、好氧发酵抑制剂、营养性添加剂和吸收剂,但一种青贮添加剂的归类并不是绝对单一归类。

一、发酵促进剂

这一类型的青贮添加剂主要包括乳酸菌类、糖和含糖物质、酶制剂等类别,添加的目的主要是提高同型发酵乳酸菌数量和可发酵糖含量。

(一)乳酸菌类

同型或兼性异型发酵乳酸菌被认为是有效的发酵促进剂,在选择乳酸菌种类时,需根据青贮材料的特性进行选择。通常乳酸杆菌(如植物乳杆菌)的添加效果优于乳酸球菌和片球菌;屎肠球菌单独应用难以在整个发酵进程中占据优势,与其他乳酸菌组合应用能发挥更好的添加效果。

(二)糖和含糖物质

青贮饲料中添加糖类物质是为提供给乳酸菌生长需要的可发酵底物,尤其是本身水溶性糖缺乏的作物,如豆科牧草。

1. 糖

青贮饲料中添加糖主要是葡萄糖、果糖和蔗糖。在自然牧草青贮中,发酵3~5 d后乳酸菌才开始生长,糖的添加可使乳酸菌在发酵初期快速增殖,特别是产乳酸能力强的乳酸菌。添加葡萄糖还可以使豆科牧草青贮蛋白质水解降低,增强氨基酸的稳定度。添加葡萄糖的效果优于蔗糖,蔗糖优于果糖,这是由于果糖会被异型发酵乳酸菌利用合成中性产物甘露醇。

2. 糖蜜

糖蜜是甜菜、甘蔗等制糖工业的副产品,其干物质含量为700~750 g/kg,其中可溶性糖含量约600 g/kg,主要成分为蔗糖。青贮时添加糖蜜可提高青贮饲料干物质含量和乳酸含量,降低pH和氨态氮水平。添加糖蜜存在增加流汁损失的问题,但可以使干物质损失减少。在可溶性糖含量低的植物如豆科牧草、暖季型牧草中应用糖蜜,改善青贮发酵效果更加明显。

3. 谷物

玉米、大麦、燕麦、小麦和高粱均可提高青贮饲料的发酵品质和营养价值,并减少流汁产生。尽管谷物中主要成分是淀粉,不能被绝大多数乳酸菌利用,但少量可溶性糖和干物质含量的提高均具有积极作用。谷物与淀粉酶共同添加效果更优。

(三) 酶制剂

青贮常用酶制剂主要包括纤维素酶、半纤维素酶、果胶酶和淀粉酶。纤维素酶主要由内切葡聚糖酶、外切葡聚糖酶和β-葡萄糖苷酶组成;半纤维素酶主要由木聚糖酶、β-甘露聚糖酶和葡聚糖酶组成。酶制剂可以促进植物细胞壁降解,增加发酵底物;还可以降低纤维成分,提高饲料的营养价值。酶制剂在使用过程中受到多种因素影响,需要根据具体情况选择酶制剂。

二、发酵抑制剂

发酵抑制剂主要包括无机酸、有机酸和醛类等,主要作用是抑制有害微生物,甚至连同乳酸菌在内的微生物。青贮中醛类添加剂主要是甲醛(40%甲醛,即福尔马林),但对于草食动物存在安全性问题,目前已不使用。因此,发酵抑制剂主要围绕无机酸和有机酸阐述。

(一) 无机酸

使用的无机酸主要包括盐酸、硫酸和磷酸。硫酸和盐酸为强酸,具有强腐蚀性,对青贮设施有一定的破坏作用。这些酸可以将青贮原料pH直接降低至3.6左右,抑制有害微生物活跃,但也不能完全抑制有害微生物,如酵母菌仍然可以生长,并且植物呼吸作用和蛋白水解还能继续进行。尽管无机酸可以阻止蛋白质被微生物降解,然而许多蛋白质水解酶的最适pH在3.6以下,这种条件下又加速了蛋白质的酸水解。因此,用无机酸的目的不是抑制发酵,而是适度添加创造有利于乳酸菌增殖的环境。硫酸添加青贮还会降低牛肝脏中铜含量、溶解钙盐,不利于草食动物骨骼发育。因此,这类添加剂在生产中已经逐步被摒弃。

(二) 有机酸

青贮饲料中使用的有机酸主要包括甲酸、乙酸、丙酸、丙烯酸、乳酸、山梨酸、苯甲酸和单宁酸等。这些物质主要通过直接酸化和抗菌作用改善青贮发酵。

有机酸降低青贮饲料pH的能力顺序为甲酸>乳酸>乙酸>丙酸。甲酸在有机酸中酸性最强,可以抑制有害微生物对蛋白质的分解,同时抑制植物细胞的呼吸作用。在青贮中的建议添加量为2~4 L/t,豆科牧草可以增加至5~6 L/t。乙酸作为青贮添加剂已不多见,主要是由于高浓度的乙酸存在降低草食动物采食量的作用。丙酸是抑制真菌最有效的有机酸,但从确保青贮正常发酵和经济价值两方面考虑,丙酸不及酸性更强的甲酸。

苯甲酸和苯甲酸盐作为青贮添加剂的作用效果明显,其抗菌作用在低pH情况下最为有效。丙烯酸在pH为5~6时能够抑制所有的细菌,特别是对孢子生殖的革兰氏阴性菌,抑制作用是甲酸的10倍。单宁酸也具有明显的抑菌作用,同时还可以降低青贮过程中蛋白质的分解。

三、好氧发酵抑制剂

青贮饲料的好氧腐败主要是原料中存在的酵母菌、霉菌和醋酸菌的作用。正常发酵的青贮饲料中,这些微生物数量极低或者处于不活跃状态;当空气进入后,开始大量增殖,致使青贮饲料二次发酵,腐败变质。青贮中使用的好氧发酵抑制剂主要包括微生物类(乳酸菌和芽孢杆菌等)和有机酸及其盐类(乙酸及乙酸盐、丙酸及丙酸盐、山梨酸及山梨酸盐、甲酸和苯甲酸等)。

(一)乳酸菌和芽孢杆菌

可以提高青贮饲料有氧稳定性的乳酸菌为异型发酵乳酸菌,布氏乳杆菌是典型菌种,它可以通过提高青贮饲料的乙酸含量抑制有氧暴露后霉菌和酵母的增殖,还能够产生水杨酸、苯甲酸、儿茶酚、3-苯基乳酸和4-羟基苯甲酸等多种抗菌化合物。枯草芽孢杆菌可以产生细菌素,抑制酵母和霉菌。

(二)有机酸及其盐类

丙酸及丙酸盐是最为常见的防霉剂,其发挥防腐防霉作用的有效成分为丙酸分子,在pH 5.0以下对霉菌的抑制作用最佳。山梨酸和山梨酸钾具有广谱抗菌性,pH低于6.0时均能体现良好的抑菌效果。甲酸、乙酸可以使青贮饲料pH快速下降,还可以渗透微生物细胞壁,干扰细胞内各种酶系,或使微生物细胞内蛋白质变性。双乙酸钠对黑曲霉、黑根霉、黄曲霉、绿色木霉等有明显的抑制作用。苯甲酸活性分子可以穿过霉菌细胞壁,抑制细胞内的呼吸酶的活性。

四、营养性添加剂

谷物籽粒、矿物质、尿素、氨、氯化钠、糖蜜等可以提高青贮饲料营养水平,作为营养性添加剂使用。谷物可以有效提高干物质含量,避免高水分造成的营养流失。氯化钠可以促进含水量较低的原料的汁液流出,增加乳酸菌与发酵底物接触的机会。另外糖蜜、谷类、乳清、矿物质等可以补充青贮饲料中某些营养物质的不足。

五、吸附剂

高水分牧草或作物青贮调制时,流汁较多,吸收剂可减少流汁。麸皮、大麦、秸秆、甜菜渣等干物质含量较高的物质,均可以作为吸附剂使用;乙烯酰胺聚合物、丙烯酰胺聚合物、斑脱土也可作为吸收剂。

第五节 青贮饲料的质量评定与应用

青贮饲料的发酵品质与营养价值评定逐步由定性评价转变为定量评价,评价体系内容不断丰富。品质好的青贮饲料是保障草食动物发挥最大生产性能和机体健康的关键。

一、青贮饲料的质量评定

(一)青贮饲料的感官评定

青贮饲料的感官评定主要根据其气味、颜色、质地判定,可以将青贮饲料分为四个等级,详见表6-3。除此之外,青贮发酵温度与青贮饲料质量密切相关,快速填装并密封良好的青贮饲料平均温度不会超过环境温度5~8 ℃。而大型青贮因具有隔热作用,比小体积的青贮难快速冷却,因此更应关注青贮饲料发酵的升温问题。在感官评定时,当青贮饲料温度超过体温,就存在氧化腐败和养分损失。

表6-3 青贮饲料感官评定标准

评定指标	评定标准			得分
气味	有淡淡酸味和果香味			14
	较轻的酸味,或丁酸臭味微弱,弱的芳香味			10
	有刺激的霉味或焦烟臭,或丁酸的味道很重			4
	几乎没有酸味,或有比较浓的氨味或丁酸臭味			2
	霉败味、粪味,或有强的堆肥味			0
色泽	黄绿色,与原料类似,烘干完呈现淡褐色			2
	略有变色,呈淡褐色或淡黄色			1
	墨绿色、褐色或黄色,变色较严重			0
结构	松软,不粘手,茎和叶的结构都保持良好			4
	不是很粘手,茎和叶的结构保持均较差			2
	粘手,茎和叶的结构极差,有些可能存在霉菌的轻度污染			1
	粘手,污染严重,或茎叶腐烂			0
总得分	16~20	10~15	5~9	0~4
评定等级	优良	尚好	中等	腐败

(二)青贮饲料的化学评定

青贮饲料的pH是衡量酸度的指标,主要由乳酸贡献,浓度一般为2%~4%。其次是乙酸,浓度为1%~3%。乳酸与乙酸的比值在良好发酵时通常为2.5~3.0,比值过高存在二次发酵风险,但比值低于1指示发酵异常。青贮饲料由植物酶和有害微生物引起的蛋白水解,会导致非蛋白氮,特别是氨态氮的增加,后者还会加剧生物胺(腐胺、尸胺、精胺等)的产生。不同种类作物或牧草各项指标理想值存在差异,见表6-4。

表6-4 不同青贮饲料中发酵终产物指标理想值

指标	豆科牧草青贮 30%~35% DM	豆科牧草青贮 45%~55% DM	牧草青贮 25%~35% DM	全株玉米青贮 30%~40% DM	高湿玉米青贮 70%~75% DM
pH	4.3~4.5	4.7~5.0	4.3~4.7	3.7~4.0	4.0~4.5
乳酸/%	6~8	2~4	6~10	3~6	0.5~2.0
乙酸/%	2~3	0.5~2.0	1~3	1~3	<0.5
丙酸/%	<0.5	<0.1	<0.1	<0.1	<0.1
丁酸/%	<0.5	0	0.5~1.0	0	<0.1
乙醇/%	0.5~1.0	0.5	0.5~1.0	1~3	0.2~2.0
氨态氮(总氮)/%	10~15	<12	8~12	5~7	<10

(三)青贮饲料的营养价值评定

青贮饲料的营养价值主要包括干物质、粗蛋白质、淀粉、中性洗涤纤维(NDF)和酸性洗涤纤维(ADF)含量以及这些养分的消化率。

全株玉米青贮饲料参照我国《青贮玉米品质分级》(GB/T 25882—2010),一级青贮饲料应淀粉含量≥25%,中性洗涤纤维≤45%,酸性洗涤纤维≤23%。在实际生产中,干物质和淀粉含量均高于30%成为奶牛生产的基本要求。对于苜蓿青贮,可通过体外瘤胃发酵或动物试验获得青贮饲料的泌乳净能、增重净能和采食量,予以品质评定。

(四)青贮饲料的安全性评定

参照中华人民共和国《饲料卫生标准》(GB 13078—2017),青贮饲料黄曲霉毒素B_1含量应≤30 μg/kg,伏马毒素≤60 μg/kg,呕吐毒素≤5 μg/kg,玉米赤霉烯酮≤1 μg/kg,赭曲毒素≤100 μg/kg,T_2毒素≤0.5 μg/kg,总砷≤4 mg/kg,铅≤30 mg/kg,镉≤1 mg/kg,铬≤5 mg/kg,汞≤0.1 mg/kg,氟≤150 mg/kg,亚硝酸盐≤15 mg/kg。

二、青贮饲料的应用

(一)青贮饲料的取用

青贮饲料应在青贮过程进入稳定阶段,发酵成熟后开窖取用。开窖取用时,如发现表层腐败变质,应把表层弃掉。长方形青贮窖,应从一端开始分段取用,最好采用青贮取料机取料,不可挖窝掏取,取后最好覆盖,以尽量减少与空气的接触面。取料做到现取现用,尤其是夏季,正是各种细菌繁殖最旺盛的时候,青贮饲料也容易霉坏。

(二)青贮饲料的饲喂

青贮饲料是草食动物的主要粗饲料,近年来也逐渐成为生猪养殖业的一种新型饲料,在降低饲料成本和提高肉品质方面效果突出。青贮饲料饲喂草食动物时,应保证足够的过渡期(7~10 d),逐步提高使用量。由于青贮饲料含有大量有机酸,患有肠胃炎的草食动物,以及围产母畜不宜饲喂。冬季饲喂须未结冰。

各种动物的每日青贮饲料喂量不同。成年牛每 100 kg 体重日喂青贮量为:泌乳牛 5.0~7.0 kg,育肥牛 4.0~5.0 kg,种公牛 1.5~2.0 kg,育成牛 1.25~1.50 kg。绵羊每 100 kg 体重日喂青贮量:成年羊 4.0~5.0 kg,羔羊 0.4~0.6 kg。奶山羊每 100 kg 体重日喂青贮量:泌乳母羊 1.5~3.0 kg,青年母羊 1.0~1.5 kg,公羊 1.0~1.5 kg。成年马日喂量 10 kg,成年妊娠母猪日喂量 3 kg,成年兔日喂量 0.2 kg。

本章小结

青贮饲料是指在密闭青贮设施中,经自然发酵或接种乳酸菌发酵或采用化学制剂调制或降低水分而保存的青绿多汁饲料。根据青贮原料组成和营养特性,可分为单一青贮、混合青贮和配合青贮;根据青贮方法分类,可分为常规青贮、低水分青贮、添加剂青贮和湿谷物青贮。常规青贮方法调制流程中包括刈割或收获、压实和密封等步骤。青贮发酵经历有氧发酵、乳酸菌发酵、稳定和开窖 4 个阶段。青贮发酵过程中乳酸菌能否成为优势菌群,并极大程度地产生乳酸,降低 pH,抑制有害微生物的生长繁殖,是青贮饲料能否长期保存的关键。理想的青贮原料特性应具有适宜的干物质水平、理想的物理结构、较低的缓冲能力、充足的发酵底物和足够的乳酸菌数量,在不满足条件时,可适当使用添加剂以确保乳酸菌在整个发酵过程中起主导作用。青贮添加剂可分为五大类,包括发酵促进剂、发酵抑制剂、好氧发酵抑制剂、营养性添加剂和吸收剂。青贮饲料质量评定包括感官评定、化学评定、营养价值评定和安全性评定。目前,青贮饲料是草食动物的主要粗饲料,近年来也逐渐成为生猪养殖业的一种新型饲料,应根据不同动物不同阶段合理饲喂,现取现用。

拓展阅读

扫码进行数字资源的获取和学习。

数字资源

[思政课堂 1]

芬兰化学家阿尔图里·伊尔马里·维尔塔宁(Artturi Ilmari Virtanen)出身于一个奶农世家。芬兰位于北极圈内,气候寒冷,到了冬天,整个芬兰被白雪覆盖,寸草不生,没有足够的饲料,饲养奶牛的草料只能依靠进口。草料本身不贵,可问题在于,新鲜的草料十分容易变质腐败,进口的草料经过长途跋涉,抵达芬兰之后,大多已经变质。即使没有变质的草料,经过几周的储存,也很难坚持到整个冬季结束都不变质。维尔塔宁对于冬季奶牛优质粗饲料短缺这一现实问题有着深刻的认识,他立志要解决这一问题。维尔塔宁经过长时间的研究,发现了一个有趣的现象,如果食物所处的环境偏酸性,那么食物的储存时间就能大幅延长。基于这些启发,他发明了一种延长草料保质期的方法:将新鲜的草料密封保存,接着乳酸菌开始大量繁殖，草料也开始发酵，最后，乳酸菌分泌出的乳酸使得草料的pH被降到了4以下，使草料得以长期保存。这种方法和中国发明的腌菜，有着异曲同工之妙。这种方法就是青贮，并成功推广到世界各地。1945年，基于对牧草保存的巨大贡献与揭示了青贮过程中乳酸菌发酵和饲料养分化学变化进程，维尔塔宁获得了诺贝尔奖。

[思政课堂2]

我国最早的青贮研究和研究报道你知道是谁完成的吗？那就是王栋先生。

王栋先生(1906—1957)，中国共产党党员，是我国著名的畜牧学家、草原学家、动物营养学家、农业教育家，是我国动物营养学和草原学的奠基人。王栋先生1927年毕业于南通农科大学，1937年公费留英，1940年获英国爱丁堡大学博士学位。1941年夏二战正酣，冒战火危险，辗转自海路归国。历任贵州农工学院教授兼教务主任，西北农学院教授兼系主任，1945—1957年任中央大学、南京农学院教授兼畜牧兽医系主任，兼任中央畜牧试验所营养系主任。1943年，在西北农学院期间，王栋先生制作了中国黄土高原的第一窖青贮饲料；1944年发表了我国最早的青贮饲料研究报告"玉米窖贮藏青贮料调制实验"。王栋先生针对中国根深蒂固的单一谷物农业系统，提出了种植业必须与畜牧业结合的理念；打破总可消化养分饲养标准体系，制定了以代谢能为基础的王氏饲养标准，发明了配合家畜日粮用的"配料标尺"和"配料盘"。王栋先生在生命的最后几年，走到农村牧区，把科学奉献给祖国。这期间，几乎每年一本专著，总计达190万字。

复习思考

1. 青贮的原理是什么？
2. 青贮发酵进程包括哪些阶段，各阶段存在哪些特点？
3. 何谓二次发酵？何谓有氧稳定性？如何提高青贮饲料的有氧稳定性？
4. 同型发酵和异型发酵乳酸菌在水溶性碳水化合物代谢上有哪些区别？
5. 青贮饲料可分为哪几种类型？
6. 全株玉米青贮饲料调制应注意哪些问题？
7. 理想的青贮原料应具备哪些特性？影响这些特性的因素有哪些？
8. 青贮添加剂可以分为哪些类型？
9. 青贮饲料的质量评定包括哪些内容？
10. "粮改饲"是我国农业产业结构调整改革的重要举措，请谈一谈你对"粮改饲"的认识。青贮饲料加工在这一进程中又有哪些重要性？

第七章

粗饲料

本章导读

我国是农业大国,粗饲料资源丰富。粗饲料在畜牧业中扮演着重要的角色,为动物提供必要的营养,促进其健康生长,尤其对草食动物生长至关重要。因此,需要围绕我国粗饲料资源现状,从动物消化能力,粗饲料的分类以及粗饲料的物理、化学和生物学加工等方面对其深入认识。只有充分了解粗饲料的种类及其营养特性并合理搭配使用,才能更好地发挥其在畜牧业中的作用。

学习目标

1. 掌握粗饲料的概念、种类、营养价值及特点,粗饲料不同加工方法的原理和加工方式。

2. 了解不同粗饲料的营养价值差异;理解粗饲料在发展畜牧业中的重要作用。

3. 根据粗饲料原料的营养特点辨识和区分不同粗饲料;将粗饲料加工原理与生产实践相结合。

概念网络图

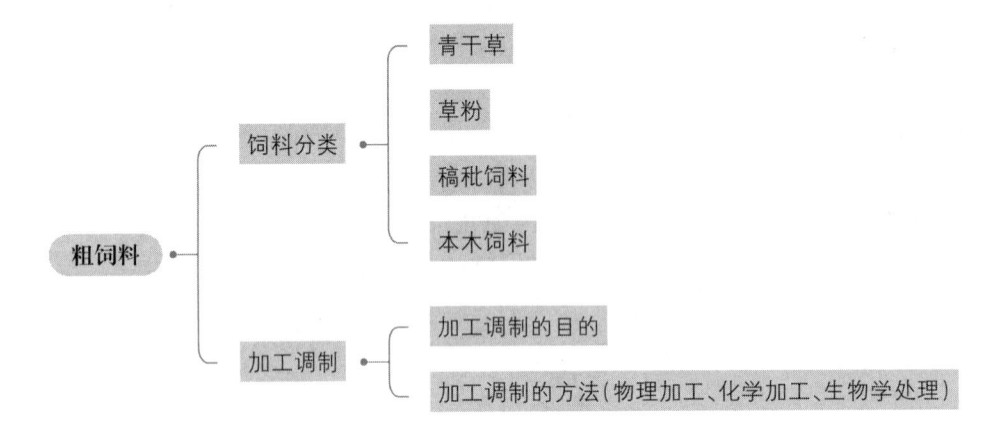

- 粗饲料
  - 饲料分类
    - 青干草
    - 草粉
    - 稿秕饲料
    - 木本饲料
  - 加工调制
    - 加工调制的目的
    - 加工调制的方法（物理加工、化学加工、生物学处理）

粗饲料(roughage)是指在饲料中天然水分含量在60%以下,干物质中粗纤维含量等于或超过18%,并以风干物形式饲喂的饲料。常见的有青干草及其加工产品、农作物及林果加工副产物、粗纤维超过18%的饼粕和糟渣等。粗饲料的营养特点是含有较高粗纤维,可消化养分含量较低、质地粗硬、适口性差。与其他饲料相比,动物对粗饲料消化利用率不高,单胃动物更是如此。在反刍动物瘤胃和其他草食动物的后消化道中寄居了大量微生物,这些微生物产生的丰富酶类可以水解粗饲料中的粗纤维,并将其转化为乙酸、丙酸、丁酸等挥发性脂肪酸,以及CO_2、CH_4、乳酸等。这些VFA被产生场所的肠壁吸收后,可满足反刍动物(牛和绵羊)60%~80%、杂食动物和其他草食动物20%~30%的能量需要,在特殊情况下,反刍动物几乎可以完全依赖粗饲料而存活。因此粗饲料是草食动物不可缺少的饲料。

第一节 粗饲料分类

一、青干草

(一)概念

青干草是天然草地青草或栽培牧草,在未结实前收割,经天然或人工干燥制成的饲料,因干制后仍保留了青绿色而得名。青干草有草香味,色泽新鲜,含有丰富的蛋白质、矿物质和维生素,营养价值较高,适口性好,更易被牲畜采食,消化率高,是饲喂草食动物的优质饲草。青干草是草食动物所必备的饲草,秸秆等是不可替代的饲料种类。不同类型畜牧生产实践表明,只有优质的青干草才能保证草食动物的正常生长发育,才能获得优质高产的畜产品。

(二)青干草的营养价值

经调制的青干草虽然粗纤维较高,但仍含有丰富的营养(表7-1)。干物质中的粗蛋白质一般在7%以上,并含有丰富的胡萝卜素和可消化粗蛋白,也含有较多的维生素和矿物质。青干草生长的地域不同,钙、磷等矿物质含量不尽相同。

表7-1 牛羊常用青干草营养价值

原料	苜蓿干草（初花期）	大麦干草	小麦干草	黑麦干草	燕麦干草	草地干草	羊草	高粱干草
干物质 DM/%	90	90	90	90	90	90	91	87
肉牛维持净能 NEm/(MJ/kg)	5.44	5.27	5.27	5.36	4.98	4.60	4.60	5.06
肉牛增重净能 NEg/(MJ/kg)	2.59	2.30	2.30	2.38	1.84	1.09	1.09	1.92
奶牛产奶净能 NEl/(MJ/kg)	5.44	5.27	5.27	5.36	4.98	4.52	4.52	5.06
粗蛋白质 CP/%	19	9	9	10	10	7	7	5
过瘤胃蛋白比(UIP/CP)/%	20	—	25	30	25	23	37	—
粗纤维 CF/%	28	28	29	33	31	33	34	33
酸性洗涤纤维 ADF/%	35	37	38	38	39	44	47	41
中性洗涤纤维 NDF/%	45	65	66	65	63	70	67	65
粗脂肪 EE/%	2.5	2.1	2.0	3.3	2.3	2.5	2.0	1.9
钙 Ca/%	1.41	0.30	0.21	0.45	0.40	0.61	0.40	0.49
磷 P/%	0.26	0.28	0.22	0.30	0.27	0.18	0.15	0.12

注：除干物质外，其余质量分数均以干物质为基础。
(引自《中国饲料成分及营养价值表》第32版，2021)

(三)影响青干草营养价值的因素

青干草的营养价值与牧草种类、生长阶段、土壤与肥料、牧草的不同部位、干制方法等因素有关。

1. 牧草种类

通常情况下，豆科干草营养价值高于禾本科，如表7-1中，苜蓿干草的粗蛋白质和钙含量分别19%和1.41%，而羊草的粗蛋白质和钙含量仅为7%和0.40%。

2. 生长阶段

生长阶段是影响牧草营养价值的重要因素。同一牧草，收割时间不同，营养含量和消化率也不同。幼嫩植株水分含量高，干物质少，蛋白质含量较高，而纤维物质含量较低，所以在早期生长阶段的牧草有较高的消化率，其营养价值也高。随着牧草的生长，粗蛋白质、糖分含量也随之下降，粗纤维含量增加，水分含量逐渐降低，消化率下降。从单位面积干物质产量来看，豆科牧草在初花期、禾本科牧草在抽穗期最高，随着牧草的生长，消化率和营养成分含量均下降。有研究发现，豆科牧草在开花末期、禾本科牧草在结实期，同最佳营养阶段相比，有效能下降70%~75%，可消化粗蛋白质含量下降67%~83%，胡萝卜素含量下降75%~84%。可见，饲料作物的适时刈割十分重要。因此，豆科牧草应在初花期刈割，禾本科牧草宜在抽穗期刈割，这时牧草营养价值最高。

3. 土壤与肥料

牧草中一些矿物质的含量在很大程度上受土壤中元素含量与活性的影响。例如，泥炭土和沼泽土中钙、磷缺乏，牧草很难利用干旱的盐碱地土壤中的钙，在这些土地上生长的牧草含钙量就较少。在缺乏钙的土壤中，豆科牧草长势不佳，施肥可以显著地影响牧草各种营养物质的含量。增施氮肥，牧草生长旺盛,茎叶颜色变得浓绿,蛋白质含量高,胡萝卜素也有显著的增加。

4.牧草不同部位

牧草不同部位的营养成分差别很大。一般上部茎叶中蛋白质含量高于下部茎叶,而粗纤维含量上部低于下部。但无论什么部位,茎秆中粗蛋白质含量少,粗纤维含量高,而叶片中的蛋白质和粗纤维含量则相反。例如,紫花苜蓿叶片和茎秆中的粗蛋白质含量分别为22.5%和6.3%,粗纤维含量分别为12.7%和54.4%。因此,叶片占全株比例愈大,则牧草营养价值就愈高。

5.干制方法

青干草的调制方法分为自然干燥法和人工干燥法两种。自然干燥过程较长,由于呼吸作用和细胞内酶的作用,无氮浸出物会被水解成单糖,少量蛋白质被分解为氨、水和二氧化碳而损失,胡萝卜素也因氧化酶和阳光的曝晒作用而损失。当水分降至17%时酶类作用才停止。因此,应采取适当措施使水分迅速降到17%,也尽可能减少直接曝晒。在晾晒过程中尽量减少搂草、翻草、搬运、堆垛的次数,以减少养分损失。人工干燥时速度快,翻动少,营养被很好地保留,但是高温会导致维生素等不耐热的营养物质减少,同时由于没有紫外线的照射,维生素D的合成减少。

(四)青干草的贮藏

调制好的干草应及时妥善收藏保存。用于贮藏的干草含水量应不超过14%,以免因水分过高导致发酵、发热、发霉,使青干草变质,失去原有的色泽,并有不良气味,饲用价值大大降低,影响干草品质且有发生自燃的危险。堆垛时选择离畜舍较近、平坦、干燥、易排水的地方。

二、草粉

草粉(green hay powder)是将适时刈割的牧草经快速干燥后粉碎制成的草产品。草粉能较好地保存青干草的营养价值。草粉含有丰富的蛋白质、维生素和微量元素,且其粗纤维易于消化。其可消化粗蛋白质为16%~20%,并含有丰富的叶黄素、维生素C以及B族维生素等,以及异黄酮、生物碱、皂苷等生物活性物质。

生产草粉的原料应新鲜、保持绿色,茎叶完整,含水量不宜超过14%,无发霉和虫害等现象,无毒无害。加工优质草粉的原料主要是高产优质的豆科牧草以及豆科牧草和禾本科牧草的混播牧草。豆科牧草不仅含有丰富的维生素、微量元素,还含有丰富的粗蛋白质。目前使用最多的是苜蓿草粉。苜蓿草粉不仅能够为机体提供必需的营养素、增加饱腹感、预防便秘、促进畜禽生长发育、提高机体免疫力,还能稳定肠道微生物菌群、调节脂质代谢、改善抗氧化功能,从而改善畜禽产品品质,提高养殖经济效益。母猪饲喂苜蓿草粉可缩短妊娠间隔、增加窝产仔数、提高仔猪的日增重、提高断奶窝重和成活率、提高乳汁中的脂肪含量等。一般鸡饲料中苜蓿草粉的添加量不宜超过5%,育肥猪饲料中苜蓿草粉添加量以5%~10%为宜,草鱼饲料中苜蓿草粉的添加量不应超过15%,母猪饲料中苜蓿草粉的添加量不宜超过20%。

三、稿秕饲料

稿秕饲料是指作物在籽实成熟后,收获籽实所剩下的副产品。稿秕饲料粗纤维含量为35%~60%,维持净能在4.0 MJ/kg左右。这类饲料的营养价值较低,但在草食动物饲料中占有重要地位。稿秕饲料除了可以为草食动物提供能量外,可以刺激反刍和唾液分泌,维持瘤胃pH的稳定,防止动物酸中毒。稿秕饲料还有利于瘤胃微生物的增殖,能提高微生物菌体蛋白的合成。此外,还具有刺激胃肠运动、增加动物饱腹感的作用。根据农作物加工副产品的不同部位,稿秕饲料又分为稿秆饲料和秕壳饲料。

(一)稿秆饲料

稿秆(straw)又称秸秆,是农作物籽实收获后的茎叶部分,根据原料不同主要分禾本科与豆科两大类。禾本科包括玉米秸秆、小麦秸秆、大麦秸秆、燕麦秸秆、稻草、谷草、芦苇、黑麦秸秆、甘蔗叶(渣)、青稞秸秆等。豆科包括大豆秸秆、蚕豆秸秆、花生秧等。其他的还有棉花秸秆、薰衣草秸秆、红花秸秆、菊芋茎秆、红薯藤等。近年来,我国农作物秸秆年产量约为8亿t,产量远高于玉米年产量。每年有约7亿t原料用作肥料、饲料、燃料等,约有10%的秸秆被废弃。

不同的秸秆营养价值相差不大(表7-2)。秸秆饲料具有以下营养特点:①有效能值不高。由于有机物总量高,一般都在80%以上,因此燃烧后释放的总能并不低,与玉米、麦类等能量饲料相当,但是由于有机物的消化率低于50%,有效利用率低,因此有效能值不高。②粗纤维含量较高。粗纤维一般在35%~45%,而且木质化程度高,木质素的含量可达到6.5%~12.0%。木质素与纤维素之间形成稳定的酯键,影响消化酶对纤维素的分解。秸秆越老,木质化程度越高,消化性越差。③钙、磷含量较低。粗灰分含量高,如稻草粗灰分含量在17%以上。粗灰分中,硅酸盐含量高达30%,而钙、磷等必需矿物元素含量较低。④粗蛋白质含量较低。粗蛋白质含量一般仅为3%~6%,豆科秸秆的蛋白质含量略高于禾本科植物秸秆的蛋白质含量,但品质较差,必需氨基酸含量低。⑤维生素含量较低。无论是脂溶性维生素还是水溶性维生素,秸秆中的含量均极低。

表7-2 几种常见秸秆饲料的营养

原料	玉米秸秆	大麦秸秆	小麦秸秆	稻草	大豆秸秆	燕麦秸秆	黑麦秸秆
干物质 DM/%	80	90	91	91	88	91	89
肉牛维持净能 NEm/(MJ/kg)	5.15	4.06	3.97	3.89	3.97	4.44	4.06
肉牛增重净能 NEg/(MJ/kg)	2.13	0.00	0.00	0.00	0.00	0.84	0.08
奶牛产奶净能 NEl/(MJ/kg)	5.15	3.89	3.68	3.51	3.68	4.35	3.97
粗蛋白质 CP/%	5	4	3	4	5	4	4
过瘤胃蛋白比(UIP/CP)/%	30	70	60	—	—	40	—
粗纤维 CF/%	35	42	43	40	44	41	44
酸性洗涤纤维 ADF/%	44	52	58	55	54	48	55
中性洗涤纤维 NDF/%	70	78	81	72	70	73	71
粗脂肪 EE/%	1.3	1.9	1.8	1.4	1.4	2.3	1.5
钙 Ca/%	0.35	0.33	0.16	0.25	1.59	0.24	0.24
磷 P/%	0.19	0.08	0.05	0.08	0.06	0.07	0.09

注:除干物质外,其余质量分数均以干物质为基础。

(引自中国饲料成分及营养价值表第32版,2021)

各种秸秆间的成分与消化率有所差别。例如玉米秸秆与小麦秸秆相比,消化率更高;高粱秸秆与玉米秸秆成分接近,但高粱秸秆的粗蛋白质含量、磷含量及干物质消化率都更高。从有效能和粗蛋白质含量来看,燕麦秸秆和大麦秸秆的饲养价值介于玉米秸秆与小麦秸秆之间,而稻草与小麦秸秆的饲用价值相似。稻草消化率受硅酸盐含量影响大,大豆秸秆、收籽后的苜蓿秸秆木质素含量高,因而饲用价值低。

总体来看,秸秆类饲料营养价值较低,几乎不用于单胃动物,但对于草食家畜来说,特别是冬春季仍很重要。

(二)秕壳饲料

秕壳饲料是指作物脱粒、打碾时的副产品,包括种子的颖壳、夹壳、部分瘪籽、杂草种子等。常见的有大豆荚、花生壳、稻壳、棉籽壳、甜菜渣、向日葵壳、燕麦壳、小米壳、玉米芯等。几种常见的秕壳饲料的营养成分及价值见表7-3。除稻壳、花生壳外,秕壳的营养价值略高于同一作物的稿秆。大豆荚的营养价值在秕壳饲料中较高,维持净能约7.6 MJ/kg,粗蛋白质含量13%左右,粗纤维含量约38%。棉籽壳常用于牛羊生产,其维持净能约4.1 MJ/kg,粗蛋白质含量5%左右,粗纤维含量约48%,使用棉籽壳时需注意游离棉酚的含量。总体来看,秕壳饲料对家畜来说营养价值较低,特别是稻谷壳(砻糠)与粟谷含粗纤维很高(44.5%~52.0%),故消化能极低。

表7-3 几种常见的秕壳饲料的营养成分及价值

原料	棉籽壳	大豆壳	向日葵壳	花生壳	玉米芯	燕麦壳	甜菜渣	甘蔗渣
干物质DM/%	90	90	90	91	90	93	91	91
肉牛维持净能NEm/(MJ/kg)	4.14	7.57	3.89	3.31	4.44	3.89	7.28	3.60
肉牛增重净能NEg/(MJ/kg)	0.29	4.81	0.00	0.00	0.84	0.00	4.60	0.00
奶牛产奶净能NEl/(MJ/kg)	4.06	7.28	3.51	1.67	4.35	3.51	7.11	3.14
粗蛋白质CP/%	5	13	4	7	3	4	11	1
过瘤胃蛋白比(UIP/CP)/%	45	28	65	—	70	25	44	—
粗纤维CF/%	48	38	52	63	36	32	21	49
酸性洗涤纤维ADF/%	68	46	63	65	39	40	21	59
中性洗涤纤维NDF/%	87	62	73	74	88	75	41	86
粗脂肪EE/%	1.9	2.6	2.2	1.5	0.5	1.5	0.7	0.7
钙Ca/%	0.15	0.55	0.00	0.20	0.12	0.16	0.65	0.90
磷P/%	0.08	0.17	0.11	0.07	0.04	0.15	0.08	0.29

(引自中国饲料成分及营养价值表第32版,2021)

四、木本饲料

我国树木资源丰富,一些木本植物的树叶、树籽、嫩枝和木材加工的下脚料等可作为饲料使用。木本饲料(woody feed)是指木本植物中能够饲喂畜禽的枝、叶、花、果、种子及其副产品,主要包括乔木、灌木、半灌木及木质藤本植物。我国可用作饲料的木本植物有100余种,每年可提供3亿t饲料。木本饲料产量高、品质好、青绿期和利用年限长,在干旱地区、牧草缺乏的季节时可作为常规粗饲料的有益补充。

(一)木本饲用植物资源的特点

1.种类繁多

根据植物种类,大致分为松针饲料、灌木饲料、阔叶嫩枝饲料、加工副产品及籽实类;根据利用部位可分为树皮饲料、树汁饲料、树叶饲料、树根饲料及木屑饲料。

2.品质良好

我国木本饲用植物营养丰富而且含量较高。目前,我国对木本饲料的研究主要集中在胡枝子、刺槐、银合欢属、柠条、紫穗槐、构树、四翅滨黎、松树等树种营养价值、饲用价值、品种改良方面的研究。

(二)木本饲料的营养价值

几种典型木本饲料的基本营养含量见表7-4。木本饲料的营养物质含量随着季节的变化而改变,而且木本植物的品种和采集部位不同,营养成分的差别很大。如紫穗槐、洋槐、胡枝子、桑、榆、茶、五味子、枸杞等的叶子中粗蛋白质含量较高,是畜禽良好的蛋白质和维生素饲料的来源。整株木本饲料的粗蛋白、粗纤维和钙含量与禾草饲料相比较高,粗灰分和磷含量相近。不同的树种,蛋白质含量有明显差异。构树、桑树、槐树、辣木、银合欢的粗蛋白质含量超过20%,胡枝子、柠条的粗蛋白质含量为10.6%、16.29%,沙柳的粗蛋白质仅有7.8%。木本饲料的粗脂肪含量为2%~8%,粗纤维为7%~46%,粗灰分为2%~12%。通常春季时粗蛋白质等营养物质含量较高,粗纤维和粗灰分较低,秋季时相反。

表7-4 几种典型木本饲料的基本营养含量(干物质基础)

木本饲料	粗蛋白质/%	粗脂肪/%	粗纤维/%	粗灰分/%	无氮浸出物/%
构树	21.42	3.59	10.00	11.68	49.11
桑树	29.80	5.60	11.10	11.80	31.00
槐树	26.25	3.04	13.02	5.37	43.93
胡枝子	16.29	2.22	12.48	2.58	18.41
柠条	10.60	3.50	46.30	6.10	23.50
辣木	27.60	8.65	7.12	5.51	46.01
银合欢	23.01	2.14	18.33	6.65	42.52

(引自苏立城等,2020)

(三)木本饲料中的抗营养因子

木本饲料中含有多种抗营养因子,常见的有单宁、生物碱、植酸、皂素、木质素等,这些抗营养因子会直接影响禽畜对营养成分的消化和吸收。可通过煮熟、发酵青贮、干燥、添加酶降解、良种选育等途径降低木本饲料中的抗营养因子。在众多的抗营养因子中,最主要的抗营养因子是单宁。单宁又称单宁酸、鞣质,存在于多种树木的树皮和果实中,也是树木受昆虫侵袭而生成的虫瘿中的主要成分。单宁不是单一化合物,大致可分为两种:一种是缩合单宁,是黄烷醇聚合物;另一种是可水解的单宁,是没食子酸等与单糖酯化物。单宁不仅能与蛋白质、多糖、生物碱、微生物、酶、金属离子结合影响生物功能,还具有抗氧化、抑菌的作用。因此,单宁对动物营养物质的消化利用和生产性能的影响有正负两方面,并主要与饲料中单宁的含量及其生物活性有关。负面影响主要是降低体内营养物质(尤其是蛋白质)的利用率、动物增重速度、饲料适口性、采食量以及消化酶活性。但低浓度的单宁有抗虫、减少反刍动物体内甲烷的产生、抑制瘤胃微生物对不饱和脂肪酸的氢化、增加瘤胃非降解蛋白含量的效果。

第二节 粗饲料的加工调制

一、粗饲料加工调制的目的

粗饲料特别是农作物秸秆和木本饲料由于含有较高的粗纤维,适口性和可消化性差,营养价值不高,饲喂效果较差。草食动物饲粮中含有较高比例的粗饲料,粗饲料的质量对动物的生产性能起着非常重要的作用。通过合理的加工调制,可以改善粗饲料的适口性并提高其营养价值。

(一)改善适口性,提高采食量

粗饲料特别是农作物秸秆饲料的木质化程度较高、质地坚硬,是动物采食量低的重要原因。通过粉碎、切短、揉丝、蒸汽爆破、挤压膨化、制粒等物理调制技术,可有效改善粗饲料的质地和适口性,提高动物的采食量。

(二)改善可消化性,提高营养价值

通过物理、化学或生物学的加工处理技术,软化粗纤维,破坏半纤维素和木质素之间的酯键,降低纤维素的聚合度,增加饲料与消化酶的接触面积,提高酶消化的效率,从而释放出可以被微生物和动物利用的小分子化合物,提高粗饲料的营养价值,改善饲喂效果。

(三)均衡营养,提高饲喂效果

粗饲料养分组成极不平衡,蛋白质含量少,氨基酸特别是必需氨基酸不平衡,有效磷、维生素和微量元素缺乏等。通过加工调制,可弥补粗饲料中的养分不足。如通过氨化可提高粗饲料中的含氮量,这些非蛋白氮可以作为瘤胃微生物合成氨基酸的氮源。另外,微生物发酵不仅可增加微生物蛋白、改善氨基酸的平衡关系,还能产生消化酶和维生素,提高粗饲料的营养价值和饲喂效果。

(四)提高密度和容重,便于运输和储存

在自然状态下粗饲料的容重很低、体积庞大,不便于储存和运输。经过适当的成型加工处理,加工成秸秆草块或颗粒饲料,不仅可大大提高粗饲料的容重,还可便于储存。此外,草块或草颗粒也更便于机械化操作;还可避免动物挑食,提高动物采食量,减少饲料的浪费。

二、粗饲料加工调制的方法

(一)物理加工

1.干燥

在干燥过程中,植株会发生一系列复杂的物理和生化变化。在物理性失水阶段,即牧草被刈割后在

晾晒过程中,植株体内的自由水通过气孔、维管散失,含水量快速降低到40%左右。在这一阶段由于细胞具有活性,还在不断消耗牧草自身的营养物质维持生理活动,因此加快这一阶段水分的散失,能有效减少营养物质的损失。在生化变化过程,细胞中的蛋白酶参与生化反应。在蛋白酶和阳光的共同作用下,随干燥时间的延长,细胞内的维生素、叶绿素和胡萝卜素含量快速下降。因此为保证牧草营养品质,要加速晒干,使酶类活动尽快停止。目前主要的牧草干燥方式有自然干燥、热风干燥和秸秆碾青等。

(1)自然干燥

自然干燥是我国牧草青干草调制采用的主要生产工艺,根据干燥的方式又可分为地面干燥和草架干燥。地面干燥法的干燥效率低,劳动强度大,受天气变化影响较大,制作的干草质量差。在牧草适宜收割期,选择晴天收割后立即将青牧草平铺地面,厚度以10~15 cm为宜,适当翻动以加快水分蒸发,使水分降到14%~17%即成。草架干燥适用于潮湿、多雨、光照时间短、光照强度小或气候变化无常的季节或地区,是因天气条件所限,靠地面难以晒干而采用的干燥方法。自然干燥法由于在晾晒过程中要翻晒及晾晒后要打捆收获作业,易造成干草叶片脱落,对牧草品质产生一定影响。该方法具有干燥成本低,无设备投入,适合收获季节雨水较少地区等特点;但干燥时间长,受环境影响大,品质损失较大。

(2)热风干燥

热风干燥是常用的机械干燥方法。普通热风干燥是利用加热后的空气(45~50 ℃)脱除牧草水分。与自然干燥相比,该方法干燥效率更高,营养损失较少。热风的温度、速度、料层厚度以及预处理方式是热风干燥工艺中影响牧草干燥速度的重要因素。该方法具有设备投入较少,适合低含水率牧草干燥的特点。近年来,高温热风快速干燥工艺在牧草干燥生产中应用较为广泛,该干燥方式具有干燥速率快、牧草品质损失小、可以实现规模化生产等优点。在牧草高温热风快速干燥工艺中,干燥介质热风温度在300~500 ℃之间或者更高,牧草在干燥室内停留时长为几秒钟到十几分钟。与普通热风干燥相比,干燥速率和生产率大幅度提升,每小时干草产量可高达数吨,降低了牧草因不及时干燥所产生的营养损失。该方法的投入成本较高,不受环境条件影响,适合优质牧草的生产加工。此外,太阳能干燥作为新型干燥方式得到发展。太阳能干燥是一种通过采集太阳能的热辐射加热空气作为干燥介质,进行物料热质交换的干燥方式。该方式具有清洁、环保、可再生等优点,有望成为未来干燥领域研究的重要方向之一。

(3)秸秆碾青

即将麦秸铺在打谷场上,厚度约为30 cm,上边再铺30 cm左右的青苜蓿,苜蓿之上再盖一层同样厚度的秸秆,然后用碾滚碾压。苜蓿被压扁挤出的液汁由秸秆吸收。这样压扁的苜蓿在夏天只要0.5~1.0 d暴晒就可干透。这种方法的好处是可以较快制作干草,茎叶干燥速度均匀,能减少叶片脱落损失,提高麦秸的适口性与营养价值。

2.铡短、揉搓和粉碎

饲料粉碎后增加了饲料与消化酶的接触面积,提高了饲料的消化率,但粉碎过细导致饲料过瘤胃速度太快反而引起消化率降低。利用机械将粗饲料铡短、粉碎是加工粗饲料最简便而又常用的方法。尤其是秸秆饲料比较粗硬,加工后便于咀嚼,能减少能耗,提高采食量,并减少饲喂过程中的饲料浪费。试验表明,切短和粉碎的饲料可增加采食量,但缩短了饲料在瘤胃里停留的时间,会引起纤维物质消化率下降。

(1)铡短

利用铡草机将粗饲料切短成1~2 cm,稻草较柔软,可稍长些,而玉米秸较粗硬且有结节,以1 cm左右为宜。玉米秸青贮时,应使用铡草机切碎,以便压实。

(2)揉搓

揉搓(丝)机械是近年来推出的新产品。为适应反刍家畜对粗饲料利用的特点,可将秸秆饲料等粗饲料揉搓成丝条状,使秸秆中纤维素、半纤维素与木质素在一定程度上有所分离,不仅可提高适口性,而且能够延长其在反刍动物瘤胃内的停留时间,有利于提高秸秆采食量和消化率,是当前利用秸秆饲料比较理想的加工方法。揉搓后的秸秆可饲喂牛、羊、骆驼等家畜。

(3)粉碎

粉碎可提高饲料利用率,便于与精饲料混拌。粉碎的细度不应太细,以便反刍。用于反刍家畜饲料加工的粉碎机筛底孔径以8~10 mm为宜。有研究发现,与4 mm孔径相比,使用8 mm孔径筛出的燕麦秸秆能够通过改善山羊摄食行为和稳定瘤胃环境,提高生长性能和胴体产量。用作猪、禽配合饲料的干草粉,要粉碎成面粉状,便于充分搅拌。如喂猪的草粉粒度应能通过0.2~1.0 mm直径的筛孔。

3. 蒸煮和膨化

(1)蒸煮

蒸煮是将切碎的秸秆等粗饲料通过蒸煮处理,使其软化的一种方法。秸秆经过蒸煮软化,主要是改善其适口性,但不能提高其营养价值。由于秸秆饲料体积大,蒸煮成本较高,因此蒸煮处理更适合籽实类饲料。

(2)膨化

膨化是将含有一定水分的秸秆等粗饲料放在密闭的膨化设备中,经过高温、高压处理一定时间后,当秸秆被挤出喷嘴后,压力骤然下降,使饲料膨胀的一种处理方法。研究发现,膨化处理除了物理效果外,也有化学效果。膨化可使木质素低分子化和分解结构性碳水化合物,从而增加可溶性成分。因此在适宜条件下的膨化处理,对秸秆消化率的改进幅度较大。但是,该项处理技术需要专门的设备投入,且能源消耗较大,处理成本较高。

4. 盐化

盐化是指铡碎或粉碎秸秆饲料,用1%的食盐水溶液,与等质量的秸秆充分搅拌后,放入容器内或在水泥地面上堆放,用塑料薄膜覆盖,放置12~24 h,使其自然软化,可明显提高适口性和采食量。该方法在东北地区广泛利用,效果良好。

5. 制粒

为便于运输、储藏粗饲料,提高动物对粗饲料的采食量,可对原料进行制粒加工。原料经铡切、粉碎或揉搓处理成玉米粒大小的碎粒。经调制使物料的含水量达到18%~25%。选择平模制粒机,压制成直径为8~24 mm的饲料颗粒。饲料制成颗粒后,有利于机械化饲养,减少了饲料浪费,同时由于粉尘少、质地硬、大小合适,故适口性强。

6. 蒸汽爆破

蒸汽爆破技术是将秸秆等粗饲料装入汽爆罐中,向罐体中充入高温水蒸气,使原料的含水量达到50%~60%,逐渐加压至1.0 MPa,保压时间90~200 s。在此过程中,半纤维素被降解成醛酸,纤维素结构中的酯键被破坏;在瞬间泄压的过程中,物料通过喷料口时,瞬时压力变化会产生剪切作用,从而进一步破坏粗饲料中的纤维素结构,提高粗饲料的消化率。物料在蒸汽爆破技术处理粗饲料的过程既有物理变化也有化学变化。该技术的主要特征，一是蒸汽爆破技术可以降低木质素和NDF的含量，提高纤维素利用率，还可以减少原料中霉菌毒素的含量，进一步提高饲料的安全性。二是蒸汽爆破处理后的粗饲料接种乳酸菌后，可以迅速进行厌氧发酵，有利于秸秆的长期保存。蒸汽爆破的原理与膨化相似，但二者使用的设备不同。

(二)化学加工

物理加工只能改变粗饲料的物理性状，对提高饲料营养价值的作用有限。化学加工可通过化学方法破坏秸秆木质纤维素复合物的致密结构，使得瘤胃微生物酶类更易于与纤维素和半纤维素接触，不仅能提高秸秆的消化率，而且能改善适口性、增加采食量。

1. 碱化

碱性物质能使饲料纤维内部的氢键结合变弱，使纤维素分子膨胀，并能破坏纤维素与木质素间的酯键，从而提高动物对粗饲料的消化率。碱化(alkalinization)处理所用原料主要是氢氧化钠和石灰水。氢氧化钠处理效果较好，但处理成本相对较高，且对环境的污染风险较大；石灰水处理的成本较低，环境污染的风险较小，但处理效果比氢氧化钠处理要逊色一些。

(1)氢氧化钠处理

木质素在氢氧化钠溶液的作用下形成羟基木质素，羟基木质素逐渐溶解后释放出纤维素和木质素，便于动物对粗纤维进行消化。1921年德国化学家贝克曼首次提出"湿法处理"，即将粉碎的秸秆放在盛有1.5%氢氧化钠溶液的池内浸泡12~24 h，然后用水反复冲洗至中性，晾干后喂反刍家畜，可提高有机物的消化率。但此法用水量大，许多有机物被冲掉，且污染环境。1964年威尔逊等提出了改进方法，用为秸秆质量4%~5%的氢氧化钠，配制成30%~40%的溶液，喷洒在粉碎的秸秆上，堆积数日，不经冲洗直接喂用，可提高有机物消化率12%~20%，称为"干法处理"。这种方法虽有改进，但牲畜采食后粪便中含有相当数量的钠离子，对土壤和环境有一定的污染，同时动物的饮水量明显增加，排尿增多，畜舍、牛床潮湿。使用氢氧化钠存在三个主要问题。一是氢氧化钠具有高度腐蚀性，溅到皮肤和眼睛可能造成伤害。二是高浓度钠离子可能对动物造成不良影响，有报道称长时间给奶牛饲喂高浓度钠离子可能导致肾脏损伤。高水平钠还可能对土壤结构和环境产生负面影响。三是氢氧化钠对加工、饲养设备的腐蚀和损坏。

(2)石灰水处理

生石灰加水后生成的氢氧化钙溶液，是一种弱碱溶液，经充分熟化和沉淀后，用上层的澄清液处理秸秆。具体方法是：每100 kg秸秆，需3 kg生石灰，加水200~250 kg，将石灰水均匀喷洒在粉碎的秸秆上，堆放在水泥地面上，经1~2 d后即可直接饲喂牲畜。这种方法成本低，方法简便，效果明显。

2. 氨化

氨化(ammonification)处理的原理是当氨与秸秆中的有机物相遇会发生氨解反应，破坏木质素与纤维素、半纤维素之间的酯键，并形成铵盐。铵盐是一种非蛋白氮化合物，同时，氨水中的氢氧化铵离解出的氢氧根离子对秸秆又有碱化作用。秸秆经氨化处理中的氨化与碱化双重作用，粗蛋白质含量可大幅度地提高，纤维素含量降低10%，有机物消化率提高20%以上，是牛、羊反刍家畜良好的粗饲料。氨化可利用尿素、碳酸氢铵作氨源，也可使用氨水。氨化饲料制作方法简便，饲料营养价值显著提高。值得注意的是氨化处理并不像氢氧化钠那样强效，其对粗饲料消化率的提升水平通常要低一些。如绵羊对未处理的大麦秸秆的消化率为50.8%，经氨化处理后消化率提高到65.7%，而经氢氧化钠处理后消化率达到75.2%。值得注意的是,氨化处理增加的氮素可供瘤胃微生物用于合成蛋白质,并且氨在处理过程中具有抑制霉菌生长的保鲜效果。

(1)氨化池氨化法

选择向阳、背风、地势较高、土质坚硬、地下水位低,而且便于制作、饲喂、管理的地方建氨化池。池的形状可为长方形或圆形。池的大小根据氨化秸秆的数量而定,而氨化秸秆的数量又取决于饲养家畜的种类和数量。一般每立方米池(窖)可装切碎的风干秸秆100 kg左右。1头体重200 kg的牛,年需氨化秸秆1.5~2.0 t。挖好池后,用砖或石头铺底,砌垒四壁,水泥抹面。将秸秆粉碎或切成1.5~2.0 cm的小段。将秸秆质量3%~5%的尿素用温水配成溶液,温水多少视秸秆的含水量而定,一般秸秆的含水量为12%左右,而秸秆氨化时应使秸秆的含水量保持在40%左右,所以温水的用量一般为每100 kg秸秆用水30 kg左右。将配好的尿素溶液均匀地喷洒在秸秆上,边喷洒边搅拌,或者装一层秸秆均匀喷洒1次尿素溶液,边装边踩实。装满池后,用塑料薄膜盖好池口,四周用土覆盖密封。

(2)窖贮氨化法

选择地势较高、干燥、土质坚硬、地下水位低、距畜舍近、贮取方便、便于管理的地方挖窖,窖的大小根据贮量而定。窖可挖成地下或半地下式,土窖、水泥窖均可。但窖必须不漏气、不漏水,若用土窖,土窖壁一定要修整光滑,可用0.08~0.20 mm厚的塑料薄膜平整铺在窖底和四壁,或者在原料入窖前在底部铺一层10~20 cm厚的秸秆或干草,以防潮湿,窖周围紧密排放一层玉米秸,以防窖壁上的土进入饲料内。将秸秆切成1.2~2.0 cm的小段。配制尿素溶液(方法同上)。秸秆边装窖,边喷洒尿素水溶液,喷洒时要均匀。原料装满窖后,在原料上盖一层5~20 cm厚的秸秆或碎草,上面覆土20~30 cm并踩实。封窖时,原料要高出地面50~60 cm,以防雨水渗入。并经常检查,发现裂缝要及时补好。

(3)塑料袋氨化法

塑料袋大小以方便使用为好,一般长度为2.5 m,宽1.5 m,最好用双层塑料袋。把切断的秸秆用配制好的尿素溶液(方法同上)均匀喷洒,装满塑料袋后,封严袋口,放在向阳干燥处。存放期间,应经常检查,若嗅到袋口处有氨味,应重新扎紧,若发现塑料袋破损,要及时用胶带封住。

(4)氨-碱复合处理

为了使秸秆饲料既能提高营养成分含量,又能提高饲料的消化率,把氨化与碱化二者的优点结合利用,即将秸秆饲料氨化后再进行碱化。如有研究报道稻草氨化处理的消化率仅55%,而复合处理后达到71.2%。复合处理投入成本较高,但能够充分发挥秸秆饲料的经济效益和生产潜力。

(三)生物学处理

生物学处理(biological treatment)是利用酶、微生物在适宜条件下对粗饲料进行处理,分解饲料中一些难被草食动物消化利用的物质,达到软化饲料,改善适口性,增加菌体蛋白质、维生素等有益物质的目的,从而提高粗饲料的营养价值和采食量的方法。实践证明,生物学处理是最环保、最有效而且最有发展前景的一种粗饲料加工方式。

1.处理方法

(1)酶处理

酶处理(enzymatic treatment)是利用外源酶制剂处理秸秆,降解其中的结构性碳水化合物、抗营养因子,从而提高秸秆营养价值的方法。常用的酶制剂主要有纤维素酶、半纤维素酶、木聚糖酶、葡萄糖苷酶、果胶酶、β-甘露聚糖酶等。这些酶可以破坏细胞壁,释放细胞中的养分,提高饲料营养价值,对提高草食动物消化率和生产性能具有积极作用。此外,植酸酶、霉菌毒素降解酶、棉酚降解酶等能够降低抗营养因子和有害物质的含量,提高饲料品质和利用率。

(2)微生物加工

微生物加工(microbial processing)又称微贮,是在秸秆等粗饲料中按比例添加一种或多种有益微生物菌剂,在密闭和适宜的条件下,通过有益微生物的繁殖与发酵作用,制成柔软多汁、气味酸香、适口性好、利用率高的粗饲料的微生物处理技术。常用的微生物菌剂有乳酸菌、枯草芽孢杆菌、酵母菌、霉菌等。

乳酸菌类主要包括乳酸肠球菌、嗜酸乳杆菌、干酪乳杆菌、德式乳杆菌乳酸亚种、植物乳杆菌等。秸秆类饲料被利用后产生的有机酸可降低饲料pH,产生的细菌素是一种天然的抗菌剂,可抑制有害菌生长。芽孢杆菌类主要包括枯草芽孢杆菌、地衣芽孢杆菌和双歧杆菌等,这类细菌不仅产生高活性纤维素酶、木聚糖酶,还具有维持畜禽肠道菌群平衡的作用。酵母菌类主要包括产朊假丝酵母、酿酒酵母等,这些酵母在生长过程中能够产生纤维素酶、半纤维素酶等,降解秸秆中大分子物质,增加蛋白质含量,提高饲料利用率。霉菌类主要有米曲霉和黑曲霉等,可产生多种纤维降解酶,提高纤维利用率。从目前的研究结果来看,由于多菌种间的协同作用,复合菌剂较单一菌剂效果显著。然而,复合菌剂在生产和应用过程中仍然存在一些问题,如使用的菌种种类多,发酵和配伍生产工艺复杂等。需特别注意的是,选用的微生物菌剂须符合《饲料添加剂品种目录(2013)》。

(3)菌酶协同发酵

秸秆菌酶协同发酵是在人为控制条件下,以秸秆为主要原料,使用微生物和酶制剂作发酵剂,在微生物和酶的共同作用下,降解部分多糖、蛋白质和脂肪等大分子物质,生成有机酸、可溶性多肽等小分子物质,提高粗饲料中蛋白质、能量、有机酸等含量,形成营养丰富、适口性好、有益活菌数含量高、营养易于消化吸收的生物饲料或饲料原料。具体方法为秸秆经揉丝或粉碎后,调节水分,接种菌种并加入酶制剂,经搅拌混匀后,裹包密闭包装,于10 ℃以上发酵不低于10 d,即可使用。菌酶协同处理粗饲料的效果见表7-5,经菌酶处理后,饲料中的NDF、ADF、酸性洗涤木质素(ADL)含量及pH降低,粗蛋白质和乳酸含量升高。

表7-5 菌酶协同处理粗饲料的效果

底物	菌酶组合	效果
玉米秸秆	黄孢原毛平革菌、纤维素酶、木聚糖酶	NDF、ADF、ADL含量降低
甜高粱	植物乳杆菌、纤维素酶、木聚糖酶	pH降至4.2以下,乳酸/乙酸>2.0,乳酸/总有机酸>0.65
全株玉米和花生蔓	植物乳杆菌、纤维素酶	pH、ADF和NDF含量降低,乳酸含量增加
香菇菌糠	黑曲霉、嗜酸乳杆菌、布氏乳杆菌、产朊假丝酵母、纤维素酶、木聚糖酶	NDF、ADF、ADL、钙和磷含量下降,粗蛋白质和粗脂肪含量增加
辣木茎秆粉	酿酒酵母、黑曲霉、枯草芽孢杆菌、植酸酶	NDF、ADF和植酸含量降低,乳酸和粗蛋白质含量增加
苜蓿和羊草	植物乳杆菌、纤维素酶	NDF含量降低,粗蛋白质含量升高
桑叶	干酪乳杆菌、纤维素酶	NDF、ADF含量降低,总黄酮含量增加

NDF:中性洗涤纤维;ADF:酸性洗涤纤维;ADL:酸性洗涤木质素。

(引自易兰兰等,2024)

2.品质检测

酶解或发酵结束的饲料在使用前应对其进行品质检测。检测方法包括感官检测和实验室检测。感官检测包括观察饲料的色泽、气味、质地等；实验室检测包括检测饲料的水分、粗蛋白含量、pH以及卫生指标等。具体检测方法与青贮饲料的检测方法类似。

本章小结

粗饲料与精饲料（精料补充料）相比，粗饲料的消化率和有效能含量低，而粗纤维含量在干物质基础上超过18%。粗饲料主要包括青干草、草粉、稿秕饲料和木本饲料。青干草和草粉是粗饲料中品质最好的，适口性好，营养价值较高；稿秕饲料虽然营养价值低，但在草食家畜饲养中占有重要地位；木本饲料是常规粗饲料的有益补充。物理加工、化学加工和生物学处理，可有效改善粗饲料的适口性并提高粗饲料的营养价值。

拓展阅读

扫码进行数字资源的获取和学习。

数字资源

[思政课堂]

随着我国畜牧业的快速崛起，对优质粗饲料尤其是苜蓿等的需求量急剧增加。然而，我国是一个优质粗饲料资源十分匮乏的国家，据报道，2023年我国进口苜蓿约109万t。在我国优质粗饲料资源十分缺乏的同时，我国低质秸秆粗饲料资源却十分丰富。据统计，我国每年有超1亿t的秸秆被浪费，造成环境的污染和资源的浪费，且我国的饲料用粮已经占到粮食总产量的48%左右。据此，我国农业农村部于2023年发布了《农业农村部 财政部关于做好2023年粮油生产保障等项目实施工作的通知》（农计财发〔2023〕4号）有关要求，目的在于实现全国秸秆综合利用率保持在86%以上，缓解我国饲料供给严重不足的局面，为保障国家粮食安全开辟新途径。

目前，反刍动物仅能够消化秸秆类粗饲料中植物纤维的40%，从秸秆粗饲料中获取的能量低于其总能的50%，大量的养分通过粪、尿排放，既浪费了饲料资源，又造成了环境污染。通过研发技术措施提高反刍动物对粗饲料的利用效率是节约饲料粮和降低营养素的环境排放量的有效途径。若通过技术措施提高秸秆类粗饲料的消耗量1000万t/a，即可满足饲养125万头牛/1333万只羊的粗饲料需求，相当于增收了62.5亿元/133.3亿元，具有很好的经济效益、社会效益和生态效益。

复习思考

1. 名词解释:粗饲料、青干草、秸秆碾青、稿秕饲料、木本饲料、微贮。
2. 青干草的营养价值是什么?
3. 木本饲料的营养特点有哪些?
4. 粗饲料加工的目的是什么?
5. 粗饲料加工的方式有哪些?

第八章
能量饲料

本章导读

能量是饲料中所含有机物质的另一种表现形式,是动物为了维持自身的生命活动和生产,必须从外界摄取的富含碳水化合物和脂肪等的一类物质。饲料所含能量的多少与其来源物质的种类和数量密切相关。玉米、大麦、高粱、燕麦等作为主要的能量饲料,其能值和营养特性各有不同。由于动物在不同生长阶段对能量的需求不一,在配制饲粮时需充分考虑能量饲料的组成和比例,做到科学配制饲粮,合理利用能量饲料并保证能够满足动物能量需要,为其高效生产提供物质基础。

学习目标

1. 理解能量饲料的概念、能量饲料种类及其营养价值特点。
2. 掌握能量饲料的饲喂特点及其对畜禽健康的影响。
3. 通过学习,具备在畜禽生产中将饲料的搭配基础理论和生产实践相结合的能力。

概念网络图

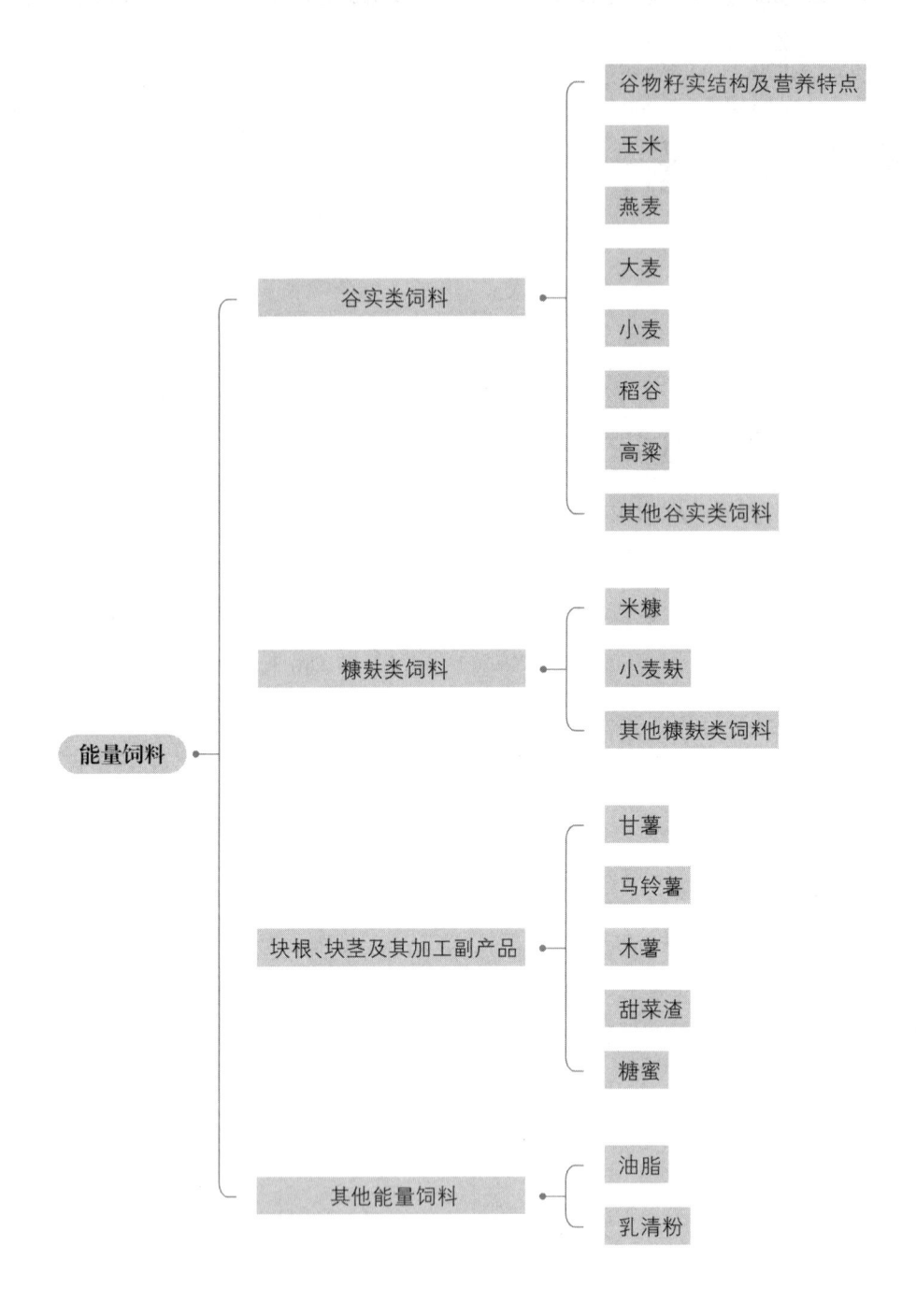

- 能量饲料
  - 谷实类饲料
    - 谷物籽实结构及营养特点
    - 玉米
    - 燕麦
    - 大麦
    - 小麦
    - 稻谷
    - 高粱
    - 其他谷实类饲料
  - 糠麸类饲料
    - 米糠
    - 小麦麸
    - 其他糠麸类饲料
  - 块根、块茎及其加工副产品
    - 甘薯
    - 马铃薯
    - 木薯
    - 甜菜渣
    - 糖蜜
  - 其他能量饲料
    - 油脂
    - 乳清粉

饲料有效能含量的高低主要取决于饲料中有机物的消化率,而有机物消化率受饲料粗纤维含量的影响很大,因此饲料有效能含量与粗纤维含量密切相关。尽管饲料蛋白质含量与饲料有效能含量呈正相关,但由于蛋白质资源作为能量转化效率低,如果用饲料蛋白质供能,不仅造成资源的浪费,而且会对机体产生一些代谢负担。目前的饲料分类体系从蛋白质与粗纤维的角度对能量饲料的概念加以规定:以干物质计,粗蛋白质含量低于20%,粗纤维含量低于18%的一类饲料即为能量饲料(energy feed)。这类饲料主要包括谷实类、糠麸类、脱水块根、块茎及其加工副产品,动、植物油脂以及乳清粉等饲料。能量饲料在动物饲粮中所占比例最大,一般为50%~70%,以供能为主。

第一节 谷实类饲料

谷实类饲料主要指禾本科作物的籽实,如玉米、高粱、大麦、燕麦、小麦等。谷实类饲料含有丰富的无氮浸出物,在70%以上;粗纤维含量低(<5%),仅带颖壳的大麦、燕麦、水稻和粟的粗纤维含量在10%左右;粗蛋白质含量平均不到10%,但也有一些谷实如大麦、小麦等蛋白质的含量超过12%。谷物籽实中所含蛋白质的品质较差,因赖氨酸、蛋氨酸、色氨酸等含量较少(这些氨基酸也是饲喂谷物籽实畜禽的限制性氨基酸);谷物籽实灰分中钙少磷多,但磷多以植酸盐形式存在,对单胃动物的有效性差;维生素E、维生素B_1较丰富,但维生素C、维生素D贫乏;谷实的适口性好,消化率高,因而有效能值也高。

一、谷物籽实结构及营养特点

(一)籽实的结构

谷物籽实也是禾本科植物的种子。各种谷类籽实由外向内均可分为4个部分,依次为种皮、糊粉层、胚乳和胚。在籽实的成熟过程中,各组织的功能不同,所含的营养物质也不同。

种皮是植物籽实的保护器官,是籽实的结构性组织,含粗纤维较多,维生素和矿物质含量也很丰富。

糊粉层的结构特点是粗蛋白质含量丰富,维生素含量较高,该层是籽实中营养价值较高的部分。

胚乳是种子的养分贮藏器官,主要含淀粉,同时也含有一部分单糖、二糖及少量蛋白质,其蛋白质主要为醇溶蛋白。胚乳分为角质胚乳和粉质胚乳两种,前者的组织致密而透明,蛋白质含量高,相对密度较大;后者的组织较松弛,淀粉粒之间有空隙,呈白色且不透明,蛋白质含量低,相对密度较小。

胚是种子最重要的组成部分,也是种子具有生命的部分,是生长组织,含脂肪最多,可达30%以上,蛋白质含量丰富,矿物质和维生素特别是维生素E含量较多。胚仅占整个籽实质量的3%~5%。

(二)籽实的营养特点

1.有效能值高

籽实类饲料中含有大量的无氮浸出物,无氮浸出物平均含量在70%以上。因此,籽实的消化利用率高、有效能值高。

2.蛋白质含量低,氨基酸不均衡

籽实类饲料蛋白质含量仅10%左右,单一饲喂谷物籽实很难满足动物对蛋白质的需要。籽实类饲料中蛋白质的生物学价值只有50%~70%,第一限制性氨基酸几乎都是赖氨酸(猪),蛋氨酸含量也较少,容易成为鸡的第一限制性氨基酸。

3.矿物质含量不平衡,利用率低

矿物质含量普遍较低。缺钙,磷则多以植酸磷的形式存在,利用率较低。此外,植酸磷干扰其他矿物质元素的利用,有效磷的含量低,在实际饲喂过程中要注意平衡饲粮中的钙磷。

4.维生素含量不平衡

籽实中含有较丰富的维生素 B_1、烟酸、维生素 E,较缺乏维生素 B_2、维生素 D 和维生素 A。

二、玉米

玉米(corn)为禾本科玉米属一年生草本作物,又名玉蜀黍、苞谷、苞米、苞芦等。玉米籽粒形状有不同类型,可分为硬粒型、马齿型、爆裂型、蜡质型、甜质型五种;根据我国国家标准把粮食用玉米按商品属性分为黄玉米、白玉米、糯玉米及杂玉米四种;按其颜色还可分为黄玉米、白玉米和红玉米。饲用玉米则以黄玉米为主。玉米是动物生产的基础饲料,在饲料中占比较大,全世界约70%~75%玉米被用作饲料。

(一)营养特性

玉米籽实主要由玉米胚、胚乳和种皮三部分组成,其中玉米胚约占11%,胚乳约占82%,种皮约占5%。玉米胚是蛋白质、脂肪和纤维的主要来源,而胚乳主要成分是淀粉,同时含有6.6%的蛋白质。玉米胚中蛋白质的比例最高,约为16%。玉米的营养特性与其营养成分含量密切相关。饲用玉米的常规营养成分含量、有效能值见表8-1。

表8-1 饲用玉米的营养成分及有效能值

项目	玉米			
	4-07-0278	4-07-0288	4-07-0279	4-07-0280
干物质/%	88.0	86.0	86.0	86.0
粗蛋白质/%	9.0	8.5	8.7	8.0
无氮浸出物/%	71.5	68.3	70.7	71.8
淀粉/%	61.7	59.0	65.4	63.5
粗灰分/%	1.2	1.3	1.4	1.2
钙/%	0.01	0.16	0.02	0.02

续表

项目	玉米			
	4-07-0278	4-07-0288	4-07-0279	4-07-0280
总磷/%	0.31	0.25	0.27	0.27
猪代谢能/(MJ/kg)	13.57	13.60	13.43	13.98
鸡代谢能/(MJ/kg)	13.31	13.60	13.56	13.47
肉牛增重净能/(MJ/kg)	7.02	7.21	7.09	7.00
奶牛产奶净能/(MJ/kg)	7.66	7.70	7.70	7.66

(引自中国饲料数据库)

玉米无氮浸出物含量高,在70%左右;无氮浸出物中60%左右的是淀粉,直链淀粉约占27%,其余是支链淀粉。除淀粉外,玉米还含有各种多糖、寡糖、单糖,大部分存在于胚中。玉米中粗脂肪含量较高,在3.5%~5.3%不等,含量的高低与饲用玉米的品种有关。高油玉米中粗脂肪含量可达8%以上,主要存在于胚芽中。玉米脂肪多为不饱和脂肪,脂肪酸组成中亚油酸59%、油酸27%、花生四烯酸0.2%、亚麻酸0.8%、硬脂酸2%,且必需脂肪酸含量高达2%,是谷类籽实中含量最高的。在动物饲粮中玉米比例达50%以上,一般可满足动物对亚油酸的需要。高油玉米的亚油酸含量能达40%~60%。因此,玉米的有效能值在谷实类饲料中最高。玉米粗纤维含量低,在1.6%~2.8%之间,一半以上的粗纤维存在于种皮中,主要由中性洗涤纤维、酸性洗涤纤维、戊聚糖、半纤维素、纤维素、木质素组成。

饲用玉米的粗蛋白质含量低,为8%~9%。玉米蛋白在籽粒中的分布不均匀,大部分(80%~85%)集中在胚中,而胚乳中的蛋白质主要作为储藏蛋白质,几乎都以颗粒状存在,其余是包裹淀粉的蛋白膜(主要是玉米醇溶蛋白)。玉米的蛋白质品质较差,主要由醇溶蛋白与谷蛋白组成,缺乏动物所必需的赖氨酸、蛋氨酸与色氨酸等必需氨基酸。由于玉米籽实必需氨基酸缺乏,为提高玉米的营养价值,玉米育种学家经过长期的研究实践,改良玉米蛋白质的品质,提高了玉米胚乳中谷蛋白含量,减少了醇溶蛋白含量,达到了改善氨基酸组成的目的。改良后的高蛋白玉米和高赖氨酸玉米显著提高了玉米的蛋白质含量以及赖氨酸、色氨酸等必需氨基酸含量,赖氨酸和色氨酸含量比普通玉米高40%~50%,提高了玉米的营养价值。

玉米的矿物质含量很低,粗灰分含量约为1.2%~1.4%,而且钙磷比不平衡,钙少磷多,大部分磷是植酸磷,对单胃动物的有效性低;铁、铜、锰、锌、硒等微量元素含量也较低。

黄玉米中含有较高的维生素A(约2.0 mg/kg)和维生素E(20~30 mg/kg),缺乏维生素D和维生素K;富含较高的维生素B_1,而缺乏维生素B_2和烟酸。此外,黄玉米中含有较多的色素,主要是叶黄素和玉米黄素等。其中,叶黄素平均含量达20 mg/kg,有利于家禽的蛋黄、脚、皮肤和喙的着色。

(二)质量标准

我国《饲料用玉米》(GB/T 17890—2008)国家标准规定用容重、不完善粒为质量控制指标评价饲用玉米质量。其中粗蛋白质以干物质为基础;容重指每升中的克数;不完善粒包括虫蚀粒、病斑粒、破损粒、生芽粒、生霉粒、热损伤粒;杂质指能通过直径3.0 mm圆孔筛的物质,包括无饲用价值的玉米和玉米以外的物质。饲料用玉米国家标准规定等级分为三级,详见表8-2。

表8-2 饲料用玉米国家标准规定等级

等级	容重/(g/L)	粗蛋白质(干基)/%	不完善粒/%	水分/%	杂质/%	色泽、气味
一级	≥710		≤5.0			
二级	≥685	≥8.0	≤6.5	≤14.0	≤1.0	正常
三级	≥660		≤8.0			

(三)饲用价值

饲用玉米的饲用价值与玉米养分含量、加工工艺及饲喂对象的消化生理状态等有关。我国常用的4种饲用黄玉米的有效能值对不同的饲喂对象均有差异。以黄玉米(4-07-0278)为例,猪的代谢能是13.57 MJ/kg,鸡的代谢能是13.31 MJ/kg,肉牛的增重净能是7.02 MJ/kg。不同的饲用玉米饲喂同一种动物其有效能值也不同。例如4种饲用玉米对奶牛的产奶净能均不同,净能为7.66~7.70 MJ/kg不等。相同的营养价值条件下,这种差异主要受饲喂对象消化生理特点、生产性能、繁殖性能及环境温湿条件等的影响较大。例如,马是单胃草食家畜,其对玉米的消化过程有别于反刍动物(牛、羊)。玉米进入马的胃部和小肠(十二指肠)主要以化学性消化为主,这一过程主要消化的是玉米淀粉中的支链淀粉,以产生葡萄糖为主;未被酶消化完全的支链淀粉和全部的直链淀粉则通过胃肠道的蠕动到大肠(盲肠和结肠)进行微生物的发酵,产生乳酸和挥发性脂肪酸。因此,饲喂对象自身的消化生理因素一定程度上决定了玉米的饲用价值和效果。

1.家禽

鸡、鸭、鹅和鸽子的全价饲料中玉米占比较大。玉米是一种成本效益高的饲料原料,广泛用于鸡的饲养中。在鸡的配合饲料中,玉米的用量高达50%~70%,这使得饲养成本得到有效控制。玉米还可以改善产品的品质,例如黄玉米富含色素,对蛋黄、家禽的脚、喙及皮肤等有良好的着色效果。但玉米蛋白质含量低、品质差,而且钙和有效磷含量低,单独饲喂易缺乏氨基酸和矿物质。因此,在饲粮搭配过程中必须配以优质蛋白质饲料(豆粕)和矿物质饲料。此外,肉鸡饲粮中过量使用玉米,易导致鸡体内大量脂肪蓄积而使胴体品质下降。在加工过程中要注意加工工艺的调制,例如玉米粉碎过细会影响采食量,造成饲料浪费,增加养殖环境中粉尘污染等。

2.猪

玉米是养猪生产中最常用的一种能量饲料,具有很好的适口性和消化性。玉米粗纤维含量低,含有丰富的无氮浸出物和淀粉,其消化率可达90%左右,消化能值高。此外,玉米还含有一定量的脂肪,约为3.5%~4.5%,其中亚油酸在玉米中含量高达2%,是所有谷实类饲料中含量最高的,这对于猪的健康和生长发育至关重要。猪对玉米中淀粉的消化率受年龄影响较大,主要与肠道中淀粉消化酶的分泌有关。仔猪对未加工处理的玉米淀粉消化率较低,利用率偏低,用于饲喂仔猪的玉米需要一定的加工工艺进行调制,以提高玉米淀粉的消化率。

玉米的蛋白质含量相对较低,仅为8.5%左右,且氨基酸组成不良,赖氨酸、蛋氨酸和色氨酸都不足。为了补充蛋白质和氨基酸的不足,需要配合使用豆饼(粕)等优质蛋白质饲料,以获得良好的饲养效果。玉米的核黄素和泛酸含量也较少,烟酸处于被束缚状态,在配制饲料时需要特别注意解决这些问题。

玉米容易发霉变质,特别是在潮湿环境下,在储存和使用时需要采取适当的措施,如添加防霉剂,以防止玉米霉变,影响动物的健康。

3.反刍动物

对于育肥和高产期的牛、羊,玉米是最重要的能量饲料来源,其有效能值高,能够为牛羊提供生长、生产和繁殖过程中所需的多种营养物质。玉米籽实是最常用的牛羊精料补充料,是高能量饲料。饲喂过程中需要配以蛋白质、维生素和矿物质饲料以弥补玉米中这些养分的不足,确保牛羊获得全面的营养。

三、燕麦

燕麦(oats)为禾本科燕麦属一年生草本植物。在我国常常被称为"莜麦",具有耐瘠薄、耐盐碱、抗旱耐寒、适应性广等特性,可广泛种植。燕麦是一种粮饲兼用的重要作物。根据燕麦籽粒是否被麸皮包裹可分为皮燕麦和裸燕麦。目前,我国多种植不带麸皮的裸燕麦,主要用于食用,而国外以种植带麸皮的皮燕麦为主,主要用于饲喂畜禽。

(一)营养特性

燕麦是一种很有价值的饲料作物。可用作能量饲料、青干草和青刈饲料。其籽实中有较丰富的蛋白质,在10%左右,粗脂肪含量超过4.5%。燕麦壳占谷粒总重的25%~35%,粗纤维含量高,能量少,营养价值低于玉米,适于饲喂牛、马等大型草食家畜。燕麦常规营养成分含量及有效能值见表8-3。

表8-3 饲用燕麦的营养成分及有效能值

项目	燕麦 全粒	燕麦 去壳
干物质/%	87.0	87.0
粗蛋白质/%	10.5	15.1
无氮浸出物/%	58.0	61.6
粗灰分/%	3.0	2.0
钙/%	0.08	0.08
总磷/%	0.30	0.30
猪代谢能/(MJ/kg)	10.38	14.06
鸡代谢能/(MJ/kg)	2.54	3.32
肉牛增重净能/(MJ/kg)	1.12	6.9
奶牛产奶净能/(MJ/kg)	6.19	7.87

(引自中国饲料数据库)

燕麦的无氮浸出物含量在谷实中最低,淀粉含量不足60%;燕麦秕壳比例高,粗纤维含量较高,有效能值低,约为玉米能量价值的56%~75%,如猪对燕麦的消化能为11.07 MJ/kg,鸡对燕麦的代谢能为2.56 MJ/kg。燕麦的蛋白质含量一般在10%~14%之间,有的甚至高达19%,是马、牛、羊等的优质饲料原料。燕麦蛋白质富含可消化蛋白质和维生素,赖氨酸含量约0.4%,是精饲料中的优良选择。燕麦中粗脂肪含量高于其他谷实,在4.5%以上,且不饱和脂肪酸含量高,其中,亚油酸占40%~47%,油酸占34%~39%,棕榈酸10%~18%。燕麦中丰富的不饱和脂肪酸对家禽的产蛋率和肉质的提升有显著效果。在猪生产中,饲喂燕麦可以提高瘦肉率和肉品质。燕麦的矿物质含量低,且钙少磷多。燕麦富含B族维生素,但烟酸含量比小麦少,脂溶性维生素不足。

(二)饲用价值

猪禽对燕麦消化率低,饲用价值较低。在实际生产中,配制育肥猪、雏鸡、肉鸡及产蛋鸡饲粮时,宜少用或不用燕麦。育肥猪饲粮中燕麦比例过高,会使猪脂变软,肉质下降;对于种猪与种鸡可以适量使用,尤其是对母猪具有预防胃溃疡的效果,但应控制用量。一般建议,在种猪饲粮中用量10%~20%为宜。燕麦对牛、羊、马等的饲用价值较高。泌乳母牛、肉牛饲喂燕麦时,喂前适当粉碎可提高其消化率。带稃壳的燕麦作为马的能量饲料,具有与玉米相同的饲喂效果。

四、大麦

大麦(barley)为禾本科大麦属一年生草本植物,是皮大麦和裸大麦的总称。目前大麦主要用于食品行业和饲料行业。大麦作为重要的饲用料,在畜牧生产中具有重要的价值。大麦因其富含蛋白质、矿物质、维生素已成为动物的优质能量饲料。

(一)营养特性

大麦稳定性好、耐储存、适口性优,具有较高的饲用价值。大麦粗蛋白含量高,尤其是可消化蛋白明显高于玉米。从氨基酸组成看,大麦的赖氨酸含量是玉米的2倍,蛋氨酸和色氨酸也高于玉米。微量元素中硒的含量是玉米的3倍以上。烟酸含量比玉米高2倍多。大麦营养成分含量及有效能值见表8-4。

表8-4 大麦的营养成分及有效能值

项目	大麦 裸大麦	大麦 皮大麦
干物质/%	87.0	87.0
粗蛋白质/%	13.0	11.0
无氮浸出物/%	67.7	67.1
淀粉/%	50.2	52.2
粗灰分/%	2.2	2.4
钙/%	0.04	0.09
总磷/%	0.39	0.33
猪代谢能/(MJ/kg)	12.68	11.84
鸡代谢能/(MJ/kg)	11.21	11.30
肉牛增重净能/(MJ/kg)	5.99	5.64
奶牛产奶净能/(MJ/kg)	7.03	6.78

(引自中国饲料数据库)

大麦中无氮浸出物含量是玉米的92%左右,主要是淀粉,其中,支链淀粉约占淀粉总量的74%~78%,直链淀粉约占22%~26%。大麦的脂肪含量低,占2%左右,仅为玉米的一半,主要组分是甘油三酯,亚油酸含量仅有0.78%。因此,大麦的有效能值较低,代谢能约为玉米的89%,净能约为玉米的82%。但大麦的饱和脂肪酸含量高于玉米,用粉碎大麦饲喂育肥猪可获得硬脂胴体。大麦中的蛋白质含量高于玉米,其中赖氨酸、苏氨酸、甘氨酸、缬氨酸和精氨酸等氨基酸丰富,含量也均高于玉米。大麦中较高的蛋白水平有助于优化动物的饲粮结构,可减少豆粕、氨基酸等的添加量。大麦中还含有丰富的维生素,如维生素 E 48.0 mg/kg、维生素 B_1 14.1 mg/kg、维生素 B_2 14.0 mg/kg、烟酸 87.0 mg/kg 和维生素 B_6 19.3 mg/kg。大麦中粗纤维含量较高,中性和酸性洗涤纤维含量约为玉米的2倍,导致大麦作为单胃动物饲料的饲喂效果较差。大麦中的粗纤维主要存在于麸皮中。大麦的营养物质消化率低于玉米,且含有较多的抗营养因子阻碍营养物质的消化吸收,饲喂价值约为玉米的90%。

大麦中的主要抗营养因子是β-葡聚糖,动物采食后在肠道会产生黏性,影响动物对饲料的消化和吸收。大麦抗营养因子中的β-葡聚糖含量达到68%~79%,远高于玉米的12%,因此,在饲喂过程中需要添加酶制剂消除。大麦中的木聚糖含量和纤维素酶含量均较高,也是限制大麦营养价值的因素。

(二)质量标准

中国农业行业标准《饲料原料 皮大麦》(NY/T 118—2021)规定以粗蛋白质、粗纤维、粗灰分等为质量控制指标,按含量分为两级,详见表8-5。

表8-5 饲用大麦国家标准规定等级

质量指标	中华人民共和国农业行业标准NY/T 118—2021	
	一级	二级
粗蛋白质/%	≥8.0	≥8.0
粗纤维/%	≤6.0	≤6.0
粗灰分/%	≤2.5	≤3.0

(三)饲用价值

1. 猪

大麦作为育肥猪的能量饲料,饲养效果好。研究显示,饲粮中添加12%的带皮大麦代替饲粮中等量的玉米能够提高育肥猪的瘦肉率、背膘厚和肉质性能。不同加工工艺处理的大麦,对猪育肥效果和肉品质有不同的影响。研究显示,10%水浸大麦与10%脱壳大麦在提高生长育肥猪的背膘厚方面无显著差异,但水浸大麦能提高眼肌面积。在改善胴体品质方面,由于大麦脂肪的饱和度较玉米高,猪育肥后期饲喂大麦,能提高胴体的品质。猪饲喂大麦型日粮,猪的胴体长、背膘厚度、胴体产量和肌内脂肪含量均提高。用大麦替代部分玉米作为能量饲料不影响饲喂效果。

2. 家禽

大麦对家禽的饲用价值较低,主要与大麦中含有大量的抗营养因子有关。大麦中含较多的阿拉伯木聚糖和β-葡聚糖及粗纤维,降低了大麦的消化率。研究显示,大麦对肉鸡的生产性能无显著影响,但对养分的消化率有线性影响,大麦替代量与干物质、能量的回肠消化率,干物质、氮、能量的全肠道代谢率存在极显著的线性降低关系。通过饲料加工工艺能够提高大麦在家禽生产中的饲喂效果。例如,在肉鸡大麦型饲粮中添加壳聚糖酶和非淀粉多糖酶可以更好地提高肉鸡的生产性能,并对肉鸡的肠道微生物菌群具有改善作用。使用水浸大麦饲料也可以改善肉鸡的肠道微生物菌群的环境,促进有益菌的繁殖,提高肉鸡的生产性能。热处理和酶处理的大麦,能促进仔鸡肠道和脏器的发育,使小肠绒毛高度增加,肝脏的质量增加。用青贮大麦饲喂育肥鹅,能有效提高鹅的生产性能。

3. 反刍动物

大麦饲喂反刍动物具有良好饲喂效果,能改善奶牛产奶性能和生长性能,但受饲喂量的影响较大。例如,用大麦在泌乳期奶牛日粮中替代20%的燕麦,在不影响采食量及乳脂率情况下,可提高产奶量并降低饲养成本,提高经济效益。大麦发芽处理后饲喂奶牛效果较佳,能显著提高奶牛的日均产奶量,改善奶牛的产奶性能。在改善肉牛生产性能方面,饲粮添加大麦能够显著促进牛的采食量,提高体重的增重速度,改善胴体的品质。

五、小麦

小麦(wheat)为禾本科小麦属一年生或二年生草本植物,栽培最广泛的是普通小麦,其次是硬粒小麦。小麦籽实(颖果)由麦皮(籽实皮)、胚(胚芽)、胚乳等部分组成。其中胚乳约占籽实的82.5%,胚芽约占2.7%,珠心层及糊粉层约占9.3%,上皮约占4.1%,交叉层及种皮约占1.4%。

(一)营养特性

小麦是世界范围内种植量较大的一类粮食作物,也有一部分小麦用作动物配合饲料的原料。相较于玉米,小麦既有优势又有缺点,在实际应用中要尽可能地发挥小麦的营养优势,对其营养缺陷进行恰当的营养校正。小麦的代谢能值较低,其代谢能值约占玉米的90%,但小麦的粗蛋白含量比玉米、大麦和燕麦都高。小麦的营养成分及有效能值见表8-6。

表8-6 小麦的营养成分及有效能值

项目	小麦
干物质/%	88.0
粗蛋白质/%	13.4
无氮浸出物/%	69.1
淀粉/%	54.6
粗灰分/%	1.9
钙/%	0.17
总磷/%	0.41
猪代谢能/(MJ/kg)	13.22
鸡代谢能/(MJ/kg)	12.72
肉牛增重净能/(MJ/kg)	6.46
奶牛产奶净能/(MJ/kg)	7.32

(引自中国饲料数据库)

小麦的营养成分根据小麦的品种、生长区域、环境和土壤、培育状况等因素变化而有所不同。饲料中使用的小麦一般要求水分在14.0%以下,容重大于730 g/L,粗蛋白质含量在12.0%以上,含杂率少于2%,霉变率小于3%。饲料中使用的小麦还需要求呕吐毒素低于600 μg/kg,黄曲霉毒素低于30 μg/kg,玉米赤霉烯酮毒素小于100 μg/kg。

原料常规指标中,小麦的粗蛋白含量为13%~16%,相当于玉米的149%~184%。但其粗脂肪低于玉米含量,只有玉米的50%左右。淀粉含量低于玉米,有效能值略低于玉米。小麦中粗蛋白和绝大多数氨基酸含量均高于玉米,尤其是精氨酸、异亮氨酸、赖氨酸、胱氨酸、苯丙氨酸、缬氨酸、色氨酸的含量远高于玉米,氨基酸消化率也普遍高于玉米,可以为畜禽提供更多的有效氨基酸,节省蛋白原料的使用。

小麦中钙和有效磷水平均高于玉米。钠、氯、钾等常量元素水平也比玉米高。微量元素中,小麦的铁、铜、锰、锌元素含量分别是88 mg/kg、7.9 mg/kg、45.9 mg/kg、29.7 mg/kg,远高于玉米。小麦的胡萝卜素含量较低,维生素E和维生素B_6水平低于玉米,但维生素B_1、维生素B_2、泛酸、烟酸、生物素、叶酸的含量高于玉米。小麦中的亚油酸含量较低,只有玉米的27%。

小麦中的非淀粉多糖含量高于玉米,尤其是可溶性非淀粉多糖的含量比玉米高1倍。其中与营养关系最大的是阿拉伯木聚糖。它主要存在于小麦的胚乳层和糊粉层细胞壁中,具有明显的抗营养作用。小麦中非淀粉多糖的抗营养作用主要是通过结合肠道内大量水分,提高了肠道内容物的黏性,减少消化酶与食糜的接触而影响营养物质的吸收,同时使肠道蠕动功能减弱,消化能力降低。

(二)质量标准

我国农业行业标准《饲料原料 小麦》规定,以容重、杂质等为质量控制指标,各项指标均以88%干物质计算,按含量分为3级,如表8-7所示。

表8-7 小麦质量标准

质量指标	中华人民共和国农业行业标准NY/T 117—2021		
	一级	二级	三级
粗蛋白质/%	≥11.0	≥11.0	≥11.0
容重/(g/L)	≥770	≥730	≥710
杂质/%	≤1.0	≤2.0	≤2.0

(三)饲用价值

小麦在动物饲料中的应用研究主要集中在单胃动物上,而对反刍动物的研究较少。小麦、玉米等谷物饲料中的淀粉,是反刍动物生长发育的主要能量来源。小麦作为能量饲料,其营养价值与玉米相近。在制备颗粒饲料时,小麦又是很好的自然黏结剂。但饲料中小麦添加比例较大时,会导致饲料非淀粉多糖含量和黏性提高,继而造成食糜的流动性降低,影响动物对养分的消化吸收。

1.家禽

在家禽生产中,我国小麦作为家禽饲料原料应用较少,但在国外小麦已被大量使用,使用小麦替代饲料中玉米和豆粕具有良好的应用前景。小麦对鸡的有效能值低于对猪的。不同品种小麦的化学成分会影响代谢能值。已有研究发现小麦的化学成分CP、EE、CF、NSP等与AME、AMEn存在相关关系。小麦的种植环境、品种等因素会使得其化学成分有很大的差异,从而使其有效能值存在一定差异。

2.猪

随着木聚糖酶、植酸酶等酶制剂技术的兴起,小麦应用到猪饲料生产中的现象越来越普遍。例如,在猪小麦型日粮中添加复合酶能够提高生长猪的日增重,且效果优于育肥猪。通过经济效益评估发现,当小麦价格低于玉米时,用小麦代替玉米,并添加复酶,可提高猪养殖的经济效益。

六、稻谷

稻谷(paddy)为禾本科稻属一年生草本植物。按粒形和粒质,可将我国稻谷分为籼稻谷、粳稻谷和糯稻谷三类。按栽培季节,可将其分为早稻谷和晚稻谷、早粳稻和晚粳稻、糯稻与粳糯稻等。

(一)营养特性

稻谷中所含无氮浸出物在60%以上,粗纤维达8%之多,粗纤维主要集中于稻壳中,且半数以上为木质素等,稻壳是稻谷饲用价值的限制成分。稻谷中粗蛋白质含量为7%~8%,粗蛋白质中必需氨基酸如赖氨酸、蛋氨酸、色氨酸等较少。稻谷因含稻壳,有效能值比玉米低得多。饲用稻谷的营养成分及有效能值见表8-8。

表8-8 稻谷的营养成分及有效能值

项目	稻谷
干物质/%	86.0
粗蛋白质/%	7.8
无氮浸出物/%	63.8
淀粉/%	63.0
粗灰分/%	4.6
钙/%	0.03
总磷/%	0.36
猪代谢能/(MJ/kg)	10.63
鸡代谢能/(MJ/kg)	11.00
肉牛增重净能/(MJ/kg)	5.33
奶牛产奶净能/(MJ/kg)	6.40

(引自中国饲料数据库)

稻谷是指水稻脱粒后没有去除稻壳的籽实,主要由稻壳(颖)和糙米(颖果)两部分组成。稻壳(即粗糠)占20%;糙米由果皮、种皮、外胚乳、胚乳及胚组成,种皮(即米糠层)占5%~6%、胚芽2%~3%、胚乳70%~75%。稻谷食用或作饲用前均需脱壳,也可将稻谷直接粉碎用作饲料,但大量试验证明,稻壳中仅含3%的粗蛋白质,40%以上是粗纤维,粗纤维中一半是难以消化的木质素,如果不脱壳饲喂效果较差。

稻谷的种皮含有大量的戊聚糖等非淀粉多糖;胚乳除含少量蛋白质外,主要是淀粉。因此,与玉米相比,稻谷粗纤维含量高、消化能偏低,并含有非淀粉多糖、木质素、植酸盐、胰蛋白酶抑制因子、糖醛酸等抗营养因子。稻谷粗蛋白质含量略低于玉米,但品质优于玉米。粗纤维含量是玉米的500%。作为能量饲料,稻谷消化能比玉米低15.25%,主要原因是稻壳所含粗纤维太多,导致能量偏低。

稻谷的水分含量在14%左右,碳水化合物约占65%,碳水化合物的主要组成部分是淀粉。蛋白质含量一般为8%~10%,谷蛋白是糙米的主要蛋白质成分。脂类包括脂肪和类脂,脂肪主要为生物提供热量,类脂对新陈代谢的调节起主要作用。矿物质和维生素的含量因土壤成分和品种不同而有所差异;稻谷加工的精度越高,矿物质含量就越低。

(二)质量标准

我国农业行业标准《饲料原料 稻谷》中规定,稻谷以粗蛋白质、粗纤维、粗灰分为质量指标分为三级,如表8-9所示。

表8-9 稻谷行业标准规定等级

质量指标	中华人民共和国农业行业标准NY/T 116—2023		
	一级	二级	三级
粗蛋白质/%	≥7.0	≥6.0	≥5.0
粗纤维/%	≤9.0	≤11.0	≤12.0
粗灰分/%	≤5.0	≤6.0	≤7.0

(三)饲用价值

1.家禽

稻谷对于家禽的饲用价值要低于玉米。稻谷的粗纤维含量高,应限制其在家禽饲料中的用量。根据稻谷的实际测定表观代谢能值替代饲粮中的玉米,替代后的饲粮对肉鸡生长性能无显著影响,但是完全替代玉米会对肉鸡生长性能产生负面影响。

2.猪

猪对纤维素和半纤维素的消化利用极其有限,不能消化木质素。稻壳对猪几乎没有营养价值,在猪的饲粮配置过程中过多使用稻谷,会导致饲粮中粗纤维含量过高,降低饲粮的能量浓度,猪采食后会加快肠胃的蠕动,使营养物质过快地通过消化道,而降低其利用率。稻谷抗营养因子的研究显示,外源酶制剂的添加为稻谷在猪饲料中替代玉米奠定了基础,被认为是最具潜力的加工工艺。添加酶制剂可以降低或消除非淀粉多糖、植酸等抗营养因子的抗营养作用,提高部分营养物质的利用率,改善整体营养物质的消化利用率,从而提高稻谷的饲用价值。

3.其他家畜

在反刍动物的生产中,反刍动物的反刍行为和瘤胃微生物发酵的特点,使得稻谷作为反刍动物饲料具有较好的饲喂效果。而在单胃动物饲料研究中,饲粮中的稻谷需要通过添加外源酶制剂来进一步提高其利用率。

七、高粱

高粱(sorghum)为禾本科高粱属一年生草本植物。高粱按用途可分为食用高粱、饲用高粱、糖用高粱、酒用高粱与尋用高粱等;按籽粒颜色可分为褐高粱、黄高粱(也叫红高粱)、白高粱及混合高粱等。生产上多根据用途不同而将其划分成粒用高粱、糖用高粱、饲用高粱及工艺用高粱等。

(一)营养特性

高粱中含有约70%的碳水化合物及3%~4%的脂肪,按饲料分类原则属能量饲料。在谷实中有效能值仅次于玉米。高粱和其他谷实类一样,蛋白质含量低,所含必需氨基酸含量也不能满足畜禽的营养需要。赖氨酸、蛋氨酸及色氨酸极易成为限制性氨基酸,因此,单一饲喂效果差,需配以蛋白质饲料饲喂。饲用高粱的营养成分及有效能值见表8-10。

表8-10 饲用高粱的营养成分及有效能值

项目	高粱
干物质/%	88.0
粗蛋白质/%	8.7
无氮浸出物/%	70.7
淀粉/%	68.0
粗灰分/%	1.8
钙/%	0.13
总磷/%	0.36
猪代谢能/(MJ/kg)	12.43
鸡代谢能/(MJ/kg)	12.30
肉牛增重净能/(MJ/kg)	5.44
奶牛产奶净能/(MJ/kg)	6.65

(引自中国饲料数据库)

高粱的有效能值较玉米低。其能值与单宁的含量有关,单宁含量越高,有效能值越低。高粱的无氮浸出物含量高,淀粉含量与玉米相似,一般约占籽实质量的70%。但来自不同产地的高粱所具备的能量水平有所差异。给猪饲喂优良品质的高粱时,其能量的表观回肠消化率可以接近甚至达到饲喂玉米时的98%左右;给猪饲喂普通品质的高粱时,猪的表观回肠消化率可达到玉米的94%左右。在总体能量表观消化率中,高品质高粱能量表观消化率可达到玉米的99.6%左右,普通品质的高粱通常可达到玉米的98.9%左右,说明高粱完全可作为能量饲料原料替代玉米用于猪饲粮中。

高粱中的蛋白质水平高于玉米。高粱中大部分必需氨基酸的含量也高于玉米,除赖氨酸、蛋氨酸及半胱氨酸以外。现阶段的饲用高粱培育品种中,赖氨酸、蛋氨酸及半胱氨酸的含量显著提高,均已经超过玉米中的含量,具有极大的饲用价值。高粱的蛋白质消化率和淀粉的消化率均低于玉米,这是因为高粱中的醇溶蛋白分子间的交联较为紧密,醇溶蛋白与饲料中的淀粉存在非常强的结合键,易导致动物消化道无法吸收高粱中的蛋白质和淀粉,影响高粱的能量消化吸收率,降低高粱的饲用价值。高粱中的醇溶蛋白主要由亮氨酸、脯氨酸、谷氨酸以及少量的赖氨酸组成。

(二)质量标准

我国农业行业标准《饲料原料 高粱》中规定以单宁为质量指标,按含量分为Ⅰ型和Ⅱ型;以容量为指标,分为二级。如表8-11所示。

表8-11 高粱行业标准规定等级

质量指标	中华人民共和国农业行业标准NY/T 115—2021			
	Ⅰ型		Ⅱ型	
单宁/%	≤0.3		>0.3	
	一级	二级	一级	二级
容重/(g/L)	≥740	≥700	≥740	≥700

(三)饲用价值

高粱的饲用价值主要体现在其可以作为畜禽的重要饲料来源。高粱在畜禽饲粮中的使用量取决于其单宁含量。低单宁的高粱在畜禽饲粮中的用量可达70%,而高单宁的高粱只能用到10%。高粱与优质蛋白质饲料(如豆粕)一起喂猪,并补充维生素A,其饲用价值可达到玉米的90%~95%,使猪胴体瘦肉率明显提高。对于反刍动物,高粱的营养价值与玉米相当。但水产动物一般不适宜使用高粱作为饲料原料。

1. 家禽

在肉鸡、蛋鸡等的养殖过程中,高粱籽粒在配合饲料中完全可以代替玉米。研究表明,各用含75%高粱或玉米的饲料饲喂雏鸡,喂高粱、玉米的成活率分别为84.1%、73.7%。因此,用高粱代替玉米饲喂雏鸡,成活率高,而且增重快、效益高。高粱配合饲料与其他配合饲料交替饲喂,能提高家畜的采食量并促进营养物质吸收利用。

2. 猪

猪饲粮中使用高粱全部替代玉米或其他谷物对猪的生长性能无不良影响。高粱中含有水溶性多酚化合物——单宁,其味苦且能与蛋白质和消化酶结合,影响蛋白质、氨基酸的利用率,所以在高粱饲粮中必须配合适当的酶制剂。高粱由于含有的可溶性非淀粉多糖较少而属于非黏性谷物。当前,评估NSP酶在猪的高粱型日粮中作用效果的研究未获得结论性结果。研究显示,在生长猪的高粱-菜籽型日粮中添加植酸酶、果胶酶、β-甘露聚糖酶和半纤维素酶组成的复合酶,可显著提高钙和磷的消化率和代谢能。

八、其他谷实类饲料

(一)荞麦

荞麦(buckwheat)为蓼科荞麦属一年生草本植物,种籽多呈棱形,种壳占18%~20%,出粉率70%~75%。有甜荞、苦荞、翅荞、米荞4个栽培种。饲用荞麦的营养成分及有效能值见表8-12。

表8-12 饲用荞麦的营养成分及有效能值

项目	荞麦 带壳	荞麦 去壳
干物质/%	87.0	87.0
粗蛋白质/%	9.9	11.7
无氮浸出物/%	60.7	69.7
粗灰分/%	2.7	1.9
钙/%	0.09	—
总磷/%	0.30	—
猪代谢能/(MJ/kg)	10.17	—
鸡代谢能/(MJ/kg)	2.53	—

(引自中国饲料数据库)

荞麦籽粒中淀粉含量为60%，且为杂粮中最易糖化的淀粉。荞麦的粗脂肪含量低，约2.3%，呈黄绿色，属不皂化物含量高的半干性油脂。荞麦籽实外壳粗糙坚硬，约占籽粒质量的30%，粗纤维含量高，为11.5%。荞麦的有效能值仅相当于玉米的75%。荞麦的粗蛋白质含量高，脱壳后粗蛋白质含量可达11.7%，赖氨酸含量也高，是玉米的2~3倍，蛋白质品质在谷物中较好。荞麦的矿物质含量低，钙少磷多，植酸磷的含量较高。

荞麦因纤维物质含量高，有效能值较低，对猪、鸡的饲用价值差。荞麦对猪的饲用价值为玉米的70%，一般应与其他谷物饲料配合使用。荞麦(尤其是其茎叶)中含有光敏物质，长期使用该饲料，能引起动物皮肤出现红色斑点、瘙痒、疹块甚至溃疡，白色皮肤的动物比深色皮肤的更为敏感，严重时影响生长，尤其对猪影响较大。荞麦籽粒中的光敏物质大部分集中于外壳中。荞麦对反刍动物的饲用价值比燕麦低5%~10%，饲喂时应粉碎。

(二)粟

粟(millet)为禾本科黍族狗尾草属中的一个栽培种属，一年生草本植物。脱壳前称为"谷子"，脱壳后称为"小米"。粟在加工过程中产生的"谷糠"，主要由种壳、种皮组成，因加工程序不同，"谷糠"的质量差异很大。饲用粟的营养成分及有效能值见表8-13。

表8-13 饲用粟的营养成分及有效能值

项目	粟
干物质/%	86.5
粗蛋白质/%	9.7
无氮浸出物/%	65.0
淀粉/%	63.2
粗灰分/%	2.7

续表

项目	粟
钙/%	0.12
总磷/%	0.30
猪代谢能/(MJ/kg)	12.18
鸡代谢能/(MJ/kg)	2.84
肉牛增重净能/(MJ/kg)	6.00
奶牛产奶净能/(MJ/kg)	6.99

(引自中国饲料数据库)

粟带壳及种皮时粗纤维含量较高。粟中粗蛋白质含量为9.7%,与燕麦的含量近似;粗脂肪含量为4%,在谷实类中亦属含脂量较高的一种。粟中胡萝卜素、B族维生素及维生素E含量丰富。用粟作为禽类饲料时,可直接饲用,粟饲喂鸡的饲用价值高,为玉米的95%~100%,可有效改善鸡皮肤、蛋黄的着色效果。粟对猪的饲用价值较高,为玉米的85%。饲用时,粉碎的粒度以1.5~3.0 mm为宜。

(三)黑麦

黑麦(rye)为禾本科一年生或越年生草本作物,有冬性和春性两种。在高寒地区只能种春黑麦,温暖地区两种黑麦都可种植。黑麦的生长特点是抗寒耐旱,但不耐高温和湿涝。黑麦的再生力很强,如果在孕穗期刈割,则其再生草仍可抽穗结实。饲用黑麦的营养成分及有效能值见表8-14。

表8-14 饲用黑麦的营养成分及有效能值

项目	黑麦
干物质/%	88.0
粗蛋白质/%	9.5
无氮浸出物/%	73.0
淀粉/%	56.5
粗灰分/%	1.8
钙/%	0.05
总磷/%	0.30
猪代谢能/(MJ/kg)	12.97
鸡代谢能/(MJ/kg)	2.69
肉牛增重净能/(MJ/kg)	5.95
奶牛产奶净能/(MJ/kg)	1.68

(引自中国饲料数据库)

黑麦中无氮浸出物含量较高,在70%左右,粗蛋白质含量中等,为9%左右,粗纤维含量较低,但由于含较多的可溶性非淀粉多糖(10%以上)等抗营养因子,有效能值较低,对鸡、猪的饲用价值较低,但对草食动物的饲用价值较高。

(四)青稞

青稞(highland barley)是禾本科大麦属一年生草本植物。青稞作为大麦的一种特殊类型,营养丰富,饲喂品质好,营养成分较水稻、小麦、玉米高,是食用、饲用、酿造及药用兼用的作物。青稞的营养成分及有效能值见表8-15。

表8-15 青稞的营养成分及有效能值

项目	青稞			
	4-07-125	4-07-126	4-07-127	4-07-128
干物质/%	90.6	88.4	87.0	87.6
粗蛋白质/%	12.5	12.6	9.9	13.3
无氮浸出物/%	70.4	68.4	69.5	66.1
粗灰分/%	1.5	1.7	2.3	2.8
钙/%	0.00	0.00	0.00	0.00
总磷/%	0.23	0.18	0.42	0.41
猪代谢能/(MJ/kg)	3.20	3.13	3.03	3.06
鸡代谢能/(MJ/kg)	2.91	2.82	2.74	2.76

(引自中国饲料数据库)

青稞在饲料中的地位仅次于玉米,具有高蛋白质、高纤维、高维生素、低脂肪、低糖等特点。其蛋白质含量为6.35%~21.00%,平均值为11.31%,高于稻谷和玉米。淀粉含量为40.54%~67.68%,平均值为59.25%,支链淀粉的含量在74%~78%,有些甚至接近或高达100%。粗脂肪为1.18%~3.09%,平均值为2.13%,比玉米和燕麦低,但高于小麦和稻谷。青稞含有丰富的油酸、亚油酸、亚麻酸等不饱和脂肪酸。可溶性纤维和总纤维含量均高于其他谷类作物。青稞中的B族维生素、维生素C、微量元素(钙、磷、铁、铜、锌、锰、硒)均高于玉米,其中,铁的含量高于小麦、水稻。

第二节 糠麸类饲料

糠麸类饲料的种类多样,根据来源不同,可细分为米糠(源自稻谷加工)、小麦麸(小麦制粉副产物)、大麦麸(大麦加工的副产品)及玉米糠(玉米加工的残留物)等。糠麸类饲料作为谷物加工的主要副产物,其组分特征显著受原粮种类、加工方式及精度的调控。此类饲料干物质中粗纤维比例通常低于18%,粗蛋白质含量则不超过20%。相较于原粮,糠麸类富含粗蛋白质、粗纤维、B族维生素及矿物质,但无氮浸出物含量偏低,致使其能量价值相对较低。值得注意的是,米糠与麦麸富含磷元素(常超过1%)

及B族维生素,但其高纤维素含量导致其消化率低于原粮。糠麸中磷的构成以植酸磷为主(占比约70%),猪鸡对该形态的磷生物利用率有限,通常仅能实现三分之一左右的利用,在配制饲粮时,需额外关注有效磷的补充。糠麸类饲料还具备结构疏松、体积庞大、容重低及吸水膨胀性强等物理特性,部分种类对动物具有轻微的泻下作用。

一、米糠

米糠(rice bran)系精制糙米时由稻谷的皮糠层及部分胚芽构成的副产品,虽然只占稻谷质量的6%~8%,却集中了64%的稻谷营养素。米糠也称为米皮糠、细米糠,由果皮、种皮、外胚乳和糊粉层等混合物组成。米糠的品质与糙米的精制程度密切相关,精制程度越高,米糠中的营养成分保留越完整,饲用价值也相应提升。米糠富含脂肪,但易氧化酸败,不宜久存,常需进行脱脂处理,脱脂后的产品称为脱脂米糠。以米糠为原料,压榨法得到的为米糠饼,有机溶剂浸提法得到的则是米糠粕。

(一)营养特性

米糠含有较高的蛋白质和赖氨酸、粗纤维、脂肪等。特别是脂肪的含量较高,以不饱和脂肪酸为主,其中亚油酸和油酸含量占79.2%左右。米糠的有效能值较高,如猪代谢能为11.80 MJ/kg,鸡代谢能为11.21 MJ/kg,肉牛增重和奶牛产奶净能分别为5.85 MJ/kg、7.45 MJ/kg。米糠含钙量低,含磷量较高,钙磷不平衡;但磷以植酸磷为主,利用率低。微量元素以铁、锰含量较为丰富,铜含量较低。米糠中富含B族维生素和维生素E,缺少维生素C和维生素D。米糠类饲料的营养特性与其成分紧密相关,饲用米糠的常规营养成分含量、有效能值见表8-16。

表8-16 饲用米糠的营养成分及有效能值

项目	米糠	米糠饼	米糠粕
干物质/%	90.0	90.0	87.0
粗蛋白质/%	14.5	15.0	15.1
无氮浸出物/%	45.6	49.3	53.6
淀粉/%	27.4	30.9	25.0
粗灰分/%	7.6	8.9	8.8
钙/%	0.05	0.14	0.15
总磷/%	2.37	1.73	1.82
猪代谢能/(MJ/kg)	11.80	11.63	10.75
鸡代谢能/(MJ/kg)	11.21	10.17	8.28
肉牛增重净能/(MJ/kg)	5.85	4.65	3.75
奶牛产奶净能/(MJ/kg)	7.45	6.28	5.27

(引自中国饲料数据库)

米糠中油脂含量较高,80%以上为不饱和脂肪酸甘油酯,还含有活性较强的脂肪水解酶、脂肪氧化酶、过氧化物酶等多种酶,油脂容易发生水解、氧化等降解反应,形成自由基和挥发性羰基化合物,使米糠酸价迅速升高,产生苦味和霉味,氧化产物也会产生腐臭的异味。油脂的降解反应不仅影响米糠的适口性,降低其营养价值,还可能产生有害物质,引起动物腹泻和消化不良等现象。米糠中钙含量低,含磷量较高,磷主要以植酸磷形式存在,约占85%,不易被单胃动物充分利用。米糠中膳食纤维几乎为不溶性膳食纤维(主要包括纤维素、半纤维素、木质素等),占到90%以上。米糠纤维和植酸对矿物离子均有很强的结合能力,可形成不溶性纤维-矿物元素-植酸复合结构,限制米糠中矿物质的消化利用。米糠一定要保存在阴凉干燥处,必要时可制成米糠饼、粕,再进行保存。

米糠饼/粕与米糠相比脂肪含量降低,有效能值降低。米糠粕的粗蛋白质含量比玉米、麸皮和米糠高。米糠粕蛋白主要由球蛋白、白蛋白、清蛋白和谷蛋白组成,其中必需氨基酸的组成较为合理,与FAO/WHO推荐模式相近。米糠粕还具有质量稳定、可长期保存、消化率高等优点。米糠粕经过膨化加工工艺后,可作为生长猪、育肥猪及妊娠母猪饲料,有效替代玉米、全脂米糠和麸皮,提高饲料适口性,改善肉品质。

(二)质量标准

根据中华人民共和国农业行业标准《饲料用米糠》《饲料原料 米糠饼》及《饲料原料 米糠粕》的规定,把常用米糠、米糠饼及米糠粕按其所含有的粗蛋白质、粗纤维、粗灰分分为三级,并分别规定了相对应的水分允许量作为计算的标准,而不符合三级质量指标的为等外品,如表8-17所示。

表8-17 米糠、米糠饼、米糠粕行业标准规定等级

(单位:%)

	质量指标	一级	二级	三级
米糠	粗蛋白质	≥13.00	≥12.0	≥11.0
	粗纤维	<6.0	<7.0	<8.0
	粗灰分	<8.0	<9.0	<10.0
米糠饼	粗蛋白质	≥14.0	≥13.0	≥12.0
	粗纤维	<8.0	<10.0	<12.0
	粗灰分	<9.0	<10.0	<12.0
米糠粕	粗蛋白质	≥15.0	≥14.0	≥13.0
	粗纤维	<8.0	<9.0	<10.0
	粗灰分	<9.0	<10.0	<12.0

(二)饲用价值

米糠是一种多功能的饲料原料,其良好的适口性使得米糠在多种动物饲料中均有应用,但需严格控制其用量以优化饲料效果及动物产品质量。米糠饼与米糠粕经脱脂处理,成为低能量、高纤维的稳定饲料,适用于种鸡、蛋鸡及猪,其用量应根据动物种类及能量需求调整,避免过量导致能量不足。在奶牛、肉牛饲料中,用量可高达30%。

1.家禽

对于家禽,米糠虽非理想能量饲料,但适量添加(≤5%,颗粒饲料可至10%)可补充B族维生素、矿物

质及必需脂肪酸,过高则影响适口性及饲料效率。在禽类饲料中添加量过大时,可引起禽类采食量下降、体重下降、骨质质量不佳。对于蛋禽,则易引起禽类的产蛋量下降、蛋壳厚度和蛋黄色泽等品质下降。

2. 猪

米糠饼与米糠粕由于大部分脂肪被除去,属低能量纤维性饲料,质量较稳定,耐贮性提高,使用范围可以扩大,使用也比较安全。对猪的适口性较好,少量添加对胴体品质无不良影响,是很好的纤维性饲料。考虑到能量问题,其用量应控制在20%以下。在猪饲料中,新鲜米糠因适口性好,常被用于生长猪(10%~12%)和肥育猪(最高30%)饲料,高比例添加可能导致猪背膘变软、胴体品质下降,故建议总量控制在15%以下。米糠的粗纤维与抗营养因子特性,使其对仔猪不利,应慎用或不用。

3. 反刍动物

米糠是反刍动物的良好饲料原料,具有适口性好、能值高等营养特点,奶牛和肉牛的精料中可用到20%~30%。但饲粮中添加比例过高,会影响肉牛体脂组成,产生软体脂,对奶牛则影响牛奶质量。

4. 鱼类

米糠是草食性及杂食性鱼类的重要饲料原料,脂肪利用率高,可提供鱼类必需脂肪酸,对鱼的生长效果好。米糠同时含有丰富的肌醇,是鱼类所缺乏的主要维生素。米糠在鱼类饲粮中用量一般控制在15%以下。

二、小麦麸

小麦麸(wheat bran),俗称麸皮,是小麦加工面粉时的副产品,主要由种皮、糊粉层和少量胚及胚乳组成。因小麦品种、制粉工艺及加工精度的不同,混入的胚和胚乳的比例不同,使小麦麸的营养成分差异较大。按面粉加工精度,可将小麦麸分为精粉麸和标粉;按小麦品种,可将小麦麸分为红粉麸和白粉麸;按制粉工艺产出麸的形态、成分等,可将其分为大麸皮、小麸皮、次粉和粉头等。小麦麸来源广,数量大,在我国是动物常用的能量饲料原料。

(一)营养特性

小麦属于粗蛋白质含量较高、粗纤维含量也较高的中低档能量饲料,一般在配合饲料中的用量为10%左右。小麦麸中粗蛋白质含量较多,高于原粮,一般为12%~17%,但其品质较差,主要是因为蛋氨酸等必需氨基酸含量少。与原粮相比,小麦麸中无氮浸出物(60%左右)较少,但粗纤维含量多达10%,甚至更高。小麦麸的营养成分及有效能值见表8-18。

表 8-18　小麦麸的营养成分及有效能值

项目	小麦麸 4-08-0069	小麦麸 4-08-0070
干物质/%	87.0	87.0
粗蛋白质/%	15.7	14.3
无氮浸出物/%	56.0	57.1
淀粉/%	22.6	19.8
粗灰分/%	4.9	4.8
钙/%	0.11	0.10
总磷/%	0.92	0.93
猪代谢能/(MJ/kg)	2.08	2.07
鸡代谢能/(MJ/kg)	1.36	1.35
肉牛增重净能/(MJ/kg)	1.09	1.07
奶牛产奶净能/(MJ/kg)	1.46	1.45

(引自中国饲料数据库)

小麦麸由种皮、糊粉层、部分胚芽及少量胚乳组成,其化学成分含量受小麦制粉工艺、筛选和粉碎等级的影响较大。小麦麸中维生素含量也较为丰富,特别是富含B族维生素和维生素E,如核黄素3.5 mg/kg,硫胺素8.9 mg/kg。矿物质含量丰富,特别是微量元素铁、锰、锌含量较高;但缺乏钙,磷含量高,但主要是植酸磷。小麦麸含15%~18%的粗蛋白质,其中白蛋白(2.43%)、丙氨蛋白(2.47%)、不溶性蛋白(4.09%)、谷蛋白(5.25%)和球蛋白(1.92%)占总含氮组分的16.16%。小麦麸氨基酸组成比例较为均衡,但总氨基酸含量不高,且必需氨基酸含量较低,特别是赖氨酸和色氨酸。在配制小麦麸饲粮时还需额外补充必需氨基酸。受小麦制粉工艺的影响,小麦麸营养成分含量的差异较大。有关小麦麸有效能值和氨基酸消化率等参数的研究较少且缺乏系统性。

(二)质量标准

中国农业行业标准《饲料原料 小麦麸》(NY/T 119—2021)以粗蛋白质、粗纤维、粗灰分为质量控制指标,各项指标均以88%干物质计算,按含量分为两级,详见表8-19。

表 8-19　小麦麸国家标准规定等级

项目	一级	二级
粗蛋白质/%	≥17.0	≥15.0
粗纤维/%	≤12.0	
粗灰分/%	≤6.0	

(三)饲用价值

1. 家禽

小麦麸的组成受品种、品质、生长条件、制粉工艺以及面粉加工度影响。小麦麸化学成分的有效能值和纤维组分的消化率基本是通过套算法测定的,对小麦麸在肉鸡的应用上具有一定的局限性。有效能值是小麦麸应用于肉鸡饲粮中的主要参考值,因为有效能不具有固定的化学结构,因此预测有效能首先需要找到对有效能影响较大的主要化学成分。

2. 猪

粗纤维含量是各数据库划分小麦麸、次粉、饲用小麦麸的关键指标之一。小麦制粉时的加工工艺和粉碎程度会造成小麦麸化学成分不同,导致小麦麸对猪的有效能差异很大。小麦麸的纤维因子会影响其有效能值及猪对其营养物质的消化吸收。小麦麸钙少磷多(钙磷比约为1:8),长期单一饲喂可能导致猪缺钙。在使用小麦麸时,应适当补充富含钙质的饲料,如蛋壳类、石粉等。

3. 其他家畜

小麦麸体积大,纤维含量高,适口性好,同时又具有轻泻作用,在草食动物的饲粮中用量可达25%~30%,甚至更高。泌乳奶牛混合精料中添加小麦麸有助于其泌乳;但对于泌乳前期的高产奶牛,若用量过多,会引起能量不足,影响产奶性能的发挥;肉牛育肥期用量也不宜过高。小麦麸在马属动物饲粮中用量最高可达50%。

三、其他糠麸类饲料

大麦麸、高粱糠、玉米糠和小米糠分别是大麦、高粱、玉米和小米加工的副产品。大麦麸在能量、蛋白质和纤维含量上皆优于小麦麸。高粱糠的有效能值较高,但因其中含较多的单宁,适口性差,易引起便秘,故应控制其用量。玉米糠主要包括外皮、胚、种脐与少量胚乳。因其中外皮所占比例较大,粗纤维含量较高,故应控制其在单胃动物饲粮中的用量。小米加工过程中产生的种皮、秕谷和颖壳等副产品即为小米糠,粗纤维含量高达23.7%,无氮浸出物含量为40%,粗脂肪含量为2.8%。

(一)营养特性

大麦麸、高粱糠、玉米糠及小米糠的营养物质含量如表8-20所示。

表8-20 大麦麸、高粱糠、玉米糠及小米糠的营养物质含量

项目	大麦麸	高粱糠	玉米糠	小米糠
干物质/%	87.0	89.2	87.5	89.6
粗蛋白质/%	15.4	10.5	9.9	15.3
无氮浸出物/%	58.7	60.2	61.5	—
粗灰分/%	4.0	4.7	3.0	—
钙/%	0.33	0.19	0.08	—
总磷/%	0.48	0.60	0.48	—

(引自中国饲料数据库)

(二)饲用价值

1. 大麦麸

大麦麸是大麦加工的副产品,其能量、蛋白质含量及粗纤维含量皆优于小麦。为动物优质的氨基酸来源,有助于促进动物的生长和发育。同时,大麦麸中霉菌毒素含量通常在安全范围内,为饲料安全提供了额外保障。此外,大麦麸富含多种抗氧化活性物质,如维生素E、酚酸及黄酮类化合物,其中阿魏酸的抗氧化性能尤为突出。这些物质能够清除体内的自由基,减少氧化应激对动物细胞的损伤,从而保护动物健康,提高其免疫力和抗病能力。

2. 高粱糠

高粱糠是高粱加工的副产品,是皮层、少量胚与胚乳的复合物,高粱加工的出糠率高达20%。其有效能值虽高,但单宁含量偏多,会影响适口性并可能导致便秘问题,因此在使用时需精准控制比例。同时,高粱糠中还含有多种维生素和矿物质,如维生素E、B族维生素以及钙磷等矿物质,这些成分对维持动物的正常生理功能具有重要作用。

3. 玉米糠

玉米糠是玉米制粉过程中的副产品,主要包括果种皮、胚、种脐及少量胚乳,其无氮浸出物含量约为61.50%,同时蛋白质与粗脂肪含量也较高,约为9.9%和3.6%。玉米糠中含有一定量的不饱和脂肪酸,如亚油酸和油酸。这些脂肪酸有助于降低胆固醇水平、预防心血管疾病,对动物健康有益。然而,由于种皮占比大,其粗纤维含量较高,故在单胃动物(如猪、鸡)饲料中的添加量需谨慎控制,以免对消化系统造成过大负担。尤其是在饲喂产蛋鸭和肉用鸭时,其含量应限制在15%以下,以确保饲料营养均衡与动物健康。

4. 小米糠

小米糠包含种皮、秕谷及大量颖壳,占谷子总质量的8%,无氮浸出物占比40%,粗脂肪含量则为2.8%。纤维素含量超过18%,达到粗饲料标准。为提升小米糠的消化利用率,建议在饲用前进行粉碎细化、浸泡软化及微生物发酵处理,这些预处理措施能显著改变其物理结构、提高其生物利用度,从而促进动物对营养物质的吸收与利用。

第三节 块根、块茎及其加工副产品

甘薯、马铃薯、木薯等是常见的块根块茎类饲料,它们虽在营养成分上各具特色,却共同展现出了显著的饲养价值。这类饲料干物质中粗纤维含量低(5%~11%);无氮浸出物为50%~85%,主要是易消化的淀粉或戊聚糖;粗蛋白质为4%~12%;富含钾与氯元素,但在钙与磷的供应上较为不足;普遍含有丰富的维生素C和B族维生素中的硫胺素、核黄素和尼克酸,这些成分对于促进动物健康与生长均具有积极作用。这些块根、块茎原料在加工过程中会产生副产物,如甜菜渣和糖蜜等,这些副产物因能值高,也是畜禽重要的能量饲料来源。

一、甘薯

甘薯(sweet potato)是旋花科甘薯属中的一个栽培种,是蔓生一年生或多年生草本植物,又名白薯、红薯、山芋、红苕、地瓜、番薯、番茨等,是一种重要的粮食作物。

(一)营养特性

甘薯的块根含有丰富的营养成分。鲜薯块根中除含有15%~20%的淀粉外,还含有比较丰富的粗蛋白、糖类及纤维素。薯块或工业加工后的副产品,如糖渣、酒糟等,通过加工制成各种饲料,不但能提高饲料的营养价值,还可以延长饲料的供应期。甘薯干中粗蛋白质含量较低,仅有4%左右,但无氮浸出物高达76.4%,淀粉含量64.5%,是优质的能量饲料来源。甘薯干的营养成分及有效能值见表8-21。

表8-21 甘薯干的营养成分及有效能值

项目	甘薯干
干物质/%	87.0
粗蛋白质/%	4.0
无氮浸出物/%	76.4
淀粉/%	64.5
粗灰分/%	3.0
钙/%	0.19
总磷/%	0.02
猪代谢能/(MJ/kg)	11.21
鸡代谢能/(MJ/kg)	2.34
肉牛增重净能/(MJ/kg)	5.56
奶牛产奶净能/(MJ/kg)	6.57

(引自中国饲料数据库)

(二)质量标准

我国行业标准《甘薯干》(NY/T 708—2016)以水分、总糖、脂肪、酸价和过氧化值为质量控制指标,对合格品进行了规定(表8-22)。

表8-22 甘薯干行业标准规定等级

项目	要求
水分/%	≤35[a]
	≤5[b]
总糖(以葡萄糖计)/%	≤70
脂肪/%	≤5[c]
	≤40[d]

续表

项目	要求
酸价(以脂肪计)(KOH)/(mg/g)	≤3[d]
过氧化值(以脂肪计)/(g/100g)	≤0.25[d]

注:[a] 限干制工艺采用烘烤、日晒的产品;
[b] 限干制工艺采用油炸、膨化、冻干的产品;
[c] 限加工工艺中采用非油炸工艺的产品;
[d] 限料中有植物油或加工工艺中采用油炸工艺的产品。

(三)饲用价值

甘薯通常以鲜甘薯、甘薯干、甘薯粉、甘薯片等形式饲喂畜禽。新鲜甘薯块是动物理想的多汁饲料,生熟皆宜,适口性好,饲喂时需要适当切碎以防堵塞食道。对于育肥和泌乳期家畜,适量补充新鲜甘薯能显著促进其生长和产奶。甘薯熟化以后,可以提高蛋白质的利用率,相对未处理的甘薯,熟甘薯的蛋白质更容易被畜禽吸收。甘薯粉因体积大而易使动物产生饱腹感,因此在配制饲粮时需谨慎控制其比例。雏鸡与肉鸡对甘薯粉需求较低,蛋鸡饲粮中建议不超过10%。在猪饲料中,甘薯粉可占饲粮总量的15%左右,或作为玉米的替代品(可替代约25%)。热喷处理能够提高甘薯的有效能值,生产中可以用热喷甘薯片替代超过50%的玉米饲喂生长猪。但仔猪对甘薯饲料的利用率有限,应适量或减少使用。对于反刍动物而言,甘薯是优质的能量源,饲喂泌乳奶牛甘薯可提高其消化率和提升其产奶量,可替代约50%的玉米,但需同步增加蛋白质饲料与氨基酸的补充,以确保营养均衡。

二、马铃薯

马铃薯(potato)为茄科多年生草本植物,块茎可供食用。马铃薯又名洋山芋、洋芋头、香山芋、洋番芋、山洋芋、地蛋、土豆等。它不仅兼具粮食、蔬菜双重角色,还是工业及饲料原料的关键来源。

(一)营养特性

马铃薯块茎含有大量的淀粉,能提供丰富的热量,且富含蛋白质、氨基酸、多种维生素及矿物质,尤其是其含有的维生素种类是所有粮食作物中最全的。马铃薯以含丰富的磷、钾、铁等矿物元素和胡萝卜素、维生素C、硫胺素等营养成分著称,其营养成分含量及有效能值见表8-23。

表8-23 马铃薯的营养成分及有效能值

项目	马铃薯					
	4-04-104	4-04-105	4-04-106	4-04-107	4-04-109	4-04-110
干物质/%	17.0	19.7	20.1	20.4	22.0	18.8
粗蛋白质/%	1.5	1.1	2.3	1.5	1.9	1.3
无氮浸出物/%	14	17.3	16.6	17.3	18.5	16
粗灰分/%	0.6	0.8	0.8	1	0.9	0.9
钙/%	0.01	0.02	0.01	0.02	0.01	0.00

续表

项目	马铃薯					
	4-04-104	4-04-105	4-04-106	4-04-107	4-04-109	4-04-110
总磷/%	0.04	0.01	0.06	0.04	0.04	0.00
猪代谢能/(MJ/kg)	0.00	0.00	0.00	2.89	3.10	2.64

(引自中国饲料数据库)

(二)饲用价值

马铃薯可直接生饲,亦可加工熟饲。在生饲时,应该将马铃薯切碎后投喂,以提高其可食性和利用率。脱水后的马铃薯块茎粉碎后加到动物饲粮中,是动物良好的能量饲料。蛋鸡饲粮中马铃薯粉的适宜添加量约为10%,肉鸡饲粮中则可提升至20%~30%。在育肥猪的饲养中,马铃薯粉能够替代高达50%的玉米,且熟喂能显著提升饲料的适口性和消化率;相比之下,马铃薯生喂消化率低,且易引发轻微腹泻,抑制动物的生长速度。对于牛、羊和马等草食家畜,马铃薯的生喂与熟喂在饲养效果上差异不大,均可作为有效的补充料。

在饲喂时应注意,虽然成熟马铃薯中的龙葵素含量较低,不足以引起动物中毒,但应严格避免使用未成熟、发芽或腐烂的马铃薯作为饲料,因为这些状态下的马铃薯龙葵素含量高,大量饲喂将严重威胁动物健康。因此,在饲料生产中应剔除未成熟、发芽及霉变的马铃薯,确保饲料原料的安全。对于马铃薯粉渣等副产品,应先煮熟后再进行投喂,以消除潜在的有害物质。

三、木薯

木薯(cassava)为大戟科木薯属多年生亚灌木或小乔木,又称树薯、树番薯。木薯素有"淀粉之王"的美誉,产量高,对种植土壤肥力要求低,是谷物等能量饲料的最佳替代品。

(一)营养特性

木薯是根茎类能量饲料原料,含有丰富的碳水化合物,其营养成分含量及有效能值见表8-24。木薯中,以干物质计,无氮浸出物含量高达79.4%,其营养价值等同甚至优于甘薯和马铃薯。但木薯粗蛋白质含量低,且木薯根茎中含有亚麻苦苷,在酶或弱酸作用下被分解成氢氰酸抑制细胞内酶活性,致使细胞不能利用血氧而造成窒息,从而影响畜禽生长甚至导致动物中毒。由于木薯能值较高,在配合饲料中通常的使用方法是替代玉米或小麦等价格较高的能量饲料。木薯干的平均干物质消化率为75%,有机物消化率高于85%,淀粉消化率高达87%~89%,与谷物接近。新鲜的木薯块根中无氮浸出物含量在31%左右,由80%的淀粉和20%的糖及酰胺组成,因而易于被动物消化。

表8-24 木薯干的营养成分及有效能值

项目	木薯干
干物质/%	87.0
粗蛋白质/%	2.5
无氮浸出物/%	79.4

续表

项目	木薯干
淀粉/%	71.6
粗灰分/%	1.9
钙/%	0.27
总磷/%	0.09
猪代谢能/(MJ/kg)	12.43
鸡代谢能/(MJ/kg)	12.38
肉牛增重净能/(MJ/kg)	4.70
奶牛产奶净能/(MJ/kg)	5.98

(引自中国饲料数据库)

(二)质量标准

我国行业标准《饲料用木薯干》(NY/T 120—2014)以粗纤维、粗灰分为质量控制指标,规定粗纤维含量必须低于4%,粗灰分含量必须低于5%(表8-25)。另外,中国国家标准《饲料卫生标准》规定,饲料用木薯干中氢氰酸允许量在100 mg/kg以内。

表8-25 木薯干行业标准规定等级

分级	质量指标/(g/100 g)	
	粗纤维	粗灰分
合格	<4.0	<5.0

(三)饲用价值

木薯,作为配合饲料的关键原料之一,虽富含能量,却因内含生长抑制因子——生氰糖苷,其用量需严格把控。当木薯在饲料中的占比超过50%时,会显著影响动物的采食量,减缓动物生长速度,甚至引发死亡率上升等现象。因此,将木薯用于饲料之前,需检测氢氰酸含量,若检测结果显示超标,则必须采取有效的脱毒处理措施。

在家禽饲养中,木薯干粉的添加量需精细调控。对于大多数家禽,推荐添加量不超过10%,蛋鸡饲粮中可适度放宽至20%左右,对于肉鸡,则建议添加比例控制在10%~16%之间。另外,木薯中的氢氰酸含量对猪的生长影响尤为显著,尤其是对敏感的小猪及断奶仔猪,更应谨慎使用,尽量减少或避免直接投喂。对于肉牛,木薯饲料的使用量也应保持在30%以下,以确保其生长性能与健康状态不受影响。

四、甜菜渣

甜菜渣是甜菜提取食糖后的残渣。作为制糖原料的甜菜为糖用甜菜。鲜甜菜渣含水分85%左右,多作家畜饲料,可鲜喂也可青贮后饲用。干燥甜菜渣一般外观颜色呈灰白色或灰黄色,含水分12%,粗蛋白9.0%,粗脂肪0.5%,粗纤维18%,粗灰分3%,有甜香味,是家畜良好的饲料,对母畜还有催乳作用。

甜菜渣主要成分为可溶性无氮物,而蛋白质和脂肪很少,含钙极多,含磷少,适口性强。

五、糖蜜

糖蜜也叫糖浆,是制糖原料的糖液中不能结晶的残余部分。根据制糖原料不同,可将糖蜜分为甘蔗糖蜜、甜菜糖蜜、玉米葡萄糖蜜、柑橘糖蜜、木糖蜜、高粱糖蜜等。糖蜜一般呈黄色或褐色液体,大多数糖蜜具甜味,但柑橘糖蜜略有苦味。原料来源不同,所产生的糖蜜的颜色、味道、黏度和化学成分也有很大差异。即使是同一种原料的糖蜜,产地、制糖工艺等不同,糖蜜的成分也有差异。

糖蜜中主要成分是糖类,如甘蔗糖蜜含蔗糖24%~36%,甜菜糖蜜中含蔗糖47%左右。糖蜜中含有少量的粗蛋白质,其中多数属非蛋白氮,如氨、硝酸盐和酰胺等。糖蜜中矿物质含量较多,其中钾含量最高。糖蜜中有效能值较高,如甘蔗糖蜜消化能(猪)12.54 MJ/kg、代谢能(鸡)9.82 MJ/kg,甜菜糖蜜在猪、牛、绵羊中消化能分别为10.62 MJ/kg、12.12 MJ/kg、11.70 MJ/kg。

糖蜜作为良好的能量饲料原料,可以改善动物的生产性能。如饲喂断奶仔猪添加糖蜜的饲粮,对其采食量和日增重具有显著正向影响,且同时能够降低饲料成本。此外,糖蜜添加到饲料中可以改善饲料的品质:一方面糖蜜具有芳香气味,可以改善饲料的适口性;另一方面糖蜜呈黏稠状,能够减少粉尘。

第四节 其他能量饲料

在以某些动物、动物产品、植物为原料进行食品或工业产品的生产过程中,会产生大量副产品,一些副产品可作为能量饲料使用。

一、油脂

油脂类饲料是用动物、植物或其他有机物质为原料经压榨、浸提等工艺制成的饲料,按国际饲料分类原则属能量饲料。随着生产性能的提高,动物对能量的需要量不断增加,油脂类饲料在畜、禽饲粮中的应用愈来愈普遍。

油脂种类较多,按来源可将其分为4类:动物油脂、植物油脂、饲料级水解油脂和粉末状油脂。动物油脂是指用家畜、家禽和鱼体组织(含内脏)提取的一类油脂。植物油脂是从植物种子中提取而得,主要成分为甘油三酯,另含少量的植物固醇与蜡质成分。大豆油、菜籽油、棕榈油等是这类油脂的代表。饲料级水解油脂是指制取食用油或生产肥皂过程中所得的副产品,其主要成分为脂肪酸。粉末状油脂是对油脂进行特殊处理,使其成为粉末状。

(一)油脂的营养特性

1.提高饲料能量水平,改善动物生产力

油脂的能量相当于碳水化合物的2.25倍,动物对油脂的消化吸收率高。动物的生产性能会随着饲料中能量的水平升高而提高。例如,饲料中添加油脂可显著地提高禽类的产蛋量和饲料转化率,饲喂母猪油脂可提高其生仔率和增重速度。

2.必需脂肪酸的重要来源

必需脂肪酸缺乏会造成皮肤角质化、生长受抑制、繁殖机能障碍、生产性能下降等。动物油脂可提供丰富的必需脂肪酸。例如,鱼油中富含二十碳五烯酸(EPA)和二十二碳六烯酸(DHA),这些多不饱和脂肪酸可以增强动物的免疫力,提高动物生长性能。

3.脂类的额外能量效应

禽饲粮添加一定水平的油脂替代等能值的碳水化合物和蛋白质,能提高饲粮代谢能,使消化过程中能量消耗减少,热增耗降低,饲粮的净能增加,当植物和动物油脂同时添加时效果更加明显,这种效应称为脂肪的额外能量效应或脂肪的增效作用。这种作用在其他非反刍动物饲粮中同样存在。基于此,为提高固态脂肪的利用效果,建议将动物油脂和植物油脂按一定比例一起应用。幼禽饲粮脂肪中饱和脂肪酸和不饱和脂肪酸的最佳比例为1:2.2~1:2.0,产蛋禽为1:1.5~1:1.4,在这种情况下,不仅脂肪的能量价值提高,而且给家禽提供的亚油酸也会增加。

脂肪额外能量效应的机制原理可能是:第一,饱和脂肪和不饱和脂肪间存在协同作用,不饱和脂肪酸键能高于饱和脂肪酸,促进饱和脂肪酸分解代谢。第二,脂肪能适当延长食糜在消化道的时间,有助于其中的营养素更好地被消化吸收。第三,脂肪酸可直接沉积在体脂内,减少由饲粮碳水化合物合成体脂的能量消耗。

4.油脂的非营养性功能

油脂可以改善饲料的外观及适口性。生产颗粒饲料时添加油脂可以减少模具的磨损,而延长其使用寿命。油脂可降低饲料的粉尘含量,而减少损失。试验证明,在预混料中添加1%~2%油脂可减少粉尘20%~30%,其中微量组分的损失减少30%~50%;在粉料中添加5%油脂,可使空气中的粉尘减少50%左右。

二、乳清粉

乳清粉(whey powder)是生产干酪或酪蛋白时产生的副产品,其产品形式受加工影响。在幼畜饲粮中,乳清粉被广泛应用。乳清粉养分含量受原乳品质影响较大。影响原乳品质的奶牛品种、季节、饲粮等因素及干酪制作工艺等均会影响乳清粉养分含量。乳清粉中乳糖含量最高可达70%,平均在65%以上。乳清粉中含有较多量的蛋白质,含量为13%~17%,主要是β-乳球蛋白,且营养价值很高。乳清粉中钙、磷含量较多,且比例合适。乳清粉中缺乏脂溶性维生素,但富含水溶性维生素。例如,乳清中含生物素30.4~34.6 mg/kg,泛酸3.7~4.0 mg/kg,维生素B_1 2.3~2.6 μg/kg。因此,乳清粉是B族维生素重要的来源。乳清粉中食盐含量高,使用过量时,易引起食盐中毒。乳糖及矿物质含量高是限制乳清粉在动物饲粮中用量的主要因素。

乳清粉是仔猪、犊牛和羔羊的主要能量饲料和蛋白质补充料。仔猪能够很好地利用乳糖,因此乳清粉是初生仔猪的良好能量来源。随年龄增加,仔猪对乳糖的利用能力下降。3周龄以内的犊牛对乳糖消化率低,需限制用量。

本章小结

能量饲料可分为谷实类、糠麸类、块根块茎及其加工副产物等。谷实类包括玉米、燕麦、大麦、高粱、稻谷和粟等禾本科作物的籽实。谷实类的特点是淀粉含量高,有效能值高,粗纤维含量低,适口性好,易消化;但粗蛋白含量低,氨基酸组成不平衡,特别是缺乏一些必需氨基酸,如赖氨酸和蛋氨酸,以及维生素D,在使用时需要与其他类型的饲料如蛋白质饲料、矿物质饲料和维生素饲料配合使用。糠麸类饲料是谷实经加工后形成的一些副产品,包括米糠、小麦麸、大麦麸、玉米糠、高粱糠等。这类饲料有效磷含量低,利用率低,在配制饲粮时,需额外关注磷的补充。块根块茎及其加工副产物主要包括薯类(甘薯、马铃薯、木薯)、甜菜渣、糖蜜等,这类饲料的干物质中无氮浸出物含量较高,缺乏蛋白质、脂肪、粗纤维、粗灰分等营养物质。在以某些植物、动物为原料进行食品或工业产品的生产过程中产生的一些副产品可作为能量饲料使用,主要包括油脂、乳清粉等。

拓展阅读

扫码进行数字资源的获取和学习。

数字资源

[思政课堂]

在当今世界,能源与食物安全是国家发展的基石,而能量饲料作为畜牧业的重要支撑,不仅关乎农业经济的繁荣,更直接影响到国计民生与生态环境的和谐共生。能量饲料在国计民生中有着重要作用,与绿色发展、科技兴农、食品安全、国际合作、可持续发展等多方面存在紧密联系。因此,优化能量饲料的生产效率,减少能源消耗,对于保障国家能源安全、促进经济稳定增长具有重要意义。推广绿色种植技术,减少化肥农药使用,发展有机饲料,是实现农业绿色发展的关键。利用现代生物技术、信息技术等高科技手段,提高能量饲料的产量和品质,降低生产成本,是科技兴农战略在饲料产业的具体体现。能量饲料的质量直接关系到畜产品的安全,进而影响人类健康。因此,加强饲料安全监管,遵守食品安全法律法规,是维护公众健康、体现社会伦理的重要方面。在全球化的背景下,加强国际能量饲料生产、贸易、技术等方面的合作,对于促进资源优化配置、实现互利共赢具有重要意义。探索能量饲料的循环经济发展模式,如废弃物资源化利用、生态农业等,是实现农业可持续发展的有效途径。

复习思考

1. 名词解释:能量饲料、有效能值、消化能、代谢能。

2. 不同来源的能量饲料,如谷物类和块根块茎类哪一类能值更高?

3. 结合不同谷物中淀粉含量、不同分子结构淀粉的比例,试述单胃动物猪、马、驴等消化谷物的方式以及提高谷物消化率的措施。

第九章
蛋白质饲料

本章导读

蛋白质饲料在畜禽营养中具有重要作用。在畜禽生长发育过程中,必须从饲料中不断摄取蛋白质,以满足机体组织器官的生长和更新,并沉积于肉、蛋、奶等动物产品中。目前,蛋白质饲料资源短缺是限制我国畜牧业健康稳定发展的主要原因之一,且随着消费需求的增加,我国饲料供给缺口不断扩大。充分了解蛋白质饲料的营养特性,合理利用好蛋白质饲料,开发新型非粮蛋白质饲料资源,对缓解我国蛋白质饲料紧缺的现状具有重要意义。

学习目标

1. 掌握蛋白质的基本概念,熟悉蛋白质饲料的营养特性、氨基酸组成、功能等,了解常见的蛋白质饲料来源并能进行分类。

2. 掌握常见的植物性蛋白质饲料、动物性蛋白质饲料、单细胞蛋白质饲料和非蛋白氮饲料的种类。

3. 可根据动物种类、生长阶段和生产目标,将蛋白质饲料合理利用到饲料配方中。

概念网络图

- 蛋白质饲料
  - 植物性
    - 豆类籽实：大豆、蚕豆、豌豆
    - 油料饼粕类：豆饼粕、棉籽饼粕、菜籽饼粕、花生仁饼粕等
    - 其他：谷类加工副产品、糟渣类等
  - 动物性
    - 鱼粉等水产副产品
    - 肉骨粉、血粉
    - 羽毛粉、皮革白粉
    - 昆虫类、酪蛋白粉
    - 肠膜蛋白粉
  - 单细胞
    - 酵母
    - 真菌（除酵母外）
    - 藻类
    - 非致病性细菌
  - 非蛋白氮
    - 尿素及其衍生物类
    - 氨态氮类及铵盐类
    - 肽类及其衍生类

蛋白质饲料是指干物质中粗纤维低于18%,粗蛋白质高于或等于20%的饲料原料,是畜禽养殖中至关重要的营养组成部分,直接关系到动物的生长发育和生产性能,具有调控动物生理代谢功能的基本作用。生产中使用的蛋白质饲料通常分为四类:植物性蛋白质饲料、动物性蛋白质饲料、单细胞蛋白质饲料及非蛋白氮饲料。理解蛋白质饲料的基本构成和来源是为了更好地满足动物的生理需求。在这个过程中,需要考虑动物不同种类、不同生长阶段的营养需求,科学合理地设计饲料配方,以提高蛋白质的利用率。

第一节 植物性蛋白质饲料

一、植物性蛋白质饲料概述

植物性蛋白质饲料可分为三类,即豆科籽实、油料饼粕和制造业的其他副产品,是动物生产过程中使用量最大的蛋白质饲料,其营养特性主要包含以下方面:

①蛋白质含量高、质量较好。蛋白质含量因种类不同差异较大,一般在20%~50%之间,主要由球蛋白和清蛋白组成,其必需氨基酸含量和平衡程度明显优于谷蛋白和醇溶蛋白,因此蛋白质品质高于谷物类(如玉米、小麦等)蛋白,蛋白质的利用率是谷类的1~3倍。但植物性蛋白质的消化率一般仅有80%左右,原因在于:植物性蛋白质饲料中存在蛋白酶抑制剂,可阻止蛋白酶对蛋白质的降解;其中大量蛋白质与细胞壁多糖结合,有明显抗蛋白酶水解的作用;此外,含有胱氨酸丰富的清蛋白,某些条件下能产生一种核心残基,对抗蛋白酶的消化。此类饲料经适当加工调制,可提高蛋白质利用率。

②粗脂肪含量变化大。油料籽实类含量在30%以上,非油料籽实类只有1%左右。饼粕类脂肪含量因加工工艺不同差异较大,高的可达10%,低的仅1%左右。因此,该类饲料的能量价值各不相同。

③粗纤维含量一般不高,基本与谷类籽实相似,饼粕类稍高些。

④矿物质钙磷含量比谷物类高,其中钙少磷多,且主要是植酸磷。

⑤维生素含量与谷类相似,其中B族维生素较丰富,而维生素A、D较缺乏。

⑥大多数均含有一些抗营养因子,影响其饲喂价值。

二、植物性蛋白质饲料分类

根据植物性蛋白质饲料的来源、形态结构、加工工艺等将其主要分为豆类籽实(如大豆、豌豆、蚕豆等)、油料饼粕类(如大豆饼粕、菜籽饼粕、棉籽饼粕等)和其他(如玉米蛋白粉、粉浆蛋白粉、豆腐渣等)三大类。不同植物性蛋白质饲料的营养特性和饲用价值存在差异,需注意使用注意事项。

(一)豆类籽实

1.大豆

(1)大豆概述

大豆是双子叶植物纲豆科大豆属一年生草本植物,是我国重要的粮食作物之一,在中国有很长的栽培历史,全国各地均有栽培。2023年,全世界大豆产量4.11亿t,我国大豆产量2084万t,占世界总产量的5.07%。由于我国饲料工业的发展,大豆进口量逐年上升,2023年大豆进口9941万t,占粮食进口量的61.38%。我国大豆的主要产区为黑龙江、河北、安徽、江苏及河南等省。按种皮颜色,大豆可分为黄色大豆、黑色大豆、青色大豆、其他大豆和饲用豆(秣食豆)五类,其中黄豆最多,其次为黑豆。

(2)大豆营养特性

大豆中粗蛋白质含量约为35%(32%~40%),氨基酸组成良好,赖氨酸含量相对较高,在豆类居首位,约比蚕豆、豌豆含量高70%,但含硫氨基酸含量较低;粗脂肪含量相对较高,约为20%(17%~20%),其中不饱和脂肪酸含量高,有效能值较高,不仅可作为一种优质的蛋白质饲料,在调配肉鸡或仔猪饲料时也可作为高能饲料使用;碳水化合物含量低;矿物质含量方面钙少磷多,总磷含量中约1/3是植酸磷,在饲用时还应考虑磷的补充与钙、磷平衡问题;维生素中以B族维生素较为丰富,缺乏维生素A和维生素D。总之,大豆除富含蛋白质外,还含有植物油脂、膳食纤维、维生素和矿物质,综合营养价值高。

此外,生大豆中存在多种抗营养因子,主要有胰蛋白酶抑制因子、外源血凝集素、胃肠胀气因子、抗维生素因子、α-淀粉酶抑制因子、单宁、植酸、皂角苷、草酸以及一些抗原性蛋白质等,其中加热可破坏者包括胰蛋白酶抑制因子、外源血凝集素、抗维生素因子、植酸十二钠盐、脲酶等,加热无法破坏者包括皂苷、胃肠胀气因子等。此外,大豆中还含有大豆抗原蛋白,该物质能够引起仔猪肠道过敏、损伤,进而导致腹泻。

(3)大豆的加工

大豆可以加工成多种形式的蛋白饲料,如大豆粉、大豆蛋白粉、大豆异黄酮提取物等,适应不同的生产需求和用途。生大豆的蛋白质及氨基酸的利用效率低,因此在使用时应采用蒸汽加热的方法来提高其利用效果。由于生大豆含有许多抗营养因子,直接饲喂会造成动物下痢和生长受抑制,饲喂价值较低,因此,生产中一般不直接使用生大豆,需要进行加工处理。大豆的主要加工工艺有热处理、有机溶剂处理和酶处理等。目前使用较多的为热处理法,通过加热可使生大豆中不耐热的抗营养因子变性失活,从而提高蛋白质的利用率,提高大豆的饲喂价值。但加热程度需要控制,加热不足无法破坏抗营养因子;加热过度会发生美拉德反应,即羰基化合物(还原糖类)与氨基化合物(氨基酸和蛋白质)间的聚合、缩合反应,导致蛋白质利用率明显下降。故适宜的热处理比较重要。其中,膨化法是把生大豆加工成高质量饲料的最灵活、最普遍、最经济的方法。膨化大豆营养价值高、豆香味浓郁、适口性好,在畜禽、水产动物等的养殖中都得到广泛应用。其基本过程为:原料大豆去除杂质后,经破碎机破碎成4~6瓣的粒状物,再经锤片式粉碎机粉碎,得到的物料才能满足膨化工艺要求。物料在膨化机内被强烈搅拌、挤压、剪切,随着压力和温度逐步上升,其物理和化学性质发生变化,包括淀粉糊化、蛋白质变性及纤维的降解和细化。当糊状物料从出料模孔喷出的瞬间,在强大的压差作用下,会失水、降温和膨化,形成接口疏松、多孔、酥脆且具有较好适口性的产品。

(4) 大豆饲用价值及使用注意事项

生大豆直接饲喂畜禽会导致腹泻和生产性能下降,而全脂大豆经加热处理后对各种畜禽均有良好的饲喂效果。对肉鸡而言,为保证正常的生长性能,粉状饲粮中添加全脂大豆宜在10%以下,而颗粒料则无此虑。与"豆粕+豆油"的颗粒料相比,全脂大豆可更好地提高肉鸡的代谢能和肉鸡对饲料脂肪的消化率,提高畜禽胴体和脂肪组织中亚油酸和ω-3脂肪酸含量。此外,加工后的全脂大豆在蛋鸡饲粮中能完全取代豆粕,可提高蛋重并明显改变蛋黄中脂肪酸组成,显著提高亚麻酸和亚油酸含量,降低饱和脂肪酸含量,提高鸡蛋的营养价值。

生大豆如果作为猪饲粮中的唯一蛋白质来源,会降低其生产性能。与大豆粕相比,会增加仔猪腹泻率、降低生长肥育猪的增重速度和饲料转化率、降低母猪生产性能。对生大豆进行加热处理,获得的全脂大豆可在养猪生产中应用,因其蛋白质和能量水平都较高,可作为配制仔猪全价料的理想原料。研究发现,经过充分处理的全脂大豆替代仔猪饲粮中的乳清粉、鱼粉或豆粕,对其生长性能无明显负面影响;与大豆粕相比,饲喂全脂大豆的生长育肥猪具有更高的增重速度和饲料转化率,并且可提高屠宰率和增加胴体中的ω-3脂肪酸含量。一般情况下,全脂大豆在生长育肥猪饲粮中的添加比例为10%~15%,添加比例过大会影响胴体品质,尤其是影响脂肪的硬度。在母猪饲粮中添加全脂大豆可提高乳汁产量和初乳中的脂肪含量,增加仔猪糖原贮备,提高仔猪断奶窝重。需要注意的是,不同品种的猪对大豆抗营养因子的反应不同,在其对日增重、采食量和饲料转化率等方面的影响中,中国地方猪种表现出比西方猪种耐受能力更强的优势。

反刍动物则可以饲喂生大豆。但在牛饲料中不宜超过精饲料的50%,且需与胡萝卜素含量高的粗饲料配合使用,否则会降低维生素A的利用率,造成牛奶中维生素A含量剧减。需要注意的是,生大豆不宜与尿素同用。肉牛饲料中生大豆用量过大会影响其采食量,且有软脂问题。经热处理的全脂大豆适口性比生大豆好,并具有较低的瘤胃蛋白质降解率。加工后的全脂大豆在化学组成上和养分利用效率上具有优势,可作为反刍动物和水产动物优质的饲料原料,并具有较高的饲用价值。在鱼饲料中可以部分代替鱼粉,较豆粕营养价值更高。全脂大豆中的高油脂含量可以使鱼类自身能量的分解减少;全脂大豆中含有的亚油酸和亚麻酸,为鲑、鲤、罗非鱼等提供了大量的必需的不饱和脂肪酸。

2. 蚕豆

(1) 蚕豆概述

蚕豆又称胡豆、南豆、佛豆,是人类栽培的最古老的食用豆类作物之一,原产欧洲地中海沿岸,亚洲西南部至北非。中国各地均有栽培,以长江以南为主,主要产区有四川、云南、湖南、湖北、江苏、浙江、青海等省份。

(2) 蚕豆营养特性

蚕豆含粗蛋白质22%~27%、粗纤维8%~9%,蚕豆中的各种矿物质,尤其是微量元素含量均处在猪、鸡最低需要量以下。因此,作为饲料时应充分考虑矿物质元素的补充。蚕豆含有丰富的赖氨酸,赖氨酸的含量比谷实类高出6~7倍,比猪、鸡的需要量高出1倍多,但蛋氨酸等必需氨基酸明显缺乏,总氨基酸含量及氨基酸消化率均较低。蚕豆中碳水化合物丰富,淀粉占40%~60%,其中直链淀粉的含量高于其他常规淀粉。

(3) 蚕豆使用注意事项

蚕豆中存在的抗营养因子主要有凝集素、胰蛋白酶抑制剂、皂苷和植酸等,通常采用去壳法、水浸法、高温处理法以及酶解法去除蚕豆中的抗营养因子。

3.豌豆

(1)豌豆概述

豌豆又名毕豆、小寒豆、淮豆、麦豆。豌豆适应性强,喜冷凉而湿润的气候,是重要的豆类栽培作物,蛋白质含量较高,是植物蛋白的主要来源之一。豌豆一般分为干豌豆和鲜食豌豆。豌豆产区按南北方及豌豆类型分为四大产区:北方干豌豆产区的范围为自西藏、青海至辽宁的北部地区;北方鲜食豌豆产区为黑龙江至山东、甘肃的各省;南方干豌豆产区包括自江苏、浙江经华中向西至四川、云南各省;南方鲜食豌豆产区基本包括东南沿海、华中、华南的全部省份。

(2)豌豆营养特性

豌豆中粗蛋白质含量约为24%,氨基酸含量丰富,除含硫氨基酸(如胱氨酸和蛋氨酸)外,其他必需氨基酸的含量水平都较高,特别是赖氨酸含量高达7.2%,比蚕豆和扁豆高2%~3%,是必需氨基酸的良好来源;粗纤维含量为7%;粗脂肪含量为2%;矿物质方面含有钙、铁、锌、磷等多种无机盐,但含量偏低;维生素中富含硫胺素、核黄素。总之,豌豆是家畜的优良精饲料,被广泛用作猪、鸡、鹌鹑等的蛋白质补充饲料。

(3)豌豆使用注意事项

豌豆中也含有胰蛋白酶抑制因子、外源植物凝集素及胃肠胀气因子,不宜生喂,通常制成豌豆蛋白粉饲用。

(二)油料饼粕类

1.油料饼粕概述

油料饼粕类饲料是指富含脂肪的豆类籽实和油料籽实提取油后的副产品。油籽饼是指油料籽实经机械压榨提油后的饼状物;油籽粕是指油料籽实经有机溶剂浸提脱油后的碎片或粗粉状副产品。由于制油工艺不同,油籽饼和油籽粕的营养特性之间存在一定差异:①油籽饼的处理温度和压力较高,可破坏一定含量的抗营养因子,而油籽粕的加工过程对抗营养因子的破坏较小;②油籽饼的加工对蛋白质品质破坏较大,而油籽粕浸提前无需高温处理,对蛋白质品质破坏程度较小;③油籽饼的残留油脂含量高,而油籽粕的相对较低。除脂肪外,饼粕类各种营养成分的含量均高于单位质量的原料。饼粕类饲料具有很高的营养价值,在畜禽养殖中经常用到,可为畜禽生长发育提供优质的植物源蛋白质。

2.大豆饼粕

(1)大豆饼粕概述

豆饼、豆粕均为大豆榨油的副产物。由于制油工艺不同,通常将大豆经压榨法取油后的副产物称为大豆饼,预压-浸提法脱油后的副产物称为大豆粕。

(2)大豆饼粕的生产工艺

大豆饼粕的加工方法压榨法和浸提法。其中,压榨法的取油工艺主要分为两个过程:第一过程为油料的清选、破碎、软化、轧胚,油料温度保持在60~80 ℃;第二过程为料胚蒸炒(100~125 ℃)后再加机械压力,使油分离。浸提法取油工艺为:利用有机溶剂在55~65 ℃下浸泡料胚,提取油脂后将其残余物烘干(105~120 ℃)。浸提法比压榨法的油脂产量可高5%,且粕中残脂少,易保存,是目前生产上主要采用的工艺。该工艺细分为压榨浸出工艺和直接浸出工艺。其中压榨浸出是我国早期的主要方法,其常规工艺为：去除杂质→破碎→压片→蒸炒→压榨→浸出→脱溶剂→制成豆粕。但压榨浸出工艺生产成本高，且制出的豆粕质量较低，因此直接浸出工艺得以迅速推广。其工艺流程为：去除杂质→破碎→压片→干燥→浸出→脱溶剂→制成豆粕。另外，膨化浸出工艺在国内也较常采用，工艺流程为：去除杂质→破碎→轧胚→膨化→干燥→浸出→制成膨化豆粕。此工艺具有生产能力高、动力消耗低、豆粕质量高等优点。

（3）大豆饼粕营养特性

大豆饼粕粗蛋白质含量高，约为40%~50%，必需氨基酸组成合理，赖氨酸在饼粕类中含量最高，为2.4%~2.8%，赖氨酸与精氨酸比例恰当，约为100:130，色氨酸（1.85%）和苏氨酸（1.81%）含量也较高，蛋氨酸含量不足，在配制玉米-豆粕型日粮时一般需额外补充蛋氨酸。粗纤维含量低，主要来自大豆皮。淀粉含量低，可利用能量较低，无氮浸出物中主要是蔗糖、棉籽糖和水苏糖等。脂肪的含量因榨油方式不同而异：压榨法的脱油效率低，饼内常残留4%以上的油脂，可利用能量高，但油脂易酸败；浸提法得到的豆粕中残油少（1%左右），易于保存。大豆饼粕钙少磷多，磷多属植酸磷（约61%），微量元素中硒含量低。胡萝卜素、维生素B_1和维生素B_2含量较少，烟酸、泛酸、维生素E含量较高。此外，大豆通过去皮、压榨等一系列工艺可获得去皮大豆粕，其粗蛋白质含量为48%~50%，与大豆粕相比，粗纤维含量较低，一般在3.3%以下，在畜禽养殖中的应用范围较广。

（4）大豆饼粕使用注意事项

大豆饼粕中主要的抗营养因子有胰蛋白酶抑制剂、皂苷等。适当加热处理的大豆饼粕是猪的优质饲料，适于任何种类和任何阶段的猪，需注意的是在人工代乳料和仔猪补料中，要限量使用，以10%以下为宜，大量使用则容易造成仔猪断奶后腹泻。大豆饼粕加热处理后添加蛋氨酸，是家禽最好的植物性蛋白质饲料，适用于任何阶段的家禽，对幼禽效果更好，但饲喂加热不充分的大豆饼粕会导致家禽胰脏肿大，降低幼禽的生长性能，降低蛋鸡产蛋率。各阶段牛的饲料中均可添加大豆饼粕，适口性好，对奶牛有催乳效果。在水产动物中，草食鱼及杂食鱼对大豆饼粕中蛋白质的利用率很高，可达90%左右，其能够取代部分鱼粉作为蛋白质的主要来源。肉食鱼对大豆饼粕利用率低，应尽量少用。

3.棉籽饼粕

（1）棉籽饼粕概述及营养特性

棉籽饼粕是棉籽经脱壳取油后的副产物，产量仅次于大豆饼粕。粗蛋白质含量高，达34%以上；赖氨酸含量为1.3%~1.6%，只有大豆饼粕的一半，精氨酸含量高，达3.6%~3.8%，赖氨酸与精氨酸之比在100:270以上；蛋氨酸含量低，为0.36%~0.38%。粗纤维含量取决于制油过程中脱壳程度，棉籽饼粕粗纤维含量高于棉仁饼粕，有效能值低于大豆饼粕。碳水化合物以糖类（戊聚糖）为主，粗脂肪含量饼高于粕。棉籽饼粕中钙少磷多，其中71%左右为植酸磷，硒含量低。维生素B_1含量丰富，胡萝卜素、维生素D含量较低。

（2）棉籽饼粕饲用价值及使用注意事项

棉籽饼粕含游离棉酚、环丙烯脂肪酸、单宁和植酸等抗营养因子。其中，游离棉酚是主要限饲因素，过量会引起动物蓄积性中毒，主要表现为生长受阻、生产性能下降、贫血、呼吸困难、繁殖能力下降等。加热可使游离棉酚失活，但会降低赖氨酸利用率。还可采用化学去毒法、膨化脱毒法和固态发酵脱毒法等。单胃动物要限制棉酚摄入，肉鸡限制在0.015%~0.040%之间，蛋鸡摄入量最高为0.02%；乳猪和仔猪不宜使用，育肥猪摄入量最高为0.01%。游离棉酚会损害种用动物尤其雄性的生殖细胞，故种用雄性动物禁用。棉籽饼粕通常游离棉酚含量在0.05%以下,猪禽饲粮中棉籽饼粕的用量不宜超过总蛋白的25%~30%。棉籽饼粕对反刍动物不存在毒性问题,是反刍动物良好的蛋白质来源,一般不会限制使用。奶牛饲粮中适当添加棉籽饼粕可提高乳脂率;肉牛饲粮添加棉籽饼粕需搭配含胡萝卜素高的饲料原料,即可获得良好的增重效应。

动物对游离棉酚的耐受水平与日粮粗蛋白质水平有关,提高粗蛋白质水平可以降低棉酚的毒性,改善其对生产性能的影响。在平衡饲粮的氨基酸时,棉、菜籽粕单独或联合代替饲粮中豆饼蛋白质的25%~30%(即棉籽粕替代豆饼用量的50%~60%左右,或菜籽粕替代豆饼用量的33%~39%,或者两者合用替代39%~50%),对蛋重、破蛋率、料蛋比、蛋品质及蛋风味无不良影响。

4. 菜籽饼粕

(1) 菜籽饼粕概述及营养特性

油菜是我国主要油料作物之一,2023年,我国油菜籽总产量约为1632万t,主产区为四川、湖北、湖南、江苏和浙江等省。油菜籽经压榨取油后的产品为菜籽饼,经预压-浸提或直接浸提法取油、脱溶剂、干燥后的产品为菜籽粕。2023年,我国菜籽饼粕总产量约为1006万t。菜籽饼粕均含有较高的蛋白质含量,含量为34%~38%;氨基酸组成平衡,含硫氨基酸较高,精氨酸含量低,赖氨酸与精氨酸比例适宜。粗纤维含量高,约为12%~13%,远高于豆粕,高纤维含量降低了菜籽粕中的赖氨酸和粗蛋白质的回肠表观消化率,有效能值较低。碳水化合物为不易消化的淀粉,含有8%的戊聚糖,雏鸡不能使用。矿物质中钙、磷、硒含量高,磷多属植酸磷,利用率低。微量元素中铁含量丰富。维生素中烟酸含量高,是其他饼粕类饲料的2~3倍。

(2) 菜籽饼粕饲用价值及使用注意事项

菜籽粕含有硫代葡萄糖苷、芥子碱、植酸、单宁等抗营养因子。其中硫代葡萄糖苷本身无毒,但经菜籽中的芥子酶水解产生不稳定苷元,并分解成一系列含毒性的代谢产物,例如硫氰酸酯、异硫氰酸酯(ITC)、腈。芥子碱具有苦味,影响饲料适口性,还能与蛋白质和酶结合,降低蛋白质消化率。植酸能与钙、镁、铁等阳离子螯合,影响动物对矿物质的吸收,还能直接或间接与某些蛋白质和淀粉结合,影响饲料中营养物质的吸收。单宁分为可水解单宁和缩合单宁,二者可结合蛋白质和其他有机物,降低饲料风味以及营养价值。菜籽粕中的芥子酸胆碱、芥子酸、单宁可降低日粮的适口性,并可引起动物甲状腺肿大,降低动物采食量和生长性能。菜籽饼粕适口性差,一般雏鸡饲粮中要避免使用;品质较好的菜籽饼粕,肉鸡后期可使用10%~15%,但一般低于10%为宜;蛋鸡、种鸡饲粮中可用量为8%~12%,但褐壳蛋鸡采食过量时,鸡蛋会有鱼腥味,应谨慎使用。在猪饲粮中过量使用会引起甲状腺肿大、肝肾肿大等,降低生长性能和母猪繁殖性能;一般在肉猪饲粮中使用量应低于5%,母猪饲粮中应低于3%;若使用"双低"菜籽饼粕,肉猪饲粮可用至10%。菜籽饼粕对反刍动物的影响小于单胃动物,但仍需注意长期大量使用会引起甲状腺肿大;肉牛精料中使用量一般为5%~10%,不脱毒的菜籽饼粕添加量一般在7%以下为佳;奶牛精料中使用需在10%以下,以避免产奶量和乳脂率下降。

5. 花生仁饼粕

(1) 花生仁饼粕概述及营养特性

花生仁饼粕是花生去壳后再经脱油后的副产品,是优质的蛋白质饲料来源。国外规定其粗纤维含量应在7%以下,国产花生仁饼粕的粗纤维含量一般为5.3%。花生仁饼粗蛋白质含量约44%,浸提粕的粗蛋白质含量约为47%;氨基酸组成不佳,赖氨酸、蛋氨酸、苏氨酸含量低,精氨酸高达5.2%,位于饼粕类之首,赖氨酸与精氨酸比例为100:380;花生仁饼粕和精氨酸含量低的菜籽饼粕、血粉配合使用效果较好。有效能值在饼粕类中最高。无氮浸出物中大多为淀粉、糖分和戊糖。粗脂肪含量为4%~6%,以油酸为主,不饱和脂肪酸约占53%~78%,亚油酸占30%,容易发生酸败。矿物质中钙、磷含量与大豆饼粕相当,磷多为植酸磷,铁含量较高。维生素中B族维生素丰富,富含烟酸(约174 mg/kg),胡萝卜素、维生素D、维生素C、核黄素含量低。

(2)花生仁饼粕饲用价值及使用注意事项

花生仁饼粕有香味,适口性好,但极易感染黄曲霉,产生黄曲霉毒素,动物食入后易发生中毒。花生中还含有胰蛋白酶抑制因子,含量约为生大豆的20%,可在榨油过程中经加热除去。

花生仁饼粕适口性极好,有香味,所有动物均喜食。雏鸡应避免使用花生仁饼粕;肉鸡前期最好不饲喂花生仁饼粕,后期饲喂量不宜超过4%;其余家禽育成期可添加6%;产蛋鸡可添加9%。在肉猪饲粮中,以不超过10%为宜,避免猪下痢、体脂变软;仔猪饲粮中应避免使用。泌乳奶牛饲粮中添加量宜在2%以下,其他阶段宜在4%以下。

6. 亚麻仁饼粕

(1)亚麻仁饼粕概述及营养特性

亚麻是我国高寒地区主要油料作物,多分布在西北地区。亚麻仁饼粕是亚麻籽经脱油后的副产品。亚麻仁饼粕因品种、产地、榨油方法及工艺不同,其粗蛋白质的含量差异很大,为32%~49%;氨基酸组成不平衡,赖氨酸、蛋氨酸含量低,精氨酸含量高,赖氨酸与精氨酸比例为100:250左右。粗纤维含量为8%~10%。矿物质中钙、磷、硒含量高,是优良的天然硒源之一。维生素中B族维生素含量丰富,胡萝卜素、维生素D含量少。

(2)亚麻仁饼粕饲用价值及使用注意事项

亚麻仁饼粕的抗营养因子主要为生氰糖苷、亚麻籽胶、抗维生素B_6因子。其中,生氰糖苷的毒性极大地限制亚麻饼粕的应用。并且亚麻饼粕被动物采食咀嚼后会水解产生氢氰酸。

鸡对氢氰酸敏感,且亚麻仁饼粕含有黏性物质,蛋鸡日粮中用量不宜超过5%。在肉猪饲粮中添加量最多8%,超过会导致背脂变软和维生素B_6缺乏症。母猪饲料中添加亚麻仁饼粕可预防便秘。对于反刍家畜而言,亚麻仁饼粕适口性好,肥育效果好,犊牛、羔羊、成年牛羊及种用牛羊均可使用。

7. 芝麻饼粕

(1)芝麻饼粕概述及营养特性

我国是芝麻生产大国,资源丰富,约占世界芝麻总产量的34%,素有"芝麻王国"之称。芝麻饼粕是芝麻榨油后的副产物。其粗蛋白质含量可达40%左右,与豆饼、棉籽饼和菜籽饼这三种饼类相近。必需氨基酸种类齐全,含量丰富,占总氨基酸的30%,特别是蛋氨酸、精氨酸、色氨酸、胱氨酸和半胱氨酸含量都高于豆饼、棉籽饼和菜籽饼,仅蛋氨酸含量就几乎高出豆饼40%。不足之处是赖氨酸含量偏低,仅为0.91%,不到豆粕的一半。芝麻饼粕中赖氨酸与精氨酸含量之比为100:440。粗纤维含量约为7%。粗脂肪含量在3.4%~10.3%。消化能(猪)在12.68~13.61 MJ/kg,代谢能(鸡)9.67~10.92 MJ/kg,有效能值与大豆粕相近,高于棉籽饼和菜籽饼。芝麻饼粕中粗灰分含量18.7%,钙和磷的含量比豆饼、棉籽饼和菜籽饼高3~5倍,且多以植酸盐形式存在,故钙、磷吸收受到抑制。维生素中核黄素和烟酸含量较高,维生素A、维生素D、维生素E含量低。

(2)芝麻饼粕饲用价值及使用注意事项

芝麻饼粕有苦涩味,适口性较差,主要的抗营养因子是草酸和植酸,二者会影响矿物质的消化和吸收。雏鸡饲料中禁用芝麻饼粕,其他生长阶段芝麻饼粕喂量不宜超过10%,饲喂量过高,可能引起脚软症和抑制其生长。仔猪不宜饲喂芝麻饼粕,肥育猪饲喂量不宜超过10%,且要补充赖氨酸。芝麻饼粕是牛良好的蛋白质来源,但过量采食会降低乳脂率,需与其他蛋白质饲料配合使用。

8.葵花饼粕

(1)葵花饼粕概述及营养特性

葵花饼粕是葵花籽榨油后的副产物,可制成脱壳和不脱壳两种。葵花籽壳干物质中,粗蛋白质含量为6%,粗纤维含量达64%,脂肪含量为2%;葵瓜子仁干物质中,粗蛋白质为22.4%,脂肪为53.9%,因此葵花饼粕的营养成分受脱壳程度的影响很大。葵花籽粕属于粗饲料,粗蛋白质含量较高,达28%~32%,粗纤维为20%以上。脱壳葵瓜仁饼粕粗蛋白质高达41%以上,粗纤维含量为11%~13%。葵花籽饼粕必需氨基酸含量低,基本上处于猪、鸡需要量的水平线上,而赖氨酸还不能满足幼龄畜禽的需求,属于低档蛋白质饲料。但葵花籽粕相比其他油粕类饲料含有更多含硫氨基酸,尤其是蛋氨酸。

(2)葵花饼粕饲用价值及使用注意事项

葵花饼粕不含有显著性影响动物生产的抗营养因子,但是粗纤维高导致有效能值低。产蛋鸡饲粮中葵花籽饼粕用量宜在10%以下,脱壳葵花饼粕用量可增至20%,用量太高会导致蛋壳产生斑点。葵花饼粕缺乏赖氨酸、苏氨酸等,仔猪饲粮中应避免使用葵花饼粕,以免影响氨基酸平衡;生长肥育猪饲粮中脱壳葵瓜仁饼粕可取代一半的豆粕,但应适当补充维生素和赖氨酸。对于反刍动物而言,葵花饼粕是良好的蛋白质饲料,与棉籽饼粕相当。

(三)其他植物性蛋白质饲料

在蛋白质饲料范畴内,还包括一些谷类加工副产品、糟渣之类。该类饲料有共同特点,即都是在大量提走其籽实中的碳水化合物后的残渣物质。这些碳水化合物或因发酵酿酒而转化为醇类,或直接被制成淀粉而被提走,故残存物中,粗蛋白质、粗纤维和粗脂肪的含量均相应地比原料籽实中高。粗蛋白质含量在干物质中占22%~43%,故列入蛋白质饲料的范畴。包括玉米蛋白粉、粉浆蛋白粉、豆腐渣、啤酒糟、玉米干全酒糟、酱油渣等加工副产物,其营养特性及饲养价值如下。

1.玉米蛋白粉

(1)玉米蛋白粉概述

玉米蛋白粉(CGM)也被称为玉米麸质粉、玉米面筋,是玉米除去淀粉、胚芽及玉米外皮后剩下的产品。随着玉米深加工技术的不断发展和玉米蛋白粉生产规模的不断扩大,玉米蛋白粉已经被广泛应用于水产、家禽、猪和反刍动物养殖生产中。正常玉米蛋白粉的色泽呈金黄色,蛋白质含量越高,色泽越鲜艳。随着玉米浸渍液和玉米胚芽饼、粕比例的增加,蛋白质含量逐渐减少,色泽逐渐变淡。

(2)玉米蛋白粉营养特性

粗蛋白质含量为40%~60%,赖氨酸、色氨酸不足,赖氨酸、精氨酸之比达100:250~100:200,蛋氨酸含量高。粗纤维含量低,易消化。矿物质含量少,铁较多,钙、磷较少。维生素中胡萝卜素含量较高,B族维生素含量较低。富含色素,主要是叶黄素和玉米黄质,是较好的着色剂。

(3) 玉米蛋白粉饲用价值及使用注意事项

玉米蛋白粉属于高能量蛋白质饲料。由于玉米蛋白粉中氨基酸含量低，尤其是赖氨酸、蛋氨酸等限制性氨基酸比例不合理，矿物质和维生素的组成、含量都较差，因此，玉米蛋白粉用作饲料时，须注意补充矿物质、维生素及氨基酸。鸡饲料中玉米蛋白粉的添加量以5%以下为宜，颗粒化后可添加至10%左右。猪饲料中玉米蛋白粉与大豆饼粕配合使用可一定程度上平衡氨基酸，用量在15%左右。奶牛、肉牛精料中玉米蛋白粉的添加量以30%为宜，过高影响生产性能。

2. 粉浆蛋白粉

(1) 粉浆蛋白粉概述及营养特性

粉浆蛋白粉是利用蚕豆、绿豆或豌豆制作粉丝过程中的浆水经浓缩而得。粗蛋白质含量可达80%以上，总氨基酸含量可达75%以上，但蛋氨酸和赖氨酸含量低于豆粕。

(2) 粉浆蛋白粉饲用价值及使用注意事项

粉浆蛋白粉是一种重要的蛋白质补充饲料。鸡对粉浆蛋白粉的氨基酸利用率介于豆饼和鱼粉之间，蛋鸡饲料中添加量为2%~5%时不影响产蛋率和蛋重。猪饲料中添加量为5%时具有较好饲养效果。

3. 豆腐渣

(1) 豆腐渣概述及营养特性

豆腐渣也被称为豆渣或豆腐干渣，是制作豆腐或豆浆过程中剩余的副产品。豆腐渣干物质中粗蛋白质含量约为13%~18%、粗纤维含量约为10%、不溶性膳食纤维含量约为36%、粗脂肪含量约为6%，维生素含量低，具有高蛋白、低脂肪、低还原糖、高钾低钠、钙镁含量较高的营养特点。不同来源和不同加工方法的豆腐渣营养成分会有所不同。豆腐渣含有抗胰蛋白酶因子。

(2) 豆腐渣饲用价值及使用注意事项

鲜豆腐渣是牛、猪、兔的良好多汁饲料。豆腐渣作为大豆加工的副产品，其中存在多种抗营养因子，影响营养成分在动物体内的利用率，如胰蛋白酶抑制剂阻碍蛋白质消化酶发挥作用，致使动物生长缓慢。此外，豆腐渣还含有植酸、大豆凝集素、脂肪氧化酶和脲酶等。育肥猪食用过多豆腐渣会出现软脂，影响胴体品质。在使用豆腐渣的过程中，需要防止其霉变以及保持其在存储过程中的稳定性。用鲜豆腐渣喂猪，不同阶段的饲喂量占饲粮比例应不同。研究发现，15~30 kg阶段的育肥猪饲喂96%基础饲粮加上4%新鲜豆腐渣时，育肥猪的生长性能最好，料重比最低，经济效益最高；31~60 kg和61~90 kg的育肥猪分别饲喂90%基础饲粮加10%新鲜豆腐渣、86%基础饲粮加14%新鲜豆腐渣时生长性能最好，料重比最低，经济效益最高。在用豆腐渣进行瘦肉型猪育肥的试验中得出，豆腐渣可使猪在育肥期间有明显增重，且有较好的经济效益和社会效益。断奶仔猪饲粮中以添加25%的豆腐渣为最适比例。生长期和育肥期合理使用豆腐渣有助于提高猪生长性能，使平均日增重提高16.82%~19.43%。在复合微生物发酵豆腐渣对育肥猪生长性能影响的试验中，结果显示在玉米-豆粕型的基础饲粮中添加15%的复合微生物豆腐渣比添加15%的干豆腐渣具有更明显的增重效果。与未发酵的豆腐渣相比，饲喂添加益生菌发酵的豆腐渣使料重比降低了5.56%。

豆腐渣在瘤胃中不可降解的真蛋白含量较少，潜在可利用碳水化合物含量较高。经过模拟静态的瘤胃发酵豆腐渣，发现其NH_3-N浓度(50~280 mg/L)基本满足瘤胃微生物最佳生长的要求，总挥发脂肪酸为46~70 mmol/L，证实了豆腐渣可为反刍动物提供较高的可利用能量，利于瘤胃微生物蛋白的合成。将饲粮中的豆粕用部分干豆腐渣替代后饲喂泌乳期奶牛，对奶牛泌乳量、乳脂率等无不利影响。用干豆腐渣完全替代育肥牛饲粮中的豆粕,可节约成本1.57元/(头·d),对于200头育肥牛则每年可节约精料饲料费用11.461万元、节约豆粕饲料58.4 t。饲粮中添加15.7%干燥豆腐渣和5.2%酱油渣,对牛的生长性能、胴体性状和肉中脂肪酸组成无不良影响,对牛采食量、生长速度和肌肉脂肪酸组成方面均有益处,但会使牛血液中的总胆固醇和磷脂含量升高。豆腐渣和甘蔗渣在厌氧条件混贮15 d后,作为饲料添加剂添加到育肥牛的饲粮中可获得较好的经济、社会、生态效益,以添加5%为最适比例。在育肥牛的基础日粮中添加15%复合微生物发酵豆腐渣,牛的日增重明显高于添加15%的干豆腐渣的牛,且随着添加发酵豆腐渣比例的升高,对牛的增重效果也随之提升,以添加25%~30%的比例最适宜。发酵后的豆渣中的粗蛋白质有利于动物的消化和吸收,通过添加发酵豆腐渣,可提高动物的采食量,促进动物的生长发育。

4.啤酒糟

(1)啤酒糟概述及营养特性

啤酒糟也称为酒渣或酒糟,是啤酒工业副产品,是利用大麦和小麦等作为原料在酿造啤酒加工过程中的副产物,主要由麦芽壳、不溶性蛋白质、半纤维素、脂肪及少量的淀粉组成,是一种产量和营养价值均较高的非常规蛋白质饲料原料。其中粗蛋白质含量约为22%~27%,含多种氨基酸,蛋氨酸、赖氨酸、丝氨酸、丙氨酸含量分别可达3.23%、2.15%、4.09%和4.29%。粗纤维较高。粗脂肪高达5%~8%,其中亚油酸占50%以上。无氮浸出物约39%~43%,以戊聚糖为主。矿物质、维生素丰富,富含B族维生素,尤其是维生素B_{12}和烟酸。

(2)啤酒糟饲用价值及使用注意事项

肉鸡饲料中不宜添加啤酒糟,蛋鸡、种鸡饲料中可添加5%~10%。仔猪饲料中不宜添加啤酒糟;在补足赖氨酸的前提下,肉猪饲料中啤酒糟的添加量可占总饲料蛋白质的50%。啤酒糟用于反刍动物饲料效果较好,犊牛饲料可使用20%,肉牛饲料中可用其取代部分或全部的豆粕来作为蛋白源,奶牛可使用50%。

5.玉米干全酒糟

(1)玉米干全酒糟概述及营养价值

酒精生产过程中,玉米中的淀粉经过糖化、发酵转化为乙醇,而玉米中的蛋白、脂肪和纤维留在残留物中。玉米干全酒糟(distillers dried grains with solubles,DDGS)是固液分离后,残留物形成湿糟(固形物DDG)和清液(可溶物DDS),再经过蒸发浓缩及干燥处理后进行混合的产物。DDGS粗蛋白质含量约28%~35%;粗脂肪含量高,达10%以上;粗纤维较高,达7%~10%;叶黄素、胡萝卜素、维生素E及B族维生素丰富,含有未知促生长因子。经过发酵、蒸发和浓缩后,DDGS中蛋白质和氨基酸含量较玉米高,可作为非常规蛋白质原料以缓解豆粕紧缺的压力。

(2)DDGS饲用价值及使用注意事项

DDGS中粗纤维含量是玉米中粗纤维含量的近2.5倍,会降低畜禽对养分的消化利用率。脂肪酸多为不饱和脂肪酸,易导致饲料氧化酸败。浓缩过程使霉菌毒素含量增加,会降低动物的生长性能。此外,干燥等加工过程中还原糖与蛋白质易发生美拉德反应,影响DDGS的色泽。

与反刍动物及猪相比,家禽的消化系统较短,对饲粮的消化利用较差,DDGS中可能存在的霉菌毒素及抗营养因子对家禽的危害更大。综合家禽的生长性能及经济效益,推荐在肉鸡生长前期和后期DDGS最大添加量分别为5%和10%,在蛋鸡日粮中DDGS的最大添加量为10%;推荐在肉鸭生长前期和后期DDGS最大添加量为6%和20%,蛋鸭最高添加量为20%。

仔猪不宜使用较多DDGS,对于刚断奶的仔猪来说,其消化道还未发育完全,DDGS添加量过大会降低仔猪的生长性能,因此建议在仔猪断奶2周内不添加DDGS,在断奶2周后添加20%以内的DDGS。有研究报道,随着日粮中DDGS添加量(0%~30%)的增加,生长肥育猪的生长性能、总能及对中性洗涤纤维的消化率均下降,因此推荐在生长育肥猪日粮中使用25%左右的DDGS。妊娠母猪和哺乳母猪的饲喂量不宜过多,否则容易引起流产、死胎和仔猪下痢。

DDGS是反刍动物的优质饲料,牛的配合饲料中添加量为20%~25%,限制在30%以下。DDGS中粗蛋白质含量较高,是反刍动物良好的过瘤胃蛋白,其在瘤胃未降解率可达46.5%。有研究使用DDGS替代25%的蒸汽压片玉米日粮,可降低肉牛瘤胃氨气浓度,这说明在肉牛饲粮中添加DDGS可以提高饲料转化率。DDGS中纤维含量虽较高,但在瘤胃中能得到有效分解,较高的脂肪和可利用纤维素有利于维持瘤胃的生态平衡,提高瘤胃的发酵能力。

6.酱油渣

(1)酱油渣概述及营养特性

酱油渣是以大豆、小麦为原料发酵酱醪,压榨或抽油后剩下的残渣。含有大量菌体蛋白,粗蛋白质高达24%~40%;脂肪含量约14%;无氮浸出物含量低,有机物质消化率低,有效能值低;粗灰分含量高,食盐高达7%;富含B族维生素、无机盐、未发酵淀粉、糊精、氨基酸、有机酸等,粗纤维含量高。

(2)酱油渣使用注意事项

仔猪禁用酱油渣,肉猪酱油渣喂量控制在5%以内。奶牛精料中酱油渣添加量可达到20%,不影响适口性、产奶量及乳品质;肉牛饲料中酱油渣添加量不宜超过10%,超量会使肉质软化。绵羊过多采食酱油渣会造成饮水量上升和腹泻。

三、植物性蛋白质饲料加工工艺

由于植物性蛋白质饲料中含有各种抗营养因子,减少抗营养因子、提高植物性蛋白质饲料利用效率的研究对畜牧业健康可持续发展具有重要价值。微生物发酵是一种切实可行的加工方法,根据植物性蛋白质饲料原料的种类、收获时期和加工方式等形成不同的微生物发酵方案具有很好的应用意义和价值。目前常用于植物性蛋白质饲料发酵的微生物有乳杆菌属、乳球菌属、魏斯氏菌属、肠杆菌属、不动杆菌属、肠球菌属和假单胞菌属等细菌。

(一)乳杆菌属

乳杆菌属是厚壁菌门乳杆菌科的革兰氏阳性菌,广泛分布在食品和动物胃肠道中,在发酵过程可产生有机酸、细菌素、蛋白酶、小肽、二氧化碳和双乙酰等物质。有机酸是发酵饲料的主要成分,可抑制有害微生物的繁殖,主要为D-型乳酸和L-型乳酸。在发酵过程中,葡萄糖可作为乳酸杆菌发酵原始底物,通过磷酸戊糖酮解途径提高粗蛋白质和乳酸等营养物质的产量。研究发现,乳杆菌可利用发酵原料中的葡萄糖、果糖等经过磷酸戊糖酮解和异化代谢途径,提高原料中乳酸含量,将pH从6.0迅速降低至3.6,抑制李斯特菌、肠炎沙门氏菌和其他肠杆菌的生长繁殖,延长发酵饲料的贮存时间和改善其营养品质。

(二)乳球菌属

乳球菌属是革兰氏染色阳性菌,是发酵过程有益微生物之一,在繁殖过程中可产生多种活性酶,加快原料酸化和蛋白水解。乳球菌可提高β-半乳糖苷酶和蛋白水解酶活性,主要通过磷酸转运代谢通路进行调控。在磷酸转运代谢通路中,乳糖与磷酸酶结合产生6-磷酸乳糖,在β-半乳糖苷酶和塔格糖-6-磷酸代谢途径的作用下转化为葡萄糖。有研究表明,乳球菌可通过β-半乳糖苷酶代谢通路进行调控。乳糖在β-半乳糖苷酶代谢通路中,经过通透性酶作用进入细胞内,在β-半乳糖苷酶作用下通过D-半乳糖代谢途径将乳糖和半乳糖水解转化为葡萄糖。此外,乳球菌还可通过分泌蛋白酶将大分子的β-酪蛋白、κ-酪蛋白和$α_{S1}$-酪蛋白降解为小分子的寡肽和游离氨基酸,促进蛋白质水解。

(三)微生物发酵对植物性蛋白饲料原料营养成分的影响

在发酵过程中,饲料原料中的营养成分被微生物代谢,淀粉水解为糖类,蛋白质分解为氨基酸,纤维素分解为有机酸,极大地保留了饲料原料的营养价值。在发酵过程中,微生物可产生大量乳酸,促进脂肪酸等物质降解,经过代谢转变为酮醛类化合物,可降低抗营养因子水平和提高饲料营养价值。研究表明,在发酵过程中糖代谢水平主要是通过乳杆菌和乳球菌等微生物进行调控。此外,酵母菌可产生酯酶、β-半乳糖苷酶、多糖降解酶和β-葡萄糖苷酶,加快多酚成分的生物转化合成,如将黄酮类苷元转化为黄酮苷元等,提高总多酚含量。

第二节 动物性蛋白质饲料

一、动物性蛋白质饲料概述

动物性蛋白质饲料主要是畜禽、水产、乳品业等加工副产品。与植物性蛋白质饲料相比,动物性蛋白质饲料的用量要小得多,主要作用是补充某些必需氨基酸的不足,为动物提供丰富的矿物质及B族维生素。常用的动物性蛋白质饲料有鱼粉、肉骨粉、血粉、羽毛粉、皮革粉和蚕蛹粉等。主要营养特性是:蛋白质含量高,氨基酸较平衡,优质的鱼粉蛋白质含量可达60%以上;动物的肉和骨、鱼骨以及软组织都含有较多的灰分,特别是钙、磷的含量很高,且比例较适宜;B族维生素含量高,核黄素、维生素B_{12}等的含量相当高;碳水化合物含量低,粗纤维含量几乎等于零。

二、动物性蛋白质饲料分类

(一)鱼粉

1.鱼粉概述及营养特性

鱼粉(fish meal)是以一种或多种鱼类为原料,经去油、脱水、粉碎后制得的高蛋白质饲料。鱼粉的营养价值因鱼种、加工方法和贮存条件不同而有较大差异,蛋白质含量从40%到70%不等,真蛋白质占95%以上,赖氨酸达4.5%以上,蛋氨酸达1.7%以上。蛋白质消化率高达90%以上,必需氨基酸比例平衡,利用率高,蛋白质生物学价值高。脂肪含量5%~12%。矿物质含量丰富,钙达6%左右,磷达3%左右,磷主要以磷酸钙形式存在,钙、磷利用率高,铁的含量达到1500~2000 mg/kg,锌可达100 mg/kg以上,硒达3~5 mg/kg。富含B族维生素,尤其是维生素B_{12}、B_2,真空干燥的鱼粉含有较丰富的维生素A、维生素

D。含有未知因子,能刺激动物生长发育。

2.鱼粉的分类

鱼粉的分类方法有3种：

①根据来源将鱼粉分为国产鱼粉和进口鱼粉。

②根据原料性质、色泽分类,分为普通鱼粉(橙白或褐色)、白鱼粉(灰白或黄灰白)、褐鱼粉(橙褐或褐色)、混合鱼粉(浅黑褐或浓黑色)、鲸鱼粉(浅黑色)和鱼粕(鱼类加工残渣)。

③根据原料部位和组成分类,分为全鱼粉(以全鱼为原料制得的鱼粉)、强化鱼粉(全鱼粉+血溶浆)、粗鱼粉(鱼粕,以鱼类加工残渣为原料制成)、调整鱼粉(全鱼粉+粗鱼粉)、混合鱼粉(调整鱼粉+肉骨粉或羽毛粉)、鱼精粉(鱼溶浆+吸附剂)6种。

3.鱼粉的加工工艺

目前国内外鱼粉的加工多根据鱼脂肪含量采用不同的方法,分为"高脂鱼"和"低脂鱼"两种加工工艺。

①高脂鱼的加工工艺:是对脂肪含量较高的鱼先进行脱脂然后再干燥制粉的加工过程。首先,用蒸煮或干热风加热的方法,使鱼体组织蛋白质发生热变性而凝固,促使体脂分离溶出。然后对固形物进行螺旋压榨法压榨,将固体部分烘干制成鱼粉。干燥方法分为干热风法和蒸汽法两种。干热风的温度因热源形式不同,在100~400℃不等;蒸汽法为间接加热,干燥速度慢,但鱼粉质量好。整鱼经过去油、去浸汁、干燥、粉碎后的产品,蛋白质含量在50%~60%不等。榨出的汁液经酸化、喷雾干燥或加热浓缩成鱼膏(fish soluble)。鱼膏也可以用鱼类内脏生产,原料经加酶水解、离心分离、去油、水解液浓缩即制成鱼膏。制成的鱼膏可直接桶装出售,也可用淀粉或糠麸作为吸附剂再经干燥、粉碎后出售,后者称为鱼汁吸附饲料或混合鱼溶粉。

②低脂鱼的加工工艺:是对体脂肪相对含量低的鱼及其他海产品的加工过程。根据原料的种类一般分为全鱼粉和杂鱼粉两类。全鱼粉是对脂肪含量少的鱼进行整体直接加热干燥,失去部分水分后再进行脱脂,固形物经第2次干燥至水分含量达18%时,粉碎制成鱼粉。通常每100 kg全鱼约可出全鱼粉22 kg,粗蛋白含量在60%左右。杂鱼粉是将小杂鱼、虾、蟹以及鱼头、尾、鳍、内脏等直接干燥粉碎后的产品,又称鱼干粉,含粗蛋白质45%~55%不等;或在产鱼旺季,先采用盐腌原料,再经脱盐,然后干燥粉碎制得。这种鱼粉往往因脱盐不彻底(含盐10%以上),使用不当易造成畜禽食盐中毒。

4.鱼粉饲用价值及使用注意事项

鱼粉的饲用价值比其他蛋白饲料高,消化率可达90%以上,促进动物增重,改善饲料利用率,提高产蛋量和蛋壳质量。由于鱼粉价格昂贵,用量受价格限制,一般低于10%。家禽饲粮中使用过多可导致禽肉、蛋产生鱼腥味。肉猪饲粮中用量应在8%以下,否则会使体脂变软、肉带鱼腥味。在使用时,应注意克服因使用不当可能带来的问题。鱼粉中含有较多的组胺,在鱼粉生产过程中组胺与赖氨酸结合,形成糜烂素,采食含糜烂素鱼粉的鸡,可发生肌胃糜烂症。鱼粉存在掺假的问题,因此需要注意鉴别。目前常见的掺假物有:血粉、肉骨粉、羽毛粉、棉籽粕饼、菜籽粕饼、尿素、花生壳粉、酱醋渣、贝壳粉和沙粒等。鉴别方法如下：

①感官识别:标准鱼粉的颗粒大小一致,可见大量疏松鱼肌纤维及少量鱼刺和鱼鳞等,颜色呈淡黄、黄棕或黄褐色,用手捏具有疏松感,不结块,不发黏,具有烤鱼味或鱼腥味,无异味。劣质或掺假鱼粉呈深褐色,具有腥臭味。掺有棉籽壳、棉籽饼粕和菜籽饼粕的鱼粉,手捻有棉绒感,可捻成团。另外可用一

张光滑、深颜色的硬纸,把鱼粉样品均匀铺一薄层,在明亮光线下观察颜色是否一致,如有白色结晶颗粒,说明掺有尿素或食盐等。

②气味检测:取样品20 g放入锥形瓶中,加入适量水,加塞后加热15~20 min,开盖后如能闻到氨气味,说明掺有尿素。

③水浸:取少量样品放入试管或大玻璃杯中,加入适量水,充分振荡后静置,掺入的沙粒会沉入底部,棉籽饼和羽毛粉则会浮在水面。

④燃烧:取少量样品放入容器加热,如发出谷物干炒后的芳香味或焦煳味,则说明掺有植物籽实等。

⑤磁棒搅拌:若怀疑鱼粉中掺有铁屑,可用磁棒搅拌,铁屑即吸附于磁棒表面。

(二)其他水产副产品

包括虾壳粉、鱼精粉、蟹粉等。虾壳粉是指利用新鲜小虾或虾头、虾壳,经干燥、粉碎而成的一类色泽新鲜、无腐败异臭的粉末状产品。鱼精粉是制作鱼粉时压榨出的液汁(除去鱼油剩下的残液)经干燥制得。蟹粉是指用蟹壳、蟹内脏及部分蟹肉加工生产的一种产品。这类产品的共同特点是含有一种被称为几丁质的物质,其化学组成类似纤维素,很难被动物消化。蟹粉含有蟹壳、内脏和一部分蟹肉。蟹粉用于喂鸡,可与其他蛋白质饲料配合使用,能代替一部分鱼粉。虾粉与其他蛋白质饲料配合使用效果较好,但用量不宜过多。

这类产品中的成分随品种、处理方法、肉和壳的组成比例不同而异。一般虾粉粗蛋白质含量约40%,虾壳粉、蟹壳粉粗蛋白质含量约为30%,其中50%为几丁质氮。粗灰分含量为30%左右,并含有大量不饱和脂肪酸、胆碱、磷脂、固醇和具着色效果的虾红素。虾壳粉、蟹壳粉不仅可为畜禽提供蛋白质,还有一些其他特殊作用。鸡饲料中添加3%,有助于肉鸡脚趾和蛋黄着色。在猪料中添加3%~5%,可刺激肠道中双歧乳酸杆菌的生长,提高仔猪的抗病力,改善猪肉色泽。在虾料中添加10%~15%,也可取得良好的促生长效果。有报道指出,几丁质的水解产物N-乙酰氨基葡萄糖(壳多糖)可降低血中胆固醇含量,并具有抗感染的生理活性和促进消化、提高增重等功能。

(三)肉骨粉

(1)肉骨粉概述及营养特性

肉骨粉(meat and bone meal)是用动物屠宰后不能食用的下脚料以及肉类加工厂的残余碎肉、内脏和杂骨等为原料,经高温消毒、干燥粉碎制成的粉状饲料。肉骨粉的质量因原料组成和肉、骨的比例不同而差异较大。粗蛋白质含量为20%~50%,粗脂肪含量为8%~18%,氨基酸组成不佳,赖氨酸含量为1%~3%,含硫氨基酸含量为3%~6%,色氨酸低于0.5%。热能一般为7.98~11.72 MJ/kg。矿物质中钙含量一般为7%~10%,磷含量一般为3.8%~5.0%,钙、磷含量高且比例适宜,磷利用率高。维生素含量比鱼粉低,维生素B_{12}为0.07 mg/kg。

(2)肉骨粉的加工工艺

根据加工过程,肉骨粉和肉粉的加工方法主要有湿法生产和干法生产两种。湿法生产是直接将蒸汽通入装有原料的加压蒸煮罐内,通过加热使油脂形成液状,经过滤与固体分离,再通过压榨法进一步分离出固体部分,经烘干、粉碎后即得成品。液体部分供提取油脂用。干法生产是将原料初步捣碎,装入具有双层壁的蒸煮罐中,用蒸汽间接加热分离出油脂,然后将固体部分适当粉碎,用压榨法分离残留油脂,再将固体部分干燥后粉碎即得成品。

(3)肉骨粉饲用价值及使用注意事项

肉骨粉可作为蛋白质及钙、磷的来源，但饲养价值比豆粕和鱼粉差，且品质稳定性差，用量应加以限制。一般幼龄畜禽不宜使用，猪鸡饲粮以5%以下为宜。反刍动物禁用，避免引起疯牛病的传播。

(四) 血粉

1. 血粉概述及营养特性

血粉(blood meal)是以畜禽鲜血为原料，经脱水加工而制成的粉状饲料。血液由血浆和血细胞组成，血浆中含复杂蛋白质混合物，主要为白蛋白(50%~60%)、球蛋白(40%~50%)和纤维蛋白原(1%~3%)。通过一系列反应制成的血粉蛋白含量高于鱼粉，其赖氨酸含量居天然饲料之首，可以应用在畜禽养殖当中。目前，我国将饲料用血粉分为一级血粉和二级血粉，要求一级血粉的粗蛋白质≥80%、灰分≤4%、粗纤维<1%、水分≤10%。血浆蛋白粉就是占全血55%的血浆分离、提纯、喷雾干燥而制成的乳白色粉末状产品。按血液的来源不同分为猪血浆蛋白粉、低灰分猪血浆蛋白粉、母猪血浆蛋白粉和牛血浆蛋白粉。血浆蛋白质高达80%以上，但氨基酸不平衡，赖氨酸、色氨酸、组氨酸和苏氨酸含量高，蛋氨酸含量偏低，异亮氨酸缺乏。碳水化合物(3.15%)和脂肪(2.0%)含量低，粗纤维含量极低(0.4%)，粗灰分含量为7.0%，还含有钙、磷等矿物元素，其中铁含量高达2800 mg/kg。维生素含量较低。

2. 血粉加工工艺

血液加工为血粉常用的加工方式为喷雾干燥法、膨化法、酶解法和发酵法。血粉的加工工艺不同会使产品的特点不同。喷雾干燥法和膨化法是通过高温高压等物理方式对血液进行加工，具有简单、周期短的优势。而酶解法和微生物发酵法是利用蛋白酶将大分子蛋白转换为一些小分子物质，相比于喷雾干燥法和膨化法，得到的血粉具有更高的消化率和适口性，但其工业化生产难统一。

3. 血粉饲用价值及使用注意事项

血粉氨基酸组成不平衡，常需配合其他蛋白质饲料混合使用，适口性差，具有黏性，采食过量易引起腹泻。雏鸡、仔猪饲料用量不宜超过2%，成年猪、鸡用量不宜超过4%。育成牛、成年牛用量为6%~8%。然而，受同源性污染影响，血粉在动物饲料中的使用受到限制，尤其在非洲猪瘟的暴发以后，饲料中使用血粉需更加谨慎。2018年农业农村部规定，血粉必须采用高温干燥喷雾加工，其进风温度不低于220 ℃，出风温度不低于80 ℃，物料要在60 ℃以上保持20 min以上。《中华人民共和国农业农村部公告 第91号》文件规定，取消此前有关公告中对以猪血为原料的血液制品及相关饲料产品的限制性规定，猪血原料来自未发现非洲猪瘟疫情的屠宰场，经检验合格后方可出厂销售。因此，血液的深加工和综合利用成为其在饲料端应用的发展趋势。以猪为例，猪的血液占体重7%~8%，将其制作成血粉，得率约在20%，但现代化集约养殖过程中，除了少量猪血成为人类食物，大部分都未被充分利用或被丢弃。据《中国统计年鉴》计算，我国2023年生猪出栏头数为72 662.4万头，将屠宰后的猪血收集并加以利用，可带来巨大的经济效益。

免疫球蛋白又称抗体，是机体免疫反应的主要物质。免疫球蛋白G(immunoglobulin G, IgG)是哺乳动物发挥免疫功能的主要免疫球蛋白，占血液总免疫球蛋白的75%。猪血中富含IgG，从猪血中纯化IgG添加至饲料能够避开猪血作为饲料原料的弊端，是未来猪血的新式利用方式。当前，一般利用噬菌体抗体库技术进行IgG的生产及筛选。在临床治疗方面，通常使用IgG抗体片段，通过注射达到治疗特定疾病和改善免疫功能的作用。纯化猪血得到的IgG作为一种免疫物质，可应用到畜禽养殖中，既能提高其利用效率，又可有效降低同源性污染风险。

(五)羽毛粉

1.羽毛粉概述及营养特性

羽毛粉(feather meal)是家禽屠宰脱毛所得的羽毛经清洗、高压水解处理、干燥、粉碎或膨化后所得的产品。蛋白质含量高,约80%~85%,其中胱氨酸含量为2.93%,居所有天然饲料之首,氨基酸极不平衡,甘氨酸、丝氨酸、异亮氨酸含量高,赖氨酸、色氨酸含量很低,消化率平均70%左右。粗脂肪含量为2.5%。粗灰分含量为2.8%,矿物质中钙低磷高,含硫丰富,达1.5%,约为其他动物源和植物源饲料的3倍以上,锌和硒含量较高。

2.羽毛粉加工工艺

(1)高压水解法:又称蒸煮法,是加工羽毛粉的常用方法。一般水解条件为:温度115~200 ℃,压力207~690 kPa,时间0.5~1.0 h。水解能使羽毛蛋白中的二硫键发生裂解。在加工过程中加入2%HCl可使水解加速,但水解后需将水解物用清水洗至中性。另外,水解羽毛加工过程中的温度、压力、时间均影响其氨基酸利用率。

(2)酶解法:是利用蛋白酶类水解羽毛蛋白的方法。选用高活性的蛋白水解酶,在适宜的反应条件下,使角蛋白质裂解成易被动物消化吸收的短分子肽,然后脱水制粉。这种酶解羽毛粉的蛋白质的生物学效价相对较高。

(3)膨化法:在温度240~260 ℃、压力$1.0×10^3$~$1.5×10^3$ kPa下进行膨化加工。成品外形呈棒状,质地疏松、易碎,但氨基酸利用率无明显提高。

3.羽毛粉饲用价值及使用注意事项

羽毛粉的饲喂价值总体偏低,主要用于家禽,可改善羽毛生长发育,防止啄癖。雏鸡饲料中添加1%~2%的羽毛粉,对防止雏鸡养成啄羽等恶癖有效;肉鸡、蛋鸡饲料中羽毛粉平衡氨基酸后可添加至4%;饲粮添加2%~3%羽毛粉,可促进羽毛生长、缩短换羽期。生长猪饲粮以3%~5%为宜。

商品蛋鸡的饲粮中添加2.5%的水解羽毛粉不仅能替代1/3进口鱼粉,以此缩减饲料成本,还能维持鸡的生产性能并改善料蛋比。海兰蛋鸡饲粮中添加不超过2%的膨化羽毛粉可增加蛋重、改善蛋品质。此外,在蛋鸡饲粮中适量添加2%~4%水解羽毛粉或5%酶解羽毛粉,可在不影响产蛋率的基础上有效缓解蛋鸡啄羽癖。肉鸡饲粮中添加3%~5%水解羽毛粉可取得比较满意的全期饲养效果。在饲粮氨基酸平衡的条件下添加液态发酵羽毛粉饲喂肉鸡,发现饲用含有厌氧发酵羽毛粉饲粮的肉鸡生长性能优于饲用含有好氧发酵羽毛粉饲粮的肉鸡。羽毛粉在加工过程中会损失掉一定量的必需氨基酸,因此在蛋鸡、肉鸡饲粮中添加羽毛粉时应充分考虑氨基酸平衡问题。

在鹅饲粮中添加水解羽毛粉,不影响其生长性能,并能降低饲料成本。但单独饲喂水解羽毛粉,会因羽毛粉中必需氨基酸含量不足造成鹅体内氨基酸不平衡,影响生长速率。饲喂2.5%的水解羽毛粉或4%膨化羽毛粉对樱桃谷肉鸭生长性能没有不良影响,可替代部分蛋白饲料,降低饲料成本。在0~4周龄火鸡饲粮中添加超过5%羽毛粉将导致氮存留率、蛋白质和脂肪消化率线性下降;但在补充赖氨酸、蛋氨酸条件下,羽毛粉用量超过10%也不影响其氮存留率、蛋白质和脂肪消化率。在家禽饲养中,使用羽毛粉作为蛋白饲料时,除要充分考虑羽毛粉的添加量外,如何及时并精准补充赖氨酸、蛋氨酸等限制性必需氨基酸来维持饲料氨基酸平衡也是一个重要考量项。

(六)蚕蛹粉

1.蚕蛹粉概述及营养特性

蚕蛹粉(silkworm pupa meal)是蚕丝工业副产品,是蚕蛹经干燥、粉碎后的成品,蛋白质含量高,达60%以上。含氮物中有4%为几丁质氮,其余为优质的蛋白质;氨基酸含量高且平衡,特别是蛋氨酸、色氨酸(比鱼粉高出1倍)、苏氨酸、组氨酸和异亮氨酸含量高,精氨酸低,适合与其他饲料配伍。脂肪含量高,约20%,能值高。脂肪酸以不饱和脂肪酸为主,能补充必需脂肪酸,营养价值高。不含粗纤维。缺钙,磷丰富。B族维生素丰富,富含核黄素,含量是牛肝的5倍。

2.蚕蛹粉饲用使用注意事项

蚕蛹粉易氧化酸败,不易储存。广泛用于猪、禽等饲粮。但因价格较贵,用量不高,在猪、鸡饲粮中蚕蛹粉的用量应控制在5%以下。用蚕蛹粉喂鱼,易引起鱼产生瘦鳍症和贫血症。

(七)其他昆虫类蛋白

昆虫是最具开发潜力的动物性蛋白饲料资源之一,包括家蝇、黄粉虫等。其中家蝇幼虫(蝇蛆)的鲜样蛋白质含量为15.6%,干物质粗蛋白质含量为60.8%。蝇蛆粉中氨基酸的含量均高于鱼粉,限制性氨基酸蛋氨酸、赖氨酸含量分别是鱼粉的2.7和2.6倍,苯丙氨酸是鱼粉的2.9倍,饲用价值较高。有研究表明,用10%蝇蛆粉饲喂蛋鸡,较10%鱼粉饲喂蛋鸡,产蛋率提高20.3%,饲料报酬率提高15.8%。

黄粉虫成虫、幼虫及蛹的粗蛋白质含量均较高,分别为63.74%、50.98%和56.97%;粗脂肪含量分别为18.2%、33.27%和28.61%。3%~6%鲜黄粉虫替代等量鱼粉饲喂肉鸡,增重速度提高13%,饲料效率提高23%。

蝗虫是一类平均蛋白质含量很高的昆虫,必需氨基酸占总氨基酸的含量可达47.73%,具有成本低效益高的优点。

蚯蚓体内营养丰富,粗蛋白质含量平均为56.6%,最高可达70%,且富含11种氨基酸,其中精氨酸的含量比鱼粉高2~3倍,色氨酸的含量是牛肝的7倍,赖氨酸的含量也高达4.3%,还含有丰富的维生素A、B、E及多种微量元素、激素、酶类、糖类物质。蚯蚓粉由鲜蚯蚓风干或烘干后粉碎制成,用蚯蚓粉喂鸡,增重快,肉质好,产蛋多,效果好于鱼粉。

蜂尸是养蜂业的副产品,蜂尸含有丰富的蛋白质和多种氨基酸,还含有B族维生素及钙、磷、铁、铜、锌等元素。据报道,饲喂产蛋鸡蜂尸粉可提高产蛋率0.8%、饲料报酬率2.1%。

食粪昆虫天虹的饲料营养价值高,体内含丰富的氨基酸、脂肪酸和矿物质。天虹的粗蛋白质含量与大豆相近,精氨酸、赖氨酸和蛋氨酸都较为丰富,分别占18种氨基酸总量的5.76%、7.40%和5.34%,亚油酸含量为4.3%、亚麻油酸含量为12.1%,钙、铁含量高,可替代精饲料喂养畜禽和水生动物。

(八)皮革粉

1.皮革粉概述及营养特性

皮革粉是用鞣制前或鞣制后生产的各种动物的皮革副产品制成的粉状饲料,主要成分是骨胶原蛋白。水解皮革粉中粗蛋白质含量差异较大,变动范围为50%~80%,其中赖氨酸含量较高,但其他氨基酸含量较低,利用率较差,属于低档动物性蛋白质饲料。金属铬含量较高,需与其他优质蛋白质饲料搭配使用。

2.皮革粉饲用价值

一些试验证明,利用皮革粉饲喂蛋鸡、生长鸡、猪等都表现出良好的效果。因此,饲用皮革粉在配合饲料中的使用是可行的,可以替代30%~50%的鱼粉。

(九)肠膜蛋白粉

1.肠膜蛋白粉概述及营养特性

肠膜蛋白粉(dried porcine solubles,DPS)是利用猪小肠黏膜萃取肝素过程的副产物,经过特定的酶处理,浓缩,再以黄豆皮为赋形剂,最后经高温灭菌、干燥等过程制造而成。纯DPS一般为纯白色或者浅黄色粉末状,载体不同,肠膜成品颜色之间有差异。DPS30、DPS50的粗蛋白质含量分别为30%、50%。DPS含有丰富的蛋白质、氨基酸、寡肽、钙、磷、纤维素以及其他一些常量和微量元素,是最新一代动物蛋白肽。断奶仔猪对DPS中氨基酸的消化率非常高,试验数据表明:赖氨酸、苏氨酸、蛋氨酸和色氨酸的标准回肠消化率分别为84.4%、81.1%、86.2%和95.6%。

2.肠膜蛋白粉饲用价值

DPS具有独特的肉腥香味,由于含丰富的味觉刺激肽、风味肽等物质,可增加饲料的适口性,对断奶动物有诱食效果,从而可提高动物的采食量。DPS作为血浆蛋白粉、乳清粉、进口鱼粉等高档蛋白质的替代品,主要用于断奶保育猪的饲粮中。用DPS部分或全部替代乳清粉或血浆蛋白粉,能够在降低成本的同时保持甚至提高断奶仔猪生产性能,增强仔猪机体免疫力,改善仔猪肠道健康。近年来,小肽的营养理论已经逐步得到认可,DPS作为一种高小肽、高消化率的优质蛋白源饲料也逐渐得到重视,具有较为广阔的开发前景。

(十)酪蛋白粉

1.酪蛋白粉概述及营养特性

酪蛋白粉主要由酪蛋白组成,脱脂乳可生产出不同种类的酪蛋白粉,其性质因加工技术不同而有所变化,如酸性酪蛋白(盐酸、乳酸或硫酸沉淀)、共沉酪蛋白和酶凝酪蛋白。常见的酪蛋白饲料原料有乳清蛋白粉、鱼粉、豆粕、蛋白饲料和鸡粉等。

2.酪蛋白粉饲用价值

酪蛋白是动物身体内不可缺少的重要物质,其含有丰富的氨基酸,在畜牧业生产中具有增强动物的抗病能力、促进肠道吸收营养、增强生殖能力等作用。酪蛋白是畜牧业生产中重要的营养素,选择合适的酪蛋白饲料原料,有助于提高畜牧业生产效益。在选择酪蛋白饲料原料时,需要根据动物的需要、环境等因素进行综合考虑,选择营养全面、质量可靠、价格稳定的饲料,保证动物的健康生长。

第三节 单细胞蛋白质饲料

一、单细胞蛋白质饲料概述

单细胞蛋白质(single cell protein,SCP)指的是单细胞或具有简单构造的多细胞生物的菌体蛋白的统称,曾被称为发酵蛋白、生物合成蛋白、生物蛋白、石油蛋白、工业蛋白和菌体蛋白等。主要包括藻类、真菌及非致病性细菌等的蛋白质。单细胞蛋白质饲料的生产设备简单、原料丰富、生产周期短、蛋白质含量高,且质量较好,是一种优质的蛋白质来源。目前有酵母、真菌(除酵母外)、藻类及非病原性细菌四大类SCP可供饲料用。

(一)单细胞蛋白质饲料的营养特性

1. 蛋白质含量

单细胞蛋白质饲料的蛋白质含量通常在16%~85%之间,风干制品中含粗蛋白50%以上,远高于传统饲料。其蛋白质来源丰富,氨基酸组成全面,能满足畜禽生长发育的需求。

2. 蛋白质质量

饲料酵母的粗蛋白质含量一般在40%~80%之间,氨基酸平衡较好,蛋白质生物学价值较高。细菌的蛋白质和含硫氨基酸含量较高,但赖氨酸含量低于酵母。单细胞蛋白质饲料还含有葡聚糖、甘露聚糖和壳多糖等,这些成分可能影响饲料的消化利用。正烷烃酵母的消化率为70%~90%,甲醇细菌的消化率为80%。

3. 维生素和微量元素

单细胞蛋白质饲料富含B族维生素,如硫胺素、核黄素、泛酸、尼克酸等,这些维生素的含量通常超过鱼粉。此外,单细胞蛋白质饲料还含有丰富的矿物元素,包括磷、铁、锰、锌、铜和硒等,其中无机磷含量较高,有利于动物体内的有机物代谢。

4. 添加量与适口性

在饲料中添加3%~5%的单细胞蛋白质饲料通常不会影响动物的生产性能。然而,使用量过高可能会影响适口性。单细胞蛋白质饲料生产过程中可能会受到杂菌污染或积累有毒有害物质,因此在使用时需特别注意。

(二)单细胞蛋白的生产技术

1. 发酵技术

发酵技术是单细胞蛋白生产的核心方法。静态发酵是最传统的发酵方法,适用于一些要求较低的微生物,但其生产效率较低。液体发酵即利用液体培养基进行发酵,是大规模生产单细胞蛋白的主要方法,具有较高的生产效率和较好的可控性。此外,还有利用气体作为主要原料进行的气体发酵方式,适用于特定的微生物种类。气体发酵可以减少废弃物并降低生产成本。

2.藻类培养技术

藻类的培养主要分为开放式培养和封闭式培养两种方式。开放式培养指在池塘等开放环境中进行藻类培养,适合大规模生产,成本低但容易受到环境因素的影响。封闭式培养是利用封闭的光生物反应器进行藻类培养,能够有效控制生长环境,适合高附加值产品的生产。

3.微生物遗传改良

利用现代生物技术对微生物进行遗传改良,以提高单细胞蛋白的生产效率和营养价值。例如,通过基因工程技术改造酵母菌,使其能够更高效地合成蛋白质。

二、单细胞蛋白质饲料分类

单细胞蛋白质来源于真菌、藻类、细菌等,具有高蛋白质含量和良好的营养价值。为了提高微生物的发酵速度,可以通过化学试剂诱变、紫外照射和太空诱变方法使微生物发生基因突变,优化代谢途径,从而提高生产效率。例如使用紫外照射诱变酿酒酵母菌M后,SCP的含量比诱变前提高13.04%。利用太空诱变获得的黑曲霉ZM-8及啤酒酵母YB-6发酵苹果渣玉米秸秆混合料后,产品粗蛋白质含量达28.2%。在应用转基因微生物时,必须明确菌株的改良史、实施诱变的步骤和遗传修饰,保证菌株的生物安全性。

(一)酵母

酵母是单细胞蛋白质生产中最为重要的一类,其生产工艺相对成熟,主要包括发酵、收获、干燥等步骤。常用的酵母种类包括酵母属(*Saccharomyces* spp.)、球拟酵母属(*Torulopsis* spp.)、假丝酵母属(*Candida* spp.)等。这些酵母在发酵过程中能够有效地将碳源转化为大量的蛋白质。酵母的培养条件通常为偏酸性环境(pH 4.5~5.5),这有助于减少污染。其单细胞蛋白质中粗蛋白质含量为45%~60%,赖氨酸含量为5%~7%,"蛋氨酸+胱氨酸"含量为2%~3%。尽管酵母蛋白的适口性不如鱼粉,生物效价也较低,但其蛋白质含量高,仍然是重要的饲料来源。酵母通常有苦味,适口性较差,因此在饲料中添加量一般不超过10%。

(二)真菌

酵母外的其他真菌在SCP生产中也占有一席之地。与酵母和细菌相比,这些真菌蛋白质通常更富含纤维素。真菌主要利用谷物、糖蜜、土豆及纤维类副产物进行生产。常见的真菌种类包括地霉属、曲霉属和根霉属等。真菌蛋白质含量为30%~60%,但缺乏蛋氨酸。去除培养基质后的真菌蛋白营养价值与酵母相似,但在实际应用中,生产和处理过程可能复杂且成本较高。

(三)藻类

微藻是一类形态微小、种类繁多、能够进行光合作用的单细胞或多细胞的生物,广泛分布在海洋、淡水的水生环境中,不仅蛋白质含量高,还含有丰富的氨基酸、碳水化合物、脂质和维生素。藻类的SCP中粗蛋白质含量为40%~50%、粗脂肪含量为10%~20%,是优质的饲料,但生产成本较高。饲粮中添加微藻不仅可改善猪生长性能,还可改善猪肉品质,因此微藻蛋白是一种优质饲用蛋白原料。此外,微藻培养不需要传统作物所需的土地和资源,与陆生作物相比具有蛋白质含量高、品质好、易大规模获取等优势,在新型蛋白饲料资源开发中具有巨大潜力。

微藻种类超过6万种,多为光自养型,少数为异养型和兼性营养型。在自养状态下,微藻生物量积累速度低,严重限制了其规模化利用。微藻异养培养可极大提高生物质积累量,且耗时短、效率高、产物单一,并可通过精准调控异养培养环境因子来实现目标产物的高效生产。但是,目前可异养培养的藻种较少,且工业化生产中需要稳定高品质的藻种,因此需要大量筛选。微藻异养生长需要从外界摄取大量有机碳,主要是糖类、醋酸盐以及有机酸等,其中以糖类居多,较高的碳源成本限制了异养微藻作饲用原料。因此,选育出异养高品质微藻藻种并形成基于非粮生物质的微藻培养技术是实现微藻蛋白饲料规模化利用的基础。

藻类的单细胞蛋白质中粗蛋白质含量为40%~50%,粗脂肪含量为10%~20%,碳水化合物含量为15%~30%,还含有1%~14%的类胡萝卜素。同时,微藻中富含多糖、维生素、牛磺酸、甾醇、矿物质等多种生物活性物质,氨基酸组成也相当丰富,可与常规的植物蛋白质相媲美。此外,微藻还可以从头合成多种多不饱和脂肪酸,提供有益于动物健康的功能性脂肪酸。因此,微藻作为新型的优质饲料原料,具有丰富的营养价值和广大的开发潜能,但生产成本较高。目前常用的有小球藻、螺旋藻等。小球藻是一种相对容易培养的球形单细胞藻类。小球藻含有丰富的微量元素,尤其是小球藻生长因子,其可以增强水产养殖动物的免疫力,提高采食量。研究发现大口黑鲈饲粮中添加15.03%~15.43%的小球藻粉替代31.7%~32.6%的鱼粉可以获得最好的生长效果,但是大口黑鲈对小球藻的蛋白质表观消化率(87.38%)低于鱼粉(92.62%),这可能是由于小球藻的细胞壁较厚,不易被动物消化吸收所致。螺旋藻是一种常见的商业生产的微藻,有特殊的色素蛋白藻蓝蛋白,还含有叶黄素和β-胡萝卜素。凡纳滨对虾日粮中添加30%的螺旋藻粉替代75%的鱼粉不影响生长,并可增加血浆中白细胞数量。尼罗罗非鱼日粮中可添加39%的螺旋藻粉替代75%的鱼粉,且添加量为19%时,提升了其特定生长率和饲料效率。

(四)非致病性细菌

细菌是生产SCP的重要来源,其蛋白质含量高达80%,含有必需氨基酸、维生素、磷脂和其他功能分子,其中蛋氨酸含量高于藻类和真菌SCP,可达到3%。用于生产SCP的非致病性细菌包括芽孢杆菌属(*Bacillus* spp.)、甲烷极毛杆菌属(*Methylophilus* spp.)、氢极毛杆菌属(*Hydrogenomonas* spp.)、扭脱甲基杆菌(*Methylorubrum extorquens*)、荚膜甲基球菌(*Methylococcus capsulatus*)、类球红细菌(*Rhodobacter sphaeroides*)、海洋阿菲夫氏菌(*Afifella marina*)和产氨棒杆菌(*Corynebacterium ammoniagenes*)等。

芽孢杆菌属常用于发酵生产,蛋白质含量较高,其在饲料中的应用较广泛,能够利用植物性原料进行生长。而甲烷极毛杆菌属以及氢极毛杆菌属可以利用石油衍生物(如甲醇、乙醇)进行繁殖。此外,一些细菌可以利用工业尾气(如氨气、一氧化碳和二氧化碳)发酵生产蛋白,生产过程所消耗的时间、土地和水资源较少,并且可以去除温室气体和工业废弃物,是可持续的蛋白质来源。非致病性细菌的单细胞蛋白质生产具有较高的蛋白质含量和生物质积累速度,但需要注意控制培养环境,以避免杂菌污染和有害物质的积累。

第四节 非蛋白氮

一、非蛋白氮概述

凡含氮的非蛋白可饲物质均称为非蛋白氮(NPN)饲料。包括尿素及其衍生物类,如缩二脲、异丁基双脲、脂肪酸脲、羧甲基纤维素尿素、磷酸脲等;氨态氮类,如液氨、氨水等;铵盐类,如硫酸铵、氯化铵、乳酸铵等;肽类及其衍生物等。NPN不能为动物提供能量,其作用是供给瘤胃微生物合成蛋白质所需的氮源,因此NPN是反刍动物的重要氮源之一,在生产实践中经常使用的是尿素和磷酸脲。科学合理地使用NPN,不仅可以保障反刍动物的生产性能和机体健康,更能够大幅度地降低生产成本,减少豆粕使用量,提高生产效益。

动植物体中的NPN包括游离氨基酸、酰胺类、含氮的糖苷和脂肪、生物碱、铵盐、硝酸盐、甜菜碱、胆碱、嘧啶和嘌呤等。迅速生长的牧草、嫩干草的NPN含量约为总氮的1/3。新鲜饲用玉米只含10%~20%NPN,青贮后可上升到50%。块根、块茎含NPN可高达50%。干草、籽实及加工副产物含NPN都较少,成熟籽实的NPN不到5%。在生产实践中常用的NPN为尿素。

二、非蛋白氮分类

(一)尿素

尿素一般为白色颗粒状,有轻微氨味。根据国家标准《饲料添加剂 第6部分:非蛋白氮 尿素》(GB 7300.601—2020)相关要求:饲料级尿素添加剂,氮含量不低于46.0%。

尿素在瘤胃内降解速度较快,过量添加或者日粮搭配不合理时,则可能对生产造成一定负面影响。瘤胃微生物合成微生物蛋白,不仅需要氮源,而且也需要充足的能量供给。因而,不合理使用尿素时,快速释放的氨易超出反刍动物有效利用水平,进而可能引起血氨过高和氨中毒等负面影响,因而缓释尿素的开发及应用逐渐增加。缓释尿素是指通过物理或化学等方法,降低尿素分解释放氨速度的尿素产品。缓释尿素在瘤胃中释放氨速度较慢,可有效降低瘤胃氨浓度的峰值。缓释尿素主要包括:①传统的缓释尿素,如尿素舔砖、糊化淀粉尿素以及膨润土尿素等;②化学反应合成的尿素衍生物,如磷酸脲、羟甲基脲素等;③包被尿素,即采用安全性高、缓释效果好的包被材料包裹尿素而形成的尿素产品。虽然缓释尿素释放速度慢,但缓释效果受加工工艺、包被材料等因素影响较大,仍需进一步完善。目前,缓释尿素产品效果并不稳定,包被材料相对单一,且没有相应的产品评价体系和添加标准,不利于缓释尿素的实际推广应用。

(二)磷酸脲

磷酸脲是一种白色或无色透明的结晶体,易溶于水,水溶液呈弱酸性,可作为优良的NPN饲料添加剂,主要为反刍动物提供磷和氮两种元素。农业行业标准《饲料级 磷酸脲》(NY/T 917—2004)中指出:饲料级磷酸脲,一级产品总磷不低于19.0%,总氮不低于17.0%;二级产品总磷不低于18.5%,总氮不低于16.5%。

磷酸脲分解的过量的氨可以被磷酸中和,降低了氨的浓度,因此毒性比尿素小,可以有效避免氨中毒。磷酸脲能够改善肉质,可用作家畜的饲料添加剂。在牛、羊饲料中添加100 g/d或1%磷酸脲,具有增乳和增重的作用。濮永华等研究发现,磷酸脲对肉鸡具有增重作用,且无副作用。在谷物饲料或蛋白质浓缩物中均匀混合磷酸脲,是喂养反刍动物的最简单方法。奶牛上使用的浓缩饲料通常包含12%~20%的粗蛋白质,其中磷酸脲的含量通常为1%~2%,可以代替相同质量的日粮氮或蛋白质中的氮。

三、非蛋白氮的饲用价值

以尿素为例,白色结晶,无臭,味微咸苦,易溶于水,吸湿性强。水解后释放出刺鼻的氨。尿素含氮量为46%,每千克尿素含氮量相当于2.8 kg蛋白质含氮量,相当于6.25 kg豆粕(按豆粕粗蛋白质水平46%计算)含氮量。在配合饲料中,可使用部分尿素(1%添加水平)或磷酸脲(1.8%添加水平)替代豆粕。用适量尿素取代牛、羊饲粮中蛋白质饲料,可以降低成本。

反刍动物体内存在的尿素循环,是反刍动物可以使用部分NPN的关键原因。该循环也是日粮中瘤胃可降解蛋白质的重要利用方式,可通过这种方式提高日粮氮的利用率。反刍动物可利用尿素等非蛋白氮作为蛋白质的来源,非蛋白氮在反刍动物瘤胃内被细菌转化为菌体蛋白,再被微生物分解产生氨基酸、肽、氨等物质。其中,一部分氨被微生物利用并合成微生物蛋白;另一部分则通过瘤胃上皮进入血液,通过门静脉进入肝脏,并在肝脏中合成尿素。合成的尿素大部分经肾脏从尿液中排出,少部分通过肾脏重吸收进入血液循环,还有一部分则由肝脏再次进入血液循环,并通过瘤胃上皮或者唾液分泌的方式进入到瘤胃中,被微生物利用。

四、非蛋白氮的用法与用量

动物的种类或品种、生长阶段以及所处的环境等因素均会影响动物对养分需求量。对于反刍家畜来说,不同种类和生长阶段、不同生长或生产性能动物对蛋白质的需求量相差较大。

对猪、禽等单胃动物,NPN基本上没有利用价值。NPN仅在成年公猪饲喂低蛋白质饲粮时有一定作用。非反刍草食动物中能利用NPN的微生物位于盲肠,而尿素等NPN通常在小肠就被降解成NH_3而吸收入血,在肝脏重新转化为尿素,大部分则随尿排出体外,仅少数经血液循环到达盲肠或结肠。非反刍草食动物对NPN的利用与其能否接触微生物有关。兔等具有食粪癖的非反刍草食动物,能有效地利用NPN;马利用NPN的可能性小,但采食低蛋白日粮情况下,也可能通过食粪而增加体内氮储留。

一般牛羊NPN不超过日粮中总氮的35%。按氮等价计算,尿素的用量不能超过蛋白质需要量的1/3。尿素一般占混合精料2%~3%,占日粮干物质的1.0%~1.5%,不超过2%。对肉牛和乳牛,饲喂量为每头每日150~300 g,绵羊和山羊为2~30 g。为更好地利用尿素,在添加尿素过程中应注意以下几点:

①不要将尿素等放在饮水中饲喂;避免将NPN与含脲酶活性高的饲料搭配使用,如生大豆粕;添加尿素等NPN前,需经过5~7 d的过渡期。

②瘤胃内必须有一定量的碳水化合物,作细菌生长、繁殖所需的碳源。补加一定量易消化的碳水化合物可刺激瘤胃微生物活动而促进尿素氮的利用。

③饲粮中应有一定比例的蛋白质。一般认为,添加尿素的日粮中蛋白质含量应以10%~12%为宜。如蛋白质含量在11%时,尿素利用率高达70%左右。

④补加微量元素钴和硫。钴是动物蛋白质代谢过程中起重要作用的维生素B_{12}的组成元素。若缺钴,维生素B_{12}合成缓慢,会影响饲料中含氮物质的利用。硫是瘤胃细菌合成蛋氨酸、胱氨酸等所需的原料。

本章小结

随着社会的快速发展,人们对优质畜产品的需求不断增加,蛋白质是动物生产必不可少的物质,是动物组织组成的原料,参与机体各项生理活动,因此优质的蛋白质资源是畜牧业可持续发展的必要保障。本章节详细介绍了植物性蛋白质饲料(豆类籽实、豆粕、谷物加工副产物及糟渣类等)、动物性蛋白质饲料(鱼粉、肉骨粉、血粉等)、单细胞蛋白质饲料(酵母、微藻、真菌等)和非蛋白氮等不同类型蛋白质饲料的营养特性和饲用价值。通过充分了解蛋白质饲料的营养特性,合理利用好蛋白质饲料,开发新型非粮蛋白饲料资源,对缓解我国蛋白质饲料紧缺的现状具有重要意义。本章知识点为蛋白质饲料的高效利用与开发提供了理论基础。

拓展阅读

扫码进行数字资源的获取和学习。

数字资源

[思政课堂]

最大限度压减饲料粮需求、减少饲用豆粕用量,2018年以来,农业农村部深入实施饲用豆粕减量替代行动,聚焦"提效节粮、开源替代",在需求端压减豆粕用量,在供给端增加替代资源供应,供需两端同向发力。2023年,农业农村部制定印发了《饲用豆粕减量替代三年行动方案》,在饲料和养殖行业全面实施提效、开源、调结构的技术措施,大力推广低蛋白日粮技术,充分挖掘利用国内可用蛋白饲料资源,想方设法增加优质饲草供应,强化技术集成、试点示范、标准引领,实现"降蛋白、提效率、减豆粕、挖资源",持续推进牛羊养殖增草节粮。组织实施《"十四五"全国饲草产业发展规划》,积极挖掘耕地、农闲田、盐碱地等土地资源种草潜力。各地通过实施"粮改饲""振兴奶业苜蓿发展行动"等项目,大力发展青贮玉米、苜蓿等优质饲草生产,提高牛羊养殖中优质饲草饲喂比重,推动增草节粮。截至2023年12月上旬,粮改饲项目已收储优质饲草6840万t,同比增长5%,青贮玉米亩均产量同比提高10%,可减少牛羊精饲料消耗近1500万t。

复习思考

1. 蛋白质饲料的主要来源有哪些?营养价值有何特性?
2. 不同蛋白质饲料的氨基酸组成有何差异?为什么氨基酸对动物的生长和发育至关重要?
3. 动物饲料中蛋白质的消化和吸收过程是怎样的?
4. 蛋白质饲料资源的质量如何评估?有哪些常用的评价指标?
5. 谈谈植物性蛋白质饲料和动物性蛋白质饲料的区别和优劣势。

6.蛋白质饲料有哪些抗营养因子?
7.如何提高蛋白质饲料的利用效率?
8.针对反刍动物,蛋白质饲料的选择和管理有哪些特殊考虑?
9.谈谈蛋白质饲料对环境的影响,如何在饲料生产和利用过程中实现可持续性发展。
10.是否能通过基因编程、生物技术等对蛋白质饲料性能进行改进?

第十章

矿物质饲料

本章导读

矿物元素是构成动物体组织的原料,也是维持机体酸碱平衡和正常渗透压的必要条件,在动物的正常生长和繁殖过程中发挥着重要的生物学功能。矿物质饲料原料以化合物的形式,提供一种或多种矿物元素。不同动物对矿物质的需要量有所差异。随着畜禽规模化养殖和集约化管理的实施,常规的基础饲粮不能满足动物需求,需要加强矿物质饲料的科学供应,在保证动物正常发育与生产的同时,避免因矿物质过量或缺乏导致疾病。

学习目标

1. 掌握矿物质饲料的概念和种类,了解矿物元素的分类、生理功能和缺乏症。
2. 掌握常用矿物质饲料的营养特性以及动物矿物质营养需要量。
3. 能够在饲料配方设计、饲料加工及动物生产过程中正确使用矿物质饲料。

概念网络图

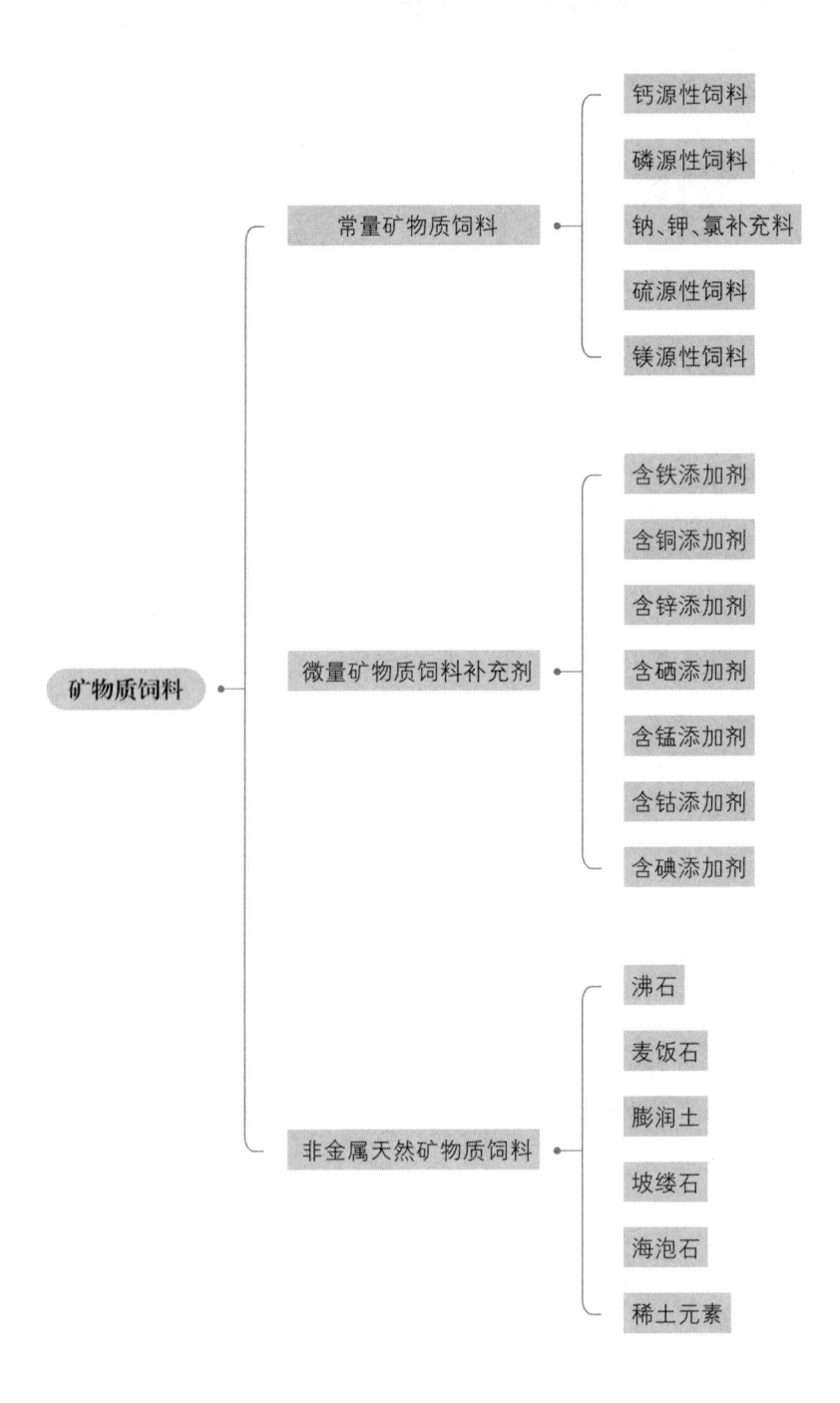

矿物质饲料
- 常量矿物质饲料
  - 钙源性饲料
  - 磷源性饲料
  - 钠、钾、氯补充料
  - 硫源性饲料
  - 镁源性饲料
- 微量矿物质饲料补充剂
  - 含铁添加剂
  - 含铜添加剂
  - 含锌添加剂
  - 含硒添加剂
  - 含锰添加剂
  - 含钴添加剂
  - 含碘添加剂
- 非金属天然矿物质饲料
  - 沸石
  - 麦饭石
  - 膨润土
  - 坡缕石
  - 海泡石
  - 稀土元素

对动物生理过程和体内代谢必不可少的矿物元素称为必需矿物元素。饲料工业所指的矿物质饲料主要指补充常量元素的饲料原料，补充微量元素的饲料原料一般被列为饲料添加剂中的营养性添加剂。各种饲料原料中含有的矿物质可在一定程度上满足动物的营养需要，一般以动物需要量与基础饲料中的含量之差计算矿物质饲料的添加量，对于动物需求量较少的一些微量元素，以动物需求量或适宜供给量作为添加量，而将其在基础饲料中的含量忽略不计。常量矿物质饲料包括钙源性饲料，磷源性饲料，钠、钾、氯补充料，镁源性饲料和硫源性饲料等。微量元素饲料补充剂包括各种微量元素的无机盐、有机螯合物或络合物等。一些天然的非金属矿物质，如沸石、膨润土等常作为饲料生产过程中的载体、稀释剂等使用，为了降低成本，也可以作为矿物质饲料使用。天然矿物质含有一定含量的铅、汞、砷、氟等，使用时应注意其可利用性、添加剂量及卫生标准限量规定。

第一节 常量矿物质饲料

一、钙源性饲料

常用的钙源性饲料有天然含钙矿物质及化工合成的钙盐等，如石灰石粉、碳酸钙、磷酸氢钙、熟石灰、贝壳粉、蛋壳粉、石膏等。葡萄糖酸钙、乳酸钙等有机钙源性饲料利用率高，但价格较高，多用于特种动物饲料或液体饲料。常见的矿物质饲料中钙磷含量见表10-1。

表10-1 几种常见矿物质饲料中的钙磷含量

名称	钙含量/%	磷含量/%
贝壳粉	38.1	—
牡蛎壳粉	39.23	0.23
蛋壳粉	37.0	0.15
石灰石粉(石粉)	37.0	0.02
白云石	21.20	—
骨粉(风干)	21.84	11.25
蒸骨粉	30.5	14.30
磷酸钙(脱氟)	27.91	14.38

续表

名称	钙含量/%	磷含量/%
过磷酸钙	17.12	26.45
磷酸氢钙	>21.0	>16.0
碳酸钠	—	22.5

(一)石灰石粉

又称石粉,是主要的钙源饲料。含碳酸钙($CaCO_3$)95%以上,含钙38%以上。一般由天然碳酸盐矿物或岩石(方解石、大理石、石灰石等)直接粉碎而制成,来源广泛,价格低廉。使用时应注意其粒度以中等为宜。一般猪为0.5~0.7 mm,禽为0.6~0.7 mm,蛋鸡为1.5~2.0 mm。较粗的粒度有助于保持血液中的钙浓度,满足形成蛋壳的需要,增加蛋壳强度,减少蛋的破损率,但过粗的粒度影响饲料的混合均匀度。饲料原料石粉质量技术指标见表10-2。

表10-2 饲料原料石粉质量技术指标

项目	指标
水分/%	≤1.0
碳酸钙($CaCO_3$)/%	≥95
钙(Ca)/%	≥38.0
盐酸不溶物/%	≤0.2

石粉的用量依据动物的种类和生长阶段而定,一般畜禽配合饲料中用量为0.5%~2.0%,蛋鸡和种鸡料可达7.0%~7.5%,过量使用影响饲粮钙、磷平衡,降低养分消化率。蛋鸡料中石粉过量时,蛋壳上附着一层薄薄的细粒,影响蛋的合格率。肉鸡料中石粉过量可使肉鸡体内生成尿酸盐,过多后沉积而引发炎症,甚至形成结石,损伤肾脏功能。

(二)磷酸钙类

磷酸钙类是配合饲料中普遍使用的钙、磷补充饲料,包括磷酸氢钙、磷酸钙、磷酸二氢钙、过磷酸钙、重过磷酸钙等,磷酸氢钙应用最广泛。

磷酸氢钙,也称磷酸二钙、沉淀磷酸钙,为白色或灰白色粉末或粒状产品,微溶于水,性质稳定,含钙21%以上,磷16%以上。磷酸氢钙有无水盐($CaHPO_4$)和二水盐($CaHPO_4 \cdot 2H_2O$)两种形态,通常以二水合物的形式存在,钙、磷利用率较高。饲料级磷酸氢钙质量标准如表10-3所示。

表10-3 饲料级磷酸氢钙质量标准

项目	指标 I型	指标 II型	指标 III型
总磷(P)/%	≥16.5	≥19.0	≥21.0
枸溶性磷(P)/%	≥14.0	≥16.0	≥18.0
水溶性磷(P)/%	—	≥8.0	≥10.0

续表

项目	指标		
	Ⅰ型	Ⅱ型	Ⅲ型
钙（Ca）/%	≥20.0	≥15.0	≥14.0
氟（F）/(mg/kg)		≤1800	
砷（As）/(mg/kg)		≤20	
铅（Pb）/(mg/kg)		≤30	
镉（Cd）/(mg/kg)		≤10	
铬（Cr）/(mg/kg)		≤30	
游离水分/%		≤4.0	
细度（粉末状，通过0.5 mm试验筛）/%		≥95	
细度（粉末状，通过2.0 mm试验筛）/%		≥90	

参考GB 22549—2017。

磷酸钙，俗称磷酸三钙，白色无臭粉末，化学性质稳定，不溶于水。其形态有一水盐[$Ca_3(PO_4)_2 \cdot H_2O$]和无水盐[$Ca_3(PO_4)_2$]两种。一水磷酸钙的磷、钙含量分别为18.9%、36.6%。无水磷酸钙的磷、钙含量分别为20.0%、38.7%。磷酸钙常用磷酸废液生产，成本相对低廉，但水溶性、生物利用率均不如磷酸氢钙和磷酸二氢钙。

磷酸二氢钙，也称磷酸一钙，多为一水盐[$Ca(H_2PO_4)_2 \cdot H_2O$]，吸湿性强，易溶于水，利用率高于磷酸氢钙和磷酸钙。含磷24.6%，钙15.9%，由于磷高钙低，主要应用于水产动物饲料，亦适于牛液体饲料、乳猪料等价值较高的饲料。饲料级磷酸二氢钙质量标准见表10-4。

表10-4　饲料级磷酸二氢钙质量标准

项目	指标	项目	指标
Ca/%	≥13.0	Pb/(mg/kg)	≤30
总P/%	≥22.0	pH（2.4 g/L溶液）	3~4
水溶性P/%	≥20.0	游离水分/%	≤4.0
F/(mg/kg)	≤1800	细度（通过0.5 mm试验筛）/%	≥95.0
As/(mg/kg)	≤20		

参考GB 22548—2017。

其他的钙源性饲料还有白云石、方解石、白垩石等。其中，白云石是钙与镁的来源，镁含量过高影响动物对钙的吸收，镁含量过高的白云石应避免作为产蛋鸡日粮中钙的来源。

（三）贝壳粉、蛋壳粉

贝壳粉是由牡蛎壳、蚌壳、蛤蜊壳等经清洗、除杂、加工、粉碎而成，多呈灰白色、灰色、灰褐色，品质好的贝壳粉杂质少，呈白色粉状或片状。贝壳粉主要成分为碳酸钙，含钙33%~35%。蛋壳粉是禽蛋加工厂或孵化厂废弃的蛋壳,经干燥灭菌、粉碎而得,含钙约34%,磷0.09%,粗蛋白质7%,利用率高。贝壳粉和蛋壳粉中含有少量的有机物,加工时应进行高温处理,防止微生物滋生。

(四)石膏

石膏分为天然石膏粉碎后的产品和化学合成产品,主要成分为硫酸钙($CaSO_4 \cdot 2H_2O$,$CaSO_4 \cdot H_2O$),含钙20%~23%,含硫16%~18%,是钙、硫的良好来源。石膏生物利用率高,饲料中的用量一般为1%~2%。化学合成产品来源于磷酸工业的副产品,因氟、砷、铅等含量高,品质较差。

(五)骨粉

骨粉是钙、磷补充饲料,主要成分为磷酸钙[$Ca_3(PO_4)_2$],钙、磷比例为2:1左右。按加工方法分为生骨粉、煮骨粉、蒸骨粉、脱胶骨粉、焙烧骨粉等,一般在猪、鸡饲料中的添加量为1%~3%。脱脂、脱胶不完全的骨粉中含有一定量的脂肪和蛋白质,易腐败变质,产生异臭,不宜久存。

二、磷源性饲料

磷源性饲料除磷酸钙类、骨粉以外,还包括磷酸钾类、磷酸钠类及其他磷酸盐等。磷酸钠、磷酸氢钠的磷含量高,溶解性好,生物学效价高,但价格较贵,一般用于水产饲料。不含钙的磷源性饲料可用于高钙、低磷饲料的调整,不会改变钙的含量。几种常见的含磷饲料成分见表10-5。

表10-5 几种含磷饲料的成分

含磷矿物质饲料	磷/%	钙/%	钠/%
磷酸二氢钠 NaH_2PO_4	25.80	—	19.15
磷酸氢二钠 Na_2HPO_4	21.81	—	32.38
二水磷酸氢钙 $CaHPO_4 \cdot 2H_2O$	18.97	24.32	—
磷酸氢钙 $CaHPO_4$(化学纯)	22.79	29.46	—
过磷酸钙 $Ca(H_2PO_4)_2 \cdot H_2O$	26.45	17.12	—
磷酸钙 $Ca_3(PO_4)_2$	20.00	38.70	—
脱氟磷灰石	14.00	28.00	—

磷酸铵含磷23%以上,价格低于磷酸钠和磷酸氢钠,常用于水产饲料,也作为反刍动物的非蛋白氮来源,其所含的氮量换算成粗蛋白质后在饲粮中不可超过2%。对于非反刍动物仅作为磷源使用,且要求其含的氮换算成粗蛋白质后在饲粮中不可超过1.25%。骨粉中的磷为生物富集磷,优质骨粉磷含量在11%以上。饲料用骨粉质量指标见表10-6。

表 10-6 饲料用骨粉质量指标

项目	指标
总磷/%	≥11.0
粗脂肪/%	≤3.0
水分/%	≤5.0
酸价(KOH)/(mg/g)	≤3

参考 GB/T 20193—2006。

三、钠、钾、氯补充料

钠、钾、氯主要存在于动物的体液和软组织中,与磷酸盐、碳酸氢盐等一起维持体液渗透压和电解质的平衡。动物补充钠、钾、氯主要使用食盐和氯化钾,碳酸氢钠、氯化钾是常用的电解质补充来源。

(一)食盐

食盐的主要成分是氯化钠(NaCl),还含有少量的钙、镁、硫等杂质。粗盐中氯化钠含量约95%,精制食盐含氯化钠99%以上。食盐可维持体液渗透压和酸碱平衡、刺激唾液分泌并参与胃酸的形成,还具有提高饲料适口性、增强动物食欲的作用。配合饲料食盐的添加量约为0.2%~0.5%,反刍动物和草食动物中的添加量高于猪,猪高于禽。家禽饲粮中食盐过多或混合不均匀易引起中毒。植物性饲料尤其是牧草中钠、氯的含量较少,钾含量丰富,放牧家畜应注意补充食盐。

(二)碳酸氢钠

碳酸氢钠($NaHCO_3$)俗名小苏打,不含氯,能平衡饲料中钠和氯水平,具有提高动物食欲、促进动物消化、健胃消食的功效。常作为反刍动物的瘤胃缓冲剂以调节瘤胃pH,维护瘤胃微生物的正常活动,防止精料采食过多造成的代谢性疾病。配合饲料中的添加量一般为0.1%~0.2%。

(三)硫酸钠

硫酸钠(Na_2SO_4)又名芒硝,是优质的钠、硫来源,含钠32%以上,含硫22%以上,生物利用率高,在家禽饲粮中添加有利于羽毛的生长发育,防止啄羽癖。配合饲料中使用L-盐酸赖氨酸、氯化胆碱、氯化钴等常导致饲料产品中氯多钠少,硫酸钠不含氯而含钠,补钠时不会增加氯含量,有利于维持动物体内钠和氯的平衡。硫酸钠有轻泻作用,一般用量不应超过0.5%。反刍动物日粮中添加硫酸钠时要注意维持适宜的氮硫比(10:1~12:1)。

(四)氯化钾

氯化钾(KCl)可提供钾离子,补充电解质并保持电解质的平衡。高温季节添加适量的氯化钾可减少热应激,保证动物的正常生长。

四、硫源性饲料

硫是合成硫酸软骨素、牛磺酸、胱氨酸、生物素和硫胺素的原料,瘤胃微生物能利用氨、糖类和无机硫合成含硫氨基酸。硫的主要来源是蛋白质饲料和含硫氨基酸(蛋氨酸、胱氨酸),部分来源于杂环化合物生物素、硫胺素等。适当补充无机硫可满足动物对含硫氨基酸的需要,常用的有硫酸钠、硫酸钾、硫酸镁、硫酸钙等。

五、镁源性饲料

镁参与骨骼形成和肌肉收缩,是体内多种酶的激活剂,也是瘤胃微生物正常活动所必需的元素。饲料中镁含量丰富,一般不需额外添加,泌乳奶牛每天采食12~14 kg干青草可满足其对镁的需要。早春季节牧草中镁的利用率低,放牧家畜易患"牧草僵直症",表现为神经过敏、面部肌肉痉挛、蹒跚与惊厥。补镁常用氧化镁、碳酸镁、氯化镁和硫酸镁等。氧化镁、碳酸镁对反刍动物的生物效价优于硫酸镁。饲料添加剂硫酸镁技术指标见表10-7。镁盐有致泻作用,大剂量使用会导致腹泻。

表10-7 饲料添加剂硫酸镁技术指标

项目	指标	
	一水硫酸镁($MgSO_4·H_2O$)	七水硫酸镁($MgSO_4·7H_2O$)
硫酸镁($MgSO_4$)/%	≥94.0	≥99.0
镁(Mg)/%	≥16.5	>9.7
总砷(As)/(mg/kg)	≤2	
汞(Hg)/(mg/kg)	≤0.2	
铅(Pb)/(mg/kg)	≤2	

参考GB 32449—2015。

第二节 微量元素饲料补充剂

含有微量元素的化合物有无机盐类、有机微量元素及缓释微量元素等。无机盐类包括常用微量元素的硫酸盐、碳酸盐、氧化物及氯化物等,以硫酸盐类为主。无机盐类价格便宜,吸收率低,添加量大,容易造成饲料中维生素、酶制剂和脂肪等成分被氧化破坏。有机微量元素的剂型包括金属有机酸络(螯)合物、金属氨基酸络(螯)合物、金属多糖络合物、金属蛋白盐等,生物利用率高,添加量少,在防治疾病、抗应激、改善畜禽繁殖性能等方面有着特殊作用,但成本较高,多用于幼龄动物或特殊生长阶段的动物饲粮中。缓释微量元素是通过包膜、包被等处理达到缓释效果,能提高利用率,减少添加量,降低对饲料营养成分的破坏作用。

一、含铁添加剂

铁参与造血、氧的运输、生物氧化等诸多生理过程,铁缺乏易导致动物贫血、食欲减退、生长发育受阻。补铁常用亚铁盐类(硫酸亚铁、氯化亚铁、碳酸亚铁等)和有机铁等。亚铁盐生物利用率高,最常用的是硫酸亚铁。七水硫酸亚铁($FeSO_4 \cdot 7H_2O$)成本低,容易吸湿潮解,稳定性较差。一水硫酸亚铁($FeSO_4 \cdot H_2O$)性质稳定,流动性好,不易结块,应用较多。有机铁如柠檬酸铁、葡萄糖酸铁、富马酸亚铁、氨基酸螯合铁等生物利用率高,加工性能优于硫酸亚铁,但价格较高,常用于幼畜日粮。

二、含铜添加剂

铜是动物机体多种金属酶的组成部分,参与维持铁的正常代谢和成骨过程,影响造血功能、血管发育、被毛生长及繁殖机能。常用的添加剂有含铜盐类、氧化铜和有机铜(葡萄糖酸铜、氨基酸螯合铜)等。

硫酸铜生物学效价高,成本低,应用最为广泛。五水硫酸铜($CuSO_4 \cdot 5H_2O$)为蓝色无味结晶或结晶性粉末,含0~1个结晶水的硫酸铜为青白色、无味粉末,由五水硫酸铜脱水制得。氧化铜价格便宜,对饲料中其他营养成分的破坏性较小,加工方便,但对猪、鸡的生物学效价低于硫酸铜。

三、含锌添加剂

锌是动物体内的20多种酶的组成部分或激活剂,与皮毛生长、骨骼发育、繁殖机能及心血管系统功能相关。含锌添加剂有锌盐、氧化锌及有机锌(醋酸锌、乳酸锌、氨基酸螯合锌)等。硫酸锌水溶性好,吸收率高,生物学效价高,是评价其他锌源生物学利用率的参照标准。氧化锌稳定性好,不易结块、变性,加工特性好,成本低,在预混料和配合饲料中对其他活性物质无影响,应用广泛。氨基酸螯合锌常用于幼龄动物和高产家畜日粮,蛋氨酸锌化学稳定性和生化稳定性好,应用较多。

四、含硒添加剂

硒是谷胱甘肽过氧化酶的组成部分,参与机体的抗氧化作用。牛、羊缺硒主要表现为白肌病,以骨骼肌、心肌变性和坏死为主要特征。作为饲料添加剂使用的硒化合物有亚硒酸钠(Na_2SeO_3)、硒酸钠(Na_2SeO_4)和氨基酸螯合硒等,在饲料中以硒预混料的形式添加,且日粮中含硒量不得高于0.2 mg/kg。亚硒酸钠为无色结晶性粉末,在500~600 ℃以下时稳定,生物学效价高于硒酸钠,应用最为广泛。

硒是剧毒元素,各类畜禽对硒的最大耐受量(以日粮为基础)均为2 mg/kg。使用时应注意不得超量添加,以防中毒。

五、含锰添加剂

锰作为酶的组成成分和激活剂参与营养物质的代谢过程,影响动物的生长、繁殖、骨骼形成和蛋壳质量。硫酸锰和氯化锰水溶性好,生物利用率高,应用较多。有机锰源有乙酸锰、柠檬酸锰、蛋氨酸锰等。

六、含钴添加剂

钴是维生素B_{12}的组成成分,添加含钴化合物主要为反刍动物瘤胃微生物合成维生素B_{12}提供原料,维持瘤胃微生物区系平衡和动物正常的消化功能。

作为饲料添加剂的钴盐有氯化钴、硫酸钴、碳酸钴、硝酸钴、乙酸钴、葡萄糖酸钴等,以一水氯化钴、六水氯化钴的应用最广泛。各种钴盐都易被动物吸收,生物效价相似。

七、含碘添加剂

碘在动物体内的主要生物学功能是通过合成甲状腺激素发挥促进生长发育、调节新陈代谢等作用。含碘化合物主要有碘化钾、碘酸钾和碘酸钙等,其中碘化钾生物利用率高,但稳定性较差,碘酸钙不易潮解,生物利用率和稳定性较好。

第三节 非金属天然矿物质饲料

非金属天然矿物质一般指黏土矿物,是构成黏土岩、土壤的主要矿物组分,如沸石、麦饭石、高岭石、蒙脱石、伊利石等,来源广泛,价格低廉。它们大多为具有层状构造的含水铝硅酸盐(海泡石、坡缕石为层链状结构),微孔结构中含有的金属阳离子和水分子可被其他极性分子置换,析出营养元素供机体利用。同时微孔结构比表面积大,具有承载、吸附、黏结等作用,常作为载体、稀释剂使用。非金属天然矿物质饲料除应符合《饲料卫生标准》(GB 13078—2017)的规定外,还应符合其自身卫生标准的要求。

一、沸石

天然沸石有40余种,使用价值较高的有斜发沸石和丝光沸石等。沸石大都呈三维硅氧四面体及三维铝氧四面晶体格架结构,晶体内部具有许多孔径均匀一致的孔道和内表面积大的孔穴,孔道和孔穴的体积占沸石总体积的50%以上,比表面积(500~1000 m²/g)、孔容较大。在消化道内,沸石可吸附NH_3、CO_2及某些细菌毒素、霉菌毒素等,降低其毒性作用。饲料级沸石粉理化指标见表10-8。

表10-8 饲料级沸石粉理化指标

项目	指标 一级	指标 二级
吸氨量/(mmol/100 g)	≥100.0	≥90.0
干燥失重(质量分数)/%	≤6.0	≤10.0
砷(As)(质量分数)/%	≤0.002	
汞(Hg)(质量分数)/%	≤0.000 1	
铅(Pb)(质量分数)/%	≤0.002	
镉(Cd)(质量分数)/%	≤0.001	
细度(通过孔径为0.9mm试验筛)/%	≥95.0	

参考GB/T 21695—2008。

二、麦饭石

麦饭石是一种天然的中酸性火山岩矿物，有斑点状花纹，呈不规则团块状或块状，表面粗糙不平，略似麦饭团而得名。我国麦饭石资源丰富，山东蒙阴、内蒙古奈曼旗、天津蓟州、辽宁阜新、浙江四明山、江西赣南、台湾台东等地所产的麦饭石石质较好，已大量开发应用。

麦饭石的主要化学成分是硅铝酸盐，以二氧化硅（SiO_2）和三氧化二铝（Al_2O_3）为主，二者含量约占麦饭石的80%左右，还含有Fe_2O_3、FeO、MgO、CaO、K_2O、Na_2O、TiO_2、P_2O_5、MnO等。经水浸泡后的麦饭石可溶出K、Na、Ca、Mg、Cu、Zn、Fe、Se等几十种元素。麦饭石中Al_2O_3的含量影响麦饭石的吸附性能和双向调节pH特性。Al_2O_3是一种两性氧化物，在水溶液中与碱（OH^-）反应降低pH，与酸（H^+）反应提高pH，从而具有双向调节pH的功能。麦饭石对水中的氯、硝氮、氟化物及铅、汞、镉等重金属有一定的吸附作用，还可吸附氧化钙、硫酸钙、碳酸钙、氢氧化镁等水锈成分，可用于水质净化和污水处理。

三、膨润土

膨润土（bentonite）也称斑脱岩、皂土、膨土岩等，我国产地较多，辽宁、黑龙江、吉林、河北、河南、浙江等地都有产出。膨润土的主要成分为蒙脱石，其余化学成分为SiO_2、Al_2O_3、H_2O以及少量的Fe_2O_3、FeO、MgO、CaO、Na_2O和TiO_2等。饲料级膨润土理化指标见表10-9。

表10-9 饲料原料膨润土理化指标

项目	一级	二级	三级	四级
蒙脱石/%	≥75.0	≥60.0	≥45.0	≥30.0
吸蓝量/(g/100g)	≥33.0	≥26.0	≥20.0	≥13.0
膨胀容/(mL/g)	7.0~40.0			
水分/%	≤10.0			
pH	8.0~10.0			

参考 T/SXSL 05—2022。

蒙脱石晶体是铝硅酸盐构成的三层片状结构，中间为铝氧八面体，上下两层为硅氧四面体，在晶体构造层间含有水及Na^+、K^+、Ca^{2+}、Mg^{2+}等金属阳离子，根据主要阳离子的种类分为钠蒙脱石、钙蒙脱石等。金属离子的水合性强，可快速吸附大量的水。钠蒙脱石可吸收自身质量5倍以上的水分，体积增加到原来的12~15倍，钙蒙脱石可吸收本身质量1倍的水分，体积增加2~3倍。吸水膨胀后的膨润土变成糊状物，黏结性增强，可塑性好，作为饲料黏结剂使用有利于颗粒成形。饲料级膨润土卫生指标见表10-10。

表10-10 饲料原料膨润土卫生指标

项目	指标
总砷（以As计）/(mg/kg)	≤10.0
铅（以Pb计）/(mg/kg)	≤15.0
铬/(mg/kg)	≤5.0

续表

项目	指标
镉/(mg/kg)	≤2.0
氟/(mg/kg)	≤400

参考 T/SXSL 05—2022。

四、坡缕石

坡缕石属于含水富镁硅酸盐矿物，是稀缺的非金属矿物，虽然分布在世界各地，但具有规模产出的仅有几个国家。我国坡缕石主产于甘肃，其成因为海相(半咸湖)沉积，具有世界的唯一性。

五、海泡石

海泡石是富镁硅酸盐黏土矿物，主要成分为 SiO_2(57.23%)、Al_2O_3(3.95%)、CaO(9.56%)等。海泡石可吸附自身质量200%~250%的水分，其表面羟基对重金属也有较强的吸附能力。海泡石经过热、酸或有机物处理后，称为改性海泡石，吸附性更好。

海泡石化学稳定性高，对热稳定，还具有促进颗粒料黏结、提高产品硬度及耐久性的作用，当饲料中的脂类物质含量较高时，黏结效果更明显。作为饲料原料使用的海泡石应符合如下卫生指标要求(表10-11)。

表 10-11　海泡石卫生指标

项目	指标
砷(As)/(mg/kg)	≤10
铅(Pb)/(mg/kg)	≤10
汞(Hg)/(mg/kg)	≤0.1
镉(Cd)/(mg/kg)	≤0.75
氟(F)/(mg/kg)	≤0.2

六、稀土元素

稀土元素是17种特殊元素的总称，包括15种镧系元素和钪、钇，主要作为功能性材料应用于新材料、钢铁和有色金属制品。日粮中添加稀土元素，有提高动物生产性能、饲料利用率的作用。柠檬酸稀土、硝酸稀土、碳酸稀土、氯化稀土等是具有开发潜力的饲料添加剂。

本章小结

矿物元素是构成动物体组织的原料,也是维持机体酸碱平衡和正常渗透压的必要条件,在动物的正常生长和繁殖过程中发挥着重要的生物学功能。根据含量一般将矿物元素分为常量元素和微量元素。常量矿物质饲料包括钙源性饲料,磷源性饲料,钠、钾、氯补充料,硫源性饲料和镁源性饲料等。含有微量元素的化合物有无机盐类、有机微量元素及缓释微量元素等。常用的微量饲料补充剂包括含铁添加剂、含铜添加剂、含锌添加剂、含硒添加剂、含锰添加剂和含钴添加剂等。非金属天然矿物质一般指黏土矿物,是构成黏土岩、土壤的主要矿物组分,如沸石、麦饭石等,具有承载、吸附、黏结等作用,常作为载体、稀释剂使用。矿物元素缺乏或超过使用限量都可能引起动物体内代谢紊乱,出现缺乏症或中毒症状,应合理使用。

拓展阅读

扫码进行数字资源的获取和学习。

数字资源

[思政课堂]

20世纪40年代,因为战乱和食物的匮乏,德国许多市民和士兵患上了肝病。因此,德国政府便请来了以研究营养健康而闻名的施瓦茨教授,研究营养和肝病的关系。施瓦茨教授先是发现用酵母饲料喂养一个月的大鼠会肝坏死。进一步研究发现,用造纸厂生产的酵母饲料喂大鼠,四周后都出现了肝坏死;但是用啤酒厂生产出来的酵母饲料喂大鼠,四周后却都没有出现肝坏死。因此,实验说明啤酒酵母中存在着一种活性很强的、可以防止肝坏死的因子。1957年,经过检测确定这种有着神奇的护肝效果的物质就是硒化合物。这是人类第一次发现硒是营养性肝坏死的重要保护因子,也是由此才拉开了研究硒与健康的序幕。国际上为了纪念施瓦茨教授的成就,特别设立了"施瓦茨奖",用以奖励在硒研究领域中作出杰出贡献的科学家。

复习思考

1. 什么是矿物质饲料?
2. 简述在应用和选择矿物质饲料时应考虑哪些问题?
3. 简述石灰石粉的营养特性。
4. 含磷的矿物质饲料有哪些,各有什么营养特点?
5. 简述我国的天然矿物质饲料资源的种类和特点。
6. 简述麦饭石的营养作用。
7. 常用的微量矿物元素添加剂有哪些?

第十一章 饲料添加剂

本章导读

饲料添加剂是现代饲料工业的必需原料,使用饲料添加剂可节省饲料成本,具有改善饲料营养价值、提高动物生产性能、保障动物健康、改善畜产品品质等效果。随着新型饲料资源的开发与利用、畜禽饲料配方结构趋向多元化等多种因素影响,传统的饲料添加剂产品已经无法满足当前规模化养殖对饲料添加剂产品开发、生产和合理利用提出的要求,绿色生态安全成为饲料添加剂发展的主旋律。

学习目标

1. 了解饲料添加剂的定义、分类和作用。
2. 理解各类饲料添加剂的作用原理、功效、对畜禽和畜禽产品的影响。
3. 了解各类饲料添加剂的使用原则和注意事项。

概念网络图

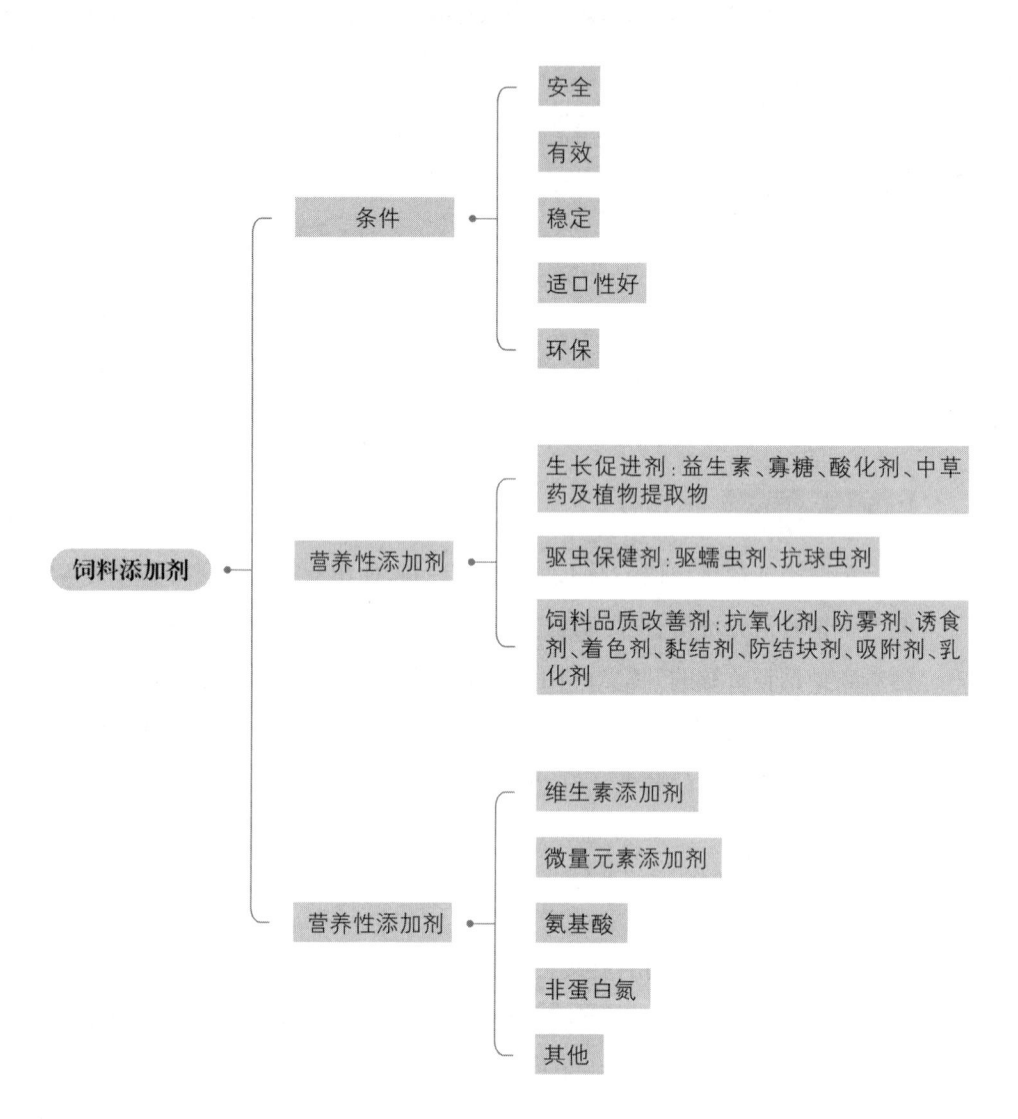

```
                    ┌─ 安全
                    ├─ 有效
         ┌─ 条件 ───┼─ 稳定
         │          ├─ 适口性好
         │          └─ 环保
         │
         │                      ┌─ 生长促进剂：益生素、寡糖、酸化剂、中草药及植物提取物
饲料添加剂┼─ 营养性添加剂 ──────┼─ 驱虫保健剂：驱蠕虫剂、抗球虫剂
         │                      └─ 饲料品质改善剂：抗氧化剂、防雾剂、诱食剂、着色剂、黏结剂、防结块剂、吸附剂、乳化剂
         │
         │                      ┌─ 维生素添加剂
         │                      ├─ 微量元素添加剂
         └─ 营养性添加剂 ──────┼─ 氨基酸
                                ├─ 非蛋白氮
                                └─ 其他
```

第一节 饲料添加剂概述

饲料添加剂产业是现代饲料工业的核心组成部分。饲料添加剂在配合饲料中用量很少,但却是现代饲料工业中不可或缺的部分,其作用显著,主要起到改善饲料营养价值、提高饲料加工和储藏质量、增进动物采食、促进营养物质消化和吸收、提高饲料利用率、促进动物生长、预防疾病、改善畜禽产品品质、提高经济效益的作用。

一、饲料添加剂的定义和分类

国家标准《饲料工业术语》(GB/T 10647—2008)对饲料添加剂(feed additive)的定义为:为满足特殊需要而在饲料加工、制作、使用过程中添加的少量或者微量物质,包括营养性饲料添加剂和非营养性饲料添加剂。

营养性饲料添加剂(nutritional feed additive)指为补充或平衡饲料营养而加入饲料中的少量或微量物质。营养性饲料添加剂直接发挥营养作用,包括氨基酸、矿物质微量元素、维生素、非蛋白氮等。

非营养性饲料添加剂(non-nutritional feed additive)指为保证或改善饲料品质、促进饲养动物生产、保障动物健康、提高饲料利用率而加入饲料中的少量或微量物质,包括一般饲料添加剂和药物饲料添加剂。主要包括生长促进剂:益生菌、酶制剂、寡糖、酸化剂、中草药及植物提取物。驱虫保健剂:抗球虫剂和驱蠕虫剂。饲料品质改善剂:抗氧化剂、防霉剂、诱食剂、着色剂、黏结剂、防结块剂、吸附剂、乳化剂。

二、作为饲料添加剂的条件和其作用

饲料添加剂作为现代饲料工业和现代畜牧业必需的物质,能补充动物必需的营养成分,提高动物对饲料的消化和吸收效率,改善饲料的加工、储藏品质,改善畜禽的免疫能力,从而提高动物的健康水平和生产性能。

(一)作为饲料添加剂的条件

"安全"是开发饲料添加剂的前提条件,"有效"和"稳定""适口性好""环保"则是开发饲料添加剂的基本条件。

①安全:在饲料添加剂的使用期限内不会对畜禽产生急性或慢性毒害作用;不会对畜禽的繁殖性能或子代造成任何不良影响;饲料添加剂自身或其代谢产物在动物产品中无蓄积,或残留量在法规允许安全标准之内,人正常食用动物产品后不会对人的健康造成任何危害。

②有效:饲料添加剂要有较高的生物学效价,应有明确可测定的使用效果,如增强畜禽的营养物质消化吸收能力,改善畜禽的生产性能,改善饲料的加工、储藏品质等。

③稳定:饲料添加剂应当在饲料加工、储藏过程中,以及在畜禽消化道内具有良好的物理、化学稳定性,与常规饲料组分及其他添加剂无配伍禁忌。

④适口性好:饲料添加剂不应具有畜禽不喜的气味,从而影响畜禽的采食量。

⑤环保:饲料添加剂或其代谢产物经畜禽排出体外后,应当对其他动物、植物、土壤、水体等无害、无

污染。

(二)饲料添加剂的作用

饲料添加剂虽然在饲料中用量极少,但效果十分显著。饲料添加剂发挥的主要作用包括:

①完善饲料营养价值、提高饲料利用率。集约化养殖条件下,畜禽所需的所有营养均来自采食的饲料,营养组分的缺乏会导致畜禽出现相关缺乏症和营养代谢障碍,需添加营养性饲料添加剂完善饲料的营养价值,提高饲料中其他营养组分的消化利用率。

②改善饲料适口性。现代畜牧业中养殖业者希望畜禽能采食更多、生长速度更快。饲料添加剂中的调味诱食剂等有特有的风味,可改善饲料的适口性,增加畜禽的采食量。

③促进生长发育。饲料添加剂中生长促进剂等可调整畜禽的肠道微生物组成、改善肠道结构、促进饲料成分的消化,因而具有防病保健、促生长功能,可提高畜禽的生产性能。

④改善饲料加工性能。饲料制备过程包括粉碎、混合、调制、制粒、干燥等步骤,多种饲料品质改善剂有助于改善饲料加工、储藏品质,如:黏结剂可减少饲料粉碎、混合过程中的粉尘,改善饲料的加工性能;防结块剂则具有较好的防黏作用,可使饲料保持流散性,防止其结块;抗氧化剂、防霉剂等则可防止储藏过程中饲料氧化变质和霉菌增殖。

⑤改善动物产品品质。饲料添加剂可改善畜禽产品的外观和品质。

⑥开发新型饲料资源。大量的工农业副产物目前只能限量使用,大量使用后不利于畜禽健康,会影响其生产性能。配套使用饲料添加剂(如酶制剂、益生菌)则能充分利用这些副产品,取得较高的社会、经济和生态效益。

第二节 饲料添加剂的种类与作用

一、生长促进剂

生长促进剂(growth stimulant)也被称为促生长剂,主要通过刺激内分泌系统,促进细胞分裂、分化和生长,调节新陈代谢,提高饲料利用率来促进动物生长。目前常用的生长促进剂主要有益生素、酶制剂、寡糖(益生元)、酸化剂、中草药及植物提取物。

(一)益生素

益生素(probiotic)又被称为微生物饲料添加剂、益生菌、微生态制剂或直接饲喂微生物。联合国粮农组织和世界卫生组织于2001年把益生素定义为:给予足够数量后能够对宿主健康产生有益作用的活的微生物。换言之,指一些有益的微生物被动物摄入体内后,能参与肠道内微生物的平衡和酶的平衡,具有抑制动物肠道有害菌群、增强免疫功能、防治疾病、促进饲料营养的消化吸收、促进动物生长和提高饲料转化效率作用的活性微生物制剂。

1.益生素的功能

益生素进入动物消化道后主要在三个方面发挥功能:营养调控、生理机能调节和健康保护。

(1)营养调控

益生素在动物消化道内发挥了一系列营养调控作用。益生素可产生如蛋白酶、淀粉酶、脂肪酶等消化酶以补充动物内源消化酶的不足,提高各营养成分消化率。益生素代谢产生乳酸、乙酸、丙酸、丁酸等有机酸以及维生素、氨基酸等营养成分,满足动物的营养需要。乙酸参与肌肉、脾、心脏、脑内代谢,丙酸参与肝脏的吸收、代谢和糖异生作用,丁酸参与结肠上皮代谢,可维持细胞正常分化,给结肠上皮细胞提供60%~70%的能量。某些微生物能利用氨态氮,提高氮利用,并可减少氨气、生物胺、硫化氢等的形成,改善畜舍环境,减少排泄物中氮、磷的排放。另外微生物分泌的纤维素酶、半纤维素酶、植酸酶等非消化酶,可消化饲料中的纤维素、半纤维素、植酸磷等,为畜禽提供额外的营养。

(2)生理机能调节

益生素进入畜禽消化道后,其自身或调控消化道内源有益微生物形成优势菌群,对动物机体的生理机能产生多方面作用:①促进幼龄畜禽消化道的发育成熟;②生成有机酸,降低消化道内pH和氧化还原电位等,促进肠道蠕动;③促进消化道上皮细胞再生;④降低应激反应;⑤益生菌的代谢产物直接进入或影响宿主的代谢途径。

(3)健康保护

益生素对宿主的健康保护主要通过肠道的4项屏障功能发挥作用。

①机械屏障。益生菌能增强细胞间紧密连接蛋白的表达使细胞间连接更紧密,也促进杯状细胞分泌黏液,抑制上皮细胞凋亡,进而保护消化道机械屏障的完整性。

②生物屏障。消化道的生物屏障主要指消化道内微生物的集合组成,对外来病原微生物具有抑制/杀灭作用。益生菌及消化道内源有益微生物通过占位性保护、产生抑菌物质(如细菌素、有机酸、过氧化氢等)等方式抑制或阻止病原微生物侵袭黏膜,不能黏附的病原微生物随食糜移动,最后被排出体外。

③免疫屏障。肠道是免疫反应的重要场所。肠道的淋巴组织、免疫细胞和免疫相关分子可发挥免疫功能。益生菌和肠道有益微生物可刺激淋巴细胞及上皮细胞、改善其免疫功能而调节畜禽机体的免疫功能。

④化学屏障。消化道的化学屏障是由消化道分泌的胃酸、溶菌酶、蛋白酶、胆汁,以及消化道内微生物分泌的细菌素、有机酸、过氧化氢等组成,这些化学物质可拮抗病原微生物。

2.益生素的菌种

益生素是通过分离、筛选体内的有益微生物,经安全性和有效性评价后再培养、干燥制得的活菌制剂。我国农业农村部允许作为饲料添加剂使用的微生物共37种(表11-1)。

表11-1　37种可饲用微生物

序号	名称	序号	名称	序号	名称
1	两歧双歧杆菌	14	副干酪乳杆菌	27	黑曲霉
2	青春双歧杆菌	15	乳酸片球菌	28	约氏乳杆菌
3	罗伊氏乳杆菌	16	枯草芽孢杆菌	29	短双歧杆菌
4	布氏乳杆菌	17	侧孢短芽孢杆菌	30	干酪乳杆菌
5	乳酸肠球菌	18	产朊假丝酵母	31	植物乳杆菌

续表

序号	名称	序号	名称	序号	名称
6	地衣芽孢杆菌	19	沼泽红假单胞菌	32	屎肠球菌
7	凝结芽孢杆菌	20	长双歧杆菌	33	嗜热链球菌
8	酿酒酵母	21	嗜酸乳杆菌	34	短小芽孢杆菌
9	产丙酸丙酸杆菌	22	发酵乳杆菌	35	德式乳杆菌乳酸亚种
10	马克斯克鲁维酵母	23	粪肠球菌	36	米曲霉
11	婴儿双歧杆菌	24	戊糖片球菌	37	丁酸梭菌
12	动物双歧杆菌	25	迟缓芽孢杆菌		
13	纤维二糖乳杆菌	26	德氏乳杆菌保加利亚亚种		

以上37种微生物饲料添加剂中，除芽孢杆菌类外，其他多为厌氧微生物或兼性厌氧微生物，这些厌氧微生物特别是严格厌氧微生物（如双歧杆菌、丁酸梭菌等）的发酵、保存过程难度较大，氧气、高温均会使微生物大量失活。除少数乳酸菌外，大多数微生物对酸的耐受能力较差，在通过单胃动物的胃或反刍动物的皱胃时会大量失活。动物胃肠道中还存在蛋白酶，会对微生物细胞膜上蛋白质产生影响，因此外源益生菌进入消化道还必须经受胃肠中蛋白酶的影响。

长期以来一直强调要求益生素有足够数量的活菌数，这样其才能发挥对宿主的有益作用，但近年越来越多的研究证明，灭活或无活力的益生菌亦可为宿主的健康提供益处。益生菌经过热处理等加工方式处理后，仍保有与活菌相同活性成分的菌体成分及其代谢产物被称为后生元（postbiotics）。国际益生菌和益生元科学协会（ISAPP）于2021年发表了后生元的共识声明：后生元指对宿主健康有益的无生命微生物和/或其成分的制剂。

（二）酶制剂

酶（enzyme）是由活细胞产生的、具有高度特异性和高度催化活性的蛋白质或RNA。饲用酶制剂多为具有催化活性的蛋白质，主要从动植物中直接提取或采用微生物发酵技术来生产。微生物发酵技术可提高酶制剂的生产效率、降低生产成本，避免从动植物中提取而受到来源和生产时间的限制。饲用酶制剂按其底物及功能可分为消化酶和非消化酶两类。

1. 饲用酶制剂的种类

（1）外源性消化酶

外源性消化酶是动物体内自身可合成的，但在某些原因下合成量不能满足动物的需要，需要额外补充的一类酶，主要包括蛋白酶、脂肪酶、淀粉酶等，主要功能是补充幼龄畜禽或发生疾病的畜禽内源分泌不足的酶，促进饲料中营养物质的消化。

①蛋白酶。蛋白酶是水解蛋白质肽键的一类酶的总称。该酶可将蛋白质降解为小肽、氨基酸等。蛋白酶按照降解位点分内肽酶和端肽酶，内肽酶从蛋白质肽链的内部位置切断肽键，端肽酶则从多肽的游离羧基末端或游离氨基末端逐一将肽链水解生成氨基酸。

②脂肪酶。脂肪酶也被称作三酰甘油酯水解酶，能水解酯键，将三酰甘油水解为甘油和脂肪酸。

③淀粉酶。淀粉酶是一类可水解淀粉和糖原的酶类的总称，包括α-淀粉酶、β-淀粉酶、γ-淀粉酶

(糖化酶)和异淀粉酶(脱支酶)。α-淀粉酶无差别地随机切断糖链内部的α-1,4-糖苷键,水解产物包含葡萄糖、麦芽糖、α-极限糊精。β-淀粉酶从糖链非还原性末端逐次以麦芽糖为单位切断α-1,4-葡聚糖链。γ-淀粉酶(糖化酶)从淀粉分子非还原端依次切割α-1,4-糖苷键和α-1,6-糖苷键,逐个切下葡萄糖残基,最终产物为葡萄糖。异淀粉酶(脱支酶)水解支链淀粉或糖原的α-1,6-糖苷键,生成长短不一的直链淀粉(糊精)。

(2)外源性非消化酶

外源性非消化酶是指动物自身不能合成和分泌的,由植物和微生物产生的,外源添加到饲料中降解饲料成分或发挥某种功能的酶。这类酶的主要功能包括:降解纤维素、半纤维素、木质素、果胶等难消化的饲料成分,增加非常规饲料的可消化性,降解消除饲料中的抗营养因子(如NSP、植酸)、提高饲料利用率,减少粪便中氮、磷及有机质的排放,抑杀病原微生物等。饲料中可使用的外源性非消化酶包括纤维素酶、半纤维素酶、果胶酶、α-半乳糖苷酶、β-葡聚糖酶、β-甘露聚糖酶、植酸酶、木聚糖酶、角蛋白酶、溶菌酶、葡萄糖氧化酶等。

①纤维素酶。纤维素酶是降解纤维素生成葡萄糖的一组酶的总称,是起协同作用的多组分酶系,主要由外切β-葡聚糖酶、内切β-葡聚糖酶和β-葡萄糖苷酶(纤维二糖酶)组成,作用于纤维素以及纤维素衍生产物的β-1,4-葡萄糖苷键,生成纤维二糖和葡萄糖。不同来源的纤维素酶结构和功能差异较大,真菌来源的纤维素酶产量大、活性高,在畜牧业中应用广泛。

②半纤维素酶。半纤维素是由木糖、阿拉伯糖、半乳糖等构成的异质多聚体,主要由木聚糖和甘露聚糖组成,是饲料中的关键抗营养因子,可阻碍营养成分消化,降低动物生长性能。半纤维素酶为复合酶系,主要包括木聚糖酶和β-甘露聚糖酶,其功能是降解半纤维素,提高饲料营养成分消化和利用率。

③植酸酶。植酸即肌醇六磷酸,作为磷酸的储存库而广泛存在于植物中。磷在植物性饲料中主要以植酸或植酸盐的形式存在,植酸磷占植物性饲料总磷的70%以上。单胃动物难以利用植酸磷,因而需在饲料中额外添加磷酸盐等无机磷,而未被有效利用的磷随动物粪便排出体外,造成环境污染。植酸酶能将磷酸残基从植酸上水解下来,释放出磷酸,同时破坏植酸对矿物元素强烈的亲和力,因而饲料中添加植酸酶能增加蛋白质、磷和其他矿物元素利用率,减少甚至防止磷对环境的污染。植酸酶是饲料中应用最广泛的酶制剂。

④溶菌酶。溶菌酶又称胞壁质酶或N-乙酰胞壁质聚糖水解酶,可有效水解细菌细胞壁中的肽聚糖成分。溶菌酶主要通过破坏细胞壁中的N-乙酰胞壁酸和N-乙酰氨基葡萄糖之间的β-1,4-糖苷键,使细胞壁肽聚糖分解成可溶性糖肽,导致细胞壁破裂、内容物逸出而使细菌溶解。溶菌酶还可与带负电荷的病毒蛋白直接结合,与DNA、RNA、脱辅基蛋白形成复合体,使病毒失活。G^+细菌细胞壁几乎全部由肽聚糖组成,而G^-细菌只有内壁层为肽聚糖。因此,溶菌酶对于G^+细菌细胞壁的破坏作用较G^-细菌更强。溶菌酶对无细胞壁的人体细胞和动物细胞无杀伤作用。饲料用溶菌酶主要从鸡蛋清和蛋壳膜中提取制备。

⑤葡萄糖氧化酶。葡萄糖氧化酶在有氧条件下能专一性地催化β-D-葡萄糖生成葡萄糖酸和过氧化氢(H_2O_2)。葡萄糖氧化酶氧化葡萄糖过程中消耗肠道氧气,使肠道维持厌氧环境,促进厌氧有益微生物生长,抑制好氧微生物,有助于维持肠道菌群平衡。氧化产生的葡萄糖酸可降低肠道pH,对多数病原菌具有抑制作用,产生的H_2O_2具有强氧化性,具有广谱抗菌效果。

⑥复合酶制剂。复合酶制剂是由2种或2种以上酶组成的复合制剂。根据饲料组分、动物生理特点、环境等配合使用复合酶制剂可使动物饲养效果更佳。

(3)酶制剂的功能

外源酶制剂作为饲料添加剂主要有以下功能：

①补充内源酶不足,促进动物消化、吸收功能；

②降解植物细胞壁、释放胞内营养物质、提高动物对饲料的消化利用率；

③降解、消除抗营养因子；

④其他功能,如拮抗病原微生物。

(三)寡糖

寡糖又称低聚糖,是指由2~10个单糖通过糖苷键聚合而成的聚合体。寡糖不能被动物直接吸收,不能被胃酸破坏,也无法被消化酶分解,但可选择性被肠道中的有益微生物发酵利用,转换成短链脂肪酸,促进有益微生物的增殖,因此这类物质也称为益生元(prebiotics)。寡糖经常和益生素搭配形成合生元(synbiotics),促进外源益生菌在肠道中增殖,进而促进宿主健康。寡糖也被发现具有吸附、抑杀病原微生物,调节动物机体免疫功能的作用。目前饲料中可使用的寡糖包括:木寡糖、低聚壳聚糖、半乳甘露寡糖、果寡糖、甘露寡糖、低聚半乳糖、β-1,3-D-葡聚糖、N,O-羧甲基壳聚糖、褐藻酸寡糖、低聚异麦芽糖。

(四)酸化剂

酸化剂(acidulant)是一类广泛使用的饲料添加剂,包括无机酸、有机酸及其盐类。有机酸主要有常见的有L-乳酸、柠檬酸、富马酸、甲酸、乙酸、丙酸、丁酸、山梨酸、苹果酸、酒石酸、苯甲酸等,无机酸主要是磷酸。各种酸化剂在动物养殖中可单独使用也可复配使用。饲料中添加酸化剂主要作用包括：为胃液分泌不足的幼龄动物补充酸性物质；促进胃蛋白酶原活化为胃蛋白酶；有助于饲料软化、养分的溶解和水解,促进矿物元素的吸收；增强酸屏障作用,阻止病原微生物经消化道进入动物其他器官和组织,促进有益菌增殖；降低胃内容物的排空速度,延长饲料在胃内消化时间；补充能量,如柠檬酸、延胡索酸等是三羧酸循环的中间产物,可进一步氧化供能；抑杀肠道内有害微生物,改善肠道微生物群落结构；改善饲料品质和适口性,提高动物采食量；降低幼龄动物腹泻和死亡率,改善动物生产性能；等等。

(五)中草药及植物提取物

中草药(Chinese herbal medicine)饲料添加剂即以中草药为原料制成的饲料添加剂,虽然将此类添加剂归入非营养性饲料添加剂,但中草药既是药物又是天然产物,含有多种有效成分的同时也含有多种营养成分,兼具药用和营养两种作用。农业农村部第194号公告明确规定自2020年1月1日起退出除中药外的所有促生长类药物饲料添加剂品种,自2020年7月1日起,饲料生产企业停止生产含有促生长类药物饲料添加剂(中药类除外)的商品饲料。因此中草药是目前唯一可使用的促生长类药物饲料添加剂。

植物提取物(plant extracts)指采用适当的溶剂或方法,从植物(全株或者某一部分)中提取或加工而成的物质。植物提取物和中草药提取物之间存在概念上的交叉。植物提取物的原料主要来源于中草药植物,中草药在很大程度上以提取物的形式应用,因此国内的植物提取物在某种程度上也可称为中草药提取物。中草药和植物提取物的有效成分包括多糖、寡糖、活性肽、糖苷、有机酸、生物碱、黄酮、多酚等活性物质,具有抑杀病原微生物、增强机体免疫力、抗氧化、抗炎、改善饲料品质、提高饲料消化率、促进动物生长等功能。

二、驱虫保健剂

驱虫保健剂是用于控制畜禽体内外寄生虫,促进畜禽生长和提高饲料利用率的一类添加剂。按照寄生虫类型,驱虫保健剂分为驱蠕虫剂和抗球虫剂两类。

(一)驱蠕虫剂

畜牧业中防治的蠕虫包括吸虫、绦虫、线虫和棘头虫四大类。驱虫药物很多,目前世界各国批准的驱蠕虫药主要为越霉素A(destomycin A)和潮霉素B(hygromycin B),两者均属于氨基糖苷类抗生素。

1. 越霉素A

越霉素A是由一种链霉菌发酵产生的抗生素,主要用于驱除猪蛔虫、鸡蛔虫、猪类圆线虫、鸡线虫、猪鞭虫等。越霉素A具有良好的驱虫作用,还能抑制虫体排卵。越霉素A是动物专用抗生素,在动物肠道中直接作用于蠕虫,不易被肠道吸收,在组织中残留几乎为零,因而对动物无副作用,也不会造成动物应激反应,是一种安全性较高的驱蠕虫剂。越霉素A在猪、鸡饲料中添加量为5~10 g/t;出栏前停药期为猪15 d,鸡3 d,产蛋期禁用。

2. 潮霉素B

潮霉素B是由链霉菌发酵产生的抗生素,通过抑制蛋白质合成来杀死细菌、真菌。潮霉素B能有效地控制猪蛔虫、食道口属线虫和毛首鞭形线虫感染,对鸡蛔虫也有效。潮霉素B不仅对虫体本身有效,还能抑制雌虫产卵,使虫体丧失繁殖能力,切断繁殖周期。潮霉素B在猪料中添加量为10~13 g/t,在鸡料中添加量为8~12 g/t;出栏前停药期为猪15 d,鸡3 d,产蛋期禁用。

(二)抗球虫剂

球虫(coccidium)病是一种寄生虫病,在家禽和兔中多发,牛、羊、猪等动物也会患球虫病。球虫对宿主有严格的选择性,不同种的动物由不同种的球虫感染,互不交叉感染。家禽和兔的球虫病都是由单细胞艾美耳(Eimeria)球虫引起的。抗球虫剂主要用于家禽和兔,其主要功能包括:①使虫体正常功能发生紊乱,无力附着而被排出体外;②干扰虫体合成代谢过程,影响虫体蛋白质合成;③抑制核酸合成。抗球虫药分为两类:聚醚类抗生素类抗球虫药和人工合成类抗球虫药。

1. 聚醚类抗生素

聚醚类抗生素是一类离子载体抗生素,由微生物发酵生成,主要通过选择性与金属离子结合,扰乱球虫体内的离子平衡,达到防治球虫的目的。聚醚类抗生素对鸡艾美耳球虫的子孢子和第一代裂殖生殖阶段的初期虫体具有杀灭作用,但是对裂殖生殖后期和配子生殖阶段虫体的作用却极小。聚醚类抗生素之间有交叉耐药性和累加作用,但无协同作用,一般吸收不佳,排泄较快。聚醚类抗生素使用时间长后会导致球虫耐药性出现,停止给药或换用化学结构不同的药物,都可以使球虫在较短时间内恢复对此类药物的敏感性。由于聚醚类抗生素在化学结构和作用方式上均相似,药物之间存在交叉耐药性。畜禽养殖业中使用的聚醚类抗生素主要有:盐霉素、甲基盐霉素、莫能霉素、马杜霉素等。

2. 人工合成类抗球虫药

常用的人工合成类抗球虫药为磺胺类药物,如磺胺喹噁啉、磺胺氯吡嗪、磺胺二甲基嘧啶等。磺胺类药物主要是针对球虫无性繁殖期第二代裂殖体,对第一代裂殖体也有一定的抑制作用,因此,在感染球虫病后的第3~4 d作用最强。磺胺类药物可与对氨基苯甲酸竞争二氢叶酸合成酶,影响叶酸的合成,阻碍蛋白的形成,使球虫细胞的生长发育和繁殖受到抑制,无直接杀虫作用。使用磺胺类药物容易产生耐药性,且同类药物之间容易产生交叉耐药性,因此应与其他抗球虫药合用。其他人工合成类抗球虫药还有尼卡巴嗪、氯羟吡啶、氨丙啉、二硝托胺、乙氧酰胺苯甲酯、氢溴酸常山酮等。

三、饲料品质改善剂

饲料品质改善剂是在饲料加工、储藏、使用过程中加入饲料中,起到改善饲料营养价值、改善饲料加工和储藏质量、增进动物采食、促进营养物质消化和吸收、提高饲料利用率、保障动物健康、改善畜禽产品品质、提高经济效益的一类物质。常用的饲料品质改善剂主要有抗氧化剂、防霉剂、诱食剂(风味剂)、着色剂、黏结剂、防结块剂、吸附剂、乳化剂。

(一)抗氧化剂

抗氧化剂(antioxidant)主要用于脂肪含量高的饲料以防止脂肪氧化酸败,也用于预混料中防止维生素的氧化失效。抗氧化剂本身具有还原性质,通过自身被氧化保护饲料中营养物质不被氧化,从而保证饲料质量。目前饲料工业中应用最广泛的抗氧化剂是人工合成的乙氧基喹啉(ethoxyquin,EMQ),简称乙氧喹,商品名为山道喹或虎皮灵,化学名称为6-乙氧基-2,2,4-三甲基-1,2-二氢喹啉。EMQ适用于预混料、鱼粉及添加脂肪的产品,可防止其中的维生素A、D、E等及脂肪氧化变质、天然色素氧化变色,并有一定的防霉和保鲜作用。

二丁基羟基甲苯(BHT)、丁基羟基茴香醚(BHA)也是饲料工业中应用较多的化学合成抗氧化剂,在油脂中的用量为100~1000 g/t。

维生素C、维生素E也具有很强的抗氧化作用,可作为饲料抗氧化剂。

(二)防霉剂

防霉剂(mold inhibitor)指可防止霉菌滋生、抑制霉菌生长和霉菌毒素产生,延长饲料贮存时间的一类添加剂。防霉剂种类较多,可分为单一型和复合型两大类。单一型防霉剂包括丙酸及其盐类、甲酸及甲酸钙、山梨酸及其盐类、柠檬酸、富马酸二甲酯以及大蒜素等。普遍使用的有丙酸及其盐类、山梨酸及其盐类、苯甲酸及苯甲酸钠。

丙酸及其盐类是酸性防霉剂,具有较广的抗菌谱且抗菌能力较强,对霉菌、酵母菌等都有一定的抑制作用。丙酸是动物正常代谢的中间产物,各种动物均可使用,是公认的经济且有效的防霉剂。苯甲酸和苯甲酸钠都能非选择性地抑制微生物细胞呼吸酶的活性,使微生物的代谢发生障碍,从而有效地抑制多种微生物的生长和繁殖。苯甲酸及苯甲酸钠因有累积中毒现象的报道,国际上对其使用一直存有争议,在一些国家和地区已经禁用。

复合型防霉剂由两种或两种以上不同的防霉剂配伍组合而成。复合型防霉剂抗菌谱广,应用范围大,防霉效果好且用量小,使用方便,因此饲料中防霉剂逐渐由单一型向复合型转变。

(三)诱食剂

诱食剂(appetising substances)也称为风味剂,指用于改善饲料适口性、增强动物食欲、提高动物采食量、促进饲料消化吸收的一类添加剂。饲用诱食剂由刺激味觉成分和辅助制剂组成。辅助制剂不是诱食剂的有效成分,但其比重、粒度等理化性质会影响吸附的有效成分平衡和稳定性,还会影响辅助制剂在掺入饲料时的均匀程度。诱食剂因饲用动物的种类、生理特点、感受器官等不同而有所区别。

诱食剂主要分为增加饲料气味的香味剂和改善饲料滋味的调味剂。常用的饲用香味剂有柠檬醛、香兰素、香蕉水等化工合成品，也有天然植物提取物，如薄荷醇、甜橙油、桉树油等。常用的调味剂有谷氨酸钠、糖精、糖精钙、甜蜜素、山梨糖醇等化工合成品，也有蔗糖、麦芽糖、甘草、大蒜粉、辣椒粉等天然产物。

(四) 着色剂

饲料着色剂(coloring agents)指使饲料显现设计的颜色的物质。着色剂在饲料工业中的使用日益普遍，其目的主要是：①通过着色剂改变饲料的色泽，提高其商品价值。特别是在使用非传统饲料原料的情况下，添加着色剂以便掩盖某些非传统饲料原料（如菜籽饼粕等）的不良颜色，也起到刺激食欲和诱食的作用，增强市场竞争力。②通过着色剂改善畜禽产品的色泽，提高其商品价值，如添加着色剂能使肉鸡皮肤、鸡爪变黄，蛋黄颜色加深，鱼虾等水产品的肉质更鲜艳、美观，贴合消费者的心理。

天然着色剂是从动、植物和微生物中提取或加工而成，当前被广泛接受和使用的天然色素主要有天然叶黄素（源自万寿菊）、虾青素等；另外还常直接使用天然动、植物作着色剂，如把人参茎叶粉、万寿菊粉、木薯叶粉、松针叶粉、橘皮粉、银合欢叶粉、胡萝卜、虾蟹壳粉、海藻、红发夫酵母等作为畜、禽、水产品的着色剂。人工合成着色剂主要是类胡萝卜素，如β-阿朴-8'-胡萝卜素醛、β-阿朴-8'-类胡萝卜素酸乙酯以及柠檬黄素、斑蝥素、加丽素红、加丽素黄等。

(五) 黏结剂

颗粒饲料或水产动物饲料加工过程中，因饲料原料自身黏结性不够，制成的颗粒饲料容易溃散，需要加入一定的黏结剂以增加饲料黏结性，促进饲料颗粒的形成，保证颗粒的硬度和持久性，增加水产颗粒饲料在水中的稳定性。当饲料原料中粗饲料(粗纤维)含量较高，而淀粉、蛋白质等含量较少，饲料不易形成颗粒时，添加黏结剂有助于颗粒成形。水产动物饲料必须在水中保持一定时间不松散以方便水产动物采食，也防止营养物质散失和造成水体污染。不同水产动物饲料对稳定性要求不一样，如虾类以抱食方式进行采食，这就要求虾颗粒饲料的耐水时间达到 4 h 以上，而虹鳟鱼、鲇鱼的颗粒饲料耐水时间能达到 0.5 h 即可。因此饲料加工时应选择黏结度不同的黏结剂，一般选用几种黏结剂配制成复合黏结剂来达到理想的黏结效果。一般饲用黏结剂应具备以下特点：①对饲料中各种营养成分具有理想的黏合度，能防止饲料散失污染环境，使饲料在运输过程中不易破碎，粉尘少；②容易生产制取，具有工业化生产的可行性，本身最好为动物的营养素，并对动物的消化吸收、内分泌生理、神经生理、肌肉、生长和体色等无不良影响；③具有较高的化学稳定性和热稳定性，不与其他饲料成分发生不良化学反应；④无毒、无不良异味，且有良好适口性和诱食性；⑤用量少，易混合，成本低，能带来养殖经济效益；⑥对预混料或配合饲料的加工、工艺没有苛刻的要求；⑦具有良好的保型性，以保证其在水中不易散失；⑧具有良好的黏合性和持水性，即加入黏合剂后能迅速形成黏合性很强的凝聚体，并能让水分渗入饲料实体，以利于饲料的膨润及保型。

常用的饲用黏结剂包括天然产物和人工合成产物。植物淀粉（如小麦、玉米、木薯淀粉等）、树胶类（如卡拉胶、果胶）、海藻胶质类（如海藻酸钠、琼脂等）、天然矿产物（如膨润土、凹凸棒土等）等属于天然产物黏结剂，而羧甲基纤维素(CMC)、羧甲基纤维素钠、聚乙烯醇、聚丙烯酸钠等属于人工合成黏结剂。

(六)防结块剂

防结块剂又称流散剂,是为使饲料或饲料添加剂保持良好的流动性,避免结块而使用的添加剂。常用的防结块剂有亚铁氰化钾、硅铝酸钠、二氧化硅等。

(七)吸附剂

吸附剂也称吸收剂,可使活性成分附着在其颗粒表面,使液态微量化合物添加剂变为固态化合物,有利于均匀混合。吸附剂具有大的比表面积、适宜的孔结构及表面结构;对吸附物质有强烈的吸附能力;一般不与吸附物质和介质发生化学反应;制造方便、容易再生。吸附剂分为有机物和无机物两大类。有机物如玉米芯粉、麸皮、稻壳粉、玉米淀粉等,粗纤维含量高、表面积大、吸附能力强。无机物包括二氧化硅、沸石粉、碳酸钙等。吸附剂的添加量一般不超过成品饲料的2%。

(八)乳化剂

乳化剂是一类同时有亲水基团,又有亲油基团的表面活性剂,具有亲水和亲油的双重性,可以降低油和水的表面张力,使油、水能够交融,形成稳定均匀的乳浊液。正常生理条件下在动物体内胆汁发挥着乳化作用,而实际生产环境中某些条件下动物自身分泌的胆汁往往不能完全乳化饲料中的脂肪,而需添加乳化剂的情况包括:①幼龄的畜禽因消化道发育还不完善,分泌的胆汁不足,要加乳化剂或乳化好的脂肪才能更好吸收;②禽类特别是肉鸡,为追求高能量饲料,添加油脂量大,而其消化道相对较短,食糜停留时间短,油脂乳化不完全,需额外添加乳化剂;③水产动物因消化道短,大部分没有胃,其胆汁的分泌也相对不足,无法完全乳化饲料中的油脂;④低能量、高蛋白的杂粮使用量加大,为达到饲料能量水平需多加油脂,亦需补充乳化剂。

饲料中常用的乳化剂包括甘油脂肪酸酯、丙二醇脂肪酸酯、山梨醇脂肪酸酯、蔗糖脂肪酸酯等。饲料工业中使用的乳化剂一般要求:①粉末状、添加使用方便;②无需乳化设备,可常温下乳化油脂,不受pH变化影响;③乳化效果要明显,速度快,使饲料中的油脂在胃和小肠阶段就完全乳化。乳化剂的使用量一般为油脂的1%~5%。

四、营养性添加剂

营养性添加剂指用于补充饲料营养成分的少量或微量物质,包括维生素、微量矿物元素、氨基酸、非蛋白氮等。

1.维生素添加剂

维生素(vitamin)是一系列有机化合物的统称,是人和动物为维持正常的生理功能而必需的一类微量有机物质。大多数维生素无法由生物体自己产生,必须从食物中摄取,仅有少数可以在体内合成或由肠道微生物产生。反刍动物的瘤胃微生物可以合成B族维生素、维生素K和维生素C,但不能合成维生素A、维生素D和维生素E。猪、鸡等单胃动物的肠道微生物也能合成少量的维生素,但不易被动物利用,因此这些动物需要从饲料中获得维生素。维生素不是构成动物细胞的主要原料,也不是动物体内能量的来源;主要构成机体代谢过程的辅酶或辅基,在代谢过程中发挥调节作用。

维生素可分为脂溶性和水溶性两大类。水溶性维生素易溶于水,而不易溶于非极性有机溶剂,吸收后过量的水溶性维生素从尿中排出,包括B族维生素和维生素C。脂溶性维生素易溶于非极性有机溶剂,而不易溶于水,可随脂肪被动物吸收并在体内储积,排泄率不高,主要包括维生素A、维生素D、维生素E、维生素K。有些物质在化学结构上类似于某种维生素,经过简单的代谢反应即可转变成维生素,此类物质被称为维生素原,如β-胡萝卜素被称为维生素A原。各种维生素添加剂的技术指标见表11-2。

表11-2 维生素添加剂的技术指标

种类	外观、性状	规格	含量/%	粒度	干燥失重或水分/%	重金属/(mg/kg)	总砷/(mg/kg)	标准
维生素A棕榈酸酯(粉)	淡黄色至黄色流动性颗粒或粉末	不低于250 000 IU/g	95~115	100%过0.84 mm试验筛,85%以上过0.425 mm试验筛	≤8.0	≤10	≤2	GB 23386—2017
维生素D_3(微粒)	米黄色至黄棕色微粒	不低于500 000 IU/g	90~110	100%过0.85 mm试验筛;85%以上通过0.425 mm试验筛(普通型);95%以上通过0.425 mm试验筛(水分散型)	≤5.0	≤10	≤2	GB 9840—2017
DL-α-生育酚乙酸酯(粉)	白色或淡黄色粉末或颗粒状粉末		≥50.0	90%过0.84 mm分析筛	≤5.0	≤10	≤3	GB 7293—2017
亚硫酸氢钠甲萘醌(维生素K_3)	白色结晶性粉末		≥50.0		≤13.0	≤20	≤2	GB 7294—2017
硝酸硫胺(维生素B_1)	白色或类白色结晶或结晶性粉末		98.0~101.0		≤1.0	≤10.0	≤2.0	GB 7296—2018
盐酸硫胺(维生素B_1)	白色或类白色结晶或结晶性粉末		98.5~101.0		≤5.0	≤10.0	≤2.0	GB 7295—2018
80%核黄素(维生素B_2)微粒	黄色至棕黄色微粒		≥80.0	最少90%通过0.28 mm标准筛	≤3.0	≤5.0	≤3.0	GB/T 18632—2010
烟酸	白色或类白色粉末		99.0~100.5		≤0.50	≤20	≤2	GB 7300—2017
维生素B_6(盐酸吡哆醇)	白色至微黄色的结晶性粉末		98.0~101.0		≤0.5	≤10	≤2	GB 7298—2017
D-生物素	白色或类白色的结晶或结晶性粉末		97.5~101.0		≤0.5	≤10	≤2	GB 36898—2018

续表

种类	外观、性状	规格	技术指标 含量/%	粒度	干燥失重或水分/%	重金属/(mg/kg)	总砷/(mg/kg)	标准
叶酸	黄色或橙黄色结晶性粉末或微小颗粒		95.0~102.0		≤8.5	≤10.0	≤2.0	GB 7302—2018
维生素 B_{12}（氰钴胺）粉剂	浅红色至棕色细微粉末		90~130	全部通过0.25 mm孔径标准筛	≤5.0 或 12.0	≤10.0	≤3.0	GB/T 9841—2006
L-抗坏血酸（维生素C）	白色至微黄色结晶或结晶性粉末		99.0~100.5		≤10		≤2.0	GB 7303—2018

各饲养标准确定的维生素需要量是最低需要量，而实际生产中维生素添加量都在最低需要量的基础上增加了"安全系数"量，以弥补饲料加工过程等因素造成的维生素的损失。

2.微量元素添加剂

微量元素添加剂是一类在动物生长过程中为动物提供必需的微量元素的添加剂。

3.氨基酸

氨基酸是构成蛋白质的基本单位，现代饲料工业中额外添加氨基酸以满足动物特殊的生长需要或以降低蛋白质的用量。

4.非蛋白氮

非蛋白氮是指除蛋白质、氨基酸和肽以外的其他含氮化合物，一般为无机物，主要应用于反刍动物。

5.其他

饲料工业中常使用的其他营养性添加剂还包括牛磺酸、肌醇、甜菜碱、肉碱、活性肽等。

（1）牛磺酸

牛磺酸（taurine）是一种含硫氨基酸，不参与蛋白质的合成。牛磺酸是调节机体正常生理活动的活性物质，是视网膜、玻璃体、晶状体、角膜、虹膜和睫状体中最丰富的氨基酸。畜禽饲料中一般不需要额外添加牛磺酸，但猫粮中须添加牛磺酸，否则会出现缺乏症。水产动物饲料中添加牛磺酸可增强机体免疫能力，同时具有诱食功能。

（2）肌醇

肌醇（inositol）又名环己六醇，广泛分布在动物和植物体内，是动物、微生物的生长因子。动物体内肌醇主要以肌醇磷脂的形式存在。猪、鸡、牛、羊等畜禽饲料中一般不需额外添加肌醇，但水产动物饲料中需增补肌醇，缺乏时会导致鱼出现生长缓慢、贫血等症状。

（3）甜菜碱

甜菜碱（betaine）是一种生物碱，化学名称为N,N,N-三甲基甘氨酸，化学结构与氨基酸相似，属季铵碱类物质。甜菜碱广泛存在于动植物体内。在植物中，枸杞、豆科植物均含有甜菜碱，甜菜糖蜜是甜菜碱的主要来源。甜菜碱是动物代谢的中间产物,在营养物质的代谢中起着十分重要的作用。作为饲料添加剂具有甲基供体功能,可节省部分蛋氨酸;还具有调节体内渗透压、缓和应激、促进脂肪代谢和蛋白质合成、提高瘦肉率的功能;并能增强抗球虫药的疗效;在水产动物饲料中用作诱食剂。

(4)肉碱

肉碱(carnitine)是一种类氨基酸,可通过生物合成方法从赖氨酸及蛋氨酸两种氨基酸合成,在体内与脂肪代谢生成能量有关。化学合成肉碱包括L-肉碱和D-肉碱两个立体异构,只有L-肉碱有生物活性。L-肉碱可通过改善动物的新陈代谢,促进脂肪氧化和能量转化,从而增加其体内能量供给。人和大多数动物自身可合成L-肉碱满足生理需要,在正常情况下不会缺乏。

(5)生物活性肽

生物活性肽(bioactive peptides)指对生物机体的生命活动有益或是具有生理作用的肽类化合物。生物活性肽由两个至数十个氨基酸通过肽键连接而成,且这些多肽可通过磷酸化、糖基化或酰基化而被修饰。生物活性肽按照功能有抗菌肽、免疫调节肽、抗病毒肽、抗氧化肽、神经活性肽、呈味肽、营养肽等。生物活性肽在发挥生物活性功能的同时容易被动物消化吸收。

第三节 饲料添加剂与畜产品安全

饲料添加剂作为改善饲料品质、提高畜禽产品生产效率、改进畜禽产品品质的有效手段,在畜牧业中发挥了重要作用。但添加剂的使用也带来潜在的风险,甚至已造成畜产品质量安全问题并直接危害消费者健康,如欧洲的二噁英事件、西班牙和中国的瘦肉精事件、中国的三聚氰胺奶粉事件和红心鸭蛋事件。因此规范饲料添加剂的使用,保障动物产品的安全已成为各国的共识。

一、未批准或已禁止化合物不得作为饲料添加剂使用

按照《饲料添加剂品种目录(2013)》以及后续相关公告的规定,只能添加已批准的饲料添加剂,未批准或曾经批准但已禁止的添加剂不得应用于畜禽生产过程中,如所有的抗生素、生长激素类药物均不得再作为饲料添加剂使用。

二、添加剂过量的危害

饲料添加剂在提高畜禽生产效率、改进畜禽产品品质过程中表现出明显作用,饲料生产企业和养殖业者为了获得最大的生长效益,在饲料中添加过量的添加剂,造成动物产生中毒症状,导致添加剂在畜产品中残留,造成环境污染。

(一)维生素类添加剂过量

维生素类饲料添加剂分为水溶性维生素和脂溶性维生素两大类。水溶性维生素进入动物体后,多余的部分经尿液排出体外,不会对机体产生明显的毒害作用。脂溶性维生素可在动物体内贮存,当摄入

量长期显著多于动物的需要量时可引起动物中毒。如维生素A摄入量超过正常量的50~500倍时会产生毒性,鸡表现出精神抑郁,采食量下降,以至完全拒食。有关维生素A中毒引起高血钙和骨损伤的报道也较多。维生素D中毒表现为高尿钙、厌食、呕吐。过量的维生素D引起血钙过高,使多余的钙沉积在心脏、血管、关节、心包或肠壁,导致心力衰竭、关节强直或肠道疾患,甚至死亡。维生素E相对于维生素A和维生素D是无毒的,多数动物摄入超过其日常供应量的100倍都不发生有害反应。但过量摄取维生素E可能会抑制维生素A及维生素K的吸收。天然形式的维生素K发生中毒的可能性也很小。

(二)微量元素类添加剂过量

微量元素类添加剂在补充动物营养需要的同时还发挥额外作用,如高铜具有促生长、改善饲料报酬作用,高锌具有抗菌、促生长作用,硒具有抗氧化作用等。但微量元素饲料添加剂也容易出现超量添加,一旦超过最大耐受剂量,动物会出现中毒症状,其在动物产品中残留,未被吸收利用的部分则排出体外引起环境污染。

在猪料中加入高铜有促进动物生长、改善饲料转化率等作用,但高铜会造成动物中毒、抑制铁和锌的吸收、在动物产品中残留、污染环境等各种弊端也逐渐被认识。《饲料添加剂安全使用规范》(第2625号公告)规定,配合饲料中铜的最高限量(包含饲料原料本底值),仔猪(≤25 kg)为125 mg/kg,生长肥育猪(>25 kg)为25 mg/kg。

在猪料中添加高锌可促进生长、预防仔猪腹泻,但高锌会抑制其他微量元素的吸收,降低植酸酶的活性,影响钙磷的吸收,还会导致粪便锌大量排放,造成环境污染。因此,《饲料添加剂安全使用规范》规定仔猪(≤25 kg)配合饲料中锌元素的最高限量为110 mg/kg,但在仔猪断奶后前两周,允许在此基础上使用氧化锌或碱式氯化锌至1600 mg/kg(以锌元素计)。

硒是动物的必需微量元素,具有抗氧化、调节免疫、促进生长、增加繁殖力等作用,但是硒的安全范围很窄,动物的需要量和中毒剂量很接近,添加时一定注意不要过量添加。

(三)非营养性饲料添加剂过量

砷制剂、抗生素及激素类药物作为生长促进剂,是饲料中容易过量使用的饲料添加剂,但目前这三类制剂已明确被禁止作为添加剂在饲料和饮水中添加使用。抗氧化剂、防霉剂、调味剂、着色剂、乳化剂等饲料品质改善剂超量添加的情况较少,但这些添加剂过量会在动物产品中残留和蓄积,对人体造成危害。

三、加强质量控制,防止重金属超标

微量元素饲料添加剂的生产过程中可能被铅、砷、汞、镉等重金属元素污染,维生素类和氨基酸类饲料添加剂生产过程中也可能被铅、砷等重金属元素污染,因此,添加剂使用前要检测重金属元素含量是否超标。长期过量添加则可能造成重金属元素在动物体内过量蓄积,危害动物健康,甚至人体健康。

四、添加剂间的配伍与拮抗

添加剂配伍使用过程中还需注意各添加剂之间的拮抗。饲料中多种矿物元素间都有拮抗作用,如高钙会影响锌、锰、铜、铁、钼、镁、磷等元素的吸收,锰和镁间有拮抗作用,高锌和铁可减轻铜的中毒症状,高磷则会干扰铜、锌的吸收。氯化胆碱对维生素A、维生素D、维生素B$_1$、胡萝卜素、泛酸钙等有破坏作用,在使用中应加以注意。

我国颁布了一系列文件规范饲料和饲料添加剂的使用,如《饲料原料目录》《饲料添加剂品种目录(2013)》《饲料添加剂安全使用规范》《饲料和饲料添加剂管理条例》《饲料卫生标准》等,所有添加剂的使用都必须符合各项文件的要求。

● 本章小结 ●

饲料添加剂在饲料中用量很少,但作用显著,主要起到提高饲料营养价值、提高饲料加工和储藏质量、增进动物采食、促进营养物质消化和吸收、提高饲料利用率、促进动物生长、预防疾病、提高畜禽产品品质、提高经济效益的作用。营养性添加剂主要包括维生素添加剂、微量元素添加剂、氨基酸、非蛋白氮和其他添加剂(牛磺酸、甜菜碱等)。非营养性添加剂主要包括生长促进剂、驱虫保健剂和饲料品质改善剂。生长促进剂主要介绍了目前饲料工业中可应用的绿色、安全的种类,抗生素因其多种副作用已被完全禁止作为饲料添加剂。驱虫保健剂在饲养、管理条件好的条件下可少使用或不使用。饲料品质改善剂可根据实际情况选择使用,如饲料中油脂含量较高时需添加适量的抗氧化剂。

拓展阅读

扫码进行数字资源的获取和学习。

数字资源

[思政课堂]

饲料"禁抗",养殖减抗、无抗的大背景下,行业对新型饲料添加剂产品的研发需求旺盛,更加重视饲料添加剂的绿色、生态、安全生产与应用,加速了饲料添加剂的科技创新。这一时期,应紧扣国家需求和行业发展需求,勇于探究、敢于创新,精益求精,开发新型饲料添加剂。中草药作为中华文明的瑰宝,除了用于人类健康外,其作为饲料添加剂在我国有着悠久的应用历史,具有来源天然性、功能多样性、安全可靠性、经济环保性等特点,尤其在饲料"禁抗"后越来越受到行业的青睐。如复方中草药添加剂(金银花、黄芪、蒲公英、天麻等),可强化畜禽的抗氧化、抗病菌和抗病毒能力。未来,采用基因工程、蛋白质工程和代谢工程为核心的现代生物技术研制新型中草药添加剂将成为研究热点,这是藏粮于地、藏粮于技、为大食物观的践行保驾护航的具体实践,对保障我国粮食、食品和生态安全具有战略意义。

复习思考

1. 何谓饲料添加剂?
2. 饲料添加剂的作用是什么?

3.何谓益生素(益生菌)？益生菌有哪些功能？

4.酶制剂的主要功能是什么？有哪些常用饲用酶制剂,其作用是什么？

5.添加剂的使用应注意什么问题？

第十二章

生物饲料

本章导读

随着畜牧业规模的扩大,饲料资源紧张和安全问题日益凸显。在保证饲料质量的前提下,合理开发和利用饲料资源,减少对粮食作物的依赖,是畜牧业可持续发展的关键。生物饲料的出现,有效缓解了"人畜争粮"的问题。目前,生物饲料产业呈快速、高效的发展态势,饲料原料资源不断丰富扩充,菌种筛选研究逐渐深入,酶制剂和菌制剂等生产工艺持续优化升级,具有广阔的应用前景。

学习目标

1. 了解生物饲料产生的背景,理解生物饲料定义和内涵。
2. 掌握生物饲料的分类。
3. 理解发酵饲料、酶解饲料、菌酶协同发酵饲料、生物饲料添加剂的概念、作用以及相互间的关系。

概念网络图

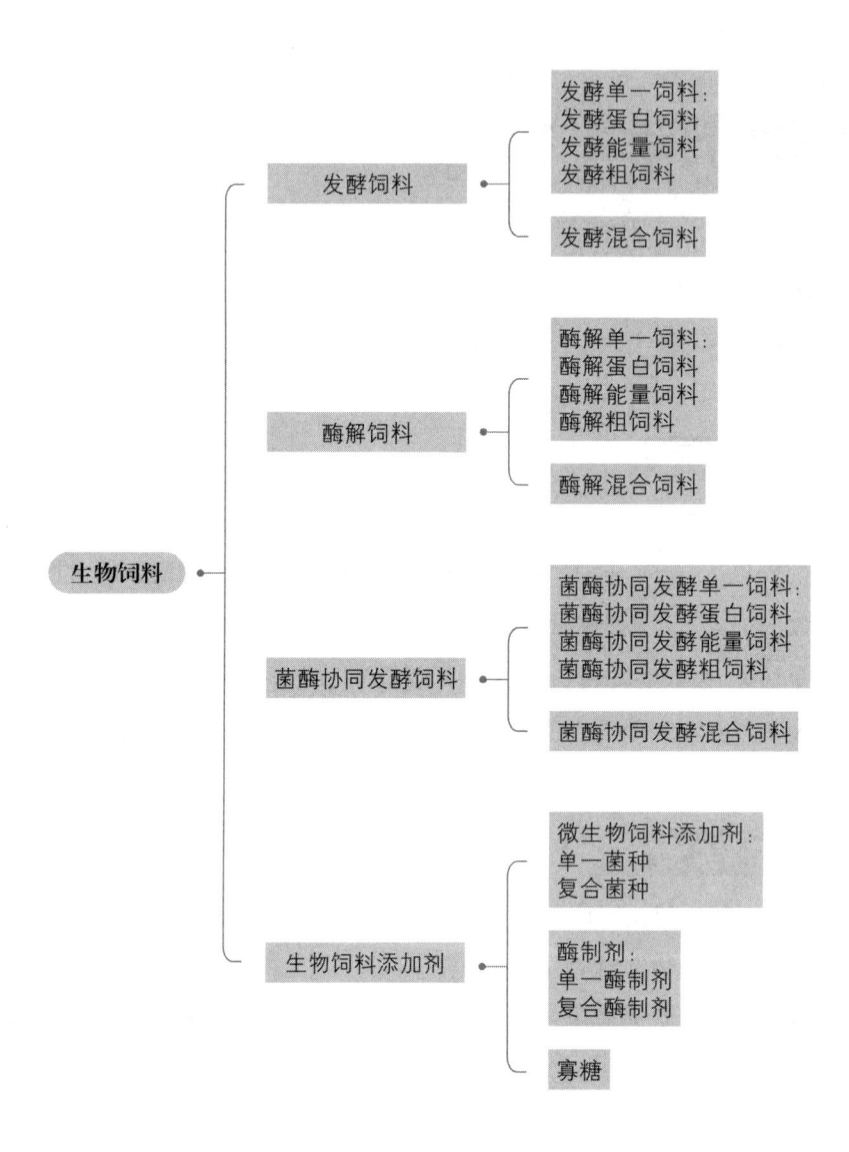

```
生物饲料
├── 发酵饲料
│   ├── 发酵单一饲料：
│   │   发酵蛋白饲料
│   │   发酵能量饲料
│   │   发酵粗饲料
│   └── 发酵混合饲料
│
├── 酶解饲料
│   ├── 酶解单一饲料：
│   │   酶解蛋白饲料
│   │   酶解能量饲料
│   │   酶解粗饲料
│   └── 酶解混合饲料
│
├── 菌酶协同发酵饲料
│   ├── 菌酶协同发酵单一饲料：
│   │   菌酶协同发酵蛋白饲料
│   │   菌酶协同发酵能量饲料
│   │   菌酶协同发酵粗饲料
│   └── 菌酶协同发酵混合饲料
│
└── 生物饲料添加剂
    ├── 微生物饲料添加剂：
    │   单一菌种
    │   复合菌种
    ├── 酶制剂：
    │   单一酶制剂
    │   复合酶制剂
    └── 寡糖
```

生物饲料是指使用国家相关法规允许使用的饲料原料和添加剂,通过发酵工程、酶工程、蛋白质工程和基因工程等生物工程技术开发的饲料。包括发酵饲料、酶解饲料、菌酶协同发酵饲料和生物饲料添加剂四大类。开发生物饲料有利于提高农副产品的利用率、降解饲料中有毒有害物质、研发出可以替代抗生素的新型饲料,从而达到提高动物的生长性能和免疫力、调节动物的肠道功能、降低饲料中抗营养因子含量、促进动物消化吸收以及改善饲料适口性的目的。因此,学习生物饲料的分类、生物饲料的作用、生物饲料的制作和使用以及在养殖业中的使用效果等,对生物饲料的研究和生产应用具有重要的意义。

第一节 发酵饲料

根据现行团体标准《发酵饲料技术通则》(T/CSWSL 002—2018)规定,发酵饲料为使用《饲料添加剂品种目录(2013)》中允许使用的微生物菌种,通过发酵工程技术对符合《饲料原料目录》的饲料原料进行发酵所得到的合格产品。发酵饲料包括发酵单一饲料(发酵原料)和发酵混合饲料。其中,根据《饲料原料目录》和《饲料添加剂品种目录(2013)》,国家允许使用的发酵菌种众多,包括乳酸菌、酵母菌等。

根据《生物饲料产品分类》(T/CSWSL 001—2018),发酵饲料可分为发酵蛋白饲料、发酵能量饲料、发酵粗饲料以及发酵混合饲料。

一、发酵单一饲料

发酵单一饲料是指在单一饲料原料中添加指定微生物,通过发酵作用所生产的饲料。发酵单一饲料根据《生物饲料产品分类》(T/CSWSL 001—2018),可划分为发酵蛋白饲料、发酵能量饲料以及发酵粗饲料。

(一)发酵蛋白饲料

蛋白饲料指的是原料干物质中的粗纤维含量低于18%,蛋白质含量高于20%的一种饲料。发酵蛋白饲料的生产是指用不同种类的发酵细菌对发酵原料进行发酵处理,利用发酵细菌生长过程中的生化作用改善发酵原料中的营养结构的过程。发酵蛋白饲料的优点是:①发酵的菌株繁殖速度较快,生产周期较其他饲料时间短;②粗纤维含量较低,而灰分和钙磷丰富,比例良好,有助于动物对营养物质的吸收;③适口性较好,使饲养动物日增重显著增加;④能提高动物的免疫力,从而能够有效防病治病;⑤能够降低原料中的抗营养因子,提高饲料效率。

(二)发酵能量饲料

能量饲料指饲料干物质中粗纤维含量低于18%、粗蛋白低于20%的饲料。如谷实类、糠麸类、淀粉质块根块茎类、糟渣类等,一般情况消化能(猪)在10.46 MJ/kg以上的饲料均属能量饲料。发酵能量饲料的生产是指用不同种类的发酵细菌对发酵原料进行发酵处理,利用发酵细菌生长过程中的生化作用改善能量饲料原料中的营养结构从而产出更加优质的发酵能量饲料。

(三)发酵粗饲料

粗饲料为天然水分含量在60%以下,干物质中粗纤维含量等于或高于18%的各种鲜草、干草、农作物秸秆和青贮饲料。发酵粗饲料的生产是指用不同种类的发酵微生物对饲料原料进行发酵处理,利用发酵微生物生长过程中的生化作用改善粗饲料原料中的营养结构从而产出更加优质的发酵粗饲料。

国内粗饲料种类繁多,其中包括秸秆、秕壳、干草以及饲用林产品,不同粗饲料之间质量差异较大。粗饲料纤维素含量高,但能量、蛋白质、矿物质等营养成分含量均极低,导致适口性不佳,动物对粗饲料的消化能力低,这对于粗饲料的应用、加工、发展及推广都极为不利。通过发酵技术能有效解决这些问题。研究证明,通过对粗饲料进行发酵处理,可提高其营养价值(表12-1),显著改善粗饲料的营养结构,如能提升蛋白含量、优化粗饲料品质、降低有害杂菌等。

表12-1 添加乳酸菌和糖蜜对天然牧草青贮发酵品质和营养价值的影响

(单位:%)

组别	干物质	粗蛋白质	粗灰分	中性洗涤纤维	酸性洗涤纤维	可溶性碳水化合物
对照组	34.26	10.21	5.96	62.11	34.45	1.15
乳酸菌	35.59	11.32	6.14	57.13	31.58	1.35
糖蜜	34.58	10.92	5.92	58.44	31.72	2.04
乳酸菌+糖蜜	35.96	12.21	5.66	55.11	30.04	2.49

注:干物质为占牧草青贮的质量分数;粗蛋白质、粗灰分、中性洗涤纤维、酸性洗涤纤维、可溶性碳水化合物为其占干物质的质量分数。

(引自李宇宇等,2021)

二、发酵混合饲料

发酵混合饲料指不同菌株对混合饲料进行发酵。发酵混合饲料的作用机理是在发酵过程中,不同菌株通过彼此的协同作用将动物难以消化吸收的粗纤维等大分子物质分解成易消化吸收的小分子物质,同时产生大量的菌体蛋白,从而提高饲料的应用效果。

第二节 酶解饲料

根据现行团体标准《发酵饲料技术通则》(T/CSWSL 002—2018)规定,酶解饲料是指使用《饲料原料目录》和《饲料添加剂品种目录(2013)》等国家相关文件允许使用的饲料原料和酶制剂,通过酶工程技术生产的单一饲料和混合饲料。国家相关法规允许使用的酶制剂有淀粉酶、纤维素酶、脂肪酶等(表12-2)。根据饲用酶制剂反应需要的条件,对饲料进行酶解预消化,能大幅提高饲料利用率、降低配方成本、提高动物的生产性能、降低抗营养因子的含量并增加小肽和游离氨基酸的含量。

表12-2 国家允许使用的酶制剂名录

类别	通用名称	适用范围
酶制剂	淀粉酶(产自黑曲霉、解淀粉芽孢杆菌、地衣芽孢杆菌、枯草芽孢杆菌、长柄木霉、米曲霉、大麦芽、酸解支链淀粉芽孢杆菌)	青贮玉米、玉米、玉米蛋白粉、豆粕、小麦、次粉、大麦、高粱、燕麦、豌豆、木薯、小米、大米
	α-半乳糖苷酶(产自黑曲霉)	豆粕
	纤维素酶(产自长柄木霉、黑曲霉、孤独腐质霉、绳状青霉)	玉米、大麦、小麦、麦麸、黑麦、高粱
	β-葡聚糖酶(产自黑曲霉、枯草芽孢杆菌、长柄木霉、绳状青霉、解淀粉芽孢杆菌、棘孢曲霉)	小麦、大麦、菜籽粕、小麦副产物、去壳燕麦、黑麦、黑小麦、高粱
	葡萄糖氧化酶(产自特异青霉、黑曲霉)	葡萄糖
	脂肪酶(产自黑曲霉、米曲霉)	动物或植物源性油脂或脂肪
	麦芽糖酶(产自枯草芽孢杆菌)	麦芽糖
	β-甘露聚糖酶(产自迟缓芽孢杆菌、黑曲霉、长柄木霉)	玉米、豆粕、椰子粕
	果胶酶(产自黑曲霉、棘孢曲霉)	玉米、小麦
	植酸酶(产自黑曲霉、米曲霉、长柄木霉、毕赤酵母)	玉米、豆粕等含有植酸的植物籽实及其加工副产品类饲料原料
	蛋白酶(产自黑曲霉、米曲霉、枯草芽孢杆菌、长柄木霉)	植物和动物蛋白
	角蛋白酶(产自地衣芽孢杆菌)	植物和动物蛋白
	木聚糖酶(产自米曲霉、孤独腐质霉、长柄木霉、枯草芽孢杆菌、绳状青霉、黑曲霉、毕赤酵母)	玉米、大麦、黑麦、小麦、高粱、黑小麦、燕麦

(引自《饲料添加剂品种目录(2013)》)

一、酶解单一饲料

酶解单一饲料是指使用饲料原料、酶制剂和微生物,通过单一酶解技术协同作用生产的饲料。根据《发酵饲料技术通则》,酶解单一饲料又细分为酶解蛋白饲料,酶解能量饲料以及酶解粗饲料。

(一)酶解蛋白饲料

酶解蛋白饲料需要对饲料原料进行酶解蛋白加工。酶解蛋白加工技术主要指在人为可控的条件下,以植物性副产品为主要原料,通过高效生物因子(多种微生物活菌、各种分解酶)的作用,降解部分多糖、蛋白质和脂肪等大分子物质,生成有机酸、可溶性肽等小分子物质的技术,可减少对动物消化道的应激并增加其对营养物质的吸收,提高饲料蛋白的利用效率。常见的蛋白酶有半胱氨酸型、天冬氨酸型、丝氨酸型、金属型等。为缓解我国蛋白饲料原料不足的压力,增强畜牧业持续发展的能力,利用酶解蛋白对粮油、食品加工副产物等非粮型原料进行优质化处理,结合氨基酸平衡技术部分替代鱼粉、豆粕,已成为研究新型绿色环保饲料的重要手段。

(二)酶解能量饲料

我国能量饲料主要包括玉米、高粱、麦麸等,含有较多的抗营养因子,如植酸、NSP等。这些抗营养因子影响畜禽的健康和生产,而在饲料中添加如植酸酶制剂、木聚糖酶制剂、消化酶制剂等酶制剂对饲料原料进行酶解可以有效地降低抗营养因子对动物生产带来的负面影响。

(三)酶解粗饲料

酶解粗饲料主要是通过利用如纤维素酶制剂、木聚糖酶制剂或复合制剂等酶制剂,消除和降解粗饲料中的粗纤维与抗营养因子,以提高粗饲料的消化率与利用率,提高养殖效益。使用酶制剂处理粗饲料也存在不少缺陷,如容易变质腐败、成本提高等。

二、酶解混合饲料

酶解混合饲料是使用单一或复合酶制剂对多种饲料原料进行酶工程技术加工所生产的饲料。复合酶制剂种类繁多,成分复杂,如谷氨酰胺转氨酶、戊聚糖酶、硬脂酶等。与单一酶制剂相比,复合酶制剂作用范围更广、作用效果更好,在饲料工业中应用较为普遍。在多种酶的作用下,复合酶制剂能够降解饲粮中的多种养分,促进动物对营养物质的吸收,消除饲粮中的抗营养因子,避免其破坏饲粮成分,并显著提高饲粮营养价值。

第三节 菌酶协同发酵饲料

根据2018年初发布的现行有效的团体标准《生物饲料产品分类》(T/CSWSL 001—2018),菌酶协同发酵饲料的定义为使用国家相关法律规定允许的饲料原料、酶制剂和微生物,在饲料发酵过程中添加有益菌和酶制剂,通过发酵工程和酶工程技术协同作用生产的单一饲料和混合饲料。与传统的发酵饲料相比,菌酶协同发酵饲料可将添加的酶制剂和菌种的功效协同,借助发酵工艺和酶工程技术共同作用,缩短了发酵时间,弥补了益生菌单独使用时发酵产酶不足的缺点,发酵的生产效率也得到了有效提高,发酵的产品更优质。

菌酶协同发酵饲料按照饲料原料数目差异分为菌酶协同发酵单一饲料和菌酶协同发酵混合饲料。菌酶协同发酵单一饲料按照基质种类差异分为菌酶协同发酵蛋白饲料、菌酶协同发酵能量饲料和菌酶协同发酵粗饲料。饲料中菌酶协同作用的常用基质及其所用菌种和酶见表12-3。

表 12-3　饲料中菌酶协同作用的基质及其所用菌种和酶

基质	菌种	酶
豆粕	植物乳杆菌、副干酪乳杆菌、鼠李糖乳杆菌、乳酸片球菌、粪肠球菌、枯草芽孢杆菌、酿酒酵母	酸性蛋白酶、中性蛋白酶、碱性蛋白酶、复合酶(纤维素酶、甘露糖苷酶、果胶酶)、非淀粉多糖复合酶
菜籽粕	酿酒酵母、黑曲霉、米曲霉、枯草芽孢杆菌、蜡质芽孢杆菌、干酪乳杆菌	碱性蛋白酶、蛋白酶、木瓜蛋白酶、中性蛋白酶、内生复合酶、纤维素酶、果胶酶、风味蛋白酶
棉籽粕、菜籽粕、麸皮	枯草芽孢杆菌、酿酒酵母、乳酸杆菌	纤维素酶、中性蛋白酶
棉籽粕	枯草芽孢杆菌	木瓜蛋白酶
大豆蛋白	枯草芽孢杆菌	碱性蛋白酶
豌豆	枯草芽孢杆菌、地衣芽孢杆菌	α-葡萄糖苷酶、蛋白酶、果胶酶
棕榈粕	植物乳杆菌	纤维素酶、半纤维素酶、蛋白酶
谷物副产物	乳酸片球菌	水解酶类
马铃薯浆	植物乳杆菌	纤维素酶
大米蛋白	枯草芽孢杆菌、植物乳杆菌	胃蛋白酶、风味蛋白酶、菠萝蛋白酶、碱性蛋白酶
玉米秸秆	毛壳菌、地衣芽孢杆菌；酵母菌、白腐真菌、植物乳杆菌	纤维素酶、水解酶、氧化酶
玉米芯	枯草芽孢杆菌、地衣芽孢杆菌、植物乳杆菌、酿酒酵母	木聚糖酶、果胶酶、β-甘露聚糖酶、纤维素酶
棉花秸秆	乳杆菌、芽孢杆菌	纤维素酶
苜蓿	植物乳杆菌、戊糖片球菌	纤维素酶、半纤维素酶
虾壳	凝结芽孢杆菌	蛋白酶K
金枪鱼肉	枯草芽孢杆菌	中性蛋白酶

(引自李旺等,2020)

一、菌酶协同发酵单一饲料

菌酶协同发酵单一饲料指仅以一种饲料为主的原料作为底物,接种微生物进行发酵获得的饲料产品,发酵酒糟、豆粕、玉米以及秸秆等常见单一饲料原料后,可显著提高饲料原料中的蛋白质、氨基酸、小肽含量,使营养物质得到有效吸收,促进动物生长。

(一)菌酶协同发酵蛋白饲料

菌酶协同发酵蛋白饲料的基质主要包括豆粕、大豆蛋白、菜籽粕和棉籽粕等;对这些蛋白饲料基质可利用植物乳杆菌、枯草芽孢杆菌和酿酒酵母等益生菌种清除其中的抗营养因子,使营养物质充分被吸收;在发酵过程中再加入蛋白水解酶,将蛋白质水解为易吸收的小肽等小分子物质,促进动物消化吸收,提高其生长性能。

(二)菌酶协同发酵能量饲料

菌酶协同发酵能量饲料包含谷物副产物、马铃薯渣等基质;酿酒酵母、假丝酵母、乳杆菌等菌种可提高饲料中蛋白质含量、降低粗纤维含量,增加饲料的适口性,促进动物采食;淀粉酶、纤维素酶等酶类可将饲料中难降解的物质转化为易被吸收的小分子,从而提高饲料的利用率。

(三)菌酶协同发酵粗饲料

菌酶协同发酵粗饲料以玉米的副产物、棉花秸秆等作为发酵粗饲料的基质;利用植物乳杆菌、酵母菌、地衣芽孢杆菌等菌种去除木质素使纤维组织松散;以纤维素酶和木聚糖酶为主的酶类负责酶解木质纤维以提高酶解率和木聚糖产量,释放营养物质,提高营养物质的利用,有助于动物生长。

二、菌酶协同发酵混合饲料

菌酶协同发酵混合饲料是指以多种单一饲料原料混合物为底物,接种微生物进行发酵后的饲料。发酵混合饲料与发酵单一饲料相比,多种单一饲料组合的混合饲料营养更丰富均衡和多样化,适口性更好,有效减少了某一特定饲料原料的制约性,与全价配合饲料的营养组成相近,在实际生产应用中更具价值。

第四节 生物饲料添加剂

生物饲料添加剂的概念是近十几年才提出的,对其定义和内涵的认识随着科学和实践的发展也在不断变化。根据2018年初发布的现行有效的团体标准《生物饲料产品分类》(T/CSWSL 001—2018),生物饲料添加剂是指通过生物工程技术生产,能够提高饲料利用效率、改善动物健康和生产性能的一类饲料添加剂,主要包括微生物饲料添加剂、酶制剂和寡糖等。

一、微生物饲料添加剂

微生物饲料添加剂是应用微生态平衡与失调理论、微生态营养理论和微生态防治理论,在饲料中添加或直接饲喂活的有益微生物或微生物及其培养物。微生物饲料添加剂被认为是抗生素的替代饲料添加剂,分为单菌种微生物饲料添加剂和多菌种微生物饲料添加剂。

微生物饲料添加剂主要以粉末制剂和液体制剂两种方式存在,其卫生指标应符合行业标准(NY/T 1444—2007)要求。微生物饲料添加剂在促进畜禽健康和生长上的作用机理主要包括:①恢复和维持胃肠道内正常微生态平衡,帮助建立和维持正常的优势菌群;②通过竞争肠上皮细胞的黏附位点,抑制和阻碍病原微生物黏附或定殖于肠道;③通过生物夺氧方式阻止病原菌的定殖和繁殖;④通过合成代谢或裂解产生的细菌素、肽聚糖、脂磷壁酸、维生素、过氧化氢、有机酸、表层蛋白和分泌蛋白等物质对肠道微生物或宿主发挥特定的生理效应(图12-1),抑制或杀害病原微生物及促进动物机体健康生长;⑤通过产生非特异性免疫调节因子,刺激机体免疫器官、淋巴组织或免疫细胞,增强动物免疫系统功能。

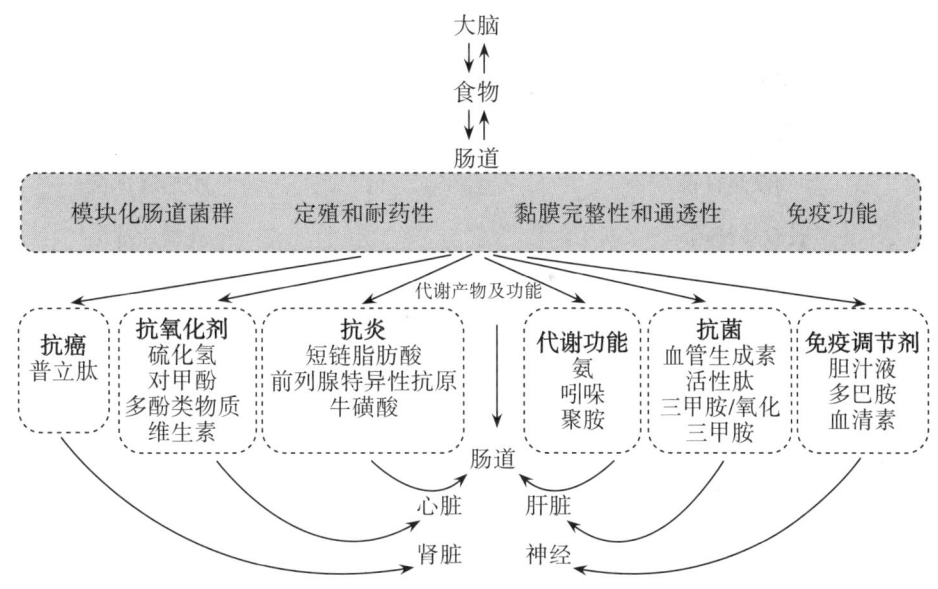

图 12-1 微生物定殖肠道后的合成代谢物及其生理效应(引自刘梦瑶等,2022)

(一)单菌种微生物饲料添加剂

单菌种微生物饲料添加剂是指在饲料中添加或直接饲喂的一种活的微生物或微生物及其培养物。2013年公布的《饲料添加剂品种目录(2013)》(公告第2045号)中,允许用于饲料生产的微生物有34种(现增补至37种),相对于美国食品和药物管理局(FDA)和美国饲料管理协会(AAFCO)2009年公布的允许直接饲喂的42种微生物(表12-4),以及欧盟允许的72种饲用微生物,我国饲用微生物添加剂的开发应用仍有很大的发展潜力。

表 12-4 FDA和AAFCO公布的42种饲用微生物种类

中文名称	中文名称
德氏乳杆菌保加利亚亚种(原名:保加利亚乳杆菌)	凝结芽孢杆菌
嗜酸乳杆菌	地衣芽孢杆菌
短乳杆菌	迟缓芽孢杆菌
干酪乳杆菌	短小芽孢杆菌
纤维二糖乳杆菌	枯草芽孢杆菌
弯曲乳杆菌	栖瘤胃拟杆菌
发酵乳杆菌	产琥珀酸拟杆菌
瑞士乳杆菌	嗜淀粉拟杆菌
德式乳杆菌乳酸亚种(原名:乳酸乳杆菌)	多毛拟杆菌
罗伊氏乳杆菌	乳脂链球菌
胚芽乳杆菌	乳酸链球菌
德氏乳杆菌	粪链球菌
青春双歧杆菌	中间链球菌

续表

中文名称	中文名称
两歧双歧杆菌	双醋酸乳酸链球菌
动物双歧杆菌	嗜热链球菌
长双歧杆菌	乳酸片球菌
婴儿双歧杆菌	啤酒片球菌
嗜热双歧杆菌	戊糖片球菌
费氏丙酸杆菌	肠膜明串珠菌
谢氏丙酸杆菌	黑曲霉
酿酒酵母	米曲霉

目前,畜牧生产中应用的微生物饲料添加剂制品按亚类划分主要包括:乳酸菌、芽孢杆菌、酵母菌、丙酸杆菌、霉菌、光合细菌等。这些菌种在家禽、猪、牛、羊等上都表现出较好的饲喂效果。

1. 乳酸菌

乳酸菌制剂是饲用微生物添加剂制品中应用最为广泛的、效果最好的一类。乳酸菌是多种动物消化道主要的共生菌,我国作为饲用微生物添加剂应用的乳酸菌主要包括:肠球菌属、乳酸杆菌、双歧杆菌、片球菌属、链球菌等。

2. 芽孢杆菌

芽孢杆菌属适应能力强,能在极酸或极碱环境下生长繁殖,还具有耐热、耐盐、容易培养和保存等特点。在畜禽养殖中,适于饲喂的芽孢杆菌属主要包括地衣芽孢杆菌、谷草芽孢杆菌、迟缓芽孢杆菌、短芽孢杆菌、凝结芽孢杆菌等菌种。

3. 酵母菌

酵母菌属于真核生物,富含蛋白质、氨基酸及多种维生素等,其代谢产物富含B族维生素以及各种消化酶类。在饲料工业中酵母菌主要作为蛋白质饲料使用,最早是用作反刍动物的蛋白质补充饲料,随着生物工程技术的快速发展,利用不同的酵母或加工方法将酵母菌研制成对动物有不同功效的多种饲料添加剂。

4. 丙酸杆菌

丙酸杆菌属(*Propionibacterium* spp.)为革兰氏阳性、生长缓慢、不产芽孢、不能运动、不耐酸的兼性厌氧菌。丙酸杆菌为反刍动物瘤胃内的原始菌,约占瘤胃微生物总数的1.4%。饲用丙酸杆菌主要包括:产丙酸杆菌和费氏丙酸杆菌等。

5. 霉菌

霉菌是真菌的一种。适用于饲用的霉菌主要有黑曲霉、米曲霉等。黑曲霉和米曲霉都具有多种活性强大的酶系,如淀粉酶、蛋白酶、果胶酶、纤维素酶和葡萄糖氧化酶等。

6. 光合细菌

饲用光合细菌主要有沼泽红假单胞菌。沼泽红假单胞菌作为饲用微生物,富含多种氨基酸、维生素、类胡萝卜素、辅酶Q等生物活性物质,具有调节畜禽肠道微生态平衡、提高畜禽生产性能与免疫力、改善水质来增强水生动物的抗病性等功能。

(二)多菌种微生物饲料添加剂

多菌种微生物饲料添加剂是由两种或两种以上微生物或微生物及其培养物按一定比例混合而成。在实际生产应用中,为了达到更好的生产效果,人们往往根据不同菌株的生物学作用及其特性,菌种之间是否存在拮抗作用,以及如何达到最大协同效果,将多种有益菌进行合理搭配,优化组合,生产出具有多方面生物学作用的多菌种微生物饲料添加剂制剂,以此获得最好的饲喂效果。

微生物饲料添加剂在动物生产中具有很好的应用前景,但也面临着很多尚未解决的问题,如新菌种的开发利用不足,具体的作用机制仍不翔实,复合益生菌菌剂之间的配伍效果仍有待研究。

二、饲用酶制剂

饲用酶制剂是一种具有催化活性的蛋白类物质,主要由细菌、真菌等微生物发酵产生或生物体内活细胞原生质合成产生。在无抗养殖的背景下,饲用酶制剂是高效、绿色环保型的饲料添加剂。

饲用酶制剂在畜禽生产中的主要作用有:①补充内源性酶的不足,激活内源酶的分泌消化功能;②破坏植物细胞壁,提高养分消化率;③破坏饲粮抗营养因子,降低消化道食糜的黏性,增强营养因子的吸收和利用;④分解饲料中的植酸磷,解除植酸磷与金属离子的络合作用,提高金属离子的利用率;⑤降解饲料中可溶性非淀粉多糖,生成木聚糖,抑制消化道内大肠杆菌和链球菌等有害微生物的繁殖,增强动物免疫力。

目前,已发现酶的品种有1700多种,但能够生产应用的饲用酶只有20余种(表12-5)。饲用酶制剂按照酶的组成可分为单酶制剂和多酶制剂。

表12-5 主要的饲用酶制剂及生产来源

单酶制剂名称	产品类别
淀粉酶	可产自黑曲霉、解淀粉芽孢杆菌、地衣芽孢杆菌、枯草芽孢杆菌、长柄木霉、米曲霉、酸解支链淀粉芽孢杆菌等
α-半乳糖苷酶	产自黑曲霉
纤维素酶	可产自长柄木霉、黑曲霉、孤独腐质霉、绳状青霉等
β-葡聚糖酶	可产自黑曲霉、枯草芽孢杆菌、长柄木霉、绳状青霉、解淀粉芽孢杆菌、棘孢曲霉等
葡萄糖氧化酶	可产自特异青霉、黑曲霉等
脂肪酶	可产自黑曲霉、米曲霉等
麦芽糖酶	产自枯草芽孢杆菌
β-甘露糖苷酶	可产自迟缓芽孢杆菌、黑曲霉、长柄木霉等
果胶酶	可产自黑曲霉、棘孢曲霉等
植酸酶	可产自黑曲霉、米曲霉、长柄木霉、毕赤酵母等

续表

单酶制剂名称	产品类别
蛋白酶	可产自黑曲霉、米曲霉、枯草芽孢杆菌、长柄木霉等
角蛋白酶	产自芽孢杆菌
木聚糖酶	可产自米曲霉、孤独腐质霉、长柄木霉、枯草芽孢杆菌、绳状青霉、黑曲霉、毕赤酵母等

(引自《生物饲料产品分类》团体标准 T/CSWSL 001—2018)

(一)单酶制剂

单酶制剂是指特定来源、只催化水解一种底物的酶制剂。单酶制剂可划分为消化酶和非消化酶。消化酶又称内源酶，是指动物自身合成和分泌到消化道的酶，包括蛋白酶、脂肪酶和淀粉酶等；非消化性酶又称外源酶，是指动物自身不能合成和分泌，需要从外界获得的酶，主要包括纤维素酶、半纤维素酶、植酸酶、α-半乳糖苷酶、β-葡聚糖酶、果胶酶、木聚糖酶和β-甘露聚糖酶等。

单酶制剂的使用效果受到诸多因素如酶的种类、活性、添加方式和添加量以及动物的种类、生理状况、饲养管理等的影响。酶制剂的稳定性较差，很容易受温度、环境pH等外界环境条件的影响而失去活性，因此保存方式也是影响其使用效果的一大因素。

(二)多酶制剂

多酶制剂，又称复合酶制剂，是指由催化水解多种不同底物的、两种或两种以上单酶混合而成的酶制剂。多种酶的来源可以不同，也可以相同，因为单一菌株可以产生多种酶，特别是一些商业系统微生物。

通常复合酶制剂的使用效果较单一酶制剂好，能够降解饲粮中的多种养分，对消除饲粮抗营养因子和提高饲粮营养价值都表现出更好的效果，但复合酶制剂并不是酶种类越多效果越好。为了体现复合酶制剂的高效性和针对性，复合酶制剂的组合往往会以"差异互补、协同增效"为核心理念，根据不同酶的最适特性、作用特点和优势等，选择具有催化协同作用或互补作用的两种或两种以上单酶组合而成。复合酶制剂的使用还应根据饲料的特性以及动物的生理特性来决定，以达到更好的饲喂效果。

三、寡糖

寡糖又称低聚糖，普遍定义是指由2~10个相同或不同单糖单位经脱水缩合后以糖苷键连接而成的具有直链或支链的低聚合糖类的总称。由于单糖分子结合位置及结合类型不同，有些寡糖可以直接被肠道吸收，可作为能量物质使用，如蔗糖、麦芽糖等；有些寡糖不能直接被肠道吸收，可以作为饲料添加剂使用，常被称为功能性寡糖，如低聚木糖、低聚壳聚糖、半乳甘露寡糖、果寡糖、甘露寡糖、低聚半乳糖、壳寡糖、异麦芽糖、β-1,3-D-葡聚糖、N,O-羧甲基壳聚糖、大豆寡糖等。功能性寡糖具有促进肠道益生菌生长、调节肠道菌群、改善肠道环境、促进矿物质吸收等优点。

寡糖的主要生理功能：①促进肠道有益菌(双歧杆菌、乳酸杆菌等)增殖，改善胃肠道菌群结构；②与病原微生物的外源凝集素结合，切断病原微生物的营养供应，抑制病原微生物繁殖；③发酵产生的挥发性脂肪酸能为肠道细胞提供能量，改善动物肠道结构；④刺激肠道免疫细胞增殖，激活巨噬细胞活性，提高动物机体免疫功能；⑤清除机体多余的自由基，具有抗氧化作用；⑥降低血液中葡萄糖和血脂含量，改善动物的糖、脂代谢;⑦改善饲料理化性质,防止淀粉老化,吸附霉菌;⑧促进肠道发育,增强肠道吸收功能。

寡糖作为一种新型绿色饲料添加剂,具有低热值、稳定、安全无毒、黏度低、吸湿性大等特点。在畜禽生产中,饲喂寡糖可抑制病原菌的繁殖、增强畜禽免疫力和抗病能力、改善畜禽肠道健康、提高家禽及幼龄动物成活率、提高饲料转化率和动物产品质量、促进动物健康生长等,具有良好的应用前景。

本章小结

生物饲料是指使用国家相关法规允许使用的饲料原料和添加剂,通过发酵工程、酶工程、蛋白质工程和基因工程等生物工程技术开发的饲料。包括发酵饲料、酶解饲料、菌酶协同发酵饲料和生物饲料添加剂四大类。发酵饲料是通过发酵工程技术生产的饲料,包括发酵单一饲料(发酵原料)和发酵混合饲料。酶解饲料是通过酶工程技术生产的单一饲料和混合饲料,目前允许使用的酶制剂有淀粉酶、纤维素酶、脂肪酶等,包括酶解单一饲料和酶解混合饲料。菌酶协同发酵饲料为通过发酵工程和酶工程技术协同作用生产的单一饲料和混合饲料。生物饲料添加剂是指通过生物工程技术生产,能够提高饲料利用效率、改善动物健康和生产性能的一类饲料添加剂,主要包括微生物饲料添加剂、酶制剂和寡糖等。目前,生物饲料产业呈快速、高效的发展态势,饲料原料资源不断丰富扩充,菌种筛选研究逐渐深入,酶制剂和菌制剂等生产工艺持续优化升级,我国生物饲料具有广阔的应用前景。

拓展阅读

扫码进行数字资源的获取和学习。

数字资源

[思政课堂]

我国是工农业大国,资源消耗多,相应的排放量也大,因此有必要通过生物制造等先进技术手段来化解这一难题,变废为宝。生物制造被认为具有引领"第四次工业革命"的潜力,市场规模将达到万亿级别,是世界各国竞争的热点。它对于打造新质生产力,推动经济向绿色、可持续、高质量发展至关重要。我国也把生物制造列为重点发展的战略性新兴产业,是提升新质生产力的重要手段之一。

基于生物制造技术,可生产新型鱼饲料蛋白,它的营养价值很高,粗蛋白含量达到80%以上,让人想不到的是,它竟然是用钢铁厂炼钢时产生的工业尾气生产出来的。工业尾气在名为乙醇梭菌的菌种作用下,最终变成蛋白质和乙醇,从而获得新型的饲料蛋白。据估算,我国有大量的工业尾气资源,钢铁冶金、石化炼油、水泥等行业年产工业尾气超过万亿立方米,如果利用其中的50%可年产饲料蛋白500万t,减少二氧化碳排放1.2亿t,节约粮食1.6亿t,节省耕地4亿亩。

复习思考

1. 生物饲料的营养更丰富均衡，那么生物饲料是否可以代替传统饲料的使用？
2. 生物饲料的分类及对动物的作用。
3. 生物饲料的基质除了豆粕、大豆蛋白、菜籽粕和棉籽粕，还有哪些？
4. 与传统饲料相比，生物饲料有何优势？
5. 举例说明生产中存在的某种生物饲料及其开发利用前景。
6. 生物饲料目前还存在哪些研究方向？
7. 微生物饲料添加剂饲喂的作用机理，以及菌剂之间、菌酶协同的配伍效果是什么？
8. 饲用酶制剂的生产和使用方法以及注意事项有哪些？
9. 饲用微生物制剂、酶制剂和寡糖间的合理搭配能否起到更有效的饲喂效果，其机理是什么？
10. 如何利用生物工程技术更好、更有效地开发利用微生物饲料添加剂？

第十三章
饲料卫生与安全

本章导读

饲料卫生与安全是研究饲料中可能影响动物健康与生产性能发挥、畜产品食用及环境安全的有害因素的种类、性质、含量、毒性与危害及其控制措施,以提高饲料的卫生与安全质量,保护动物饲用安全,提高畜产品品质和生态环境安全性的科学。饲料中的各种营养物质是维持动物正常生命活动和发挥最佳生产性能的前提,为保障动物健康与饲料业的可持续发展,应建立饲料质量控制体系及产品认证等措施体系,控制和减少有毒有害物质对饲料的污染,确保饲料安全。

学习目标

1. 了解饲料毒物的种类及来源。
2. 了解饲料不同毒物对动物健康和畜产品的影响。
3. 理解霉菌毒素的危害及防治措施。

概念网络图

- 饲料卫生与安全
  - 饲料源性的有毒有害物质
    - 植物性：生物碱，苷类，非蛋白氨基酸、毒肽与毒蛋白，酚类及其衍生物，有机酸，非淀粉多糖等
    - 动物性：过氧化物、肌胃糜烂素、组胺、抗维生素 B_1 因子等
    - 矿物性：饲料用磷酸盐类、饲料用碳酸钙类和骨粉
    - 饲料添加剂：铅、砷等
  - 非饲料源性的有毒有害物质
    - 霉菌毒素：曲霉菌属、镰刀菌属、青霉菌属等
    - 农药：杀虫剂、杀菌剂、除草剂
    - 病原菌：沙门菌、大肠杆菌
    - 有毒金属：铅、砷、汞、镉、铬、硒、钼、锗等

第一节 饲料源性的有毒有害物质

饲料源性有毒有害物质是指来源于植物性饲料、动物性饲料、矿物质饲料和饲料添加剂中的有害物质,包括饲料原料本身存在的抗营养因子,以及饲料原料在生产、加工、贮存、运输等过程中发生的理化性质变化产生的有毒有害物质。不同来源的有毒有害物质对动物健康的影响程度和机理不同,采取的控制措施也不相同。

一、植物性饲料中有毒有害物质

饲用植物是动物的主要饲料来源。但在有些饲用植物中,天然存在一些对动物有毒、有害的成分或物质。这类物质是植物长期进化和适应环境过程中,通过遗传、变异和选择在植物体中保留下来的,是植物自身生存繁殖所必需的一些物质。

饲用植物中已知的有毒化学成分或抗营养因子,大致可以分为:生物碱、苷类、非蛋白氨基酸、毒肽与毒蛋白、酚类及其衍生物、有机酸、非淀粉多糖、亚硝酸盐、胃肠胀气因子、抗维生素因子等。

(一)生物碱

生物碱是一类存在于生物体内的含氮有机化合物,有类似碱的性质,能和酸结合生成盐。生物碱广泛分布于植物界,约有12 000种生物碱存在。另外,生物碱具环状结构,难溶于水。

1. 在植物体中的存在形式

在植物细胞中,除少数极弱碱性生物碱(秋水仙碱类)以外,大都以与酸结合形成盐的形式存在。

2. 在植物体内的分布

生物碱在植物体组织各部分都可能存在,但往往集中在某一部分或某一器官。一般来说,生物碱多存在于植物生长最活跃的部分,如子房、新发育的细胞、根冠、木栓形成层以及受伤组织的邻近细胞中。

3. 毒性

许多生物碱是常用的药物,同时也是毒物,具有多种毒性,特别是具有显著的神经毒性与细胞毒性。

(二)苷类

苷类又称配糖体,是糖或糖醛酸等的基端碳原子与另一非糖物质通过连接而成的化合物。其中非糖部分称为苷元或配基,其连接的键称为苷键。饲料中可能出现的有毒有害的苷类物质有氰苷、硫代葡萄糖苷和皂苷。

1. 氰苷

氰苷是指一类α-羟腈的苷,广泛存在于植物中,在植物界中有2500多种,其中大多存在于豆科、蔷薇科、樟科、菊科等。

(1) 合成及水解

植物体内合成氰苷的过程图见13-1。不同的氨基酸可以产生不同的氰苷,氰苷的水解通常由酶催化进行。在含氰苷的植物中,都存在β-葡萄糖苷酶和羟腈裂解酶。在完整的植物体内,氰苷与水解的酶(β-葡萄糖苷酶),在空间上是隔离的,二者存在于植物体同一器官的不同细胞中。当植物体完整的细胞受到破坏或死亡后,使氰苷与其水解酶接触时,水解反应才会迅速地进行。其反应过程如13-2所示。

氨基酸 ⟶ N-羟基氨基酸 ⟶ 醛肟 ⟶ 腈 ⟶ α-羟腈 ⟶ 氰苷 / 生氰脂

图13-1 植物体内合成氰苷的过程

$$R_1-\underset{\underset{CN}{|}}{\overset{\overset{R}{|}}{C}}-C-Glc \xrightarrow{\beta\text{-葡萄糖苷酶}} R_1-\underset{\underset{CN}{|}}{\overset{\overset{R}{|}}{C}}-C-OH \xrightleftharpoons{\text{羟腈裂解酶}} R_1-\overset{\overset{R}{|}}{C}=O + HCN$$

图13-2 氰苷在酶作用下分解、释放HCN的过程

注:Glc表示葡萄糖分子

(2) 氰苷的毒性

氰苷本身不表现毒性,但含有氰苷的植物被动物采食、咀嚼后,植物组织结构遭到破坏,在有水分和适宜的温度条件下,氰苷在酶的作用下,产生氢氰酸(HCN)而引起动物中毒,主要症状为呼吸快速且困难,呼出苦杏仁味气体,随后全身衰弱无力,行走站立不稳或卧地不起,心律失常。中毒严重者最后全身阵发性痉挛,瞳孔散大,因呼吸麻痹而死亡。

(3) 脱毒与利用

氰苷可溶于水,经酶或稀酸作用可生成氢氰酸,氢氰酸的沸点低(26 ℃),加热易挥发,故一般采用水浸泡、加热蒸煮等办法脱毒。

2. 硫代葡萄糖苷

硫代葡萄糖苷是一类葡萄糖衍生物的总称,广泛存在于十字花科等植物的叶、茎和种子中。硫代葡萄糖苷的一般结构式见图13-3。

$$R-CH_2-\underset{\underset{OSO_3^-}{\diagdown}}{\overset{\overset{S-C_6H_{11}O_5}{\diagup}}{C}}$$
$$N$$

图13-3 硫代葡萄糖苷的一般结构式

(1) 种类与含量

由图13-3可见,硫代葡萄糖苷分子由非糖部分和葡萄糖部分通过硫苷键连接而成。其中R基团是硫代葡萄糖苷的可变部分,R基团不同,硫代葡萄糖苷的种类和性质也不同。油菜植株的各部分含有硫代葡萄糖苷,以种子含量最高,集中在种子的子叶和胚轴中,其他部分较少。

(2) 硫代葡萄糖苷的降解

在含有硫代葡萄糖苷的植物中，都含有糖苷共存的酶，称为硫代葡萄糖苷酶或芥子酶。油菜籽在榨油加工过程中或被动物摄取后，硫代葡萄糖苷酶与硫代葡萄糖苷接触使其水解生成葡萄糖、硫酸根离子及配体。因降解条件不同，配体可降解为硫氰酸酯、异硫氰酸酯、噁唑烷硫酮或脱去硫原子生成腈。硫代葡萄糖苷的降解产物如图13-4所示。

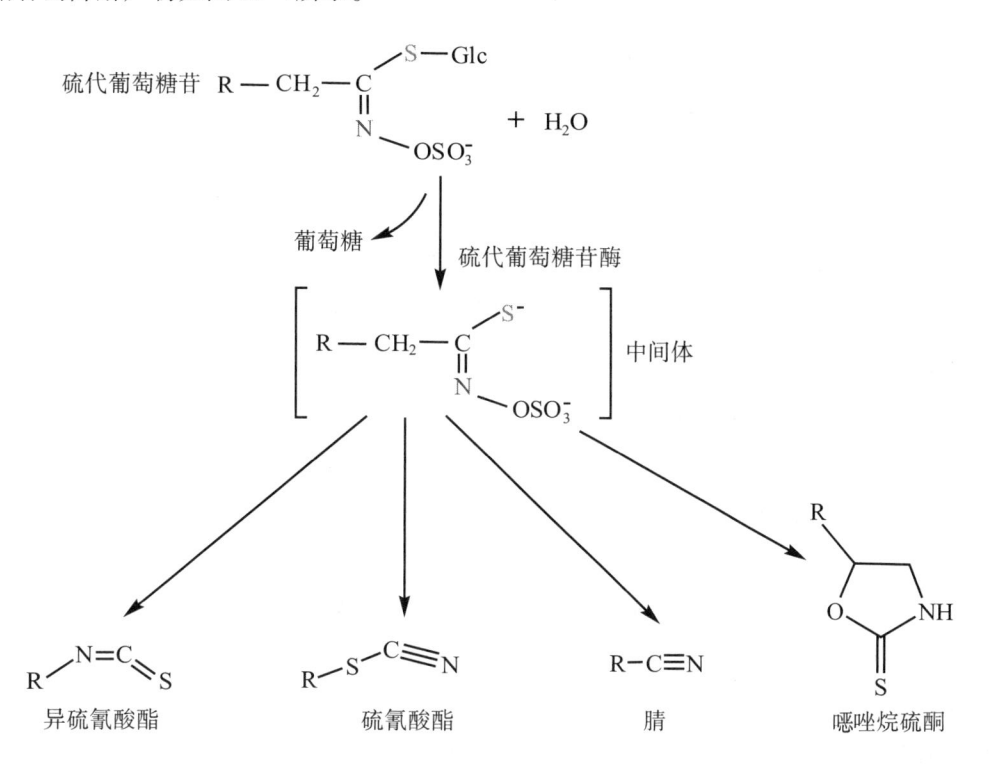

图13-4 硫代葡萄糖苷的降解及产物

(3) 硫代葡萄糖苷降解产物的毒性

硫代葡萄糖苷本身不具有毒性，但其降解产物有毒性。硫氰酸酯、异硫氰酸酯和噁唑烷硫酮可引起甲状腺形态学和功能变化。硫氰酸酯和异硫氰酸酯进入体内生成硫氰根（SCN^-）可与碘离子（I^-）竞争，而富集到甲状腺中，从而抑制甲状腺滤泡富集碘的能力，导致甲状腺肿大。噁唑烷硫酮导致甲状腺肿大作用与硫氰酸酯不同，它是通过抑制酪氨酸的碘化，使甲状腺生长受阻，同时干扰甲状腺球蛋白的水解，进而影响甲状腺素的释放。腈主要引起动物肝脏、脾大和出血。硫代葡萄糖苷在较低温度及酸性条件下酶解时会有大量的腈生成，大多数的腈进入体内后通过代谢迅速析出氰离子（CN^-），因此对机体的毒性比异硫氰酸酯和噁唑烷硫酮强。

(4) 脱毒及利用

培育"双低"油菜品种是菜籽饼粕去毒和提高营养价值的根本途径。

3. 皂苷

皂苷由皂苷元、糖和糖醛酸或其他有机酸组成，广泛存在于植物的叶、茎、根、花和果实中。

(1) 分类和理化性质

按照皂苷水解后生成的皂苷元的化学结构，可将皂苷分为甾体皂苷和三萜皂苷两大类。皂苷多具苦味和辛辣味，影响适口性。皂苷有很高的表面活性，其水溶液经强烈振摇可产生持久性泡沫，且不因加热而消失。

(2)生物活性和毒害作用

①降低胆固醇吸收。皂苷与胆固醇结合生成不溶于水的复合物,可以减少胆固醇在肠道的吸收。②溶血作用。皂苷水溶液能使红细胞破裂,具有溶血作用。③臌气作用。当反刍动物大量采食新鲜苜蓿时,由于皂苷具有降低水溶液表面张力的作用,可在瘤胃中和水形成大量的持久性泡沫夹杂在瘤胃内容物中,导致瘤胃臌气。④对鱼有毒害作用。皂苷对鱼类、软体动物等冷血动物有很强的毒性。

(三)非蛋白氨基酸、毒肽和毒蛋白

1.非蛋白氨基酸

饲用植物中,有些氨基酸不是组成一般蛋白质的成分,称之为非蛋白质氨基酸。在正常情况下,动物机体中不存在这些氨基酸,一旦其被摄入机体后,由于其与正常的蛋白质氨基酸的化学结构类似,故可成为后者的拮抗代谢物,从而引起多种类型的毒性作用。

2.毒肽和毒蛋白

植物中天然存在一些肽类化合物,包括一些呈环状结构的多肽。它们具有特殊的生物活性或强烈的毒性。这些具有一定毒性的肽类和蛋白质类化合物分别称为毒肽和毒蛋白。饲用植物中,影响较大的毒蛋白是植物红细胞凝集素、蛋白酶抑制因子和脲酶。

(1)植物红细胞凝集素

它是一类可使红细胞发生凝集的蛋白质。这种凝集素在作物中普遍存在,尤其多存在于豆科作物种子中。植物红细胞凝集素可降低饲料中营养物质在消化道的吸收率,使动物的生长受到抑制或停滞,甚至还可呈现其他毒性。

凝集素不耐湿热,只要对饲料进行充分的热处理,对凝集素灭活或破坏,就不会危害动物。在常压下蒸汽处理 1 h,便可使凝集素完全破坏。

(2)蛋白酶抑制因子

指能和蛋白酶的必需基团发生化学反应,从而抑制蛋白酶与底物结合,使蛋白酶的活力下降甚至丧失的一类物质。在自然界已发现数百种蛋白酶抑制剂,广泛存在于植物中,但主要存在于多数豆科植物中,其中对动物营养影响最大的是胰蛋白酶抑制因子。

(3)脲酶

生大豆中脲酶活性很高,本身对动物生产无影响。但若和尿素等非蛋白氮同时使用饲喂反刍动物,会加速尿素等分解释放氨,进而引起氨中毒。脲酶不耐热,可以通过高温灭活。

(四)酚类及其衍生物

酚类是芳香族环上的氢原子被羟基或功能衍生物取代后生成的化合物。植物中酚类成分非常多,其中与饲料关系较为密切的有棉酚和单宁。

1.棉酚

(1)种类和理化性质

棉酚是棉籽中色素腺体所含的一种黄色多酚色素,广泛存在于锦葵科棉属植物的种子中,根、茎、叶和花中含量较少,在棉饼中占干物质量的0.03%。棉酚是一种复杂的多元酚类化合物,属萜类化合物,结构见图13-5。棉酚有3种异构体,相互之间可以转变,3种异构体的结构式及熔点见图13-6。

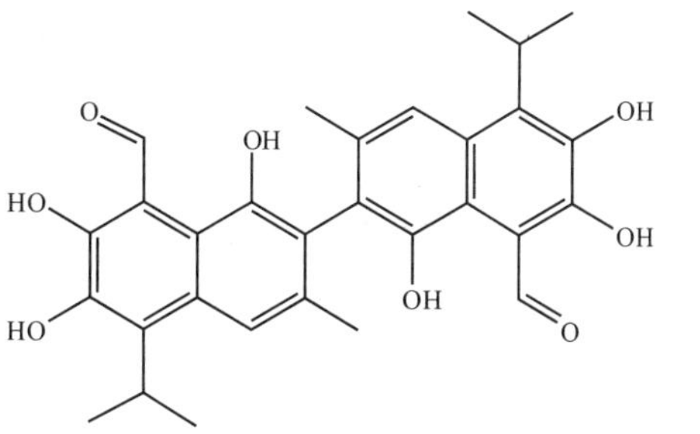
OH
HO
HO
OH
OH
OH
O
O

图13-5　棉酚的化学结构

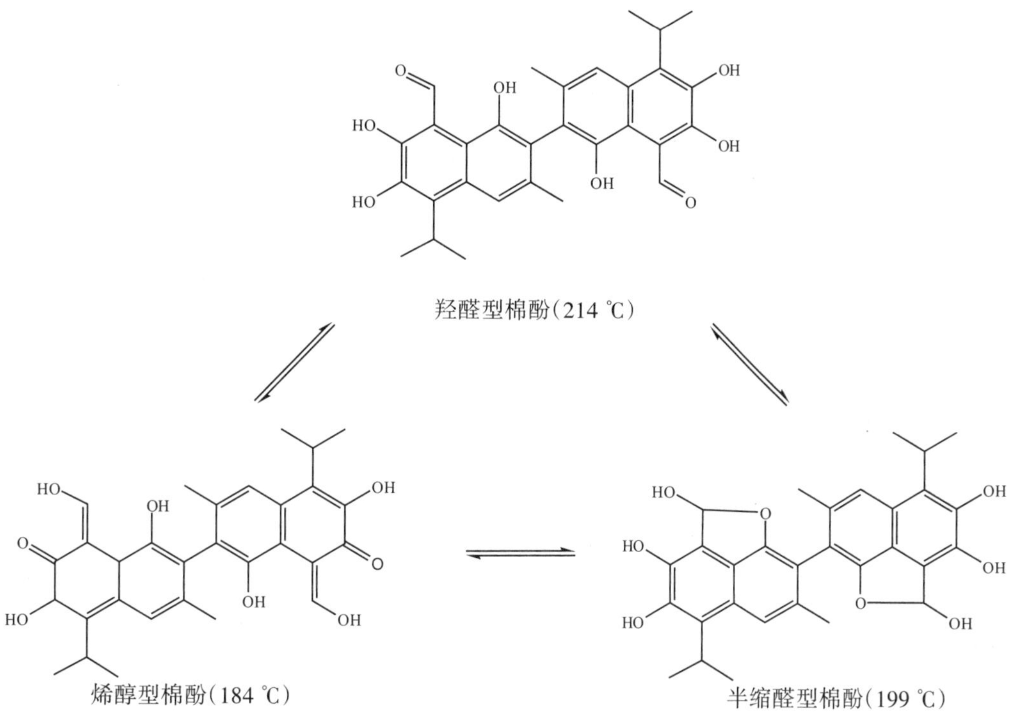
羟醛型棉酚（214 ℃）
烯醇型棉酚（184 ℃）
半缩醛型棉酚（199 ℃）

图13-6　棉酚3种异构体的结构式及熔点

根据棉酚的存在形式，可将其分为游离棉酚和结合棉酚两类。游离棉酚是指其分子结构中的活性基团（活性醛基和羟基）未被其他物质“封闭”的棉酚，由于活性醛基和羟基可与其他物质结合，对动物具有毒性。结合棉酚是游离棉酚与蛋白质、氨基酸、磷脂等物质相互作用而形成的化合物，由于活性基团丧失了活性，且难以被动物消化吸收，因此没有毒性。

（2）游离棉酚的毒性

棉酚主要由其活性醛基和活性羟基产生毒性并引起多种危害。进入体内的棉酚，其毒害作用有如下几个方面：①游离棉酚是细胞、血管和神经毒物。②降低棉籽饼中赖氨酸的利用率。游离棉酚的活性醛基可与棉籽饼粕中赖氨酸的ε-氨基结合，降低赖氨酸的利用率。③影响雄性动物的生殖机能。④影响鸡蛋品质。蛋黄中的铁离子与游离棉酚结合，会形成黄绿色或红褐色的复合物。

2.单宁

（1）分类、分布及含量

单宁又称鞣质，是广泛存在于各种植物组织中的一种多元酚类聚合物。植物单宁的种类繁多，结构和属性差异很大,通常分为可水解单宁和缩合单宁两大类。水解单宁是毒物,缩合单宁是一种抗营养因子。

(2)化学结构和理化性质

可水解单宁由没食子酸、间双没食子酸或鞣花酸等以单糖(如葡萄糖)为中心酯化而成(见图13-7,13-8)。缩合单宁是黄烷醇聚合物(图13-9),一般不易水解。

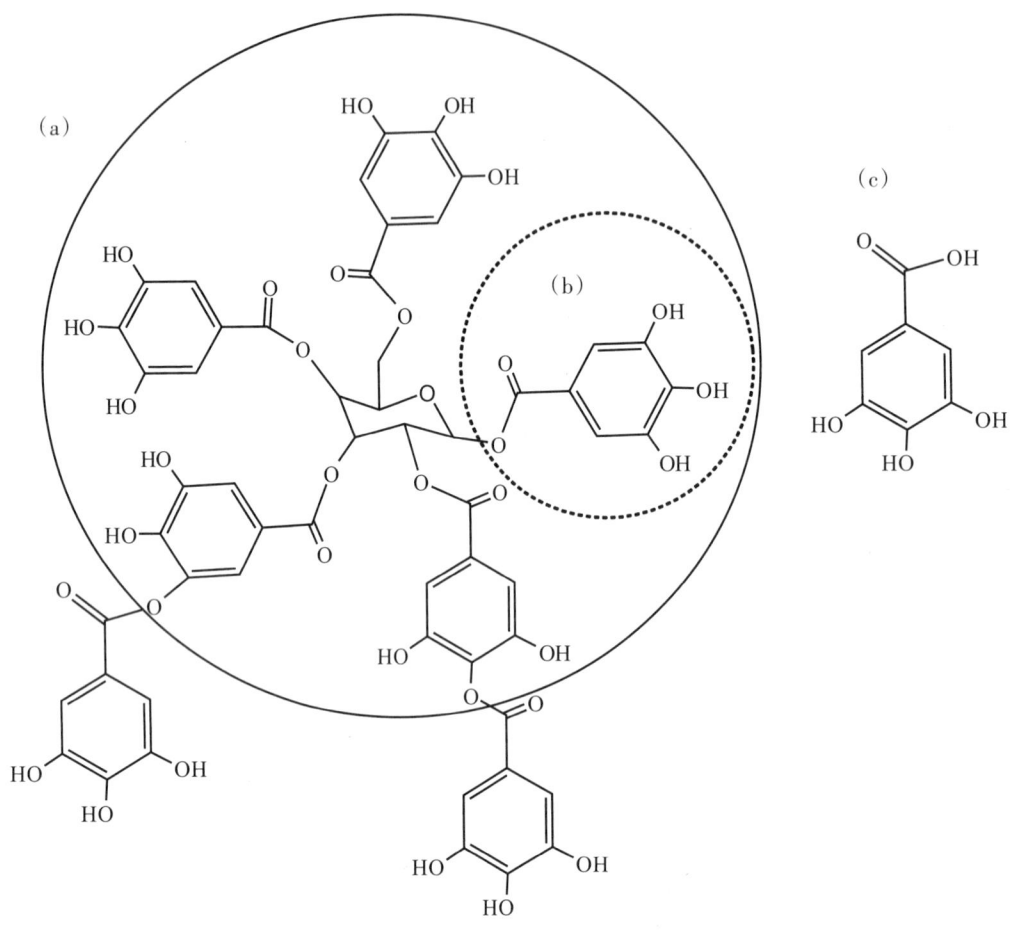

图13-7 五没食子酰葡萄糖和没食子酸的分子结构

(a)五没食子酰葡萄糖基团,(b)没食子酸基团,(c)没食子酸

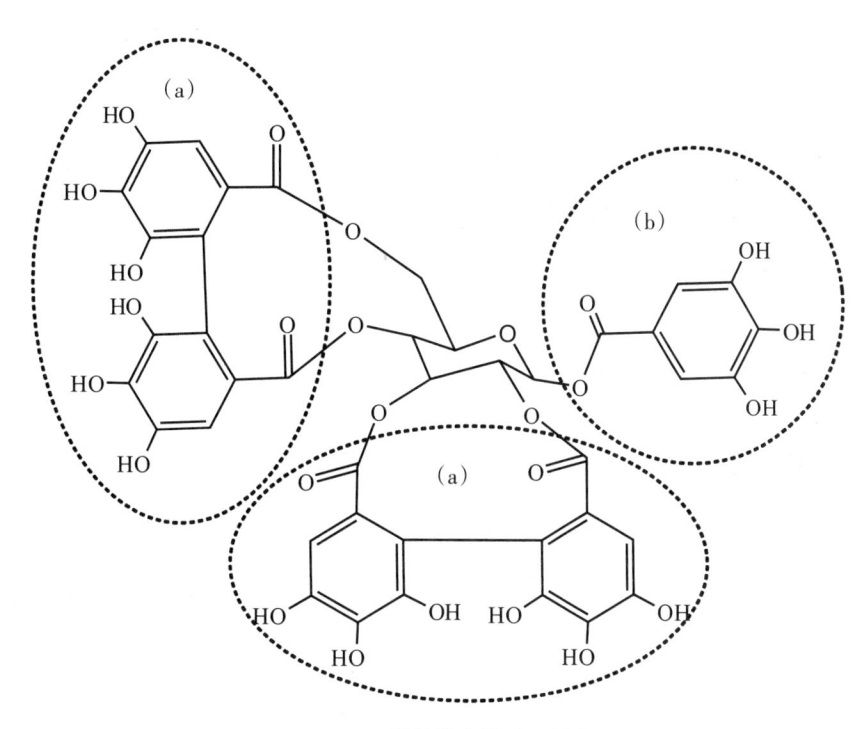

图13-8 鞣花单宁的分子结构

由两个六羟基联苯二酸基团(a)、一个没食子酸基团(b)和一个葡萄糖基团构成,中心为葡萄糖基团

图13-9 缩合单宁的分子结构

(a)黄烷醇,(b)缩合单宁结构式,其中R1、R2和R3基团可以为H和(或)OH

(3)抗营养及其他生理作用

单宁对动物有许多生理功能。单宁的抗营养作用包括:①生成不溶性物质。单宁可与口腔中的糖蛋白结合形成不溶物,产生苦涩味,影响动物适口性。②抑制消化酶活性。③增加内源氮损失。④降低

氨基酸利用率。

(五)有机酸

有机酸广泛存在于植物的各个部位,但以游离形式存在的不多,而多数是与钾、钠、钙等阳离子或生物碱结合成盐而存在,也有的结合成酯存在。在这一类物质中,抗营养作用较强的有草酸、植酸和环丙烯类脂肪酸。

1. 草酸

草酸又名乙二酸,以游离态或盐类形式广泛存在于植物中。

(1)对动物的危害

盐在消化道中能和二价、三价金属离子如钙、锌、镁、铜和铁等形成不溶性化合物,不易被消化道吸收,进而降低这些矿物元素的利用率。大量草酸盐对胃肠黏膜有一定的刺激作用,可引起腹泻,甚至引起胃肠炎。

可溶性的草酸盐被大量吸收入血后,能与体液和组织内的钙结合成草酸盐沉淀,导致低钙血症,从而严重扰乱体内钙的代谢。

(2)控制措施

为了预防草酸盐中毒,可在饲料中添加钙剂。此外,将青饲料用水浸泡、用热水浸烫或煮沸,可除去水溶性草酸盐。

2. 植酸

植酸是肌醇六磷酸的别名,化学名称为环己六醇磷酸酯,分子式为$C_6H_{18}O_{24}P_6$,相对分子质量660.04,植酸的基本结构见图13-10。

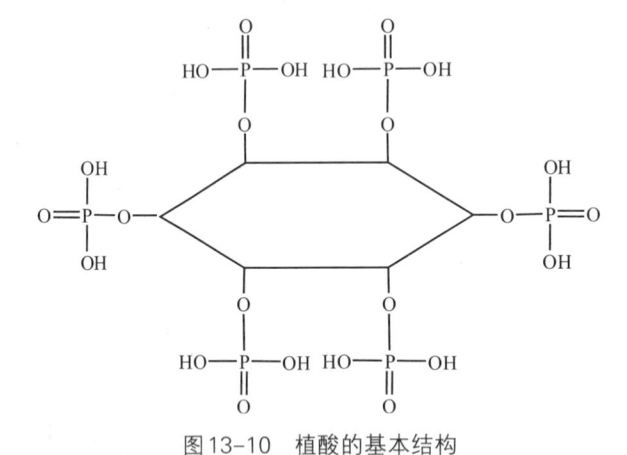

图13-10 植酸的基本结构

(1)植酸的性质与分布

植酸为淡黄色或淡褐色的黏稠液体,易溶于水。植酸本身毒性很低,但是一种很强的螯合剂,能够牢固地螯合带正电荷的Ca^{2+}、Mg^{2+}、Cu^{2+}、Co^{2+}、Mn^{2+}、Fe^{2+}等金属离子和蛋白质。植酸在植物体中一般都不以游离形式存在,几乎都以复盐或单盐的形式存在,称为植酸盐(见图13-11)。

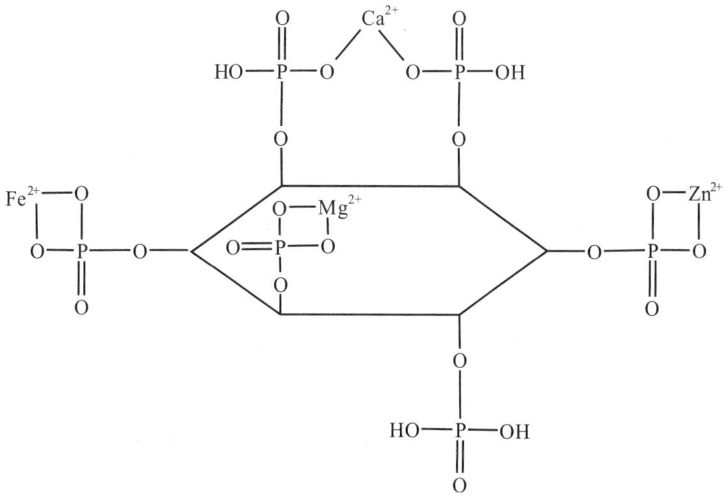

图 13-11　植物中植酸盐的常见形式

（2）植酸的抗营养作用

植酸不仅本身所含的磷可利用性差,而且是一种重要的抗营养因子,能降低畜禽特别是猪、鸡对矿物元素、蛋白质和淀粉等营养物质的消化吸收,同时植酸还能降低消化酶的活性。

3.环丙烯类脂肪酸

棉籽油及棉籽饼残油中含有环丙烯脂肪酸,以苹果酸和锦葵酸等为代表。由于这类酸是脱饱和酶(如脱氢酶)的阻遏物,会造成血液中饱和脂肪酸含量提高,进而影响体脂肪中脂肪酸的组成,使体脂和蛋黄硬化,使蛋加热后形成所谓的"海绵蛋"。

（六）非淀粉多糖

谷物中的多糖从化学上分为淀粉和非淀粉多糖,非淀粉多糖由纤维素、半纤维素和果胶组成。高含量的非淀粉多糖对动物能量的利用及生产性能影响很大。

1.分类

根据溶解性,非淀粉多糖可分为:可溶性非淀粉多糖和不溶性非淀粉多糖,可溶性淀粉多糖主要包括半纤维素中的阿拉伯木聚糖、β-葡聚糖、甘露聚糖、葡甘露聚糖和果胶等,不溶性非淀粉多糖包括纤维素和部分不可溶的半纤维素。

2.非淀粉多糖的抗营养作用

高含量的非淀粉多糖对单胃动物的影响较大,对家禽尤为明显。非淀粉多糖的抗营养作用主要是其高黏稠性和持水性引起的,这种特性能够影响消化物的物理特性和肠道生理,从而影响动物生产性能。

①具有高度黏性,能阻碍营养物质被消化酶消化。
②影响肠道微生物区系。
③影响生理物质活性。阿拉伯木聚糖和β-葡聚糖可直接与消化道中的多种消化酶结合并降低其活性,使消化酶不能与营养物质发生反应。

3.抗营养作用的消除

在谷物基础饲粮中添加酶制剂能改进饲养效果,但不同谷物种类应根据其结构、多糖种类使用相应的酶制剂。

(七)亚硝酸盐

亚硝酸盐被吸收入血后,亚硝酸离子与血红蛋白相互作用,将正常的血红蛋白氧化成高铁血红蛋白。当机体大量摄入亚硝酸盐时,红细胞形成高铁血红蛋白的速度超过还原的速度,高铁血红蛋白大量增加,出现高铁血红蛋白血症,血红蛋白失去携氧功能,引起机体组织缺氧,甚至死亡。

(八)胃肠胀气因子

胃肠胀气因子指低碳糖——棉籽糖和水苏糖,主要来源于大豆、菜豆、豌豆、绿豆等豆科籽实中。人和动物肠道中缺乏分解二者的酶,其进入大肠后,被肠道微生物分解,产生大量的二氧化碳和氢气及少量的甲烷,从而引起肠道胀气,并导致腹痛、腹泻、肠鸣等。胃肠胀气因子耐热,但极易溶于水。

(九)抗维生素因子

有些化合物在化学结构上与某种维生素类似,它们在动物代谢过程中可与该种维生素竞争并取而代之,从而干扰动物对该种维生素的利用,引起维生素缺乏症,被称为抗维生素因子。如豆科植物中的脂氧合酶可以破坏维生素 A,生大豆中有抗维生素 D 因子,生菜豆有抗维生素 E 因子,高粱中有抗烟酸因子,草木樨中有抗维生素 K 因子等。

二、动物性饲料中的有毒有害物质

动物性饲料中存在的有毒有害物质因原料种类、加工、贮藏条件不同而有很大差异,对动物健康影响较大的有以下几种。

(一)过氧化物

油脂和某些脂肪含量高的动物性饲料如鱼粉、蚕蛹等很容易氧化而发生酸败。当这类原料贮存不当时,不饱和脂肪酸受到空气中氧的作用生成过氧化物,这些过氧化物及其分解产物严重影响动物性饲料的适口性和饲喂效果,同时还会影响畜产品。

1.过氧化物来源

饲料中的脂肪在贮藏过程中,在有氧气条件下会自发地发生氧化作用生成过氧化物,然后进一步氧化酸败。另外,微生物酶解酸败往往与氧化酸败同时发生,使油脂分解出游离的脂肪酸,生成过氧化物、醛和酮类。

2.对动物的危害

氧化酸败的结果既降低了脂肪的营养价值,也产生不适宜的气味,恶臭引起动物采食量下降,同时增加饲料中抗氧化物质的需要量。并且会刺激动物肠道,引起胃肠道微生物区系发生变化,使胃肠道发炎或引起消化紊乱。

(二)肌胃糜烂素

鱼粉加工温度过高、时间过长或运输、贮藏过程中发生的自然氧化过程,都会使鱼粉中的组胺与赖氨酸结合,产生肌胃糜烂素。肌胃糜烂素可使胃酸分泌亢进,导致胃内 pH 下降,从而严重损害胃黏膜。用含肌胃糜烂素的鱼粉喂鸡,常因胃酸分泌过度而使鸡嗉囊肿大,肌胃糜烂、溃疡、穿孔,最后呕血死亡。

此病又称为"黑色呕吐病"。

(三)组胺

某些青皮红肉的海产鱼类含有大量游离的组氨酸,这些游离的组氨酸在组氨酸脱羧酶的催化下,可发生脱羧反应,形成组胺。

组胺作为一种化学传导活性物质,在机体内能引起许多生理反应,如过敏、发炎反应、胃酸分泌等,也影响脑部神经传导。组胺与体温调节、食欲、记忆形成等功能相关。在机体外围,组胺引起痒、打喷嚏、流鼻涕等现象。此外,组胺还会引起毛细血管扩张和支气管收缩、局部水肿、肠道平滑肌收缩及心跳增快等多项生理反应。组胺可导致家禽肌胃糜烂、溃疡及穿孔,嗉囊肿大,引起腹膜炎;引起仔猪微动脉血管扩张,微血管渗透压改变,皮肤潮红,发生咬尾等异常行为;引起鱼虾胃酸分泌增加,导致胃糜烂,肝大。

(四)抗维生素B_1因子

抗维生素B_1因子即硫胺素酶,它能把维生素B_1分解成嘧啶和噻唑,或使噻唑部分被其他碱基置换。该酶在贝壳类、淡水鱼内脏中含量较高,如果以生的状态饲喂动物或加热不充分,它们能破坏硫胺素,使动物产生硫胺素缺乏症,表现为生长速度明显下降、患多发性神经炎等。

(五)抗生物素因子

抗生物素因子本质是一种糖蛋白,故又称抗生物素蛋白,多存在于生的鸡蛋清中。它可与生物素不可逆结合,其结合物不能被消化和吸收,因而造成生物素的缺乏。

抗生物素蛋白对热不稳定。一般生蛋清煮沸3~5 min,其抗性便消失。

(六)蛋白酶抑制剂

生鸡蛋清中含有少量类卵黏蛋白,能抑制蛋白酶的活性。不同品种的禽类,类卵黏蛋白对蛋白酶类的抑制作用不同。例如鸡、鹅的类卵黏蛋白只抑制胰蛋白酶,而火鸡、鸭的类卵黏蛋白还可抑制糜蛋白酶。生鸡蛋清经加热凝固后,即失去抗胰蛋白酶的活性。

(七)肉骨粉与疯牛病

肉骨粉是一种常用的蛋白质饲料,为防止疯牛病传播,我国政府发布了禁止从欧洲进口肉骨粉的禁令,并严禁在反刍动物饲料中使用肉骨粉。疯牛病全称为"牛海绵状脑病",是发生在牛的一种中枢神经系统进行性病变,症状与羊瘙痒病类似。病原为一种奇特的致病因子,称之为"疯牛病因子",该因子既不是细菌,也不是病毒,而是一种异常蛋白质,在用患瘙痒病的羊制成的肉骨粉中有此类蛋白。常规的疾病防治措施对疯牛病无效。疯牛病的传播主要是由于肉骨粉的大范围使用。

(八)血制品

根据生产工艺可将血制品分为普通血粉、血球粉、血浆蛋白粉。普通血粉、血球粉蛋白质含量高,但氨基酸组成不平衡,动物利用率低,适口性不良,在配合饲料中添加比例不宜超过3%。血粉的主要安全卫生问题是容易受到致病性微生物的污染,存在微生物学安全问题;根据血源不同,可能还会受到重金属元素等多种有害物质的污染。

三、矿物质饲料中的有毒物质

矿物质饲料中的有毒物质主要是指该类饲料中含有的某些有毒的杂质,如铅、砷、氟等,这些元素对动物都有不同程度的毒害作用。特别是不合格的矿物质饲料产品与工业级矿物原料中,含有大量的有毒杂质,不当使用,会导致动物中毒。

1.饲料用磷酸盐类

在使用磷酸盐类矿物质饲料时,要注意其中含有的氟、铅、砷杂质的危害。磷矿石的主要成分是磷酸钙,可补充动物所需的钙和磷。但如果用含氟量高的磷矿石长期饲喂畜禽,则可引起慢性氟中毒。

2.饲料用碳酸钙类

石粉、蛋壳粉、贝壳粉都以碳酸钙为主要成分。在使用这类矿物质饲料时应注意石粉中铅、砷等重金属元素的含量必须在国家规定的安全范围内;贝壳粉如果贝肉未除尽,加之贮存不当,堆积日久而出现发霉、腐臭等时,应弃用;蛋壳粉应经高温灭菌,消除可能的传染病原后,才能使用。

3.骨粉

骨粉因产地及原料的不同,可不同程度地含有氟、铅、砷等有毒金属元素。未经脱脂、脱胶和热压灭菌而直接粉碎制成的生骨粉,因含有较多的脂肪和蛋白质,易腐败变质。尤其是品质低劣、有异臭、呈灰泥色的骨粉,常带有大量病菌,用于饲料易引发疾病传播,应避免使用。

四、饲料添加剂中的有毒有害物质

当维生素制剂品质不良时,可能含有铅、砷等有毒杂质,会影响动物健康,甚至导致动物中毒;微量元素添加剂,主要是产品中有毒重金属杂质的含量超标,达不到饲料级产品的卫生标准要求,从而引起动物中毒。

第二节 非饲料源性有毒有害物质

非饲料源性有毒有害物质,既不是饲料原料本身存在的,也不是人为有意添加的有毒有害物质,它是指在饲料生产链条中,会对饲料产生污染的外界有毒有害物质,包括霉菌毒素、农药、病原菌、有毒金属元素等。

一、霉菌毒素对饲料的污染

(一)霉菌与霉菌毒素

霉菌是真菌的一部分,农作物自田间生长到收获贮藏的各个时期都可能感染霉菌。霉菌毒素是指霉菌在饲料上生长繁殖过程中产生的有毒代谢产物,包括某些霉菌使饲料的成分转变而形成的有毒物质。霉菌种类很多,但能产生霉菌毒素的只限于少数的产毒霉菌,而产毒菌种中也只有少数能产生具有危险性的霉菌毒素。

(二)主要的产毒霉菌与霉菌毒素

与饲料卫生关系最为密切的霉菌大部分属于曲霉菌属、镰刀菌属和青霉菌属。在饲料卫生上比较重要的霉菌毒素有：黄曲霉毒素、杂色曲霉毒素、赭曲霉毒素、玉米赤霉烯酮、丁烯酸内酯、展青霉素、黄绿青霉素、岛青霉毒素等。

1.曲霉菌属

如黄曲霉、杂色曲霉、赭曲霉、烟曲霉、寄生曲霉、构巢曲霉等。

2.镰刀菌属

如禾谷镰刀菌、三线镰刀菌、拟枝孢镰刀菌、梨孢镰刀菌、茄病镰刀菌、木贼镰刀菌、雪腐镰刀菌等。

3.青霉菌属

如扩展青霉、展青霉、红色青霉、黄绿青霉、岛青霉等。

(三)霉菌繁殖与产毒的条件

影响霉菌繁殖与产毒的因素主要是基质(饲料)的种类与基质中的水分,以及贮藏环境中的相对湿度、温度、空气流通、供氧情况等。饲料中水分含量和贮藏环境中的相对湿度是影响霉菌繁殖与产毒的关键条件,贮存环境的温度对霉菌的繁殖有重要影响,25~30 ℃适于大多数霉菌繁殖。

(四)霉菌与霉菌毒素污染饲料的危害

霉菌与霉菌毒素污染饲料后,其危害性有两方面,即引起饲料变质和畜禽中毒。

(五)饲料的防霉与去霉措施

1.防毒措施

①控制湿度：控制饲料中水分和贮存环境的相对湿度；②低温贮藏：将环境温度控制在12 ℃以下时,能有效地控制霉菌繁殖和产毒；③防止虫咬、鼠害：损伤的粮粒,霉菌易于繁殖而引起霉变；④用惰性气体保存：大多数霉菌是需氧的,无氧便不能繁殖；⑤应用防霉剂。

2.去毒措施

饲料被霉菌毒素污染后,应设法将毒素破坏或去除。可用方法有剔除霉粒、碾轧加工法、水洗法、吸附法、化学去毒法和微生物去毒法。

二、农药对饲料的污染

农药是用于防治危害农作物及农副产品的病虫害、杂草及其他有害生物的药物的统称。农药的应用,对农业、畜牧业以及公共卫生等方面起到了积极的作用,但是不适当地长期和大量使用农药,可使环境和饲料受到污染,以致破坏生态平衡,对动物健康与生产造成危害。从饲料卫生角度考虑,主要的问题是农药使用后,或多或少地在农作物(饲料)中残留,被动物长期采食后,可在动物体内积累和畜禽产品中残留。对饲料容易产生污染的农药主要有杀虫剂、杀菌剂和除草剂。

(一)杀虫剂

一般杀虫剂中毒多是误用。如误食拌有农药的谷粒,或将中毒动物的尸体加工成蛋白质饲料引发的动物中毒,或误食外用杀虫剂等。但动物长期采食被杀虫剂污染的饲料和牧草或饮用被污染的水时,也可引起动物中毒,并进一步对消费者产生潜在危害。

1. 有机氯杀虫剂

有机氯杀虫剂化学性质稳定,在环境中分解破坏缓慢,可在动植物体内长期蓄积。许多国家已停止使用有机氯杀虫剂,我国已于1983年停止生产,1984年停止使用。

2. 有机磷杀虫剂

有机磷杀虫剂的化学性质较不稳定,在外界环境和动、植物组织中能迅速氧化分解,故残留时间较短。但多数有机磷杀虫剂对哺乳动物的急性毒性较强,因此,污染饲料后较易引起急性中毒。有机磷杀虫剂很容易与体内胆碱酯酶结合,形成不易水解的磷酰化胆碱酯酶,使胆碱酯酶活性受到抑制,降低或丧失其分解乙酰胆碱的能力,导致乙酰胆碱在体内大量蓄积,出现与副交感神经机能亢进相似的一系列中毒症状。

3. 其他

其他杀虫剂有氨基甲酸酯类杀虫剂和拟除虫菊酯类杀虫剂。

(二)杀菌剂

杀菌剂是一类对真菌和细菌有毒的物质,具有杀死病菌孢子、菌丝体或抑制其生长、发育的作用。一般杀菌剂对人、畜的急性毒性较低,但在慢性毒性方面,由于杀菌剂要求有较长的残效期,残毒问题就更为严重。常用杀菌剂的种类如下。

1. 有机硫杀菌剂

有机硫杀菌剂的主要品种都属于二硫代氨基甲酸酯及其衍生物,具有高效、低毒、药害少、杀菌谱广等优点。毒性主要为侵害神经系统,先使其兴奋,后转为抑制,重者可发生呼吸衰竭。此外,其对肝、肾等组织也有一定的损害。

2. 有机汞杀菌剂

有机汞杀菌剂属高毒类。有机汞化合物进入机体后,主要蓄积在肾、肝、脑等组织,排泄缓慢。有机汞可通过胎盘进入胎儿体内,引起先天性汞中毒,也可通过乳汁危害幼畜。

3. 有机砷杀菌剂

有机砷杀菌剂有两种类型:烷基胂酸盐类和二硫代氨基甲酸盐类。由于砷在人、畜体内有积累毒性,且砷在土壤中积累时可破坏土壤的理化性质,故此类农药已逐渐被禁用或限制使用。

4. 有机磷杀菌剂

有机磷杀菌剂属中等毒或低毒类,它们在植物体内容易降解成无毒物质。

5. 内吸性杀菌剂

内吸性杀菌剂能渗透到植物体内或种子胚内,并可被转运至未施药部位。内吸性杀菌剂一般对恒温动物的毒性低。多菌灵在哺乳动物胃内能发生亚硝化反应,形成亚硝基化合物。

(三)除草剂

除草剂是一类用于防治杂草及有害植物的药剂。按化学成分,除草剂可分为无机除草剂和有机除草剂。多数除草剂对人、畜的急性毒性均较低,亚慢性毒性也小。

三、病原菌对饲料的污染

动物可因食入被病原菌污染的饲料而被传染某些疾病,其中沙门菌和大肠杆菌是比较重要的病原菌。

(一)沙门菌

沙门菌属细菌是一群形态和生化特性相似的革兰阴性、兼性厌氧菌。沙门菌是重要的肠道致病菌,可引起哺乳类、鸟类、爬虫类和鱼类的败血型和急、慢性肠炎型沙门菌病。

沙门菌在人和动物间广泛传播。发病或带菌的各种动物通过粪便不断地排菌,是饲料污染的重要来源。带菌的工作人员,如饲料生产者和饲养员等也是饲料污染的来源之一。发病的动物及被污染的饲料,则是动物沙门菌病最主要的传染源。

为防止沙门菌污染饲料,饲料厂在购买动物性饲料如肉粉、骨粉和鱼粉时,应先进行常规细菌检测,以杜绝沙门菌污染的饲料。

(二)大肠杆菌

大肠埃希菌简称大肠杆菌,属埃希菌,属革兰阴性短杆菌。大肠杆菌是人和温血动物肠道后段正常菌丛成员之一,它的检出标志着饲料、食品或水源曾被动物或人的粪便污染,所以大肠杆菌被普遍作为饲料、食品或水源卫生细菌学检测的指示菌。由大肠杆菌引起的肠炎型大肠杆菌病,是危害养猪业的主要传染病之一;由大肠杆菌引起的禽大肠杆菌性败血症、腹膜炎、输卵管炎等疾病,会给养禽业造成严重的经济损失。

四、有毒金属元素对饲料的污染

有些金属元素在常量甚至微量摄入时,即可对人或动物产生明显的毒性作用,称之为有毒金属元素或金属毒物。危害性较大的金属元素有汞、镉、铅、铬、钼等。砷和硒是处于金属元素和非金属元素之间的兼有金属和非金属的某些性质的元素,称之为类金属。但由于它们的毒性及一些性质与有毒金属元素相似,故也将其列为金属毒物。

(一)有毒金属元素污染饲料的途径

①某些地区的土壤或岩石中有毒金属元素含量较高,通过植物根系进入饲用植物。
②工业"三废"和农用化学物质污染环境并转移到饲料中。
③有毒金属元素污染了饲料加工机械、管道、机器等,而进入饲料中。
④质量不良的添加剂可能有毒金属元素超标,进而污染饲料。

(二)影响有毒金属元素对动物毒性作用的因素

1. 金属元素的存在形式

以不同形式存在的金属元素,在动物体消化道内的吸收率不同,表现的毒性也各异。

2. 饲粮营养成分

有些营养成分可降低某些金属元素的毒性。如蛋氨酸中的硫可与硒在一定程度上发生互换,故可抑制硒的毒性。维生素C可使六价铬还原成三价铬,从而降低其毒性。

3. 金属元素之间的相互作用

这种作用有时表现为相互协同,有时表现为相互拮抗。例如:砷可降低硒的毒性,但与铅则有协同作用;铜可降低钼、镉的毒性,但增强汞的毒性;饲粮中铁和镉缺乏时,可使铅的毒性增强。

(三)几种有毒金属元素的危害

1. 铅

自然界的铅大多数以硫化物的形式分布于铅矿中。由于铅及含铅制剂在工农业中的广泛应用,特别是含铅汽油的燃烧及其废气的排放,使与人和动物相关的生态环境中铅含量升高。铅主要损害神经系统、造血器官和肾脏。中毒动物出现明显的红细胞低血红素贫血、肾脏受损和中枢与外周神经系统麻痹等症状。由饲料引起的铅中毒,多为慢性过程,主要表现为消化紊乱和神经症状,如厌食、便秘(有时便秘与腹泻交替出现)、四肢疼痛、共济失调、消瘦、贫血等。

2. 砷

砷在自然界分布很广,一般以三价砷(As^{3+})或五价砷(As^{5+})化合物的形式存在,其中三氧化二砷(As_2O_3)是最常见的天然化合物,俗称砒霜。

植物在其生长过程中可从外界环境吸收砷,有机态砷被植物吸收后,可在植物体内逐渐降解为无机态砷。植物对砷的吸收量取决于土壤含砷量,在砷污染的土壤中生长的植物能吸收累积大量砷。大多数砷化物都有很强的毒性,各种砷化物的毒性受砷的化合价、化合物种类和溶解性的影响,如三价砷的毒性大于五价砷,无机砷的毒性较有机砷高。不同动物对砷的敏感性不同,单胃动物比反刍动物敏感。

3. 汞

汞以单质汞和汞化合物两种形态存在。汞化合物包括无机汞和有机汞。自然界中汞主要以硫化物的形式存在。汞离子进入机体后易与蛋白质或其他活性物质中的巯基结合,形成稳定的硫醇盐,使一系列具有重要功能的含巯基活性中心的酶失去活性,从而使机体内一系列代谢紊乱,这是汞产生毒效应的原理。急性汞中毒表现为严重的胃肠紊乱、腹痛、流涎、呕吐、震颤和心律不齐。慢性汞中毒表现为中枢神经、消化、泌尿、呼吸和肌肉系统功能失调及皮肤癌变。

4. 镉

在自然界中镉常伴生于沿锌矿中,锌矿含镉0.1%~0.5%,有时高达2%~5%。镉是电镀和制造合金的重要原料,含镉化合物曾用作农药和兽药。

镉可与含巯基酶蛋白结合,使有关生化反应受阻,如使合成核酸的酶系统活性显著降低;镉与红细胞膜蛋白结合可引起溶血;与钙、锌、铜和铁等必需元素拮抗,引起骨质脱钙、骨骼变形等。急性镉中毒主要表现为贫血、黄疸和共济失调。慢性中毒时呈现严重贫血、体重下降、生长停滞、门齿呈灰白色等,也会引起阻塞性肺水肿、慢性肾小球肾炎,使肾小管的重吸收能力降低,使尿中蛋白质、氨基酸和葡萄糖浓度升高等。

5. 铬

铬有二价、三价和六价3种。二价铬离子能被空气迅速氧化成三价离子,因此,铬的化合物以三价和六价为主。

铬被吸收后可影响体内氧化、还原、水解过程,并可使蛋白质变性,使核酸、核蛋白沉淀,干扰酶系统。六价铬可透过红细胞膜进入红细胞,在六价铬还原成三价铬的过程中,谷胱甘肽还原酶活性受抑制,可使血红蛋白变为高铁血红蛋白,引起缺氧。

由于饲料中天然含铬量一般不高,故家畜长期摄入过量铬引起慢性中毒的病例很少。但当饲料中混入铬酸盐时,可引起急性中毒,主要表现为呕吐、流涎、呼吸和心跳加速等,并可引起肝、肾损害。

6. 硒

硒是动物体必需的微量元素之一,但饲料中硒过多可引起中毒。

在硒及其化合物的冶炼和使用过程中,硒的烟尘、含硒废水可污染周围的环境和牧草、饲料,使动物受到危害。如果用量过大,可引起动物硒中毒。根据硒化合物的类型以及摄入的持续时间等的不同,硒中毒在临床上可分为急性、亚急性和慢性中毒3种类型。

急性中毒是由单纯食入过量富硒植物和使用亚硒酸钠过量而引起,表现为腹痛、腹泻、呼吸困难、运动失调、精神沉郁等,可在数小时至数天内死亡。亚急性中毒表现为感觉迟钝、视力减退并进而失明、步态蹒跚、共济失调、轻瘫、虚脱等,最后可因呼吸衰竭而死亡。慢性中毒表现为食欲降低、迟钝、消瘦、贫血、被毛粗乱及脱毛、蹄壳变形或脱落、关节僵硬变形和跛行。

7. 钼

钼的主要化合物包括三氧化钼、二硫化钼、钼酸铵等。饲料中钼过多时,不但阻碍肠道内铜的吸收,而且干扰组织内铜的利用,进而引起铜缺乏,出现一系列缺铜症状。

8. 锗

锗广泛存在于植物中,可食用的植物中锗的含量一般在1 mg/kg以下,但某些植物,如蘑菇、大麦、大蒜含有较高的锗。

长期摄入锗化合物会造成锗蓄积,使动物器官受到损伤,表现为肝脏脂肪样变,严重时导致急性肾功能不全,甚至死亡。

本章小结

本章主要讲解了饲料中常见的有毒有害物质,包括饲料源性和非饲料源性的有毒有害物质。通过介绍饲料源性中植物性来源、动物性来源、矿物质饲料、饲料添加剂的抗营养因子和有毒有害物对动物健康的影响,为科学的原料选择、严格的生产过程控制、合理的储存与运输以及有效的质量监控提供理论依据,保障动物健康和食品安全。此外,本章还介绍了非饲料源性的有毒物质,如霉菌毒素、农药、病原菌和有毒金属元素,通过了解饲料原料外来污染源对饲料品质和动物健康的影响,学习保障饲料卫生和安全的措施,避免有毒有害物质进入饲料生产链。

拓展阅读

扫码进行数字资源的获取和学习。

数字资源

[思政课堂]

饲料是畜牧业的源头,饲料的品质直接关系着畜产品的质量,进而影响人类的健康和生命安全。其中,霉菌毒素是影响动物生产和人类健康的因素之一。1960年在英国发生的10万只火鸡因霉菌毒素死亡事件,引发了科学家对霉菌毒素危害的深入研究热潮。霉菌毒素不仅影响粮食安全和营养进而减少人们获得健康食品的机会,而且还会对人类和动物健康构成威胁。我国一直在监测本国市场上食品中的霉菌毒素含量,并确保其含量符合国家和国际最高限量标准、条件和法规。为维护人民健康,需要尽量降低霉菌毒素暴露量。结合人、动物和环境的"全健康"共同体理念,我国农业农村部制定并实行的《饲料质量安全管理规范》《饲料和饲料添加剂管理条例》《饲料和饲料添加剂生产许可管理办法》等饲料卫生与安全管理办法,使得我国饲料生产加工等方面有法可依。同时,法律法规也进一步鼓励新农人树立实事求是的科学态度和法律安全意识,在深刻理解饲料安全本质的基础上重新理解饲料安全、法律和社会三者之间的关系,厚植专业情怀、增强社会责任感,逐步形成扎实的专业功底和法治价值观,激发科学探索与创新精神,为畜牧养殖业的可持续发展保驾护航。

复习思考

1. 植物性饲料中有哪些有毒有害物质?如何控制这些有毒有害物质对动物的危害?
2. 硫代葡萄糖苷的降解产物有哪些?其毒性如何?
3. 如何合理使用菜籽(饼)粕和棉籽(饼)粕?结合生产实际,哪一种处理方式最符合动物的生长?
4. 高粱中单宁的抗营养作用有哪些?怎样合理利用单宁含量较高的饲料原料?
5. 植酸的抗营养作用有哪些?如何消除植酸?生产中常用哪种方法?
6. 非淀粉多糖的抗营养作用有哪些?如何消除?

第十四章

饲料配方设计和配合技术

本章导读

饲料生产中主要生产全价配合饲料、浓缩饲料、精料补充料、添加剂预混料等饲料。与直接饲喂单一饲料原料相比,由各种饲料原料搭配而成的配合饲料具有巨大优势。饲料配方设计是饲料生产的核心,设计的饲料配方的营养水平,须以饲养标准为基础,根据畜禽生产性能、饲养技术水平与设备、饲养环境条件、产品效益等及时调整。通过调整各种饲料之间的配比,运用新成果、新技术,提高配方及饲料产品的科技含量,才能发挥配合饲料的实际利用效率及动物最大生产潜力。

学习目标

1. 了解配合饲料的类别与特点。
2. 了解影响不同类型饲料营养特性和经济特性的因素。
3. 掌握饲料配方设计的原则和方法。

概念网络图

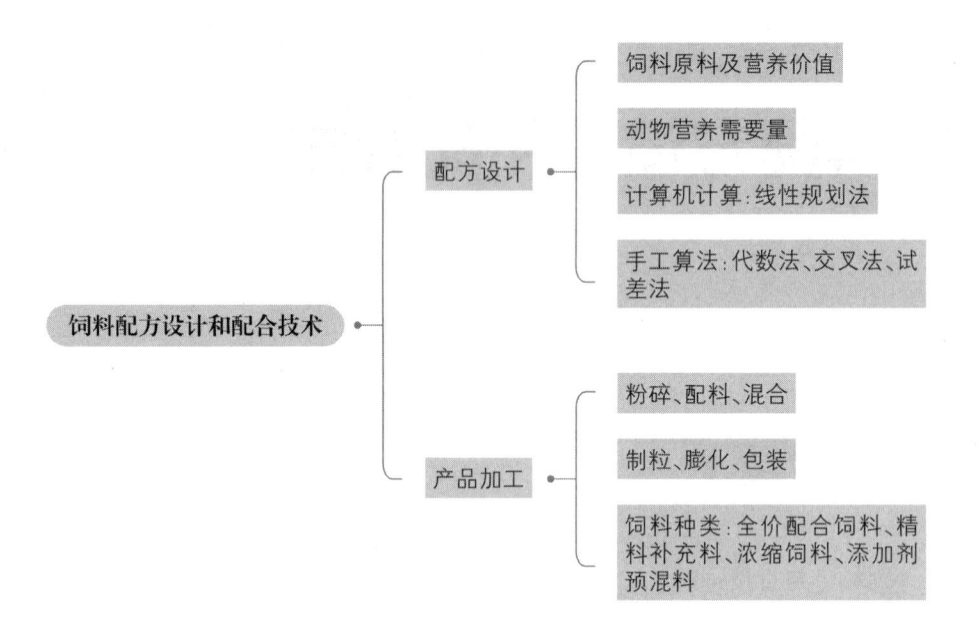

- 饲料配方设计和配合技术
  - 配方设计
    - 饲料原料及营养价值
    - 动物营养需要量
    - 计算机计算：线性规划法
    - 手工算法：代数法、交叉法、试差法
  - 产品加工
    - 粉碎、配料、混合
    - 制粒、膨化、包装
    - 饲料种类：全价配合饲料、精料补充料、浓缩饲料、添加剂预混料

工业化饲料生产是畜禽养殖业实现集约化、规模化、自动化和智能化发展的重要支撑。饲料成本约占畜禽养殖成本的70%。提高配合饲料的转化效率是饲料工业和畜禽养殖业持续追求的目标。饲料配方技术是配合饲料生产和高效利用的核心环节。饲料配方的营养性、全价性、经济性决定了配合饲料的品质以及生产企业的经济效益。科学制定饲料配方、科学加工饲料产品对推动饲料工业和养殖业的现代化、技术进步具有重要意义。

第一节 配合饲料概述

配合饲料是畜禽集约化、规模化、智慧化饲养的必然选择。单一的饲料原料各有其特点,普遍存在营养不平衡、不能满足动物的营养需要、饲养效果差等问题。为了合理利用各种饲料原料,提高饲料的利用效率和加工性能、延长储存时间等,有必要搭配不同饲料原料,充分发挥单一饲料的优点,避开其缺点。

一、配合饲料的概念

以畜禽的不同生产用途、不同生长阶段、不同生理需求的营养需要以及饲料营养价值为基础,将两种及以上的饲料原料依据一定比例搭配,并按规定的加工工艺流程生产的饲料称为配合饲料。其实质是在权衡畜禽营养需要量以及饲料的营养特性和经济特性的条件下,运用饲料学知识,选择适宜的饲料原料混合加工而成的饲料产品。

根据动物的营养需要量、饲料的营养价值、原料的供应情况和价格、市场接受能力等条件,合理确定的各种饲料原料的百分比构成,称为饲料配方。按照饲料配方的要求,通过饲料原料搭配,取长补短,使其所提供的各种养分符合营养需要或饲养标准所规定的含量,这样的设计步骤称为饲料配合。用于饲喂动物的配合饲料称为饲粮。一头动物一昼夜(24 h)所采食的饲粮总量称为日粮。平衡日粮是指营养物质的种类、数量及相互比例均符合动物营养需要的日粮。现代化、集约化的畜牧生产通常采用群饲方式。为满足群饲的要求以及便于饲料的工业化和机械化生产,通常按照动物群体中"典型动物"的营养需要量配合饲粮。

二、配合饲料的分类

配合饲料产品因其营养构成、饲喂对象、饲料形态等的不同而种类繁多。按照饲料形状,可分为颗粒料、粉料、破碎料、膨化饲料、液体饲料等；按照营养组成和用途可分为全价配合饲料、浓缩饲料、精料补充料和预混合饲料等。不同类型配合饲料的营养特性和组成见表14-1。

表14-1 配合饲料种类及组成

配合饲料类型	饲料原料	说明
草食动物全价饲料	粗饲料＋青绿饲料＋青贮饲料＋能量饲料＋蛋白质饲料＋矿物质饲料＋维生素饲料＋饲料添加剂＋载体或稀释剂	用量：100%
单胃动物全价饲料	能量饲料＋蛋白质饲料＋矿物质饲料＋维生素饲料＋饲料添加剂＋载体或稀释剂	用量：100%
精料补充料	能量饲料＋蛋白质饲料＋矿物质饲料＋维生素饲料＋饲料添加剂＋载体或稀释剂	用量：10%~70%
浓缩饲料	蛋白质饲料＋矿物质饲料＋维生素饲料＋饲料添加剂＋载体或稀释剂	用量：20%~40%
复合预混合饲料	矿物质饲料＋维生素饲料＋氨基酸＋饲料添加剂＋载体或稀释剂	用量：2%~6%
微量元素预混合饲料	矿物质饲料＋载体或稀释剂	用量≤0.5%
维生素预混合饲料	维生素饲料＋载体或稀释剂	用量≤0.5%
添加剂预混合饲料	矿物质饲料＋维生素饲料＋饲料添加剂＋载体或稀释剂	用量＜1%

（一）全价配合饲料

又称全价饲料、全价料，所含的各种营养物质均衡全面，除水分外，能够完全满足动物的各种营养需要，是不需要再添加任何成分就可直接饲喂动物的配合饲料。在实际生产中，由于动物的营养需要量受到多因素的影响，以及饲料原料选择和生产条件的限制等，全价配合饲料难以达到营养上的全价，但随着科学技术和科学研究的发展和进步，在无限接近全价。草食动物的全价饲料在单胃动物全价饲料的基础上增加了粗饲料、青绿饲料、青贮饲料等纤维含量较高、营养价值相对较低的一类饲料原料。目前集约化饲养的蛋鸡、肉鸡、猪、兔、小部分肉用羊等畜禽及鱼、虾、鳗等水产动物，几乎都是直接饲喂全价饲料；集约化饲养的奶牛、肉牛、大部分羊采用精料补充料与青粗饲料混匀后制成全混合日粮（total mixed ration，TMR）的方式饲喂。

（二）浓缩饲料

又称蛋白质补充饲料，是由蛋白质饲料、矿物质饲料、维生素饲料、饲料添加剂配制而成的配合饲料。在浓缩饲料中加入一定比例的能量饲料就成为满足单胃动物营养需要的全价饲料，再加入粗饲料、青绿饲料、青贮饲料等就成为满足草食动物营养需要的全价饲料。使用浓缩饲料可减少饲料主原料的往返运输，降低成本。浓缩饲料一般占全价配合饲料的20%~40%。除此之外，还有一种介于浓缩饲料与添加剂预混合料之间的一种饲料类型，称为超级浓缩料，其基本组成为部分蛋白质饲料、矿物质饲料、维生素饲料、饲料添加剂，使用时再搭配部分蛋白质饲料和全部能量饲料，一般占全价配合饲料的10%~20%。

（三）精料补充料

精料补充料是为草食动物专门设计生产的，是指为补充其在采食粗饲料、青绿饲料、青贮饲料等时在能量、蛋白质、矿物元素、维生素等方面的营养不足,由浓缩饲料加能量饲料组成的饲料,不能单独构成草食动物的饲粮。精料补充料是规模化养殖反刍动物的主要配合饲料种类,一般占奶牛全价配合饲料的40%~60%,占肉牛全价配合饲料的10%~70%。

(四)预混合饲料

预混合饲料简称预混料,是指用一种或多种微量的添加剂原料(矿物质、维生素、氨基酸、非营养性饲料等)与载体及稀释剂一起搅拌均匀的混合物,便于使微量的原料均匀分散在大量的配合饲料中。预混料可供配合饲料厂生产全价配合饲料或浓缩饲料,也可单独出售,但不能直接饲喂动物。预混料含有的微量活性组分是配合饲料的核心。分为单一预混合饲料、微量元素预混合饲料、维生素预混合饲料、添加剂预混合饲料、复合预混合饲料等产品。

1. 单一预混合饲料

是由单一添加剂原料或同一种类的多种饲料添加剂与载体或稀释剂配制而成的均匀混合物。某种或某类添加剂使用量非常少,需要初级预混才能更均匀地分布到大宗饲料中。生产中常将单一的维生素、单一的微量元素、多种维生素、多种微量元素分别混合制成单一预混合饲料。

2. 复合预混合饲料

是将钙、磷等常量矿物质饲料、微量矿物质饲料、维生素、氨基酸、其他非营养性添加剂及载体或稀释剂混合在一起的预混料,一般占全价配合饲料的2%~6%。

3. 添加剂预混合饲料

是将微量矿物质、维生素、非营养性添加剂及载体或稀释剂混合在一起的预混料,一般占全价配合饲料的量低于1%。

三、配合饲料的特点

配合饲料的原料选择和生产需要按照有关标准、饲料法规和饲料管理条例进行。饲料原料的质量、价格直接影响配合饲料的品质和成本。配合饲料的主要特点包括以下五个方面。

(一)科学性

配合饲料是在大量的科学试验和实践经验的基础上,制订出科学的饲料配方,再通过先进的生产设备加工而成,集中应用了动物营养学、饲料学、饲料加工学的研究成果,可以最大限度地发挥动物的遗传潜力。

(二)全价性

配合饲料是按动物的不同品种、不同年龄、不同生产水平和生产目的的营养需要配制而成,微量成分混合均匀,几乎能够满足动物的全部营养需要。

(三)严格性

为确保配合饲料的全价性和安全性,国家颁布了多部饲料法规、饲料管理条例和有关法令,制订了畜禽饲养标准,甚至有些饲料生产企业还制订了高于国家标准的企业标准。

(四)便利性

配合饲料的运输、储存和使用均较方便。用户可根据畜禽养殖规模及特点,选择对应的配合饲料,一般直接饲喂或稍加处理即可饲喂。

(五)经济性

相对于单一饲料,配合饲料能更好满足动物的营养需要,可以最大限度提高动物的生产性能和饲料转化率、增强动物抗病力、降低饲养成本、提高经济效益。

第二节 饲料配方设计的原则和方法

饲料配方计算技术是近代应用数学、动物营养学和饲料学相结合的产物。常规的手算法主要有交叉法、代数法、试差法。目前已普遍采用计算机来优选最佳配方,根据数学模型或编制程序进行饲料配方的优化设计,涉及的数学模型主要包括线性规划、多目标规划、概率模型、灵敏度分析、多配方技术等。

一、饲料配方设计的原则

没有一种饲料原料的养分含量能完全满足动物的营养需要,只有把多种饲料合理搭配,才能获得与动物营养需要基本相似的配合饲料。根据动物的营养需要、生理特点、饲料的营养价值、饲料原料的供求状况和价格等因素,确定科学合理的饲料搭配的过程即配方设计。饲料配方设计是饲料生产的核心技术,是一项科学性、技术性和实践性都很强的工作,应遵循以下原则。

(一)科学性原则

首先,科学合理的饲料配方必须根据饲养标准或营养需要的推荐量进行设计。饲料配方的科学性主要体现为营养性和平衡性。营养性是饲料配方设计的最根本原则,应囊括动物正常生长或生产所需的各种营养物质。设计饲料配方应根据动物种类和生理或生产阶段,结合当时、当地的实际条件,尽可能满足动物对养分的需求,不仅要着重考虑能量、蛋白质(氨基酸)、矿物质、维生素、微量元素、干物质含量,还应根据环境条件、饲料原料来源等调整饲料配方的养分含量,使其符合饲养标准。

其次是考虑饲料配方的平衡性,应考虑营养素的可利用率及其相互之间的比例关系,保证各养分间比例适当,如能量与蛋白质、氨基酸之间、维生素之间、矿物元素之间以及维生素之间的比例等。此外,还应考虑营养素的来源及其相互关系,如:提供能量的玉米、麦麸、油脂、乳清粉等的选择与比例;提供蛋白质的大豆蛋白、玉米蛋白、鱼粉、非蛋白氮等的选择与比例;有机微量元素和无机微量元素的构成与比例;饲料原料的选择与消化酶、脱霉剂等功能性饲料添加剂的选择与比例,如用小麦替代玉米时添加木聚糖酶可提高小麦的有效能值。

(二)生理性原则

饲料原料的选择和搭配要适应不同动物的消化生理特点。

一是饲料的适口性:首选适口性好的饲料原料。对于适口性差的饲料原料可适当搭配适口性好的饲料或加调味剂,以提高其适口性和动物的采食量。特别是设计幼龄动物饲料配方时更应注意适口性。

二是日粮的容积:配制的日粮体积应与动物的消化道容积相匹配。单胃动物胃肠容积小,粗纤维消化能力差,特别是幼畜,因此配合饲料中宜少用或不用高纤维饲料。反刍动物对养分的消化过程不同于单胃动物,饲粮以粗饲料为主,精料补充料用量不宜过高,但也应控制围产期奶牛、泌乳高峰期奶牛、育肥中后期肉牛及肉羊饲粮中的低质粗饲料用量。

(三)安全性与合法性原则

饲料原料中有毒有害物质的含量不能超出使用限量,生产的配合饲料产品应对动物和人无直接的或潜在的不良影响,其营养指标、卫生指标、感官指标和包装等应严格符合国家法律法规及条例的要求。不少饲料原料中含有一定量的抗营养因子,一些饲料中含有霉菌毒素,这些饲料应在脱毒后使用,或控制用量。禁止在反刍动物饲粮中使用鱼粉、肉骨粉等动物源性的饲料。合理应用饲料添加剂,严防微量元素中重金属元素超标;使用符合规定的药物,不在饲料中添加促生长的抗生素。

配方设计要综合考虑产品对生态环境的影响,提高动物对营养物质的利用效率,减少粪尿中氮、磷等营养物质的排放量。

(四)经济性和市场性原则

生产加工饲料的主要目的是获得经济效益。不断提高饲料产品设计质量、降低生产成本是配方设计的核心。设计配方时必须明确产品的定位,包括产品的档次、用户范围、市场认可度以及与同类产品的竞争力等。饲料成本约占畜禽养殖成本的70%,可通过以下方法降低饲料配方成本:确定动物适宜的营养需要水平、因地制宜和因时制宜选择饲料原料、基于营养成分和价格搭配饲料、按最低饲养成本或最高经济效益的要求设计配方。

可采用以下方法比较饲料原料的价格。选择当地主要的能量和蛋白质饲料各一种,作为标准饲料,把二者各自的市场价看作标准价,以此作为基础价格,求出能量和蛋白质的分配系数(即每单位蛋白质和能量的价格)。以玉米和豆粕为例,计算步骤如下:已知玉米的消化能为14.2 MJ/kg,粗蛋白质为9%,豆粕的消化能为13.6 MJ/kg,粗蛋白质为43%,价格分别为2.5、3.5 元/kg,设能量价格系数为x,蛋白质价格系数y。组成二元线性方程组:

$$14.2x+9.0y=2.5$$

$$13.6x+43.0y=3.5$$

解方程得x=0.155 7,y=0.032 1,即能量价格系数为0.155 7,蛋白质价格系数为0.032 1。

(五)逐级预混原则

为了提高微量矿物元素、维生素、酶制剂等微量养分在全价饲料中的均匀度,一般将在全价饲料中用量少于1%的原料先进行预混合处理,否则混合不均匀可能降低动物的生产性能和饲料转化率,甚至导致动物中毒或死亡。

二、饲料配方设计的准备

科学合理地搭配饲料原料可以全面满足动物的营养需要,充分发挥动物的生产潜力。饲料配方设计既要考虑动物的营养需要及生理特点,又要考虑经济效益和环境效益。设计饲料配方是一项技术性和实践性很强的工作,要求设计者不仅有动物营养学和饲料学的知识,还要有一定的饲养实践经验。设计配方前需要明确两个方面的资料,一是动物的营养需要量,二是拟选用饲料原料的营养价值。一般可从饲养标准中获取这些资料,也可通过《中国饲料成分及营养价值表》或相关文献获取。

(一)饲养标准的概念和内容

饲养标准是系统表述经试验研究确定的特定动物(包括不同种类、性别、年龄、体重、生理状态和生产性能等)的能量以及各种营养物质需要量的定额数值。饲养标准高度概括和总结了科学研究和生产实践的最新进展,具有很强的科学性和广泛的指导性,是动物生产中组织饲料供给、设计饲粮配方、生产平衡饲粮和对动物实行标准化饲养的技术指南和科学依据,是动物饲养的准则。

饲养标准通常包括以下几个部分:第一,说明、介绍该标准的研究方法、研究条件、标准特点、使用方法及建议、参与研究的单位及主研人员等。第二,动物营养需要量或推荐量,这是标准的主要内容,一般营养需要的指标及其数值大都以一定形式的表格给出,或给出模式的计算方法。第三,常用饲料营养价值表,这是与营养需要量配套的内容,一般分畜种列出常用饲料的各种概略养分含量、能值、一些纯养分(如氨基酸、矿物元素、维生素等)的含量及某些养分的消化率或利用率,还有对每个饲料的简短说明,如饲料编号、规格、产地、加工方式等。第四,典型饲粮配方,一般为制订该标准的试验研究所用配方,供实践使用参考。

饲养标准中列出的营养需要参数是一个群体平均值,一般按最低需要量给出。在实际生产中,营养供给量一般在推荐量基础上加了一定的保险系数。保险系数添加主要基于动物个体差异需要量的影响、饲料及其营养素含量和可利用性变化对需要量的影响、饲料加工贮藏中的损失、环境因素、需要量评定的差异、非特异性应激因素等。

近十年来,我国研究制订了猪、鸡、羊以及一些特种经济动物的饲养标准。世界上很多国家都有本国的饲养标准,其中影响较大的有美国国家科学院、工程院和医学院(NASEM)制订的各种动物的营养需要,英国农业科学研究委员会(ARC)制订的畜禽营养需要,日本的畜禽饲养标准等。

(二)饲养标准在应用过程中的影响因素

饲养标准受许多因素影响,并不完全适用于所有动物个体。

1.动物因素

同种动物不同品种、性别、杂交组合的营养需要不同,如瘦肉型猪的蛋白质、氨基酸需要量高于脂肪型猪,公猪的氨基酸需要量高于母猪,母猪高于阉猪。在遗传基础、生理状态相当一致的畜群中,个体之间的营养需要仍然存在差异。因此,由于动物个体之间的差异以及环境的不同,任何饲养标准均不能完全满足单个动物的营养需要。

由于动物具有较强的调节能力,在一定范围内养分供给的多少可能对动物的某些生产指标无明显影响,如饲粮能量水平对母畜的产仔性能的影响较小,某些微量矿物元素的最低需要量与最大耐受量间相差10~100倍。

2.饲料因素

由于适口性和物理特性的不同,养分含量相同的不同饲粮对动物采食量和生产性能的影响亦有差异。饲料添加剂和饲料加工调制方法的有利影响也未体现在饲养标准中。目前一些饲料或养分的利用效率尚不完全清楚,一些微量元素是否必需也不完全清楚。

3. 其他因素

环境和饲养管理方法对动物的营养需要和饲料利用效率也有影响,如环境温度和湿度、动物状态(疾病、应激)、饲喂方式(自由采食、定量饲喂、定时饲喂)等因素,但这些因素很难体现在饲养标准中。

既要看到饲养标准的先进性、科学性和普遍适用性,也要认识到其适用性是有条件的。对标准中未考虑的影响因素,只能结合具体情况,灵活应用饲养标准。如在寒冷季节,标准中的营养浓度可能需要提高10%~20%,氨基酸平衡良好的饲粮的粗蛋白质需要量可以下降2%~3%。随着动物营养学和饲料学的发展、畜禽品种的改良、饲养模式和方式的改变,饲养标准也在不断地进行修订、充实和完善。

三、饲料配方设计的方法

配合饲料配方设计的一般步骤为:明确配方设计目标、确定目标动物的营养需要量、搭配适宜的饲料原料并满足动物的营养需要量。常用的配方设计方法有代数法、交叉法、试差法、线性规划法。

(一)代数法

代数法又称联立方程法,利用联立方程求解法来计算饲料配方。优点是条理清晰,方法简单。缺点是饲料种类多样,计算较复杂。

例如:某猪场要配制含14%粗蛋白质的混合饲料。现有含粗蛋白质9%的能量饲料(其中玉米占80%,小麦占20%)和含粗蛋白质34%的浓缩饲料,其方法如下。

①设混合饲料中能量饲料占x%,浓缩饲料占y%。得

$$x+y=100$$

②能量混合料的粗蛋白质含量为9%,浓缩饲料含粗蛋白质为34%,要求配合饲料含粗蛋白质为14%。得

$$0.09x+0.34y=14$$

③列联立方程:

$$x+y=100$$

$$0.09x+0.34y=14$$

④解联立方程,得出

$$x=80$$

$$y=20$$

⑤求玉米、小麦在配合饲料中所占的比例:

$$玉米占比例=80\%×80\%=64\%$$

$$小麦占比例=80\%×20\%=16\%$$

因此,配合饲料中玉米、小麦、浓缩饲料分别占配方饲料的64%、16%、20%。

(二)交叉法

交叉法又称对角线法、四角法、方形法或图解法。在饲料种类不多及营养指标少的情况下,采用此法,较为简便。在采用多种饲料原料的情况下,亦可采用本法。

1. 两种饲料配合

例如：用玉米、豆粕给体重为35~60 kg的生长育肥猪配制饲料。步骤如下。

①查饲养标准或根据实际经验确定营养需要量，35~60 kg生长育肥猪饲料的粗蛋白质水平一般为14%。经取样分析或查饲料营养成分表，玉米含粗蛋白质8%，豆粕含粗蛋白质43%。

②作十字交叉图，把混合饲料所需要达到的粗白质含量14%放在交叉处，玉米和豆粕的粗蛋白质含量分别放在左上角和左下角；然后以左方上、下角为出发点，各向对角通过中心大数减小数，所得的数分别记在右下角和右上角。

```
玉米 8      29    (43-14=29，玉米份数)
         \  /
          14
         /  \
豆粕 43     6    (14-8=6，豆粕份数)
```

③上面所计算的各差数，分别除以这两差数的和，就得两种饲料混合后的百分比。

$$玉米应占比例 = \frac{29}{29+6} \times 100\% = 82.86\%$$

$$豆粕应占比例 = \frac{6}{29+6} \times 100\% = 17.14\%$$

④检验。

玉米粗蛋白含量所占比例=8%×82.86%=6.63%

豆粕粗蛋白含量所占比例=43%×17.14%=7.37%

混合饲料蛋白质含量=6.63%+7.37%=14%

⑤结论。体重35~60 kg生长育肥猪的混合饲料由82.86%玉米和17.14%豆粕组成。

选用饲料原料时，两种饲料养分含量必须分别高于和低于所要达到的数值，如本例中原料的粗蛋白质含量要分别高于和低于14%。

2. 三种以上饲料的配合

例如：用玉米、高粱、小麦麸、豆粕、棉籽粕、菜籽粕和基础预混料为体重35~60 kg的生长育肥猪配成含粗蛋白质14%的混合饲料。需先根据经验和养分含量把以上饲料分成比例已定好的3组饲料，即混合能量饲料、混合蛋白质饲料和基础预混料。把能量料和蛋白质料当作2种饲料做交叉配合。方法如下。

①先明确玉米、高粱、小麦麸、豆粕、棉籽粕、菜籽粕粗蛋白质含量分别为8.0%、8.5%、13.5%、45.0%、41.5%、36.5%。

②将能量饲料类和蛋白质类饲料分别组合，按类分别算出能量和蛋白质饲料组粗蛋白质的平均含量。预先确定能量饲料组由60%玉米、20%高粱、20%小麦麸组成，蛋白质饲料组由70%豆粕、20%棉籽粕、10%菜籽粕构成。则能量饲料组的粗蛋白质平均含量为60%×8.0%+20%×8.5%+20%×13.5%=9.5%，蛋白质饲料组的粗蛋白质平均含量为70%×45.0%+20%×41.5%+10%×36.5%=43.4%。

③算出未加基础预混料前混合料中粗蛋白质的含量。基础预混料一般占配合全价饲料的4%。假设基础预混料中的粗蛋白质含量为0，则添加4%后会降低原混合料的粗蛋白质含量。所以要先将基础预混料用量从总量中扣除，以便按4%添加后混合全价料的粗蛋白质含量仍为14%。未加基础预混料前混合料的总量为100%-4%=96%，那么，未加基础预混料前混合料的粗蛋白质含量应为14%÷96%×100%=14.58%。

④将混合能量料和混合蛋白质料当作2种料,做交叉。即:

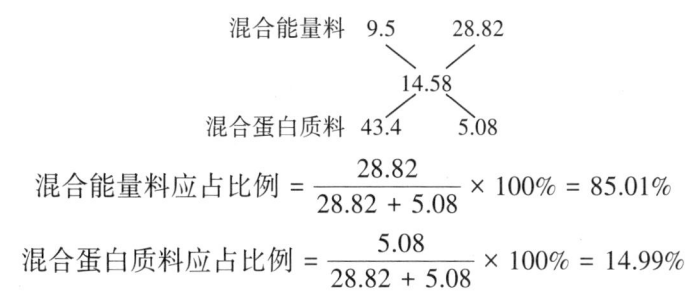

```
混合能量料    9.5         28.82
                  14.58
混合蛋白质料   43.4         5.08
```

$$混合能量料应占比例 = \frac{28.82}{28.82 + 5.08} \times 100\% = 85.01\%$$

$$混合蛋白质料应占比例 = \frac{5.08}{28.82 + 5.08} \times 100\% = 14.99\%$$

⑤计算出混合全价料中各成分应占的比例。玉米应占60%×85.01%×96%=48.97%,以此类推,高粱占16.32%、小麦麸16.32%、豆粕10.07%、棉籽粕2.88%、菜籽粕1.44%,基础预混料4%,合计100%。

(三)试差法

试差法又称为凑数法。首先根据经验初步拟出各种饲料原料的大致比例,然后计算一定比例原料提供的养分的量,再计算所有原料提供的同种养分的量,即得到该配方的每种养分的总量。将计算结果与饲养标准进行对照,若有养分超过或不足时,调整原料比例并重新计算,直至所有的营养指标都基本上满足饲养标准的要求为止。此方法操作简单,但计算量大,盲目性较大,需要反复尝试,难以筛选出最佳配方和饲料成本最低的配方。

例如,用玉米、小麦麸、豆粕、棉籽粕、鱼粉、石粉、磷酸氢钙、食盐、维生素预混料和微量元素预混料,配制0~6周龄产蛋雏鸡饲粮配方。

①确定营养需要。从饲养标准中查得0~6周龄产蛋雏鸡饲粮的营养水平为代谢能11.92 MJ/kg、粗蛋白质18%、钙0.8%、总磷0.7%、赖氨酸0.85%、蛋氨酸0.30%、胱氨酸0.30%。

②根据饲料成分表查出或检测分析所用各种饲料的养分含量(表14-2)。

表14-2　各饲料的养分含量

饲料原料	代谢能/(MJ/kg)	粗蛋白质/%	钙/%	磷/%	赖氨酸/%	蛋氨酸/%	胱氨酸/%
玉米	13.47	7.8	0.02	0.27	0.23	0.15	0.15
小麦麸	6.82	15.7	0.11	0.92	0.58	0.13	0.26
豆粕	9.83	44.0	0.33	0.62	2.66	0.62	0.68
棉籽粕	8.49	43.5	0.28	1.04	1.97	0.58	0.68
鱼粉	12.18	62.5	3.96	3.05	5.12	1.66	0.55
磷酸氢钙	—	—	23.30	18.00	—	—	—
石粉	—	—	36.00	—	—	—	—

③按能量和蛋白质的需求量初拟配方。根据实践经验,先拟定蛋白质饲料用量占26%,其中棉籽粕为3%、鱼粉为4%、豆粕为19%;能量饲料用量占71%,玉米为64%、小麦麸为7%;基础预混料占3%。计算初拟配方结果,如表14-3。

表 14-3　初拟配方

饲料原料	饲粮组成/% ①	代谢能/(MJ/kg) 饲料原料中 ②	代谢能/(MJ/kg) 饲粮中 ①×②	粗蛋白质/% 饲料原料中 ③	粗蛋白质/% 饲粮中 ①×③
玉米	64	13.47	8.621	7.8	4.99
小麦麸	7	6.82	0.477	15.7	1.10
豆粕	19	9.83	1.868	44.0	8.36
鱼粉	4	12.18	0.487	62.5	2.50
棉籽粕	3	8.49	0.255	43.5	1.31
合计	97		11.71		18.26
标准			11.92		18.00

④调整配方，使能量和粗蛋白质符合饲养标准推荐量，即用一定比例的某一种饲料代替另一种饲料。上述配方经计算后，饲粮中代谢能比标准低0.21 MJ/kg，粗蛋白质高0.26%。因此，需要降低粗蛋白质含量高的饲料量，提高代谢能含量高的饲料量，可用能量高而粗蛋白质低的玉米代替小麦麸。以3%玉米代替3%小麦麸后饲粮能量和粗蛋白质均与标准接近，分别为11.91 MJ/kg和18.02%。故配方中玉米改为67%，麦麸改为4%。

⑤计算饲粮中的矿物质饲料和氨基酸用量。

调整后配方的钙、磷、赖氨酸、蛋氨酸含量计算结果见表14-4。

表 14-4　调整后饲料配方

原料	饲粮组成/%	钙/%	磷/%	赖氨酸/%	蛋氨酸/%	胱氨酸/%
玉米	67	0.013	0.181	0.154	0.100	0.100
麦麸	4	0.004	0.037	0.023	0.005	0.010
豆粕	19	0.063	0.118	0.505	0.118	0.129
鱼粉	4	0.158	0.122	0.205	0.066	0.022
棉籽粕	3	0.008	0.031	0.059	0.017	0.020
合计	97	0.246	0.489	0.95	0.306	0.281
标准		0.80	0.70	0.85	0.30	0.30
与标准比较		−0.554	−0.211	+0.10	+0.006	−0.019

根据配方计算结果，饲料中钙比标准低0.554%，磷低0.211%。因磷酸氢钙中含有钙和磷，故先用磷酸氢钙来满足磷的需要，需磷酸氢钙0.211%÷18%=1.17%。1.17%磷酸氢钙可提供钙23.3%×1.17%=0.273%，钙还差0.554%−0.273%=0.281%，可用含钙36%的石粉补充，约需0.281%÷36%=0.781%。

赖氨酸含量超过标准0.1%，不需再添加赖氨酸。蛋氨酸和胱氨酸之和比标准低0.013%，可用蛋氨酸添加剂来补充。

食盐用量设定为0.30%，维生素预混料（多维）用量设为0.2%，微量元素预混料用量设为0.5%。

原估计基础预混料约占饲粮的3%。现根据设定结果，计算各种矿物质饲料和添加剂实际总量：磷酸氢钙+石粉+蛋氨酸+食盐+维生素预混料+微量元素预混料=1.17%+0.781%+0.013%+0.3%+0.2%+0.5%=2.964%，比估计值低0.036%，可调整载体或稀释剂含量，或者增加0.036%玉米或麦麸的用量即可。一般情况下，能量饲料调整低于1%时对营养指标的影响较小，可忽略不计。

⑥列出配方及主要营养指标。

0~6周龄产蛋雏鸡饲粮配方及其营养指标如表14-5。

表14-5　产蛋雏鸡饲粮配方

原料	配比/%	成分	含量
玉米	67.00	代谢能/(MJ/kg)	11.91
小麦麸	4.00	粗蛋白质/%	18.02
豆粕	19.00	钙/%	0.80
鱼粉	4.00	磷/%	0.70
棉籽粕	3.00	赖氨酸/%	0.85
石粉	0.781	蛋氨酸+胱氨酸/%	0.60
磷酸氢钙	1.17		
食盐	0.30		
蛋氨酸	0.013		
维生素预混料	0.20		
微量元素预混料	0.50		
合计	99.96		

(四)线性规划法

线性规划法是最早采用运筹学有关数学原理来进行饲料配方优化设计的一种方法。该法将饲料配方中的有关因素和限制条件转化为线性数学函数，求解一定约束条件下的目标值。最优配方为不破坏约束条件的最低成本配方。

举例：用玉米、大豆油、小麦麸、大豆粕、菜籽粕、鱼粉、碳酸钙、磷酸氢钙、L-赖氨酸盐酸盐、DL-蛋氨酸、L-苏氨酸、L-色氨酸、食盐、抗氧化剂、防霉剂、氯化胆碱、维生素预混料和微量元素预混料，为体重60~90 kg瘦肉型生长肥育猪设计饲料配方。

1.饲料配方制定方案表格设计

首先，建立所用饲料原料主要营养成分Excel表。其次，在饲料原料主要营养成分表基础上建立配合饲料配方设计表(如图14-1所示)。

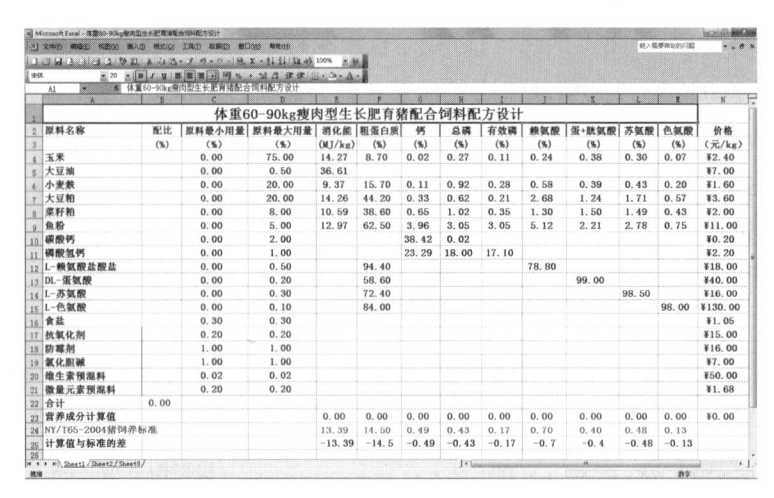

图14-1 配合饲料配方设计表

其中：

A4至A21栏，是配方设计所用各种原料的名称。

B4至B21栏，是拟设计配方所用各种原料的计算配比值(%)。

B22栏，是规划求解后，由程序自动计算出的每种原料用量(配比)的总和(%)。在B22输入公式"=SUM(B4:B21)"。

C4至C21栏，是规定设计配方时所用原料的最低用量(%)。这可根据饲料原料的特点、价格以及经验估计，限制某些原料的最低用量，或者是达到配方中强制规定必须使用的量。

D4至D21栏，是规定设计配方时所用原料的最大用量(%)，用于限制某些原料的最高用量。

E2至M2栏，是饲养标准或产品标准中的主要营养指标项目，可根据需要修改或增减。

E4至M21区域栏，是所用饲料原料营养成分的含量，数据可来源于饲养标准、《中国饲料成分及营养价值表》、相关原料标准和产品信息或实测数据。

E23至M23栏，是规划求解后，根据每种原料的用量计算出的饲料配方中营养成分含量的合计。单击单元格E23，输入公式"=SUM(B4*E4+B5*E5+B6*E6+B7*E7+B8*E8+B9*E9+B10*E10+B11*E11+B12*E12+B13*E13+B14*E14+B15*E15+B16*E16+B17*E17+B18*E18+B19*E19+B20*E20+B21*E21)/100"，按回车键确认输入，利用自动填充功能，将输入的公式填充到F23至M23，并注意检查公式是否正确。

N4至N21栏，是所用饲料原料的价格(元/kg)，为购买的实际价格。

N23栏是规划求解后，由程序自动计算出的饲料总成本(元/kg)，也是此规划求解的目标函数值。在N23输入公式："=SUM(B4*N4+B5*N5+B6*N6+B7*N7+B8*N8+B9*N9+B10*N10+B11*N11+B12*N12+B13*N13+B14*N14+B15*N15+B16*N16+B17*N17+B18*N18+B19*N19+B20*N20+B21*N21)/100"。选定N4至N23栏，点鼠标右键，点"设置单元格格式(F)"，再点"数字"，然后点"货币"，在"货币符号(国家/地区)(S)"栏内，选择相应货币符号，点"确定"。

E24至M24栏，是所设计配合饲料配方所选用的标准的营养成分的含量。该标准可以是饲养标准、产品标准或自定标准。

E25至M25栏，是所设计配方的主要营养成分计算值与所选用标准的差，能直观看出配方设计是否合理，便于设定约束条件，进一步规划求解直到满意为止。单击单元格E25，输入公式"=E23-E24"，按回车键确认输入，最后利用自动填充功能，将输入的公式填充到F25至M25，并注意检查公式是否正确。

2.规划求解设置

在Excel表格选项窗口先后点击"文件""选项""加载宏",出现"加载宏"对话框(如图14-2所示),选择"规划求解",点"确定"。再回到Excel表格,点击最上面的"数据",选择"分析"里面的"规划求解",出现"规划求解参数"对话框(如图14-3所示),当光标在"设置目标单元格"内闪烁时,将鼠标移到N23栏,也就是饲料配方的"成本"单元格,即"N23",单击,在下面一栏选择"最小值",在"可变单元格"(也就是所选18种原料的配比)内输入"b4:b21",形成如图14-4所示的对话框,点击"添加"按钮,出现如图14-5所示的"添加约束"条件对话框。

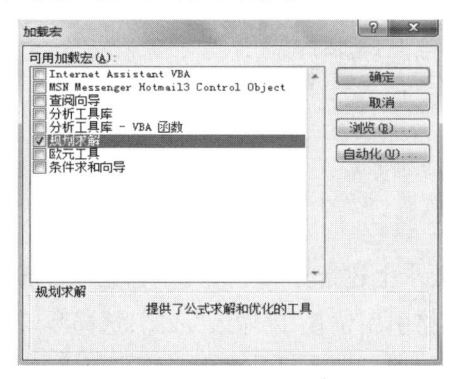

图14-2 加载宏对话框

图14-3 规划求解参数对话框

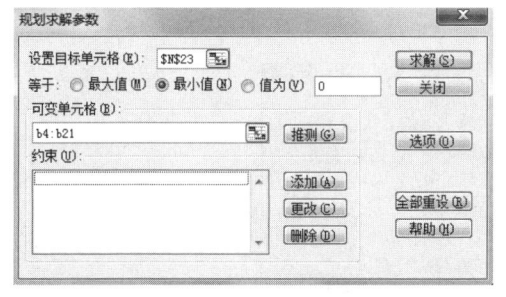

图14-4 目标单元格和可变单元格设置

图14-5 添加约束条件对话框

3.约束条件

(1)原料的用量控制

在"单元格引用位置"内输入"b4:b21",选择"<=",在"约束值"框内,输入"d4:d21",即对原料的最大用量进行限制,点"确定";然后,点"添加",再次出现"添加约束"条件对话框,在"单元格引用位置"内输入"b4:b21",选择">=",在"约束值"框内,输入"c4:c21",即对原料的最小用量进行限制,点"确定",最后形成如图14-6所示的对话框。

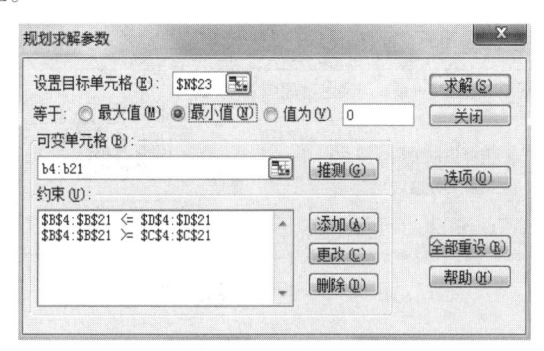

图14-6 原料用量约束条件设置

（2）原料配比总和的控制

点"添加"，在"单元格引用位置"内输入"b22"，选择"="，在"约束值"框内，输入"100"，即所有原料配比的总和为100%，如图14-7所示。

图14-7 原料配比总和约束条件设置

（3）配方主要营养成分指标的控制

对消化能、粗蛋白质、钙、总磷等指标进行约束。首先，要求上述指标大于或等于猪饲养标准中的相关参数，规划求解后不合理再进行微调。点"添加"，在"单元格引用位置"内输入"e23"，选择">="，在"约束值"框内，输入"e24"，点"确定"，即对消化能指标的约束。同理，点"添加"，依次对粗蛋白质、钙、总磷、有效磷、赖氨酸、蛋+胱氨酸、苏氨酸、色氨酸指标进行约束，见图14-8。至此，规划求解的约束参数设置完毕。

图14-8 配方主要营养成分指标约束条件设置

4.规划求解及结果运行

规划求解参数设置完毕后，单击"规划求解参数"对话框中的"求解"按钮，计算机将立即出现"规划求解结果"框（图14-9），即"规划求解找到一解，可满足所有的约束及最优状况"。最优解为既满足营养指标限制条件，又使成本最低的饲料配方。

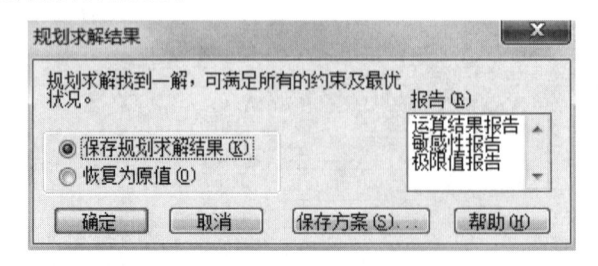

图14-9 规划求解结果

选择"保存规划求解结果",单击"确定"按钮即可,最终出现如图14-10所示的配方结果报告。其中,B4到B21栏为该配方各种饲料原料的配比(%);E23至M23分别是该配方的消化能、粗蛋白质、钙、总磷等指标;N23是配方价格(元/kg)。从E25到M25栏可以看出,配方的所有营养指标均满足猪饲养标准要求,只是蛋+胱氨酸含量略高,也在可接受范围内。

图14-10 配方结果报告

约束条件太苛刻就可能会出现"规划求解找不到有用的解"。如将本例中消化能的标准设置为14.22 MJ/kg,就会出现如图14-11所示的情况,点"确定",根据经验重新对约束条件进行调整。

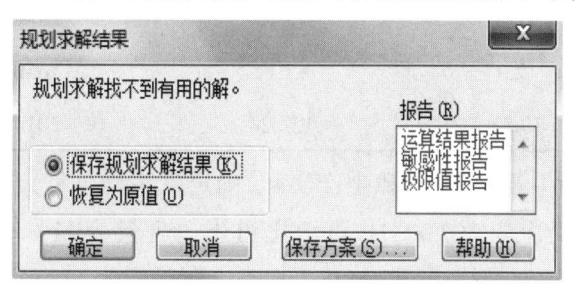

图14-11 规划求解结果—找不到有用的解

5.规划求解结果选择

①"保存规划求解结果[K]",直接点"确定",即可保存有效的运算结果。

②"恢复为原值[O]",选择该项,点"确定",即废弃新的计算结果,重新恢复到求解前的配方。

③在"报告[R]"中,可选择运算结果报告、敏感性报告和极限值报告,点"确定",分别生成"运算结果报告1""敏感性报告1"和"极限值报告1",再点击各个报告,查看详情。

第三节 饲料产品的配方设计

根据中华人民共和国国家标准《饲料工业术语》(GB/T 10647—2008)中饲料产品的术语和定义,饲料产品按照其功能和营养组成可分为配合饲料、浓缩饲料、精料补充料和添加剂预混合饲料等。

一、配合饲料的配方设计

全价配合饲料主要由能量饲料、蛋白质饲料、矿物质饲料、饲料添加剂配合而成,能满足动物的全部营养需要。现用Excel中的规划求解法设计体重为600 kg、日产30 kg的4%乳脂率标准奶的奶牛全混合日粮(TMR)配方,操作步骤如下。

(一)确定奶牛的养分需要量和每公斤饲料的养分含量

根据中国《奶牛饲养标准》(NY/T 34-2004),确定体重为600 kg、日产30 kg的4%乳脂率标准奶的奶牛每天的干物质、产奶净能、可消化粗蛋白、钙和磷的需要量,具体见表14-6。据此,可计算出每千克饲料中的产奶净能为7.03 MJ,可消化粗蛋白含量为10.32%,钙含量为0.88%,磷含量为0.60%。

表14-6 奶牛主要养分日需要量标准

营养需要标准	干物质/kg	产奶净能 NEl/MJ	可消化粗蛋白质/g	钙/g	磷/g
维持需要	7.52	43.10	364	36	27
产奶需要	12.0	94.14	1650	135	90
合计	19.52	137.24	2014	171	117

再结合美国NASEM《奶牛营养需要》和生产实际,确定每头奶牛每天的需要量为:干物质采食量20 kg,每千克饲料中的产奶净能为7.00 MJ,可消化粗蛋白含量为11%,钙含量为0.86%,磷含量为0.40%。除此之外,为使饲料配方更加合理,将粗蛋白质含量设定为17.5%、NDF含量为32%、ADF含量为22%、淀粉含量为23%、粗脂肪含量为5.5%。

(二)饲料原料选择

选用全株玉米青贮、苜蓿干草、玉米、麦麸、豆粕、DDGS、菜籽粕、甜菜颗粒、全棉籽、过瘤胃脂肪、石粉、食盐、磷酸氢钙、碳酸氢钠、1.0%奶牛泌乳期预混料等原料。

(三)用规划求解计算配方

将各种饲料营养成分、原料限制、价格数据一起填入Excel表中,应用Excel规划求解法计算奶牛TMR配方,具体见图14-12。

奶牛全混合日粮配方规划求解表 - Microsoft Excel

文件 开始 插入 页面布局 公式 数据 审阅 视图

D23

	A	B	C	D	E	F	G	H	I	J	K	L	M	N
1	饲料原料	产奶净能 MJ/kg	粗蛋白 %	可消化粗蛋白%	NDF %	ADF %	淀粉 %	粗脂肪 %	钙 %	磷 %	单价，元/kg 干物质基础	饲粮配比 %	最小用量 %	最大用量 %
2	玉米	8.3	9.3	5.9	9.5	3.4	70	4.2	0.03	0.27	2.27	20.51	20	30
3	豆粕	8.9	49	36	15	9.6	3.5	1.6	0.33	0.62	3.82	8.74	8	20
4	DDGS	8.2	29.7	20	38.8	19.7	4.2	10	0.08	0.71	2.47	6.00	2	6
5	菜籽粕	7.36	38.6	32	28.7	19.5	6.1	2.8	0.65	1.02	2.73	5.00	3	5
6	全棉籽	7.11	26.9	17	50.3	40.1	0.6	13.93	0.17	0.6	2.61	7.31	3	8
7	麦麸	6.78	14.4	10.5	41.3	15.9	19.8	4	0.18	0.78	1.95	5.00	5	10
8	甜菜颗粒	5.86	10	7	47.8	25.1	1.6	1.1	0.91	0.09	2.70	2.00	2	10
9	全株玉米青贮	6	8.6	4.5	54	33	23	3.2	0.44	0.26	2.00	28.00	28	35
10	苜蓿干草	4.95	19.2	12	43	32	4	2.4	1.2	0.32	3.64	12.00	12	18
11	过瘤胃脂肪	23.2	0	0	0	0	0	98	0	0	10.20	1.77	1	2
12	石粉	0	0	0	0	0	0	0	35	0	0.21	1.37	0	2
13	食盐	0	0	0	0	0	0	0	0	0	1.33	0.50	0.5	0.5
14	磷酸氢钙	0	0	0	0	0	0	0	21	16	1.77	0.01	0	1
15	碳酸氢钠	0	0	0	0	0	0	0	0	0	2.00	0.80	0.8	0.8
16	1%预混料	0	0	0	0	0	0	0	0	0	11.00	1.00	1	1
17	配方养分含量	7.00	17.50	11.76	34.00	21.00	23.20	5.90	0.86	0.40	2.74	100.0		
18	饲养标准	7	17.5	11	32	22	23	5.5	0.86	0.4				
19	标准上限	7.1	17.7	12	36	24	25	6	0.9	0.42				
20	标准下限	7	17.5	10	30	21	23	5	0.86	0.4				

图 14-12　泌乳奶牛全混合日粮配方规划求解表

(四)结果审定

根据奶牛的生理特点和饲料精粗比例，审核各种饲料原料的添加比例是否合适，如不合适，调整原料的最小用量和最大用量，最后列出所设计奶牛 TMR 配方(表 14-7)。

表 14-7　泌乳奶牛全混合日粮配方(干物质基础)

饲料原料	配合比例/%	营养组成	含量
玉米	20.51	产奶净能/(MJ/kg)	7.00
豆粕	8.74	粗蛋白质/%	17.50
DDGS	6.00	可消化粗蛋白/%	11.76
菜籽粕	5.00	中性洗涤纤维/%	34.00
全棉籽	7.31	酸性洗涤纤维/%	21.00
麦麸	5.00	淀粉/%	23.20
甜菜颗粒	2.00	粗脂肪/%	5.90
全株玉米青贮	28.00	钙/%	0.86
苜蓿干草	12.00	磷/%	0.40
过瘤胃脂肪	1.77		
石粉	1.37		
食盐	0.50		
磷酸氢钙	0.01		
碳酸氢钠	0.80		
1% 预混料	1.00		
合计	100.00		

(五)使用说明

本 TMR 配方是以绝干物质基础为标准制定的，因此，在使用时需换算成饲喂基础的用量。如本例中，每头奶牛每天需要的DMI（干物质采食量）为20 kg，则需要绝干基础的玉米4.10 kg，按照87%的干物质含量换算，需要饲喂基础的玉米4.71 kg；需要绝干基础的全株玉米青贮5.60 kg，按照30%的干物质含量换算，需要饲喂基础的全株玉米青贮18.67 kg。

二、浓缩饲料的配方设计

全价配合饲料可由浓缩饲料和能量饲料组成。猪和禽类的浓缩饲料在全价饲料中所占比例和反刍动物浓缩饲料在精料补充料中所占比例一般为20%~40%，一般使用5的倍整，如20%、25%、30%、35%、40%。浓缩饲料中的蛋白质饲料约占70%~80%，矿物质饲料约占15%~20%，添加剂预混料占5%~10%。

浓缩饲料的配方设计有两种方法。一是由全价配合饲料计算，先制定出全价配合饲料配方，再扣除能量饲料，将剩余饲料原料换算成百分比，即为浓缩饲料配方。二是参照浓缩饲料的营养推荐量，按照配合饲料的设计方法进行配制。浓缩饲料的营养推荐量可通过三种途径获取：一是查询相关浓缩饲料标准；二是将推荐的动物营养需要量扣除能量饲料提供的营养量，即为浓缩饲料的营养水平；三是自定营养水平。

（一）根据全价配合饲料计算浓缩饲料配方

拟设计一个肉鸡的浓缩饲料配方，先设计出肉鸡的全价配合饲料配方，再扣除65%能量饲料（玉米、小麦麸、大豆油）的占比，即浓缩饲料占全价配合饲料的35%。将全价配合饲料中除能量饲料外的饲料原料的含量分别除以35%，即为肉鸡的浓缩饲料配方（表14-8）。

在使用时，将此浓缩饲料35 kg加上58 kg的玉米、4 kg的小麦麸、3 kg的大豆油混合均匀即为肉鸡的全价配合饲料。

表14-8　肉鸡全价配合饲料配方及浓缩饲料配方（风干基础，%）

饲料组成	全价饲料配方	浓缩饲料配方	计算过程
玉米	58.00	—	—
小麦麸	4.00	—	—
大豆油	3.00	—	—
豆粕	30.30	86.57	30.30/35×100
石粉	1.10	3.14	1.10/35×100
磷酸氢钙	1.80	5.14	1.80/35×100
L-赖氨酸盐酸盐	0.20	0.57	0.20/35×100
DL-蛋氨酸	0.25	0.71	0.25/35×100
L-苏氨酸	0.05	0.14	0.05/35×100
食盐	0.30	0.86	0.30/35×100
添加剂预混料	1.00	2.86	1.00/35×100
合计	100.00	100.00	

(二)直接计算浓缩饲料配方

根据用量比例或浓缩料标准设计浓缩饲料配方。现以设计35~60 kg生长猪浓缩饲料配方为例,具体计算如下。

1. 查动物饲养标准

消化能12.98 MJ/kg,粗蛋白质16.0%,钙0.6%,有效磷0.28%,赖氨酸0.75%,蛋氨酸+胱氨酸0.50%。

2. 确定能量饲料与浓缩饲料的比例

假定用户的能量饲料为玉米、高粱和小麦麸,浓缩料在配合饲料中所占比例初步确定为25%。

3. 计算能量饲料提供的营养水平

全价配合饲料中50%的玉米、20%的高粱和5%的小麦麸提供的营养水平见表14-9。

表14-9 能量饲料提供的营养水平

饲料	在配合料比例/%	消化能/(MJ/kg)	粗蛋白质/%	钙/%	有效磷/%	赖氨酸/%	蛋氨酸+胱氨酸/%
玉米	50	7.09	4.3	0.01	0.06	0.12	0.19
高粱	20	2.64	1.8	0.026	0.034	0.036	0.058
小麦麸	5	0.47	0.79	0.006	0.012	0.029	0.02
合计	75	10.2	6.89	0.042	0.106	0.185	0.27

4. 计算浓缩料应提供的营养水平

已知能量饲料提供的粗蛋白质为6.89%,要使全价配合饲料中的粗蛋白质含量为16%,则25%浓缩饲料的粗蛋白质含量为:(16%-6.89%)÷25%×100%=36.44%。采用相同方法计算出其他养分在浓缩料中的含量为:消化能11.12 MJ/kg,钙2.23%,有效磷0.696%,赖氨酸2.26%,蛋氨酸+胱氨酸0.92%。

5. 选择浓缩饲料原料并确定其配比

选择浓缩饲料原料后按照配合饲料配方设计方法确定其比例。

6. 配方使用说明

将此浓缩饲料25 kg加上50 kg的玉米、20 kg的高粱、5 kg的小麦麸粉碎混合均匀即为全价配合饲料。

三、精料补充料的配方设计

精料补充料一般占奶牛全价配合饲料的40%~60%,占肉牛全价配合饲料的30%~70%。精料补充料的配方设计方法同浓缩饲料的两种设计方法。一是由全价配合饲料或全混合日粮计算,先制定出全价配合饲料配方,再扣除粗饲料、青绿饲料、青贮饲料,将剩余饲料原料换算成百分比,即为精料补充料的配方。二是参照精料补充料的营养推荐量,按照配合饲料的设计方法进行配制。

以上述泌乳奶牛全混合日粮配方为例,扣除其中28%的全株玉米青贮和12%的苜蓿干草,即将全混合日粮中除全株玉米青贮和苜蓿干草外的饲料原料的含量分别除以60%,即为泌乳奶牛的精料补充料配方。

在使用时,将此精料补充料60 kg加上28 kg(干物质基础)的全株玉米青贮、12 kg(干物质基础)的苜蓿干草搅拌混匀后即为泌乳奶牛的全混合日粮。

四、添加剂预混料的配方设计

添加剂预混合饲料是由两种(类)或两种(类)以上饲料添加剂与载体或稀释剂按一定比例配制的均匀混合物,在配合饲料中的使用量通常低于5%。主要包括微量元素预混合饲料、维生素预混合饲料和复合预混合饲料。

添加剂预混合饲料的基本配方设计步骤如下:
①根据饲养标准,确定需要添加的物质种类和需要量。
②查饲养标准或饲料成分表,计算基础饲粮提供的各种物质的量。
③根据动物需要量和基础饲粮中提供的量,计算出添加剂预混合饲料中需要添加的量。
④依据生物学效价、价格、加工工艺要求等选择原料。
⑤将需要的元素或物质的量折算为纯原料质量和商品原料的质量。
⑥根据添加剂预混合饲料的添加比例,确定载体或稀释剂的用量。
⑦列出添加剂预混合饲料配方及使用说明。

(一)载体、稀释剂和吸附剂的概念

1. 载体

载体是能够承载或吸附微量添加成分的微粒,容重应接近被承载的物质,表面粗糙且吸附性好,流动性差。微量成分被载体承载后,其本身的物理特性发生改变或不易表现出来。常用的载体有两类:一是有机载体,如次粉、小麦粉、玉米粉、脱脂米糠粉、淀粉及乳糖等,这类载体多用于维生素添加剂;二是无机载体,如碳酸钙、磷酸钙、硅酸盐、二氧化硅及陶土等,这类载体多用于微量元素添加剂。

2. 稀释剂

稀释剂是指混合于一组或多组微量活性组分中的物质,主要功能是分开活性成分,减少活性成分之间的相互反应,容重应接近被稀释的物料,表面光滑流动性好,不易结块,粉碎粒度小。常用的有机物稀释剂有去胚的玉米粉、葡萄糖、蔗糖及豆粕粉等;无机物类主要有石粉、碳酸钙、贝壳粉及高岭土等。

3. 吸附剂

吸附剂也称吸收剂,一般分为有机物和无机物两类。有机物类有小麦胚粉、脱脂的玉米胚粉、玉米芯粉、粗麸皮、大豆细粉及吸水性强的谷物类等。无机物类则包括二氧化硅、硅酸钙等。

(二)微量元素添加剂预混料配方设计

设计生长育肥猪0.2%微量元素预混料的配方。

1. 确定生长肥育猪微量元素需要量

饲料中的微量元素含量作为保险系数不计入配方,一般仅考虑易缺的铁(Fe)、锰(Mn)、锌(Zn)、铜(Cu)、硒(Se)、碘(I)。查《猪营养需要量》(GB/T 39235—2020),从"瘦肉型仔猪和生长肥育猪饲粮矿物质、维生素和脂肪酸需要量"表的50~75 kg一栏中,获得上述6个元素的需要标准,如表14-10所示。

表14-10 生长猪微量元素需要标准

微量元素	Fe	Mn	Zn	Cu	Se	I
需要标准/(mg/kg)	60	2	60	4	0.25	0.14

2.选择微量元素化合物

计算元素含量,见表14-11。

表14-11 各微量元素化合物的元素含量

分子式	a纯度/%	b化合物相对分子质量	c元素原子相对质量	d元素含量/%
$FeSO_4·7H_2O$	99	277.89	55.84	20.09
$MnSO_4·5H_2O$	86	241.01	54.94	22.80
$ZnSO_4·7H_2O$	95	287.44	65.38	22.75
$CuSO_4·5H_2O$	99	249.60	62.54	25.46
$Na_2SeO_3·5H_2O$	99	263.00	78.90	0.30
KI	99	166.10	126.90	0.764

注:$d=c/b$

3.计算元素及其化合物在配方中的比例

元素在配方中的含量=(需要量÷0.002)÷1 000 000×100%,其中0.002表示预混料中微量元素的含量为0.2%,应根据情况做变动。化合物在配方中的含量=元素在配方中的含量÷元素在化合物中的含量÷化合物的纯度×100%。(表14-12)

表14-12 各微量元素及其化合物在配方中的比例

化合物	元素需要量/(mg/kg)	元素在配方中的含量/%	化合物在配方中的含量/%
$FeSO_4·7H_2O$	60	3	15.084
$MnSO_4·5H_2O$	2	0.1	0.510
$ZnSO_4·7H_2O$	60	3	1.332
$CuSO_4·5H_2O$	4	0.2	7.935
$Na_2SeO_3·5H_2O$	0.25	0.012 5	0.042
KI	0.14	0.007	0.009

4.选用合适载体将配方平衡到100%

选$CaCO_3$作载体将配方平衡到100%,最后微量元素预混料配方比例如表14-13所示。

表14-13　生长猪0.2%微量元素预混料配方表

化合物	含量/%
$FeSO_4 \cdot 7H_2O$	15.084
$MnSO_4 \cdot 5H_2O$	5.100
$ZnSO_4 \cdot 7H_2O$	13.32
$CuSO_4 \cdot 5H_2O$	7.935
$Na_2SeO_3 \cdot 5H_2O$	0.042
KI	0.009
$CaCO_3$	58.510

(三)维生素预混料的配方设计

维生素预混料可分为通用型和专用型预混料。通用型常分为猪用和禽用维生素预混料,此类产品使用方便,但针对具体动物可能出现个别维生素过多或过少。专用型维生素预混料是专为各种畜禽、各种生产目的配制的预混料,能避免通用型的缺点。通常不计算基础饲粮中的维生素含量,主要通过维生素添加剂满足动物需要。

设计生长猪0.2%的维生素预混料配方。

1.确定要补充的维生素种类和添加量

假设现有的生长育肥猪配合料中需要补充7种维生素。每一种维生素在配合饲料中的补充量如表14-14所示。

表14-14　各维生素在饲料中的补充量

维生素种类	补充量
维生素A	10 000/(IU/kg)
维生素D	1500/(IU/kg)
维生素E	50/(IU/kg)
维生素B_2	6/(mg/kg)
维生素B_{12}	0.02/(mg/kg)
尼克酸	30/(mg/kg)
泛酸	15/(mg/kg)

注:维生素A 1 IU=0.3μg;维生素D 1 IU=0.025 μg;维生素E 1 IU=1 mg。

2.全部选用商品生产的单体维生素,列表计算

预混料中维生素含量=补充量/0.002,预混料中原料添加量=预混料中维生素含量/原料维生素含量,如表14-15所示。

表14-15 预混料中各维生素添加量计算

原料	原料维生素含量	补充量(配合料)	预混料中维生素含量	预混料中原料添加量
维生素A	30 000/(IU/g)	10 000/(IU/kg)	5 000 000/(IU/kg)	166.67/(g/kg)
维生素D	200 000/(IU/g)	1500/(IU/kg)	750 000/(IU/kg)	3.75/(g/kg)
维生素E	100/(mg/g)	50/(IU/kg)	25 000/(IU/kg)	250/(g/kg)
维生素B_2	930/(mg/g)	6/(mg/kg)	3000/(mg/kg)	3.23/(g/kg)
维生素B_{12}	950/(mg/g)	0.02/(mg/kg)	10/(mg/kg)	0.01/(g/kg)
尼克酸	980/(mg/g)	30/(mg/kg)	15 000/(mg/kg)	15.31/(g/kg)
泛酸	850/(mg/g)	15/(mg/kg)	7500/(mg/kg)	8.82/(g/kg)
合计				447.78/(g/kg)

注:维生素E 1 IU=1 mg。

3.载体选择

选用麦麸作载体,应添加麦麸:1000-447.78=552.22 g,再整理成百分比含量(表14-16)。

表14-16 生长猪2%维生素预混料配方表

原料	配比/%
维生素A	16.67
维生素D	0.375
维生素E	25.00
维生素B_2	0.323
维生素B_{12}	0.001
尼克酸	1.531
泛酸	0.882
麦麸	55.222

(四)复合预混料的配方设计

复合预混料的配方设计同微量元素和维生素预混料的配方设计。配制复合预混料应注意防止活性成分的损失,因此对于贮存期超过3个月的饲料,配制时维生素添加量应增加或经稳定化处理,避免胆碱与维生素直接接触;选择低结晶水或无结晶水的微量元素;添加抗氧化剂;适当增加载体和稀释剂的比例等。

第四节 配合饲料加工工艺

配合饲料产品的质量不仅取决于饲料原料的选择与配方设计,而且取决于饲料的加工工艺。饲料的加工工艺一般包括粉碎、配料、混合、制粒、膨化、包装等加工流程。饲料的加工处理对提高饲料利用效率具有非常明显的作用。适宜的粉碎粒度可以明显提高动物对饲料养分的利用效率。混合可使各种饲料成分混合均匀。制粒和膨化可促进淀粉糊化,提高适口性和淀粉的消化率,降低热敏感抗营养因子活性,降低有害菌数量,但也易使维生素、酶制剂等失活。

一、粉碎

粉碎是指利用机械力克服固体物料内部的凝聚力将其分解的过程,是饲料加工工艺中的重要工序,与生产能耗、饲料品质以及动物的生产性能、肉品质等存在密切联系。一般而言,需要粉碎的原料占配合饲料的50%以上,粉碎的能耗占整个加工过程能耗的约70%。

(一)粉碎工艺

粉碎工艺与配料工艺有着密切的联系。按其组合形式可分为先粉碎后配料和先配料后粉碎两种工艺;按原料粉碎次数可分为一次粉碎工艺和二次粉碎工艺。

1. 先粉碎后配料工艺

饲料原料粉碎后进入配料仓进行配料、混合等工艺,主要用于谷物含量高的饲料。其优点是粉碎单一品种物料,粉碎机工作负荷满、稳定,粉碎效率高。缺点是所粉碎原料都需要单独的配料仓,增加了建厂设备的投资和维护费用;存放在配料仓的粉碎物料易结拱,不易下落。

2. 先配料后粉碎工艺

将所有饲料原料按照一定比例混合后进入粉碎机粉碎。其优点是对原料品种变化适应性强,方便更换饲料配方;需要的配料仓少;可减少谷物原料含量少的混合料粉碎时的粉尘量。缺点是装机容量要比先粉碎后配料增加20%以上,能耗高5%以上;被粉碎原料特性差异大,造成电机负荷不稳定,对输送、计量都会带来不便。

3. 一次粉碎工艺

该工艺是将饲料原料一次粉碎成配合用的粉料,工艺简单,设备少,但成品粒度不均匀,电耗较高。

4. 二次粉碎工艺

该工艺是在第一次粉碎后,将粉碎物料进行筛分,对颗粒较大的原料再进行一次粉碎的工艺。成品粒度一致性好、产量高、能耗低,但要增加分级筛、提升机、粉碎机等投资。二次粉碎工艺可分为单一循环粉碎工艺、阶段粉碎工艺和组合粉碎工艺。

(二)粉碎目的与要求

1. 粉碎目的

粉碎有利于提高饲料的混合、调质、制粒、膨化等加工性能;可改善适口性,增加饲料表面积,以利于动物的消化和吸收,提高饲料的转化率和动物的生产性能。粉碎后的物料的粒度基本一致,减少了混合物料的分级。对于添加量少的微量元素及其他物料,只有粉碎到一定的程度,才能满足混合均匀度要求。粉碎粒度还会影响制粒后饲料的耐久性和在水中的稳定性。

2.粉碎的粒度要求

粉碎粒度过大,制成的颗粒饲料的硬度和耐久性均较低,含粉率高,消化率降低。粉碎的粒度并非越细越好,粉碎过细会降低饲粮的适口性,产生的微尘易引起畜禽呼吸系统障碍,可导致胃肠损伤和角质化现象,从而降低饲料的利用率。不同的动物、不同的饲养阶段有不同的粒度要求。

仔猪饲料中谷物的粉碎粒度以 300~500 μm 为宜,生长育肥猪的适宜粉碎粒度为 500~600 μm,母猪的适宜粉碎粒度为 400~500 μm。有研究结果表明,粉碎粒度在大于 400 μm 时可有效改善猪肠道形态,提高肠道有益菌数量,减少炎性胃溃疡的发生。肉鸡饲料中谷物的粉碎粒度在 700~900 μm 为宜,产蛋鸡的饲料粉碎度以 1000 μm 为宜。鱼配合饲料的粒度应低于 500 μm,对数几何平均粒径应低于 200 μm。一般鱼用配合饲料原料要求全部通过40目筛,过60目筛时筛上物不大于20%。

(三)粉碎设备

根据结构特点,粉碎机可分为锤片式粉碎机、齿爪式粉碎机、辊式粉碎机、压扁机和盘式粉碎机等;根据物料的粉碎粒度,粉碎机可分为超微粉碎机、微粉碎机和普通粉碎机。锤片式粉碎机因其结构简单、操作方便、适应性强等特点广泛应用于饲料加工中,但无法满足水产动物对饲料粒度的要求。水产饲料加工多应用超微粉碎机。粉碎后颗粒的粒径以几何平均粒径表示,粉碎粒度的变异情况用几何标准偏差描述。

二、配料

根据配方称取一定质量的原料组分,并配合成一批料堆或一股均匀的料流,这种称量与配合作业总称为配料。

(一)喂料机

喂料机是将各配料仓中的物料均匀输送到配料秤进行计量的设备。喂料机有三种:一是螺旋式喂料机,结构简单、应用普遍、维修方便。二是振动式喂料机,适应连续生产的要求,可将物料从储料斗中定量均匀连续地送到受料装置中,常是粉碎机和配料秤的给料装置。三是叶轮式喂料机,主要由叶轮和圆筒外壳组成。外壳的上口接配料仓底部的排料口,下口接配料秤入口,主要用于配料仓出口与配料秤入口中心距离较小、空间有限的场合。

(二)配料秤

配料秤主要有秤车和电子配料秤。秤车是常用的台秤配上料箱,有地面轨道式和吊挂式两种,主要用于小型饲料厂及大中型饲料厂微量组分的称量等。电子配料秤主要由给料器、秤斗、称重传感器、测量显示仪表、框架、卸料机等组成,通过计算机控制配料过程,响应速度快、分辨率高、抗干扰能力强、质量轻、安装方便。

三、混合

混合是把配合后的各种物料搅拌均匀的一道工序。配合饲料中各种成分的比例差异大,能量饲料可达60%以上,而某些微量元素的添加量仅占配合饲料的万分之几或百万分之几。

(一)混合工艺

1. 分批混合

分批混合是将各种组分按比例配合在一起,然后送入周期工作的批量混合机,分批混合。混合一个周期,即生产出一批混合好的饲料。这种混合工艺的不同批次之间的相互混杂较少,换配方比较方便,是目前普遍应用的一种工艺。

2. 连续混合

将各种饲料组分同时分别连续计量,并按比例合成一股含有各种组分的料流。当料流进入混合机后,混合机对其进行连续的混合,混合后的料流不断从排料口排出,待混合的料流不断进入混合机。这种混合工艺可连续生产,易与粉碎及制粒等工序相衔接,操作简单,但在换配方时较麻烦,设备中的物料残留较多,两批物料之间易混杂。

(二)混合设备

混合机是饲料加工中确保配合饲料质量的关键性设备。根据安装形式可分为卧式混合机和立式混合机。

1. 卧式混合机

卧式混合机有螺旋式、桨叶式、犁刀式三种。螺旋式混合机能把配好的物料在内外带状叶片的推动下,按逆流原理进行充分混合,是饲料厂主要使用的混合机。卧式混合机还可以装配犁形或靴形桨叶来提高其液体添加水平。桨叶式混合机对物料有良好的搅拌作用,但几乎不能将物料从混合机内的一端运送到另一端,因此在混合干料时桨叶式混合机比螺旋式混合机耗时更长。

2. 立式混合机

立式混合机有螺旋锥式、垂直搅拢式两种。螺旋锥式的双螺旋混合机对混合物料适应性强,混合热敏感性物料时不产生过热现象,混合相对密度悬殊和粒度不同的物料时不易发生分层离析现象,还具有混合速度快、混合精度高、动力消耗低、装载量大、使用寿命长的特点。垂直搅拢式混合机是一种先进高效的粉状混合设备,螺旋轴使一部分物料自下而上提升,一部分被抛出螺柱体进入外圈的螺带面,螺带也做快速旋转,使物料沿螺带面向上提升或被抛出,可在较短的时间内获得较好的混合效果。

(三)影响混合均匀度的因素

1. 混合时间

一般情况下,物料均匀度随混合时间的增加而提高,但并不是混合时间越长越均匀。如果物料充分混合后继续搅拌混合,就会产生分离,反而降低均匀程度。一般通过测定混合均匀度来确定不同物料的最佳混合时间。

2. 物料充满系数

物料充满系数过高或过低都会降低混合均匀度。一般而言,卧式混合机装料不低于主轴上面

10 cm,最高不超过外螺带的内径;立式混合机占容积的2/3~3/4。

3.混合物料的物理特性

混合均匀度与被混合物料的物理特性有关。含水量低、容重差别小、流动性好、粒度小且适当的物料易于混匀。

4.静电效应

少数药物、维生素等会因为产生静电效应而吸附在机壳上,造成这类物料在混合料中分布不均匀且含量降低。一般多采用机体接地来克服静电效应。

四、制粒

将粉状配合饲料挤压成粒状饲料的过程称为制粒。与粉状饲料相比,颗粒饲料具有适口性好,动物不易挑食、采食时间短、易消化吸收,分级难度低等优点。颗粒饲料有硬颗粒和软颗粒两种类型。硬颗粒适用于多种动物,是生产的主要颗粒饲料类型。软颗粒的水分含量较高,一般在20%以上,多为养殖企业自产自用。

(一)制粒工艺

颗粒饲料的生产由预处理、制粒及后处理三部分组成。粉料经过调质后进入制粒机制成颗粒,再经冷却器冷却。若不需破碎,则直接进入分级筛,分级合格的成品将进行液体喷涂、打包,而粉料部分则重新回到制粒机再制粒。如需破碎,则经破碎机破碎后再进行分级。

(二)制粒设备

制粒设备系统包括喂料器、调质器和制粒机。喂料器的作用是将混合的饲料从料仓中均匀地供入调质器。调质器是将待制粒的粉料进行水热处理和添加液体原料的装置,同时具有混合和输送作用。在调质器中,蒸汽、糖蜜和水分与粉料均匀混合,并使其软化、淀粉糊化,以利于制粒。

制粒机是将调质后的物料在转动的压模、轧辊作用下,使物料从模孔中挤出形成颗粒,再切割成适宜长度的装置。刚压制出的颗粒饲料温度一般在75~90 ℃,水分含量为15%~17%,必须进行冷却处理。根据制粒机主要部件压模的形状和位置,分为环模制粒机和平模制粒机。

(三)制粒后处理设备

制粒成形的颗粒饲料含部分粉料,且温度高、水分高,需经冷却、破碎、分级、喷涂等一系列后处理工序,才能成为合格的产品。冷却器将从制粒机出来温度、水分含量都较高的颗粒冷却,使料温降至接近室温,水分降到13.5%以下。然后经过破碎机破碎后,通过分级筛去除过大和过小的颗粒,获得符合规格要求的饲料颗粒。当配合饲料中的脂肪添加量超过3%时,一般采用制粒后喷涂油脂的工艺。饲料颗粒由料斗进入外涂室,落入转盘表面,然后抛撒至四周,盘下的喷嘴喷出油脂进行喷涂。

五、膨化

膨化可提高饲料的适口性和消化率,降低有害物质含量。含有一定比例淀粉的粉状原料在调质器内被调湿和升温,被调质后进入挤压腔内,挤压腔的空间容积沿物料前进方向逐渐变小,物料所受到的挤压力逐渐增大,物料温度升高,物料从挤出模孔排出的瞬间,压强骤然降低,水分迅速变成蒸汽而增大体积,使物料迅速膨胀。

(一)膨化加工工艺

挤压膨化是生产膨化饲料的主要形式,一般都要经过粉碎、筛分、配料、混合、调质、挤压膨化、干燥、冷却等阶段。用于膨化加工的原料一般采用筛片孔径为1.5~2.0 mm的锤片式粉碎机进行粉碎。各种粉料经配料混合后进入调质器进行调温(60~90 ℃)、调湿(水分20%~30%)处理。调质后的物料进入螺杆挤压腔,物料在螺杆的机械推动和高温(120~200 ℃)、高压(3~10 MPa)的混合作用下,淀粉被糊化,体积膨大。膨化还具有杀菌以及钝化原料中的抗氧化因子和毒素的作用。为避免物料中的一些营养成分遭到破坏,物料在挤压腔的停留时间不宜过长,一般以10~40 s为宜。物料通过膨化成形后,送入干燥、冷却、喷涂后处理系统。

(二)膨化加工设备

螺杆式挤压膨化机是生产膨化饲料的主要设备,分为干法挤压膨化机和湿法挤压膨化机。干法膨化机的工作过程是完全依靠机械摩擦、挤压来对物料进行加压、加温处理;湿法膨化机是在干法膨化机的基础上增设了蒸汽调节器,物料在膨化前先进行蒸汽预处理。在相同功率时,湿法膨化机比干法膨化机生产率高70%~80%,使用寿命更长,还有助于饲料异味的挥发。

六、包装

包装是粉料、颗粒料、膨化饲料生产的最后一个加工流程,包括饲料产品的称重、装袋、贴标签、封口和运送储存。目前多采用成套机械设备,一些采用机器人完成这一系列的包装工作。

● 本章小结 ●

依据营养成分可将商品饲料分为全价配合饲料、浓缩饲料、精料补充料、预混合饲料。设计饲料配方时,首先要明确配方设计对象和目的,再结合养殖条件、气候环境以及饲料资源条件,确定动物的营养需要量以及拟选饲料的化学成分及营养价值,综合考虑饲料成本和拟达到的饲喂效果,最后建议采用计算机软件计算得到饲料各成分比例。饲料配方设计永无止境,只有在不断的理论研究与生产实践中总结探索,才能使饲料配方更加完善、更趋近于完全满足动物的营养需要,才能获得更好的经济效益和生态效益。配合饲料产品的质量不仅取决于饲料原料的选择与配方设计,而且还取决于饲料的粉碎、配料、混合、制粒、膨化、包装等加工工艺。

拓展阅读

扫码进行数字资源的获取和学习。

数字资源

[思政课堂]

2023年,我国进口大豆9941万t,同比增加11.4%,占国内大豆总消费量的近90%;进口玉米2713万t,同比增加31.6%,占国内玉米总消费量的近10%。目前,我国的粮食饲用消费已占粮食总消费量的近50%,保障饲料粮供给已成为我国粮食安全战略的重要任务。据预测,到2030年国内饲料粮消费需求将达到33 100万t,比目前增加3170万t。据此,我国农业农村部于2023年发布了《饲用豆粕减量替代三年行动方案》,目的在于推进饲料中豆粕、玉米的减量替代,缓解我国饲料粮供给严重不足的局面,为保障国家粮食安全开辟新途径。

目前,动物对营养物质的转化率只有约15%~20%,有大量的营养物质通过粪、尿排放,既浪费了饲料资源,又造成了环境污染。通过优化饲料配方、改进饲料加工工艺等措施提高动物对饲料的利用效率是节约饲料粮和降低营养素的环境排放量的有效途径。若通过以上途径能减少对饲用大豆的需求量500万t/a,即可节约耕地4000万亩,相当于1.4个重庆市的耕地面积,具有很好的经济效益、社会效益和生态效益。

复习思考

1. 配合饲料的定义是?配合饲料分为哪几类,各有什么特点?
2. 简述饲料配方设计的基本原则。
3. 简述饲料配方设计的基本步骤。
4. 简述不同配方设计方法的优缺点。
5. 简述影响配合饲料品质的加工因素。
6. 简述低蛋白饲料配方设计的实现路径。

第十五章

饲料资源的开发利用

本章导读

随着我国畜牧业的迅猛发展,常规饲料资源紧缺、资源综合利用率低下等问题日益突出。我国非粮型饲料资源来源广、种类多、总量大,富含各种营养物质,主要包括植物及其加工副产品、农产品及其加工副产品、糟渣类等,因此,高效开发利用非粮型饲料资源是缓解我国常规饲料资源不足、提高养殖经济效益、保障国家粮食安全、促进饲料业和畜牧业可持续健康发展的重要途径。

学习目标

1. 了解我国饲料资源现状。
2. 掌握饲料资源的开发与利用的原则。
3. 掌握各类非常规饲料资源开发与高效利用途径。

概念网络图

饲料资源的开发利用
- 稻谷及其加工副产品 — 高压膨化制粒、微胶囊包被
- 小麦制粉副产品 — 酶制剂、蒸汽压片、膨化等
- 玉米麸质饲料 — 湿磨法等加工工艺
- 甘薯及其加工副产品 — 混合饲喂、添加酶制剂
- 木薯及其加工副产品 — 添加酶制剂、微生物发酵
- 马铃薯及其加工副产品 — 微生物发酵
- 魔芋及其加工副产品 — 评价营养价值，开发工艺
- 甘蔗及其加工副产品 — 微生物发酵、酶解技术
- 果蔬及其加工副产品 — 微生物发酵
- 糟渣类 — 微生物发酵
- 木本饲料 — 青贮、微生物发酵
- 棉籽壳及其加工副产品 — 微生物发酵
- 昆虫饲料 — 直接饲喂，昆虫粉，脱脂

饲料资源是饲料工业和畜禽养殖业发展的基础,饲料占养殖总成本的65%~70%,在全球人口增长和食物短缺的背景下,人畜争粮将愈演愈烈,饲料资源的短缺严重威胁着我国饲料工业和畜禽养殖业的健康可持续发展。高效利用现有常规饲料资源及开发非常规饲料资源是缓解我国饲料资源短缺瓶颈问题的有效途径,因此,饲料资源的开发和利用迫在眉睫。

第一节 饲料资源的现状

一、饲料资源的现状

近年来,我国畜牧业和饲料工业的快速发展,极大提高了我国畜产品产量,使我国居民的膳食结构也发生了巨大的变化,目前,我国人均肉、蛋和奶的占有量已超过世界平均水平,达到中等发达国家标准。养殖业的快速发展伴随着饲料资源的短缺问题日益突出,我国人多地少的现实决定了畜牧业将长期面临原料短缺的压力,饲料资源短缺已成为制约我国养殖业发展的"瓶颈"。从某种意义上说,我国的粮食问题实质上是饲料问题,而饲料资源短缺是由于长期受国外玉米-豆粕型配方模式的制约,以及饲料加工利用技术还相对薄弱,我国丰富的非常规饲料资源未得到充分合理的利用,因此,加强饲料原料的开发和利用刻不容缓。

(一)优质饲料资源短缺

养殖业的快速发展使其对饲料原料的需求急剧增加,呈现出饲料原料短缺的局面,尤其是能量饲料、蛋白质饲料及氨基酸等严重缺乏。

1.优质能量饲料缺乏,糠麸与加工副产品相对较多

玉米被称为"饲料之王",近几年,饲用玉米市场出现结构性短缺,供需紧张。而我国稻、麦等主粮产量大,产生的糠、麸等副产品产量大,据估计,我国每年产生的糠、麸有5 000万t。此外,随着我国食品工业的发展,每年大约产生2 000万t的糟渣类副产品,这类饲料大部分用于畜禽养殖中。但对单胃动物来说,糠、麸、糟渣等均存在能值低、粗纤维高、粗蛋白质低、氨基酸不平衡、消化率低等缺点,如何加以科学利用也是一个急需解决的问题。

2.优质蛋白质饲料缺乏,棉、菜籽饼粕等杂饼粕相对较多

我国对优质蛋白质饲料的进口依赖度大,仅2020年我国进口大豆、豆粕、鱼粉等累计10 443.9万t,其中大豆进口10 033万t,比上年增长12.9%,豆粕进口5.67万t,比上年增长490.6%,鱼粉进口249.5万t,比上年增长75.9%。而我国棉籽饼粕和菜籽饼粕的产量高达600万~700万t,位居全球首位。棉、菜籽饼粕也在不同程度上存在含有抗营养因子、粗纤维高、氨基酸不平衡等问题,限制了其在猪禽等饲料配方中的应用。

3.氨基酸添加剂缺乏

在配合饲料中,若降低豆粕、鱼粉等优质蛋白饲料,增加棉、菜籽粕及糠麸使用比例,要满足畜禽蛋白需要,需在配合饲料中增加赖氨酸、蛋氨酸等必需氨基酸。到目前为止,蛋氨酸依旧依赖进口。因此,需加大我国氨基酸饲料添加剂的开发力度。

(二)非常规饲料资源丰富

我国是农业大国,非常规饲料资源非常丰富,其中包括农副产品、木本饲料、果蔬类、昆虫及糟渣类等。据估计,我国每年产生的非常规饲料资源接近10亿t。非常规饲料资源有来源广、成分复杂、含抗营养因子或毒物、营养成分变异大、营养价值评定数据缺乏等特点,限制了非常规饲料在畜禽养殖业中的使用。开展非常规饲料资源开发和利用,提高非常规饲料在配合饲料中的使用比例,可节约玉米、豆粕等优质饲料,缓解我国饲料资源紧缺的现状。

(三)饲料资源分布不平衡

我国的饲料资源分布极不平衡,玉米和豆粕等常规饲料主要集中在东北,而南方较缺乏;鱼粉和肉骨粉等在南方较丰富;动物屠宰加工下脚料比较分散,难以收集加工利用;农副产品、糟渣类、果蔬类、木本饲料等非常规饲料丰富,但具有明显的地域性。

二、饲料资源开发前景

据估计,2030年我国粮食总需求量达到7.43亿t,超过目前生产能力的50%,在耕地面积不变的情况下,可通过增加复种指数和利用科学技术提高粮食的单产水平使粮食产量在2030年达到7.1亿t。到2030年我国粮食需求的50%将用作饲料,可以说我国的粮食问题,实际上是畜牧业发展所需的饲料问题。要解决我国饲料资源严重短缺的局面,首先要统计我国饲料资源总量,然后集成我国常规能量饲料、蛋白质饲料替代技术和非常规饲料资源开发利用关键技术,最后建立饲料资源开发、利用与产业化示范技术体系,提高我国常规和非常规饲料资源的利用水平,增加饲料原料供给量,缓解饲料资源短缺的局面。

第二节 饲料资源的开发与利用

一、饲料资源开发的原则

(一)环境保护原则

我国饲料工业和养殖业的发展必须走"可持续发展"的道路,开发饲料资源时要保证资源的合理利用和永续利用,防止环境污染,必须使饲料资源和动物生产经济效益及其产品市场供给保持良好的稳定性,必须使饲料和动物生产发展与国民经济整体协调发展。可持续发展模式为克服饲料、动物生产发展与环境的矛盾提供了有力武器,因此,必须将饲料资源的开发利用和环境保护相结合,健全法治,增强环保意识,才能有利于我国饲料工业和养殖业的可持续发展。

(二)重视生物安全

各国政府非常重视饲料的生物安全问题,并制订了相应的管理法规,我国也先后发布了《基因工程安全管理办法》《农业转基因生物安全管理条例》等实施细则,对转基因饲料产品的研究、开发、进出口、标签做了严格的规定。因此,利用基因工程技术或转基因技术开发饲料资源必须符合国家关于生物安全的法规。当前我国进口的大部分饲料原料如玉米和大豆为转基因作物,应开展对转基因饲料原料营养价值和生物安全评价,防患于未然。

(三)科学性原则

饲料资源的开发与利用必须应用当前动物营养与饲料学的最新研究技术,对新开发饲料的营养成分、利用效率以及生物安全等方面进行科学系统的评价。要满足上述要求,必须开展饲料方面的基础科学研究,综合运用现代动物科学技术,采用先进加工工艺与设备,使饲料资源开发体现科学性。

(四)保持和提高饲料资源营养成分的原则

在饲料资源开发和加工过程中,尽可能保持原料原有的营养价值,减少营养成分的破坏或损失,提高饲喂价值,如可通过微生物发酵增加菌体蛋白,通过生物育种技术提高饲料中蛋白质和油脂含量及改良蛋白质品质和油脂组成等。

(五)经济性原则

开发利用饲料资源,要采取一切措施,减少能耗,降低生产成本,使开发出的饲料具有较高的营养价值和低成本,要尽可能做到与治污环保结合起来,实现经济、社会和环境的有机统一。

二、饲料资源开发与利用的途径

(一)培育节粮型畜禽品种

我国地方畜禽品种长期受到忽视,缺乏对优良地方畜禽的保护和利用。以猪为例,我国现有118个地方猪种,占全球猪种资源的1/3,这些优良的地方品种具有耐粗饲、繁殖力高、肉品质优良等特性。因此,利用国内优质的地方畜禽遗传资源,培育适合于我国国情的节粮型畜禽品种,是我国养殖业可持续发展的基础。

(二)大力推广配合饲料

配合饲料具有养分全、消化率高、营养均衡等特点,使用配合饲料可以大大提高饲料的利用效率,达到节省饲料的目的。研究表明,使用配合饲料比使用单一饲料至少可节约25%的饲喂量,因此,推广配合饲料是提高饲料利用效率和节约饲料的有效措施之一。

(三)推广低蛋白饲粮

低蛋白饲粮是指将日粮蛋白质水平按畜禽营养需要推荐标准降低1%~3%,降低蛋白质饲料原料的用量,然后通过适当添加合成氨基酸来满足畜禽对氨基酸需求的饲粮。低蛋白饲粮除节约蛋白饲料资源外,还具有保护环境并降低生产成本的优点。研究发现,与用普通饲粮相比,采用低蛋白饲粮喂养,猪饲料利用效率提高7.51%,粪便中氮减少27.9%,并减少了温室气体排放。因此,发展低蛋白饲粮是节约蛋白质饲料、实现"环境友好"型畜牧业有效途径之一。

(四)降低饲料原料中有毒有害物质

大多数非常规饲料中含有有毒有害物质,其降低了饲料利用效率。目前许多研究表明,通过脱壳、挤压膨化、发酵、酶解、超微粉碎、微波处理和膜分离等技术,可有效降低饲料中的有毒有害物质,并改善非常规饲料的适口性,提高动物的采食量和消化率,提高畜禽的生产性能。目前可通过机械脱壳、水浸或煮沸、碱液处理、氨化法等方法降低高粱中单宁含量;可通过化学法、加热处理和微生物发酵法降低棉籽饼粕中棉酚含量,从而提高棉籽饼粕在配合饲料中的使用比例和畜禽的利用效率。

(五)利用新技术开发利用非常规饲料资源

非常规饲料资源来源广,但营养价值差异大,因此,针对不同非常规饲料的营养特性开发出具有针对性的加工技术和工艺,是提高非常规饲料资源利用率的策略。目前常采用脱壳技术、粉碎、干燥、挤压膨化、发酵、酶法、超滤、辐射技术、超高压技术等新技术处理非常规饲料。虽然很多研究者对非常规饲料的加工技术和营养特性进行了研究,但仅涉及饲料应用效果的验证,尚缺乏机理性方面的深入研究。此外,非常规饲料具有非常强的地域性,要根据当地资源情况及营养特点科学利用非常规饲料,倡导"本地粮养本地畜"的理念。

三、各类饲料资源的开发与高效利用

(一)稻谷及其加工副产品的开发与利用

1. 加强对稻壳资源的利用

我国稻壳(rice hull)的年产量约4 000万t,稻壳是一种农副产品,其被丢弃,不仅造成环境污染,还造成资源浪费。目前,稻壳主要用来发电,但其资源利用率依然很低。通过超高压膨化等物理、化学或生物的方法处理稻壳,可改善其营养价值,使其可作为反刍动物的饲料,但并未解决大量非消化性纤维饲喂效果不佳的难题,这是亟待研究的方向。

2. 加强对米糠资源的利用

米糠(rice bran)是稻米加工后的副产物,我国米糠年产量达1 280万t。米糠富含维生素、植物甾醇等多种生理活性物质。但目前对米糠的深度开发应用及相应基础研究还处于起步阶段,除了10%~15%的米糠用于提取米糠油或提取植酸钙等产品外,大部分直接被用作畜禽饲料。米糠粕作为米糠经浸提、脱脂后的副产品,保留了米糠的营养特性,且富含粗蛋白质和粗纤维,采用高压膨化制粒、微胶囊包被技术,灭活了抗营养因子,减少了其活性损失,提高了消化率。

3. 加强对碎米资源的利用

碎米(broken rice)是大米加工过程中的副产物,我国碎米年产量在2 000万~3 000万t。传统上简单地将碎米粉碎,并与其他原料配合,经加热后饲喂畜禽,这种利用方式比较简单。碎米中的粗蛋白质含量高于全米,将碎米资源用来生产高蛋白质饲料具有可行性,可利用酶对碎米进行液化糖化处理生产淀粉糖,其产生的副产品为高蛋白质饲料,可大大提高碎米资源的利用效率。

科学使用稻谷及其加工副产品,应考虑和准确评价稻谷及其加工副产品的营养特性。此外,还要考虑饲养畜禽的种类、年龄、体重等因素,科学确定稻谷及其加工副产品在畜禽饲粮中的最适添加量,提高饲料资源的利用效率。

(二)小麦制粉副产品的开发与利用

小麦制粉副产品(wheat milling by-products)是小麦加工后一系列副产品,主要包括麦麸和次粉。据统计,我国每年小麦制粉副产品的产量近2 000万t,随着谷物饲料价格的上涨,用小麦制粉副产品适量替代谷物饲料可降低饲料生产成本和提高养殖效益。但小麦制粉副产品富含非淀粉多糖(NSP),NSP不能被畜禽消化道分泌的酶消化,对其具有抗营养作用。为了提高小麦制粉副产品的营养价值,需降低NSP的抗营养作用。目前添加酶制剂是提高小麦制粉副产品利用效率的有效策略之一,可用木聚糖内切酶破坏NSP的分子结构,进而降低其对肠道食糜黏度的影响。此外,通过蒸煮、高温高压、蒸汽压片、膨化及发酵等方法都能提高麦麸或者小麦粉的营养价值。

(三)玉米麸质饲料的开发与利用

玉米麸质饲料(corn gluten feed)又称为玉米蛋白饲料或喷浆玉米皮,占玉米原料的10%~14%,是玉米以湿磨法提取油脂和淀粉的过程中产生的副产品。玉米麸质的主要成分为玉米皮混合残留的淀粉、蛋白质、玉米浆和胚芽粕,玉米麸质中粗蛋白质在20%左右,猪消化能在10.38~12.51 MJ/kg,是一种具有开发前景的饲料资源。目前,玉米麸质饲料研究主要集中在猪上,有关家禽方面的研究鲜有报道。因此,今后要加强玉米麸质饲料在家禽营养中的研究和营养价值评价工作。

(四)甘薯及其加工副产品的开发与利用

甘薯(sweet potato)属于旋花科甘薯属的一年生草本植物,原产于南美洲。我国是甘薯生产大国,甘薯年产量高达1.2亿t,甘薯渣是甘薯加工中提取淀粉后的副产品,每年我国都有大量的甘薯渣产生,每生产1 t淀粉产生湿渣2~3 t。鲜甘薯渣水分含量在85%左右,干燥后的甘薯渣含水12%,粗蛋白质在3.10%~5.26%,淀粉在48%以上,膳食纤维26%,粗灰分3%。目前甘薯及其加工产品主要通过青贮、发酵、添加酶制剂、混合饲喂等方法进行科学使用。研究发现康宁木霉和枯草芽孢杆菌组合固态发酵甘薯渣效果最好,发酵后真蛋白质提高96.56%,粗纤维含量降低30.34%,氨基酸组成较好。

(五)木薯及其加工副产品的开发与利用

木薯(cassava)是大戟科木薯属(*Manihot*)植物,原产于南美洲。2014年,我国木薯种植面积39.25万hm^2,鲜薯总产量为893.63万t。木薯是优良的能量饲料之一,可以提供丰富的碳水化合物,干物质中淀粉高达76.4%~87.0%,高于玉米。开发木薯及其加工产品在畜禽饲料中的应用,可以缓解当前能量饲料紧缺状态,降低饲料生产成本,实现饲料资源就地转化,对发展节粮型畜牧业具有重要的意义。目前,可采用现代生物技术提高木薯及其加工产品的营养价值和利用效率,但仍需要进一步研究。今后还需要从以下三个方面进一步加强木薯及其加工产品的开发和利用:第一,改善木薯及其加工产品作为饲料资源的开发利用方式;第二,制定木薯及其加工产品作为饲料原料的标准;第三,确定木薯及其加工产品在畜禽饲料中的添加量。

(六)马铃薯及其加工副产品的开发与利用

马铃薯(potato)是茄科一年生草本植物,是继小麦、水稻和玉米之后我国第四大栽培作物。我国马铃薯种植面积约为568.7万hm^2,年产新鲜马铃薯9 754.5万t,由于马铃薯种植面积大,又是高产作物,原料相对便宜。但是受到马铃薯主粮化战略的影响,在不与人争粮的畜牧业发展原则下,马铃薯淀粉作为饲料资源的利用受限。马铃薯蛋白粉已被证实是良好的仔猪蛋白质饲料来源,其在饲料工业中的应用主要取决于原料成本的影响。此外,马铃薯加工副产品尤其是马铃薯渣作为饲料资源的开发具有积极的社会效益和经济效益,研发提高和改善马铃薯渣营养价值的新技术是非常必要的。研究表明,利用马铃薯渣发酵生产畜禽饲料,是未来最有发展潜力的方向之一。

(七)魔芋及其加工副产品的开发与利用

魔芋(konjac)是天南星科魔芋属的多年生宿根草本植物。开发魔芋作为饲料资源的意义重大,不仅为畜牧生产提供饲料资源,还能够缓解我国饲料资源短缺、人畜争粮现状。但魔芋饲料化利用要求有更多技术上的革新和支持,集成魔芋及其加工产品高效利用的技术。除此之外,还需要在动物试验基础上,制定相应添加方法和剂量标准,使魔芋饲料生产更加规范化,从而提高魔芋及其加工产品的利用效率。

(八)甘蔗及其加工副产品的开发与利用

甘蔗(sugar cane)是禾本科甘蔗属植物,是生产蔗糖的原料,我国每年甘蔗产量为12 561.13万t,甘蔗制糖的副产品如甘蔗梢、甘蔗渣及甘蔗糖蜜产量大,但目前大部分蔗农和制糖企业的甘蔗制糖副产品资源利用率低,大多数甘蔗制糖副产品资源被随意丢弃或焚烧,甘蔗制糖副产品资源的附加价值远远没有被充分挖掘。因此,加强开发甘蔗制糖副产品的饲料化利用对南方节粮畜牧业的发展有着积极的作用,也有利于制糖行业的健康发展。甘蔗梢目前直接饲喂或制作成青贮后饲喂反刍动物,而甘蔗渣一般采用物理、化学及微生物发酵或者酶解技术处理,制成青贮、发酵和酶解处理可提高反刍动物对甘蔗制糖副产品消化率和利用效率。

(九)果蔬及其加工产品的开发与利用

水果和蔬菜等深加工过程中会产生大量果蔬废弃残渣,包括果蔬籽实、品质不好的蔬菜及水果。据不完全统计,我国每年仅葡萄加工过程中产生的葡萄籽就有30万t。在过去养殖业快速发展的几十年,在一定程度上忽略了这些果蔬废弃残渣,但随着科学技术的发展,人们开始认识到这一资源的利用价值,提倡"变废为宝",将果蔬类饲料等副产品科学、合理地利用,加入畜禽配料中,将大大降低养殖成本。此外,对加工中产生的大量富含活性因子的副产品(包括皮和核)进行开发利用,将大大提高果蔬类原料的利用率,经过深加工可生产出良好的果渣饲料,在提高养殖业经济效益的同时还可减轻环境污染,具有很大的发展潜力。

(十)糟渣类饲料的开发与利用

糟渣是农副产品加工的废弃物,我国糟渣类资源十分丰富,每年产生的各类糟渣约1.7亿t,主要有酒糟类(白酒糟、啤酒糟等)、果渣类(柑橘渣、苹果渣、甜叶菊渣等)。

1. 柑橘渣

柑橘渣(citrus pulp)是柑橘加工的副产物,柑橘渣包括柑橘的果皮、种子、橘络和果肉等,含有丰富的营养物质。我国是柑橘生产大国,年产生的柑橘渣达500万t。然而,目前许多的饲料加工设备和工艺并不适用于柑橘渣这类纤维含量高的原料,需建立相应的柑橘渣饲料化配套体系。固态发酵法是目前柑橘渣的一种有效的处理方法,采用基因工程技术和高密度发酵工程相结合,通过一些高新技术的整合利用,建立柑橘渣固态发酵工程技术平台,开发出更经济和更有效的方法,可实现柑橘渣规模化生产。此外,青贮也是利用柑橘渣的一种方式,研究发现,青贮后柑橘渣中柚皮苷和柠檬苦素含量分别降低了43.82%和35.82%。另有研究表明,产朊假丝酵母、黑曲霉和里氏木霉发酵夏橙皮渣,发酵后粗蛋白质由10%增加到30%以上,真蛋白质增加了45%。目前,柑橘渣作为反刍动物饲料的一般用量不超过其干物质采食量的30%。

2.甜叶菊渣

甜叶菊(stevia)原产于巴拉圭,我国于1976年从日本引进。甜叶菊主要用于提取甜菊糖苷,经过40多年的发展,我国已成为甜菊糖苷的主要生产国。2015年我国甜叶菊种植面积1.68万 hm^2,可产生5万t的甜叶菊渣,开展对甜叶菊渣有效利用和饲料化直接关系到甜菊糖苷企业的经济效益。甜叶菊渣加工成发酵饲料具有综合利用率高、产品附加值高等特点,是一种理想的饲料资源,开发前景广阔。甜叶菊渣在畜禽饲料上的研究资料缺乏,今后应加大甜叶菊渣作饲料资源的研究力度,甜叶菊糖加工企业则应对甜叶菊渣的精深加工工艺进行研究,加强有关甜叶菊渣作为饲料添加剂在饲料配方中的配合比例和对畜禽生产性能的试验研究。

(十一)木本饲料资源的开发与利用

木本饲料是指乔木、灌木、半灌木及木质藤本植物的嫩枝、叶、花、果实、种子及其副产物。木本饲料植物种类丰富,我国可用作木本饲料的植物就有1 000多种,全国每年各种乔木幼嫩枝、叶的产量达5亿t。木本饲料的营养价值高,粗蛋白质含量普遍高于传统饲料,氨基酸种类齐全,富含多种维生素和矿物元素。现今,国内大力推广的木本饲料资源主要有构树、桑树、银合欢、刺槐、辣木、木豆、银合欢、柠条、胡枝子、黄粱木等,其中研究较多的是桑树、构树、辣木等,此外,松针类、竹类、蒿属半灌木等也具有较高的开发价值。但目前木本饲料的基本数据信息还十分匮乏,需要开展木本饲料营养价值评定研究,积累一些木本饲料的基础数据。此外,木本饲料常含有一些抗营养因子和有毒有害物质(单宁、皂苷等),未经过处理会对畜禽产生毒害。目前许多研究表明,木本饲料通过干燥、粉碎、制粒、青贮、微贮、氨化、生物酶解等加工方法处理后可提高利用价值。

(十二)棉籽壳及其加工副产品的开发与利用

棉籽壳(cottonseed hull)是棉籽经剥壳处理后剩下的外壳,可以作为反刍动物饲料。棉籽壳中含有粗蛋白质5%,粗脂肪2%,粗纤维37%~48%,木质素29%~32%。由于棉籽壳中含有游离棉酚、单宁、植酸、NSP等抗营养因子,其在畜禽饲料中的使用受到限制。目前可以采用微生物发酵技术,利用主要由纤维分解菌、乳酸菌与酵母菌等有益菌组成的复合菌发酵棉籽壳,可有效改善棉籽壳的营养组成和利用效率。对发酵前后棉籽壳的研究结果表明,棉籽壳发酵后游离棉酚含量降低,脱毒率达67.2%,粗蛋白质提高了2.57%,NDF降低了10.49%,ADF降低了7.83%,微生物数量比发酵前显著增加。因此,充分利用微生物发酵技术对棉籽壳进行前处理,再将其作为反刍动物饲料,可提高其饲用价值并降低中毒风险。此外,棉籽壳和一些能量类饲料共同发酵,也是提高其利用率的一种有效方法。

(十三)昆虫饲料资源的开发与利用

昆虫是地球上最大的生物类群,是极具开发潜力的蛋白质饲料资源。许多昆虫干物质中粗蛋白质在50%~70%之间,氨基酸组成平衡,Fe、Cu、Zn、Se等微量元素丰富,脂类多为软脂肪和不饱和脂肪酸,含纤维少,易消化,是与鱼粉相媲美的理想蛋白质饲料资源,可替代鱼粉。目前,作为饲料具有开发前景的有黑水虻(*Hermetia illucens* L.)、黄粉虫(*Tenebrio molitor* L.)、家蚕(*Bombyx mori* L.)、家蝇(*Musca domestica* L.)、白蚁(termites)、蟑螂(cockroaches)、中华稻蝗(*Oxya chinensis*)、东方蝼蛄(*Gryllotalpa orientalis*)、云南松毛虫(*Dendrolimus houi*)等。据报道,用3%~6%的鲜黄粉虫代替等量鱼粉饲喂肉鸡,肉鸡增重速度提高13%,饲料报酬率提高23%。此外,近几年黑水虻昆虫饲料的开发也取得了一定的成效,美国已批准了黑水虻幼虫粉在肉鸡和产蛋鸡上的应用。我国昆虫资源十分丰富,开发昆虫蛋白饲料,不但能解决我国蛋白质饲料紧缺的问题,而且可以变害为宝。随着动物营养与饲料科学技术的不断进步,昆虫蛋白饲料的开发和利用前景会更为广阔。

• **本章小结** •

近年来,我国畜牧业迅速发展,我国已成为世界上最大的畜牧业国家,饲料产量全球第一。然而,我国目前处于优质饲料资源短缺、非常规饲料资源丰富和饲料资源分布不平衡的状况,应通过培育节粮型畜禽品种、大力推广配合饲料、推广低蛋白饲粮、降低饲料原料中有毒有害物质、利用新技术开发利用非常规饲料资源等途径对饲料资源进行开发利用。现已针对稻谷及其加工副产品,小麦制粉副产品,玉米麸质饲料,甘薯、木薯、马铃薯、魔芋、甘蔗、果蔬及其加工副产品,糟渣类饲料(柑橘渣、甜叶菊渣),木本饲料资源(乔木、灌木、半灌木及木质藤本植物的嫩枝、叶、花、果实、种子及其副产物)以及昆虫饲料等资源进行开发利用。总之,为缓解我国饲料资源短缺问题,一方面要实现畜禽养殖过程中营养精准供给和营养平衡;另一方面要加强非常规饲料资源的开发与高效利用,可利用现代饲料生物技术改善和提高非常规饲料的利用效率。此外,要提倡本地粮养本地畜的原则,充分利用当地饲料资源发展畜禽养殖,降低养殖成本,从而缓解我国饲料原料短缺的局面,使饲料工业可持续发展。

拓展阅读

扫码进行数字资源的获取和学习。

数字资源

[思政课堂]

一种"吃废物、产资源"的黑水虻受到全球很多国家的营养与饲料相关领域科研人员青睐,主要归因于它具备将有机废弃物(如餐厨废弃物)转化为高质量的蛋白质、油脂和一系列其他必需营养素的能力,这对自然生态与社会可持续发展具有重大意义。黑水虻的食性较广,包括各种有机质,如动物尸体(无害化处理)、过期食品、有机废渣、餐厨固形物等。同时,黑水虻养殖具有典型的碳氮循环利用特性,具有重要的社会意义和生态学意义。在现有工艺下,每100 t餐厨固形物可生产22~25 t的黑水虻鲜虫,产率明显高于蝇蛆等其他昆虫,且黑水虻具备分解药物及有害物质的能力,真正做到了"吃废物,产资源"。黑水虻作为重要的蛋白质和油脂原料,其干物质中蛋白质占比高达40%,脂肪含量也达到了30%以上。脂肪中含量最高的脂肪酸为月桂酸,占干重的比例超过10%、占总脂肪酸的比例超过30%,这也是黑水虻的特有性状之一。黑水虻能够转化畜禽粪便和餐厨垃圾,在解决环境污染问题的同时,变废为宝,转化产生的黑水虻蛋白能缓解我国饲料蛋白短缺,同时可以减少碳排放,虫粪还可以作为优质的有机肥解决化肥替代问题。黑水虻产业目前刚刚起步,产业规模还不大,但未来潜力巨大,可以形成一套种养结合、资源循环的绿色循环产业链。

复习思考

1. 简述饲料资源开发的必要性。
2. 简述饲料资源开发利用的基本途径。
3. 简述木本饲料资源开发与高效利用策略。
4. 简述昆虫资源开发与高效利用策略。
5. 简述甘薯和木薯及其加工副产品开发与高效利用策略。
6. 常见的糟渣类饲料有哪些以及开发糟渣类饲料的意义和开发途径是什么?
7. 简述果蔬及其加工产品的开发与利用的途径。

第十六章

饲料和畜产品品质

本章导读

为人类提供充足的优质畜产品是动物生产的主要目的,而饲料作为畜产品生产的物质基础,既影响其产量也影响其品质。饲料中营养成分的不同含量和比例会直接影响畜产品中营养成分的含量。在动物生产过程中,对饲料质量进行严格控制和管理,是保证畜产品品质的重要手段。同时,正确选择并合理利用饲料原料,补充功能性物质,是提高畜产品品质、满足人们对营养和健康需求的有效手段。

学习目标

1. 了解畜产品品质的一般内容,掌握与肉、蛋、乳品质相关的主要指标。
2. 掌握饲料对肉、蛋和牛乳品质的影响,了解饲料对羊毛和羽毛品质的影响。
3. 具备评判畜产品品质优劣的能力,具备通过饲料调控来保证和改善畜产品品质的能力。

概念网络图

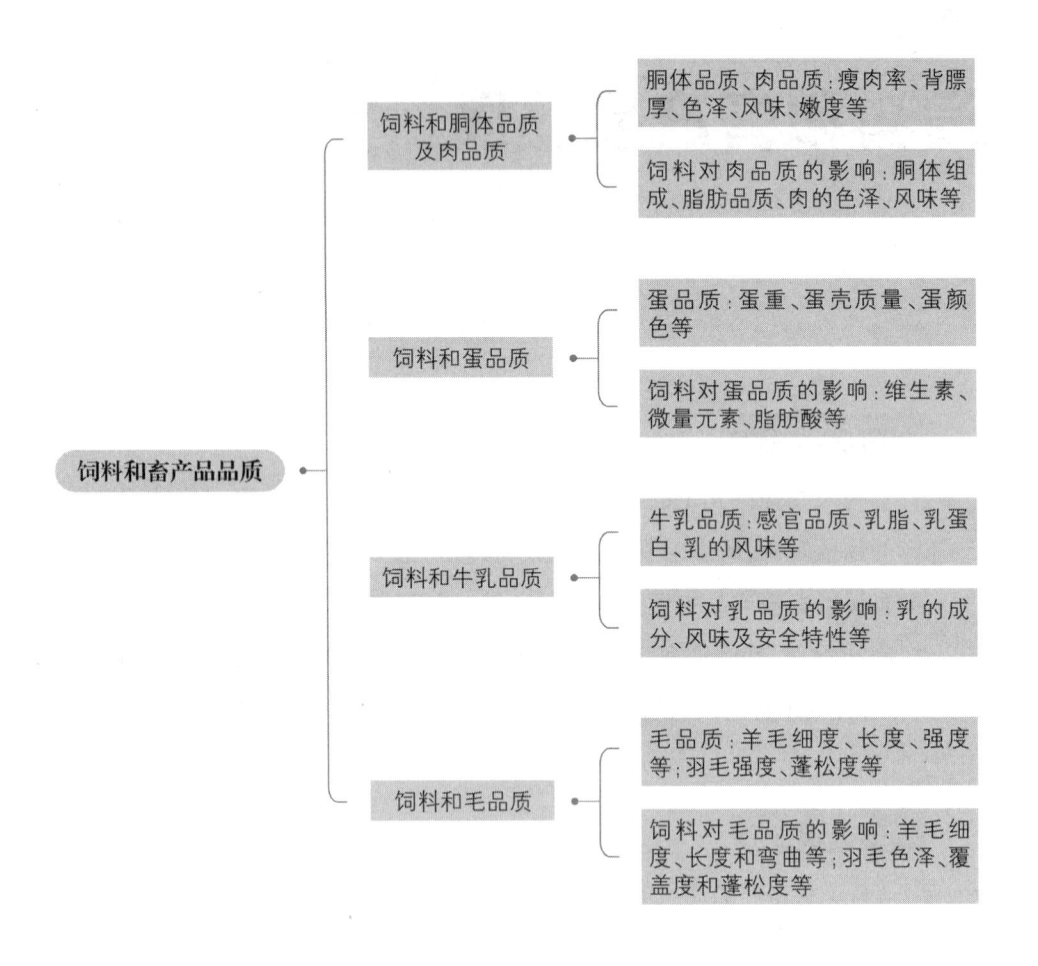

饲料和畜产品品质
- 饲料和胴体品质及肉品质
  - 胴体品质、肉品质：瘦肉率、背膘厚、色泽、风味、嫩度等
  - 饲料对肉品质的影响：胴体组成、脂肪品质、肉的色泽、风味等
- 饲料和蛋品质
  - 蛋品质：蛋重、蛋壳质量、蛋颜色等
  - 饲料对蛋品质的影响：维生素、微量元素、脂肪酸等
- 饲料和牛乳品质
  - 牛乳品质：感官品质、乳脂、乳蛋白、乳的风味等
  - 饲料对乳品质的影响：乳的成分、风味及安全特性等
- 饲料和毛品质
  - 毛品质：羊毛细度、长度、强度等；羽毛强度、蓬松度等
  - 饲料对毛品质的影响：羊毛细度、长度和弯曲等；羽毛色泽、覆盖度和蓬松度等

畜产品（livestock product）主要指可供人类食用和使用的动物产品。饲料是畜产品生产的物质基础，既影响其产量，也影响其品质。畜产品品质是一个综合性状，广义上包括感官品质（sensory quality）、营养价值（nutritional value）、卫生质量（hygienic quality）和深加工品质（deep processing quality）4个方面，狭义上主要指感官品质。感官品质是指畜产品对人的视觉、嗅觉、味觉和触觉等器官的刺激，即畜产品给人的综合感受；营养价值指畜产品的养分含量和保健功能，与人的膳食营养和健康密切相关；卫生质量指畜产品作为食品的安全特性，即畜产品中的有害微生物和有毒有害物质的残留情况；深加工品质指畜产品是否适合进一步加工的品质。畜产品的品质受畜禽遗传特性、饲料营养、饲养环境及加工贮存等众多因素的影响。目前，人们愈来愈重视畜产品的安全、感官和保健特性，畜产品的需求已由数量需求转为质量需求。因此，立足人们对美好生活的需要，综合包括饲料营养在内的多种措施来改善畜产品品质，为消费者提供更多的优质畜产品，是畜牧生产者的不懈追求和前进动力。

第一节 饲料和胴体品质及肉品质

胴体（carcass）是畜禽经宰杀、放血后除去毛、内脏、头、尾及四肢（腕及关节以下）后的躯体部分，而肉（meat）广义上指可以作为人类食物的动物体组织，狭义上指动物的肌肉组织、脂肪组织及附着在其中的结缔组织、神经和血管。本节阐述的是狭义范畴上的"肉"。

一、胴体品质和肉品质概述

胴体品质主要指畜禽屠宰后，胴体的质量、瘦肉率、背膘厚度或腹脂量、脂肪色泽和硬度，对家禽还包括皮肤和脚胫颜色等。肉品质主要指肉的感官品质如色泽、嫩度、多汁性、风味及营养价值和卫生质量等。畜禽胴体品质与产肉性能和肉品质密切相关。长期以来，养殖业尤其是养猪业追求瘦肉型品种的选育，给肉质带来了一些不利影响，如猪肉肉色苍白或深暗，切面汁液渗出或发干，肉质粗糙且缺少风味。

（一）胴体品质

畜禽胴体品质包括胴体外观、胴体性状指标（胴体质量、屠宰率、胴体长、皮厚、背膘厚、眼肌面积等）和胴体分离指标（瘦肉率、脂肪率、皮率、骨率），其中，胴体质量、屠宰率、瘦肉率和背膘厚等在胴体等级分级中较为重要。

(二)肉的感官品质

感官品质是肉品质的外在表现,是识别肉品质的重要依据,直接影响消费者的购买意愿。色泽、大理石纹、风味、嫩度和多汁性等是肉感官品质的主要评价指标。

1. 色泽

肉的色泽(meat colour)简称肉色,是非接触状态下消费者评判肉品质的主要依据。肉色主要取决于肌肉中的肌红蛋白和血红蛋白含量和状态,并因动物种类、品种、性别、年龄、肥度、部位和运动程度等的不同而异。正常情况下,牛肉、羊肉呈深红色,猪肉次之,称为红肉;鸡肉、鸭肉和兔肉的色泽较浅,称为白肉。红色是牛肉、羊肉和猪肉新鲜的重要标志,褪色则代表着品质变差。宰前发生应激综合征的猪,屠宰后可能产生颜色灰白、质地松软和切面汁液外渗的PSE(pale, soft and extrusion)肉,也可能产生颜色深暗、质地坚硬和切面发干的DFD(dark, firm and dry)肉。

2. 大理石纹

大理石纹(marbling)是反映肉中肌内脂肪(intramuscular fat, IMF)含量和分布数量的指标,与肉的风味、嫩度和多汁性密切相关,是牛肉、猪肉和羊肉品质评定的重要指标之一,在牛肉品质评定中最为常用。

3. 风味

肉的风味(flavour)包括滋味和气味两个方面,分别源自肉中的非挥发性呈味物质和香味前体物在受热时产生的挥发性风味物质。一般而言,禽肉风味受脂肪氧化产物的影响最大,而牛肉和猪肉的风味主要来自瘦肉,羊肉的膻味来自4-乙基辛酸和4-甲基辛酸等支链脂肪酸及己酸、辛酸和癸酸等短链脂肪酸;未去势公猪因雄甾烯酮和粪臭素影响,肉有强烈异味;动物年龄越大,肉的风味越浓,幼龄动物的肉因水分含量高而缺乏风味;肌间脂肪和IMF丰富的肉,风味浓郁;屠宰后经冷却、产酸和成熟的肉,风味较好;储存中若发生脂肪氧化酸败或蛋白质腐败,肉会出现哈喇味、腐败味或尸臭味。

4. 嫩度

嫩度(tenderness)是肉在食用时口感的老嫩,反映肉被咀嚼或切割时所需的剪切力。动物种类、品种、年龄、性别、肌肉部位和饲养条件不同,肉的嫩度不同。通常情况下,猪肉和鸡肉的嫩度高于牛肉和羊肉,公畜肉的嫩度较母畜低。同种动物,年龄越小,肉质越嫩;运动越多、负荷越大的肌肉,嫩度越低;畜禽体格越大,嫩度越低;肌肉中的脂肪含量越高,嫩度越高。

5. 多汁性

多汁性(juiciness)是熟肉的感官属性,取决于肉的系水力和IMF含量。一般而言,肉的系水力越高,在加工时的滴水损失就越低,嫩度和多汁性就越好。适当提高IMF有利于提高肉的多汁性,但也不宜过高。

(三)肉的营养价值

肉的营养价值主要指肉的化学组成。化学上,肉主要由水分、蛋白质、脂肪、糖、浸出物及少量的矿物质和维生素组成,并随机体脂肪和瘦肉的含量而变化:动物体越肥,肉中蛋白质和水分含量越低。同时,肉中成分也与畜禽种类、品种、性别、年龄、饲粮组成、营养状况及部位等因素有关,各种畜禽肉的化学组成见表16-1。

表16-1 畜禽肉的化学组成

名称	水分/%	蛋白质/%	脂肪/%	糖类/%	灰分/%	热量/(MJ/kg)
猪肉(肥瘦)	46.8	13.2	37.0	2.4	0.6	16.53
猪肉(瘦)	71.0	20.3	6.2	1.5	1.0	5.98
牛肉(肥瘦)	72.8	19.9	4.2	2.0	1.1	5.23
牛肉(瘦)	75.2	20.2	2.3	1.2	1.1	4.44
羊肉(肥瘦)	65.7	19.0	14.1	0	1.2	8.49
羊肉(瘦)	74.2	20.5	3.9	0.2	1.2	4.94
鸡肉(平均)	69.0	19.3	9.4	1.3	1.0	6.99
鸭肉(平均)	63.9	15.5	19.7	0.2	0.7	10.04

(引自昝林森,《牛生产学》,2017)

(四)肉的卫生质量

从食品安全角度看,肉的卫生质量合格可以确保肉在制作和食用时不会使工作人员和消费者受害,产生安全问题。影响肉品卫生质量的因素主要包括有害微生物(病原菌、病毒和寄生虫)、兽药、农药、生物毒素、重金属及其他有毒有害物质。动物发生疫病或检疫不规范,可能使肉中存在有害细菌、病毒或寄生虫;在动物养殖过程中兽药使用不规范或休药期未满屠宰,会导致肉中兽药残留超标;而动物养殖或屠宰过程中的环境、土壤、水体受到污染,则可能导致肉品中的重金属、农药和其他有害物质残留超标。其实,肉在生产(动物饲养)、加工、包装、贮存、运输和销售过程中,都可能会产生或引入各种危害因子,确保肉品安全需要重视各个环节的安全和卫生。

我国《食品安全国家标准 鲜(冻)畜、禽产品》(GB 2707—2016)中规定,鲜畜、禽肉在感官上应该具有其应有的色泽、气味和状态,无异味、无正常视力可见的外来异物。鲜畜、禽肉中的污染物限量应符合《食品安全国家标准 食品中污染物限量》(GB 2762—2022)中的规定,农药残留限量应符合《食品安全国家标准 食品中农药最大残留限量》(GB 2763—2021)中的规定,兽药残留限量应符合《食品安全国家标准 食品中兽药最大残留限量》(GB 31650—2019)和《食品安全国家标准 食品中41种兽药最大残留限量》(GB 31650.1—2022)的规定。

二、饲料对胴体品质和肉品质的影响

(一)饲料对畜禽胴体组成的影响

饲粮能量和蛋白质水平、氨基酸平衡性和一些饲料添加剂,会影响畜禽胴体组成。

1. 饲粮能量和蛋白质

提高饲粮总体营养水平,猪的脂肪和蛋白质沉积量都会增加,但蛋白质的增加幅度小于脂肪。当饲粮蛋白质和氨基酸不变时,提高能量水平可增加肉鸡胴体脂肪含量,不影响胴体蛋白质数量但降低蛋白质比例。肉牛生长期间使用高蛋白质、低能量饲粮,育肥期间使用低蛋白质、高能量饲粮,有利于形成大理石纹。饲粮蛋白质和能量水平对猪胴体组成的影响见表16-2。

表 16-2 饲粮蛋白质和能量水平对猪胴体组成的影响

项目	低蛋白质 低能量	低蛋白质 高能量	中蛋白质 低能量	中蛋白质 高能量	高蛋白质 低能量	高蛋白质 高能量	P值 蛋白质	P值 能量
背膘厚/mm	10.0	12.5	9.3	12.4	10.7	11.6	0.93	<0.001
瘦肉率/%	72.4	68.3	73.6	71.9	75.6	72.9	<0.001	<0.001
脂肪率/%	25.3	29.3	24.0	25.7	22.2	24.8	<0.001	<0.001

(引自 Strathe 等,2019)

总体而言,在能量水平适宜的情况下,提高饲粮蛋白质含量,有利于提高畜禽胴体瘦肉率,降低脂肪沉积量;而饲粮能氮比过高或畜禽能量摄入过量,胴体瘦肉率下降。同时,低蛋白饲粮能有效提高 IMF 含量,但对动物生长性能和瘦肉率不利。

2. 饲粮氨基酸

饲粮氨基酸水平和平衡性也影响畜禽的生长速度和胴体组成。例如,猪低蛋白饲粮补充亮氨酸、缬氨酸和异亮氨酸,能够促进机体蛋白质合成,降低 IMF 含量;而降低育肥猪饲粮赖氨酸水平可显著提高 IMF 含量,限制生长早期猪饲粮的蛋氨酸水平会使猪 IMF 的沉积量更高。肉鸡饲粮氨基酸组成不平衡时,其胴体脂肪沉积量增加,而添加赖氨酸、蛋氨酸、天冬氨酸和谷氨酸可减少肉鸡内脏脂肪沉积量。

3. 饲料添加剂

一些具有机体蛋白质或脂肪代谢调控作用的饲料添加剂,如有机铬、甜菜碱、肉碱、巯基乙胺和反-10,顺-12-共轭亚油酸等,可增加胴体瘦肉率,降低脂肪含量。

(二)饲料对胴体脂肪品质的影响

1. 脂肪硬度

畜禽胴体脂肪中的不饱和脂肪酸含量越高,硬度越低。饲料对单胃动物脂肪硬度的影响较大,对反刍动物因瘤胃的氢化作用影响较小。猪、禽饲喂富含 UFA 的饲料如鱼粉、大豆、米糠等会导致脂肪软化,这类原料在肥育后期要控制用量。软脂会降低肉的外观品质,并缩短货架寿命,且脂肪过软的肉也不宜加工成火腿或腌制品,影响深加工品质。

2. 脂肪颜色

脂肪的颜色与肉的感官特性和安全性有关。不同畜禽产品对脂肪颜色的要求不同,家禽以黄色为佳,而猪、牛、羊则以白色有光泽为佳,变黄会被认为是异常色泽,如猪的黄疸肉。饲料对脂肪颜色的影响主要源于饲料中的色素在脂肪组织中沉积,如猪的黄膘肉。一般认为,饲料中的天然色素对人体无害,因此黄膘肉的食用价值并未降低。但动物肝胆疾病引起的"黄疸"也会使脂肪变黄,黄疸肉原则上不能食用。由于黄膘肉与黄疸肉容易混淆,故为消费者所不喜。

3. 脂肪酸组成

从健康角度,降低畜禽产品中的饱和脂肪酸(saturated fatty acid, SFA)比例、提高 n-3 系列多不饱和脂肪酸(poly-unsaturated fatty acid, PUFA)和 cis-9, trans-11 CLA 含量、降低 n-6/n-3 比值可以改善其营养价值和保健特性,有利于人的心血管健康。在饲粮中添加富含 UFA 的油料籽实和植物油,可降低肉中

SFA 的比例;饲喂亚麻籽、亚麻油、青草或青干草等富含亚麻酸(C18:3n-3)的原料,可同时降低 n-6/n-3 比值;在猪、禽饲粮中添加鱼油,可增加长链 n-3 PUFA 二十碳五烯酸(eicosapentaenoic acid, EPA)和二十二碳六烯酸(docosahexaenoic acid, DHA)的含量;饲喂青草可以增加牛、羊脂肪中的 *cis*-9, *trans*-11 CLA。牛、羊饲粮中添加油料籽实或植物油时,最好采取瘤胃保护措施,以缓解 UFA 对瘤胃微生物的影响并提高脂肪酸组成的调控效果。

(三)饲料对肉风味的影响

饲粮营养水平和成分是影响肉风味的重要因素。育肥阶段的营养水平影响胴体脂肪含量和组成,影响肉中的肌苷酸、IMF 及其脂肪酸组成和氨基酸含量。比较发现,达到相同体重时,低营养水平饲喂猪、禽较放养猪、禽的 IMF、肌苷酸含量更高,风味通常更好。这可能与动物能量和蛋白质摄入不足导致肌肉能量代谢异常有关,而放养猪、禽的食物种类更多样,其运动量较多。饲料使用不当会使肉出现异味,如动物长时间大量采食带浓厚气味的植物、腐烂的块根、腐败的肉渣和动物下脚料,会使肉产生不良风味;育肥后期,鱼粉、菜籽饼和氯化胆碱用量过高,会在后端肠道产生三甲胺,导致猪肉和鸡肉出现鱼腥味;猪长期饲喂泔水会使肉产生废水气味。饲粮蛋白质消化率低或氨基酸不平衡,可导致畜禽消化道、粪便和组织中的粪臭素浓度增加,使肉产生膻味。

(四)饲料对肉的色泽、嫩度和多汁性等的影响

凡能够提高肉中脂肪沉积的饲粮因素都可提高肉的嫩度。维生素、氨基酸及微生物制剂、酶制剂、植物精油和中草药等添加剂会在一定程度上影响肉的色泽、嫩度和滴水损失等品质特性。例如,饲料中添加维生素 E、维生素 C、有机铬和色氨酸等可以缓解猪的宰前应激,减少 PSE 肉和 DFD 肉的产生;同时补充精氨酸和谷氨酸可改善猪肉的嫩度和多汁性;添加苹果多酚、白藜芦醇、叶绿醇和辣椒碱等植物提取物能够改善猪肉色或风味;添加植物精油具有降低牛肉失水率和蒸煮损失的作用。

(五)饲料对肉产品安全性的影响

饲料中的一些危害因子会转移至动物体组织中,进而影响肉产品安全。与饲料有关的危害因子主要是病原微生物和有毒有害成分。农药、工业"三废"中的重金属和有毒化合物常常通过不同途径不同程度地污染饲料或牧草,动物长期采食被污染的饲料或牧草,会导致体内有毒有害物质的残留,从而影响其肉产品安全性。饲料霉变、孳生病原微生物,养殖过程中兽药使用不规范或使用违规违禁物质,也会引起肉产品的安全问题。

从饲料角度确保肉产品安全,首先,必须确保饲料原料和饲料添加剂的来源和卫生质量安全。此方面,需严格按照我国《饲料原料目录》《饲料添加剂品种目录(2013)》和《饲料添加剂安全使用规范》中规定的种类和用法选用饲料、饲料添加剂,且饲料原料中的病原微生物、真菌毒素、农药和其他有害物质的含量要符合《饲料卫生标准》(GB 13078—2017),任何可能受到污染的饲料原料不得用于饲料生产,除非在饲料生产过程中可以将该危害消除或降低到可接受水平。其次,要严格遵循我国《饲料和饲料添加剂管理条例》《食品动物中禁止使用的药品及其他化合物清单》等相关法规和公告,不在饲料的生产和动物养殖过程中使用任何明令禁止使用的物质。最后,养殖环节要规范使用兽药,严格执行休药期规定,以减少和消除药物残留带来的肉产品安全问题。

第二节 饲料和蛋品质

蛋品质(egg quality)包括蛋的外在品质和内在品质,前者指蛋的外观形状、蛋壳质量、蛋重和清洁程度等,后者指蛋的化学组成、蛋白品质、蛋黄品质、功能性、风味及安全性等。蛋品质影响蛋的食用价值和商业价值,而饲料是影响蛋品质的重要因素。

一、蛋品质概述

(一)蛋的化学组成

蛋由蛋壳、蛋清和蛋黄三部分组成。其中,蛋黄的干物质含量和能量最高,蛋清中的水分、蛋白质和氨基酸含量最高,几乎所有的脂类、大部分的维生素和微量元素都存在于蛋黄中,大部分钙、磷和镁存在于蛋壳中。

(二)蛋的其他品质指标

除化学成分外,蛋的外形、蛋重、蛋壳质量、蛋白质量、蛋黄质量和蛋的风味等都是蛋的重要品质指标。其中,蛋的外形对蛋包装、运输及种蛋的孵化率都有影响,畸形蛋的破损率较高、孵化率较低;蛋重是蛋等级评定的重要指标,而蛋壳质量的好坏直接影响蛋的贮存、运输、销售和种蛋的孵化率;蛋白质量、蛋黄质量和蛋的风味不仅与蛋的新鲜程度、营养价值密切相关,还影响着消费者的喜好和蛋的商品价值。

(三)卫生质量

我国《食品安全国家标准 蛋与蛋制品》(GB 2749—2015)规定了鲜蛋的感官要求和卫生质量。感官要求如下:色泽上,要求鲜蛋的色泽用灯光透视时,整个蛋呈微红色,去壳后蛋黄呈橘黄色至橙色,蛋白澄清、透明,无其他异常颜色;气味上,蛋液具有固有的蛋腥味,无异味;状态上,蛋壳清洁完整,无裂纹,无霉变,灯光透视时蛋内无黑点及异物,去壳后,蛋黄凸起完整并带有韧性,蛋白稀稠分明,无正常视力可见外来异物。蛋的污染物、农药残留和兽药残留限量应分别符合 GB 2762、GB 2763 及 GB 31650 的规定。

二、饲料对蛋品质的影响

(一)对蛋成分的影响

蛋的蛋白质、脂肪和水分受饲料影响较小,但微量成分如维生素、微量元素、脂肪酸和胆固醇受饲料影响较明显,通过饲粮可以调控其含量。

1. 维生素

蛋中维生素受饲粮维生素含量的影响极大。饲粮维生素向蛋中的转移效率依次为:维生素A(60%~80%)>核黄素、泛酸、生物素和维生素B_{12}(40%~50%)>维生素D_3和维生素E(15%~25%)>维生素K、维生素B_1和叶酸(5%~10%)。

2. 微量元素

饲粮微量元素可以在蛋中沉积。20世纪70年代,日本通过饲喂高碘饲粮首先研制成功了高碘蛋,使鸡蛋蛋黄中的碘含量从0.5 mg/100 g提高到了2.1~5.8 mg/100 g。受高碘蛋启示,人们认识到利用鸡体的生物转化功能,可将人体不易吸收的微量元素转化为生物态的微量元素浓缩到鸡蛋中,以增加鸡蛋的附加价值。目前研究开发的微量元素强化蛋还有高硒蛋、高锌蛋和高铁蛋等。

3. 脂肪酸

蛋黄中的PUFA含量受饲粮PUFA组成的影响,通过调控饲粮脂质组成,可以生产出满足人体健康需求的功能性禽蛋。例如,饲喂富含n-3 PUFA的原料,如鱼油、亚麻籽、亚麻油和海藻等,可以提高蛋黄中的C18:3n-3、DHA、EPA等n-3 PUFA的含量,降低n-6/n-3比值,生产出高n-3 PUFA蛋。

4. 胆固醇

蛋中较高的胆固醇含量被认为对人体健康有不利风险,通过饲粮措施,可在一定程度上降低蛋的胆固醇含量。例如,高铜饲粮可降低蛋黄中的胆固醇含量,饲喂苜蓿草粉或在饲粮中添加鱼油、亚麻籽、大蒜素、壳聚糖、茶多酚、酵母硒、苜草素、大豆黄酮、有机铬、大豆磷脂粉和益生素等,也可降低鸡蛋的胆固醇含量。

(二)对蛋重的影响

饲粮的能量水平、蛋白质含量、氨基酸组成及亚油酸含量在一定程度上影响蛋重。

1. 能量水平

能量是影响蛋重的主要营养因素。提高饲粮能量水平有利于提高蛋重,尤其是蛋黄重。开产前增加能量摄入提高后备家禽的开产体重,有利于提高产蛋初期的蛋重。对于采食量较低或遭受热应激的家禽,在饲料中添加脂肪提高能量浓度,有利于维持蛋重。

2. 蛋白质和氨基酸

蛋白质对蛋重的影响不如能量明显,但当蛋白质缺乏时,提升其水平可以提高蛋重。已确定蛋氨酸、赖氨酸和苏氨酸对蛋重都有影响。在一定范围内,增加蛋氨酸可线性提高蛋重,尤其是会显著影响高产蛋鸡的蛋重。尽管尚未确定满足最大蛋重的蛋氨酸水平,但普遍认为蛋鸡获得最大蛋重的蛋氨酸水平高于最大产蛋量所需的蛋氨酸。

3. 亚油酸

亚油酸(C18:2n-6)是影响蛋重的重要饲粮因素,饲喂1.0%~1.5%的C18:2n-6有利于获得最大蛋重。

(三)对蛋壳质量的影响

蛋壳质量与许多饲料和营养因素密切相关。

1. 钙、磷和维生素D

饲粮钙磷水平、比例、利用率、来源、粒度及维生素D等都影响蛋壳质量。缺钙会降低蛋壳的厚度和强度,严重时会产出软壳蛋、沙壳蛋甚至无壳蛋;钙摄入过量会导致蛋壳表面粗糙,厚度的均匀性降低。不同来源和粒度的钙,其溶解性和在消化道停留时间不同,对蛋壳质量的影响不同。贝壳粉的溶解度小于石粉,增加其比例有利于改善蛋壳质量;粗石粉(>0.8 mm)在肌胃的停留时间更长,对蛋壳质量改善有利。磷主要影响蛋壳的韧性和弹性,饲粮磷水平过高会降低蛋壳质量。添加维生素D有助于蛋壳钙化。

2. 铜、锌、锰、镁

饲粮铜含量不足,会在钙化过程中导致蛋壳起皱,而铜过多会影响矿物元素的平衡。锌缺乏,蛋壳变薄、变脆、变粗糙;锰缺乏,蛋壳强度下降,裂缝蛋比例上升;镁缺乏,蛋壳厚度和强度下降。因此,产蛋家禽饲粮中应确保上述元素的供给。

3. 电解质平衡

饲粮电解质(K^+、Na^+、Cl^-)平衡情况会影响子宫和血液的pH,影响蛋壳形成。保证最佳蛋壳质量的饲料电解质平衡值应保持在180 mg/kg以上,过低不利于蛋壳形成。电解质平衡值较低时,可通过添加碳酸氢钠来改善蛋壳质量。

4. 其他

研究发现,蛋氨酸可以增加蛋壳厚度,蛋鸡饲粮含硫氨基酸与赖氨酸比值为0.97和0.92时都可显著改善蛋壳质量;维生素C可使蛋壳增厚。

(四)对蛋颜色的影响

饲料主要影响蛋黄颜色,对蛋壳颜色有一定影响,但相对较小。

1. 蛋壳颜色

一些饲粮因素会影响蛋壳颜色。例如,饲粮钙不足会导致蛋壳色素沉积不均匀或使蛋壳颜色变浅;磷过量会因降低钙吸收而影响蛋壳颜色;添加一定量的铁可以改善蛋壳颜色;钒和镁过高会导致蛋壳颜色变浅;维生素A、C、E和B_6等在蛋壳形成中具有关键作用,保证其供给有利于改善蛋壳颜色。饲料中长期添加抗球虫药物,会导致蛋壳颜色变浅。添加陈皮、辣椒粉或β-胡萝卜素能在一定程度改善壳蛋色泽。

2. 蛋黄颜色

蛋黄颜色是消费者最重视的蛋品质指标之一,与类胡萝卜素尤其是叶黄素在蛋黄中沉积有关,主要受饲料色素含量影响,也与蛋禽健康状况有关。在饲粮中增加天然富含叶黄素的原料用量、添加人工合成色素或天然色素提取物,都可以增加蛋黄色泽。此外,饲粮的脂肪、维生素、钙和饲料添加剂等因素会影响色素的吸收和稳定性,从而影响蛋黄颜色。例如,提高脂肪含量有利于色素吸收,而维生素A、维生素D和钙过量会抑制色素吸收;添加抗氧化剂可减少色素的氧化损失,有利于蛋黄增色。棉籽饼(粕)和棉油中的游离棉酚和环丙烯脂肪酸会导致蛋黄颜色和质地出现异常,前者会降低蛋黄色泽,并使蛋黄在存贮一段时间后出现黄绿色、暗红色或斑点,而后者则会导致蛋在存贮后蛋清变成桃红色、蛋黄变硬并在加热后坚韧有弹性,咀嚼似橡皮,形成俗称的"橡皮蛋"或"海绵蛋"。

(五)对蛋风味的影响

饲料对蛋风味的影响研究多集中在对蛋不良风味的影响上。已知鱼粉、菜籽饼粕和高剂量(10%~20%)的亚麻籽常导致蛋产生鱼腥味。饲粮PUFA氧化酸败可能会影响蛋的风味,而添加维生素E、维生素C和一些具有抗氧化作用的植物或植物提取物,能够改善蛋的风味。

(六)对蛋安全性的影响

与肉品安全类似,饲料中的任何安全隐患都可能引起蛋品安全问题。从饲料角度确保蛋品安全的措施与确保肉品安全的措施相近,但同时,还要严格执行产蛋期家禽用药时的休药期和弃蛋期规定,以免出现蛋中药物残留。此外,还应正确认识蛋黄颜色与蛋营养价值之间的关系,避免过分追求蛋黄色泽导致人工色素的过量使用甚至违规使用。

第三节 饲料和牛乳品质

牛乳(milk)营养全面且含有多种活性物质,是人类理想的食物之一,其品质受奶牛品种、生理阶段、牧场环境、饲料营养、饲养管理和奶牛健康、挤奶条件及冷藏储运等因素的影响。

一、牛乳品质概述

(一)感官品质

正常生牛乳(raw milk)的色泽呈白色或微黄色,具有乳固有的香味,无异味;呈均匀一致的液体,无凝块、无沉淀、无正常视力可见异物。颜色出现红色、绿色或显著黄色,感官有肉眼可见杂质、凝块或絮状沉淀,气味出现畜舍味、苦味、霉味、臭味、涩味、煮沸味及其他异味的生牛乳,不能用于乳品加工。

(二)营养品质

牛乳一般含水86%~89%、蛋白质2.7%~3.7%、脂肪3%~5%、乳糖约4.5%、灰分约0.7%,并含有乳铁蛋白、免疫球蛋白、催乳素、溶菌酶、磷酸肽和CLA(共轭亚油酸)等生物活性物质。乳中的蛋白质、脂肪、非脂固形物和生物活性物质含量是评价牛乳品质的重要指标,任何一项指标不合格都会降低牛乳品质,增加安全隐患。

(三)卫生质量

我国《食品安全国家标准 生乳》(GB 19301—2010)规定了生乳的理化指标和微生物限量(表16-3)。生乳中的污染物、真菌毒素和农药残留限量应分别符合GB 2762、《食品安全国家标准 食品中真菌毒素限量》(GB 2761—2017)和GB 2763中的规定。GB 31650规定了乳的兽药残留限量。同时,我国农业行业标准《生牛乳质量分级》(NY/T 4054—2021)按脂肪含量、蛋白质含量、菌落总数和体细胞数将生乳划分为特优、优和合格3个质量等级(表16-4)。

表16-3　生牛乳理化指标和微生物限量

冰点[a][b]/℃	相对密度(20℃/4℃)	蛋白质/(g/100 g)	脂肪/(g/100 g)	杂质度/(mg/kg)	非脂乳固体/(g/100 g)	酸度[b]/°T	菌落总数/[CFU/g(mL)]
−0.500~−0.560	≥1.027	≥2.8	≥3.1	≤4.0	≥8.1	12~18	≤2×10⁶

注：[a] 挤出3 h后监测；[b] 仅适用于荷斯坦奶牛。

表16-4　生牛乳的质量分级要求

项目	等级 特优	等级 优	等级 合格
脂肪/(g/100g)	≥3.4	≥3.3	
蛋白质/(g/100g)	≥3.1	≥3.0	应符合GB 19301的规定
菌落总数/(CFU/mL)	≤5.0×10⁴	≤1.0×10⁵	
体细胞数/(个/mL)	≤3.0×10⁵	≤4.0×10⁵	

(四)深加工品质

生牛乳是乳制品的加工原料，其营养品质和安全质量直接影响着乳的深加工品质和乳制品的质量。安全质量不达标的生鲜乳，无法生产出合格安全的乳制品。优质生鲜乳是优质乳品生产的前提和基础。乳蛋白、乳脂率和固形物含量较低的生鲜乳会被乳品加工企业拒收。

二、饲料对牛乳成分的影响

乳中受饲料影响较大的是乳脂含量和脂肪酸组成，其次是乳蛋白含量，乳糖含量受饲料影响较小。

(一)对乳脂肪含量的影响

乳脂肪含量即乳脂率，与乳和乳制品的组织结构、状态和风味密切相关，是衡量牛乳质量的核心指标之一。饲料中影响瘤胃乙酸和丁酸产量、乳腺长链脂肪酸供应和脂肪酸合成能力的因素均影响乳脂率。

1. 饲粮结构和粒度

提高饲粮粗饲料比例有利于瘤胃乙酸生成，有利于乳脂率提高(表16-5)。瘤胃的不饱和脂肪酸在金属催化剂的作用下，将还原氢加到脂肪酸的双键上的过程称为瘤胃氢化。高精料饲粮会诱发瘤胃氢化路径从生成C18:1 *trans*-11向生成C18:1 *trans*-10转变，不仅抑制乳脂合成，还降低乳脂品质。实践中，泌乳奶牛饲粮的精料比例以40%~60%为宜，中性洗涤纤维(neutral detergent fiber, NDF)应保持在25%~33%，且粗饲料提供的NDF(fNDF)应达到17%~27%；若饲粮以玉米青贮和玉米为主，则fNDF应高于19%。

表16-5 饲粮精粗比对奶牛泌乳量和乳成分的影响

精粗比	实际泌乳量 /kg	乳脂校正乳产量 /kg	乳脂率 /%	乳蛋白率 /%	非脂固形物 /%
0∶100	12.32	11.62	3.60	2.86	7.74
25∶75	15.86	13.71	2.85	3.02	8.06
50∶50	18.49	14.44	2.61	3.31	8.16

(引自Nelson等,1968)

饲粮粒度对于维持乳脂率也很关键。玉米粉碎过细会降低乳脂率,而高精料条件下,适当增加粗饲料的切割长度,保证物理有效NDF,有利于乳脂率的稳定和奶牛健康。

2.脂肪添加

饲粮中添加适量脂肪,尤其是饱和脂肪或瘤胃保护性脂肪,可在一定程度上提高乳脂率。但富含UFA的脂肪添加过多(>2%),会导致乳脂率降低。

3.其他因素

对于常年饲喂青贮饲料和高比例精料的奶牛,添加碳酸氢钠、氧化镁和氧化钙等缓冲剂,有利于维持乳脂率稳定。此外,乙酸钠、微生态制剂、酵母培养物、胆碱和植物提取物等都有一定的乳脂合成调节作用,用甜菜渣、甘蔗糖蜜等高糖原料替代一部分高淀粉谷物,也有利于维持乳脂产量。

(二)对乳脂肪酸组成的影响

长期以来,人们一直希望优化牛乳的脂肪酸组成,主要是降低其中可能影响健康的SFA尤其是C12∶0、C14∶0和C16∶0的含量,增加对健康有益的功能性脂质组分如支链和奇数脂肪酸(odd-and branched-chain fatty acid,OBCFA)、n-3 PUFA、cis-9,trans-11 CLA和磷脂等,使牛乳的脂肪品质更符合人体健康需求。

1.放牧和饲喂新鲜牧草

放牧和饲喂新鲜牧草已被证明是最为有效的乳脂优化措施。放牧能够最大程度地提高乳脂中C18∶3n-3、cis-9,trans-11 CLA和磷脂的含量,还降低了C16∶0、C18∶2n-6、n-6/n-3比值及乳脂的促炎指数和动脉粥样硬化指数,可完美实现乳脂的优化目标。用全混合日粮饲喂奶牛时结合一定时间的放牧或补饲一定量的新鲜牧草,也可在一定程度上优化其乳脂品质。

2.加工牧草

研究证实,富含淀粉、cis-9-18∶1和C18∶2n-6的精料、谷物籽实和全株玉米青贮等是造成饲喂TMR奶牛与放牧奶牛乳脂品质不同的重要原因。因此,增加奶牛饲粮中青干草或青贮牧草的比例,降低玉米青贮、精料或谷物的比例,有利于乳脂品质优化。

3.油脂或油料籽实

添加富含UFA的油脂或油料籽实也是常用的乳脂品质优化措施。添加富含C18∶2n-6的植物油或其饼类,一般会提高乳脂中trans-11-18∶1、cis-9,trans-11 CLA和C18∶2n-6的含量;添加富含C18∶3n-3的亚麻油、亚麻籽或亚麻饼会同时提高C18∶3n-3的含量,而添加海藻还可增加DHA和EPA等长链n-

3 PUFA 的含量。但上述措施会降低包括短链脂肪酸和 OBCFA 在内的其他 SFA 含量,并会增加 n-6 PUFA 和除 trans-11-18:1 外其他反式脂肪酸含量,对人体健康和奶畜乳脂合成都有不利影响,且添加量过高对奶牛的泌乳性能和乳的风味都有不利影响。

(三)对乳蛋白含量和产量的影响

乳蛋白的含量和产量主要受小肠代谢蛋白(MP)、可吸收氨基酸平衡情况、饲粮能量水平和能量类型的影响,而 MP 受瘤胃微生物蛋白质和过瘤胃蛋白的数量及其小肠消化率的影响。因此,凡是能够提高瘤胃微生物蛋白质产量、过瘤胃蛋白数量及其小肠消化率的因素,都会在一定程度提高乳蛋白含量。MP 提供的可吸收氨基酸符合乳腺蛋白质合成所需的最佳氨基酸模式,则有利于乳蛋白合成。一般来说,日产奶量 15 kg 以上时,蛋氨酸和亮氨酸可能是饲粮的限制性氨基酸;日产奶量达 30 kg 时,组氨酸、亮氨酸、赖氨酸、蛋氨酸和苏氨酸可能是饲粮的限制性氨基酸。在高产奶牛饲粮中,补充一些瘤胃保护性的氨基酸和胆碱,有利于乳蛋白合成。饲粮能量不足会降低乳蛋白合成,低能量饲粮条件下,充足的 MP 有利于乳蛋白合成。

此外,在奶牛饲粮中添加大豆黄酮、酵母硒等也有提高乳蛋白含量和产量的作用;补充脂肪通常会降低乳蛋白的含量,但不影响乳蛋白产量,除非添加量过高。

(四)对矿物质和维生素的影响

牛乳中的矿物质含量比较稳定,受饲粮影响较小。饲喂缺钙和缺磷的饲粮可降低产乳量、影响奶牛健康,但其乳中的钙磷含量仍然维持正常。乳中一些微量矿物元素,如碘、铁、铜、锰、钼和硼等,与饲粮有关。

牛乳中的脂溶性维生素含量与饲粮的关系较为密切,而 B 族维生素则与饲粮关系不大。提高饲粮中维生素 A、C、D 和 E 的含量可相应地增加其在乳中的含量。

牛乳的色泽受饲粮中的色素尤其是胡萝卜素含量的影响,饲粮中胡萝卜素含量不足可使乳的色泽变浅。

三、饲料对乳风味的影响

风味直接影响生乳收购和乳制品的口感。品质良好的鲜乳略带甜味和咸味,并具有一种清淡而独特的香味。除遗传因素外,奶牛的饲粮组成、饲养环境、挤奶过程及乳的储运条件等,都会影响牛乳的风味。

饲料中的挥发性风味物质可经动物呼吸吸入或消化道吸收后直接进入乳中,而瘤胃微生物分解饲料产生的一些物质也会影响乳的风味。一般而言,TMR 饲喂奶牛的乳的风味不如放牧或采食新鲜牧草的奶牛乳。饲草的组成不同、利用方法不同,对牛乳风味的影响也不同。此外,奶牛采食含有葱、蒜及十字花科类植物的饲料后,牛乳极易产生葱、蒜及鱼腥味等异味;饲料霉变或富含甜菜副产品、蔬菜残渣、苜蓿干草、三叶草和青饲大麦等,都可能导致牛奶产生异味。牛舍通风不良也可导致牛乳产生异味。

四、饲料对牛乳安全性的影响

危害牛乳安全性的风险因子中,与饲料有关的主要是污染物、真菌毒素和农药。

饲料原料或饲料在生产、加工、包装、运输、存贮和使用过程中被重金属、多氯联苯等污染物污染,污染物就有可能由饲料进入牛乳。进入牛乳的真菌毒素主要是饲料中的黄曲霉毒素 B_1 在瘤胃分解产生的黄曲霉毒素 M_1。使用了农药残留超标的原料,就可能导致牛乳农药残留。牛乳兽药残留一般与泌乳牛兽药使用不规范尤其是未遵循弃奶期的规定有关。

从饲料角度确保牛乳安全的措施与确保肉品安全相近。除严格遵守我国相关法律法规,确保饲料原料和饲料添加剂的来源和卫生质量安全,在饲料生产和使用过程中不使用任何违规、违禁物质外,还要防止饲料霉变,尤其要注意高水分原料如青贮饲料、酒糟和果渣等的霉变。

第四节 饲料和毛品质

毛是产毛动物的主要产品,目前经济价值较大的主要有羊毛(wool)、兔毛(rabbit hair)、家禽羽毛(feather)和驼毛(camel hair)等。毛品质与毛的工艺价值密切相关,而产毛动物被毛的覆盖度、形状、长短和色泽等不仅影响毛品质,也反映着动物的生长和健康状况。本节以羊毛和羽毛为例阐述饲料对毛品质的影响。

一、饲料对羊毛品质的影响

(一)羊毛品质概述

羊毛是天然的蛋白质纤维,其成分主要为角蛋白,并含少量的脂肪和矿物质,胱氨酸和硫含量高是羊毛化学组成的突出特点。

羊毛品质主要指羊毛纤维的细度、长度、强度、伸度、弯曲、色泽和净毛率等。优质羊毛的主要特点是细度均匀、毛丛长且整齐、强度大、弹性好、光泽好和杂质少。遗传、环境和饲料营养共同决定着羊毛品质。饲料中的能量、氨基酸、微量元素和维生素对羊毛品质影响较为明显。

(二)饲料对羊毛品质的影响

1. 对羊毛细度和长度的影响

提高饲粮营养水平,可提高羊毛的生长速度、长度和均匀度,并确保羊毛在正常细度,但营养水平过高,羊毛较正常细度变粗。能量不足时,羊毛生长缓慢、细度较正常情况细且均匀度变差,出现饥饿痕。放牧绒毛用羊在枯草季节加强补饲,尤其是补充蛋白质饲料,有利于提高羊毛长度和均匀性。补充维生素A有利于提高羊毛的长度和细度。

2. 对羊毛纤维强度、伸度的影响

饲粮能量不足会降低羊毛的强度和伸度。提高饲粮营养水平或补饲硫酸钠、蛋氨酸和胱氨酸,可提高羊毛强度和伸度,补充维生素A也可以提高羊毛强度。饲粮锌、铜和钴缺乏导致羊毛变脆、易断裂,缺碘导致羊毛粗短,毛稀易断或出现无毛现象。

3.对羊毛弯曲和色泽的影响

提高饲粮含硫氨基酸尤其是胱氨酸含量,有利于提高羊毛的弹性。缺铜会使羊毛弯曲减少甚至无弯曲,且毛纤维的伸度、弹性及染料亲和力下降。缺锌也会使羊毛缺乏弯曲,缺铁会使羊毛的光泽下降。生物素缺乏会导致羊毛褪色和脱毛。

二、饲料对羽毛品质的影响

(一)羽毛品质概述

羽毛是禽类表皮细胞衍生的角质化产物,是禽类外貌的重要特征。与羊毛类似,羽毛的主要成分为角蛋白,富含含硫氨基酸,尤其是胱氨酸。

羽毛生长状况既反映家禽的健康状态,也影响其活体外观和屠体外观,还影响羽毛本身的经济价值。羽毛和羽绒既是重要的填充材料和装饰品,也是羽毛球、扇子和羽毛粉等的生产材料。目前,羽毛品质相关指标较少,而羽绒的品质指标主要有蓬松度、绒朵长度、千朵绒重、断裂强度及伸度等。饲料主要通过影响羽毛的生长发育来影响其品质。

(二)饲料对羽毛生长和品质的影响

饲粮蛋白质不足会影响家禽羽毛的生长,所有氨基酸缺乏均会导致羽毛生长异常,其中含硫氨基酸和支链氨基酸最为关键。研究还发现,赖氨酸缺乏可引起有色羽毛褪色,甚至出现白化;苯丙氨酸和酪氨酸缺乏会导致羽毛着色变浅;亮氨酸过量会导致羽轴、羽小枝、羽纤枝不能正常弯曲,羽毛易碎。

饲粮能量对羽毛生长的影响较小,但适当降低能量水平有利于提高羽毛的覆盖度,减少家禽的啄羽行为。补饲青绿饲料能显著促进鹅绒的千朵绒重和蓬松度,降低羽毛耗氧量,提高绒品质。

维生素与羽毛的发育密切相关。饲粮缺乏维生素D会导致羽毛蓬松无光泽,而缺乏核黄素、泛酸、叶酸、生物素或烟酸均可能导致家禽出现羽毛稀疏、粗糙和易脱落问题,适量补充上述维生素后,羽毛光泽会更鲜亮。矿物元素也影响羽毛生长。饲粮缺钠或钙磷比例不当会导致家禽啄羽;缺锌会导致羽毛磨损,对快速生长的主翼羽和次翼羽磨损尤为显著;铜缺乏会导致羽毛蓬乱无光泽,但过量会导致羽毛生长不良;缺硒会使羽毛生长不佳;而缺碘会导致雏鸡不长羽毛或成鸡不能正常换羽。

饲料霉菌毒素超标会导致家禽全身羽毛生长异常,降低羽毛的覆盖度;适当增加饲粮非淀粉多糖含量,可减少家禽啄羽问题,提高羽毛的覆盖度。

本章小结

畜产品品质主要包括感官品质、营养价值、卫生质量和深加工品质,饲料作为畜产品生产的物质基础,不仅影响其产量,而且影响其品质。饲料对肉品质的影响主要体现在对肉的胴体组成及脂肪品质(如硬度、颜色和脂肪酸组成)的影响上;同时,饲料还影响肉的风味、色泽、嫩度、滴水损失和安全性。饲料对蛋品质的影响主要体现在对蛋中维生素、微量元素、脂肪酸和胆固醇等成分的影响上;同时,饲料还影响蛋重、蛋壳质量、蛋黄颜色、蛋的风味和安全性。饲料对牛乳品质的影响主要体现在对乳成分,尤其是乳脂肪含量和脂肪酸组成的影响上;同时,饲料还影响牛乳风味和乳的安全性。饲料主要影响羊毛的细度、长度、断裂强度、伸度、弯曲和色泽;对家禽羽毛,主要影响其生长速度、覆盖度、光泽和蓬松度等特性。

拓展阅读

扫码进行数字资源的获取和学习。

数字资源

[思政课堂]

随着我国经济发展和人民对美好生活的向往,我国人民对肉、蛋、奶等畜产品的需求也从对"量"的需求转向对"质"的追求。生产环节中饲料的差异是导致肉、蛋、奶等的食用品质和营养品质差异的重要因素之一。通过改变饲料中的营养组成可生产不同功能畜产品,例如雪花肉、富硒蛋、富锌蛋、ω-3多不饱和脂肪酸强化鸡蛋、高钙奶、低脂奶等相关产品,这些产品在消费市场中备受欢迎且价格昂贵。共轭亚油酸(CLA)是人体不可或缺的脂肪酸之一,却是人自身无法合成的一种具有显著药理作用和营养价值的物质,对人体健康大有益处,主要存在于反刍动物(牛羊)的肉和奶中。1978年,美国威斯康星大学麦迪逊分校的Michael Pariza博士偶然注意到,牛肉喂养实验用患癌小白鼠似乎有抗癌效果。于是他花了近9年时间潜心研究,终于在1987年确定了其中具有抗癌活性的物质是CLA。自从Pariza博士发现了CLA后,科学界掀起了CLA研究热潮。科学家们发现CLA具有许多新功能,从抗癌到预防心血管疾病、糖尿病、抗动脉粥样硬化,再到控制体重等。由于人体无法自身合成CLA,只有通过食物来摄取CLA,如何生产富含CLA的畜产品就成为当下动物生产的重要关注点。通过在饲料中补充CLA添加剂或者使用CLA含量高的饲料原料,动物摄入后可提高其产品中的CLA含量,进而为人类提供更多的CLA产品,不断推动畜牧产业向高质量绿色有机方向发展。

复习思考

1. 如何评价畜产品品质的优劣?
2. 饲料对肉品质有哪些影响?
3. 饲料对鸡蛋品质有哪些影响?
4. 饲料对牛乳品质有哪些影响?
5. 应如何确保或提高畜产品品质?